# FLORE UTILE

# DE LA FRANCE.

LYON. — Imp. de GUYOT.

# FLORE UTILE
# DE LA FRANCE

### D'APRÈS LE SYSTÈME DE LINNÉ,

#### MODIFIÉ PAR RICHARD,

**COMPRENANT**

La descriptions de tous les genres et de toutes les espèces de Plantes
employées en Médecine, dans les Arts et dans l'Economie domestique,
avec un Dictionnaire des noms vulgaires,

## MISE A LA PORTÉE DE TOUS

PAR LA SUPPRESSION DES TERMES SCIENTIFIQUES REMPLACÉS
PAR DES MOTS VULGAIRES,

### Par l'Abbé M.-L.-A. REYMOND.

## IMPRIMERIE ET LIBRAIRIE ECCLÉSIASTIQUES
### DE GUYOT Frères,

A PARIS      (MÊME MAISON)      A LYON

2, RUE DE L'ARCHEVÊCHÉ,      25, RUE SAINT-SULPICE,
Hôtel de la Manécanterie.      Ci-devant Petit-Bourbon.

**1854.**

ALMA MATER

# MARIA.

—

*O Virgo , Virga florens ,*
*In spinis , spinâ carens ,*
*Flos , spineti gratia.*

—

*Rosa , decus martyrum ,*
*Castitatis Lilium ,*
*Myrtus temperantiæ.*

—

*Quod germinat virgines*
*Vinum producens palmes ,*
*Humilium Viola.*

*Filioli accipe florem.*

# INTRODUCTION.

La Botanique est la science des végétaux.

Un végétal est un être organisé, fixé au sol par sa racine, vivant par ses feuilles, et se reproduisant par ses graines.

Chaque plante prise isolément se nomme individu.

Les individus qui ont des traits fixes, indépendants, particuliers, et qui se reproduisent constamment dans des individus semblables, forment une Espèce : les variations de l'espèce prennent le nom de Variétés.

Plusieurs espèces réunies par des traits communs forment un Genre, et plusieurs genres ayant des caractères communs, composent une Classe.

Le fruit est le terme de la plante, puisque c'est par lui que l'espèce se conserve ; les parties qui concourent à la production du fruit, savoir : l'étamine et le pistil, doivent donc être constantes dans la même espèce. Parti de ce principe, Linné partage l'immense famille végétale en vingt-quatre Classes, d'après le nombre, la grandeur relative, la position, ou l'absence des Étamines. Chaque

Classe est divisée en Ordres d'après le nombre des Pistils. Chaque Ordre peut comprendre plusieurs genres.

Pour connaître une plante, il faut la cueillir entière et chercher en elle l'un des caractères qui distinguent les Classes : la Classe étant trouvée, on cherche dans l'analyse des Genres, placée en tête de chaque Classe, à quel Ordre la plante appartient ; au moyen de caractères qui s'excluent mutuellement, on arrive au nom du Genre précédé d'un numéro qui indique la place du Genre dans le corps de l'ouvrage. Au numéro indiqué se trouve la description complète du Genre suivie de celle des Espèces qui ont reçu quelque emploi dans les arts, ou l'économie domestique, ou la médecine.

Souvent le même Genre est répété dans l'analyse de la même Classe ou dans l'analyse de celle de plusieurs Classes, pour en faciliter l'étude, et prévenir le cas où la plante à étudier offrirait quelques variations. Si le nom du genre n'est précédé d'aucun numéro, ce genre est sans usage ou étranger à la *Flore française*.

Des termes vulgaires ont très-souvent pris la place des mots scientifiques sans rien ôter à l'exactitude des descriptions et sans présenter comme eux, des images dangereuses pour de jeunes imaginations. Un vocabulaire spécial, placé à la fin du volume, donne l'explication des termes qu'il n'a pas été possible de changer.

Les descriptions génériques sont généralement prises dans les *Genera Plantarum* de Linnée et de Jussieu, dans le *Botanicon Gallicum*, etc., etc.

Les descriptions spécifiques ont été vérifiées avec soin sur l'*Herbier*, de M. Pagès (Lyon), sur l'*Herbier de la France*, de Bulliard, et les ouvrages de Reichenbach, Swartz, Haller, Duhamel, Seringe, Vaucher, Gaudin, etc. La *Flore Française*, de M. Grenier et Godron, a été mise à profit ainsi que les précieux ouvrages de Roques, de Balbis, de Décandolle, de Mérat, de Chirat, de Babey, etc., etc.

Populariser la Botanique ; en simplifier l'étude en mettant à profit les travaux des maîtres de la science, tel est le but de la *Flore utile de la France*, et si elle reçoit un accueil favorable, un second volume fera connaître les usages et les propriétés des plantes comprises dans le premier volume. Il montrera que les végétaux créés pour l'homme semblent vouloir égaler le nombre de ses désirs et de ses besoins, par leurs formes et leurs couleurs variées, par leurs propriétés et leur compositions aussi différentes que leurs formes. Et en effet, les végétaux nous offrent une

nourriture saine, et des boissons précieuses; ils
forment nos vêtements et nos demeures, nos
meubles et nos armes; ils nous réchauffent et nous
éclairent; leurs produits peuvent donner la santé
ou la mort; leurs parfums et leurs saveurs délec-
tent nos organes, tandis que leurs couleurs expri-
ment, par un muet langage, les sentiments du
cœur que la bouche ne saurait exprimer; et si le
fruit d'un arbre a été un germe de mort pour la
famille humaine, le fruit du blé et le fruit de la
vigne, divinement transformés, sont un germe de
vie éternelle pour nous que l'arbre de la Croix
sauva sur le Calvaire, et qu'une croix de bois pro-
tégera dans notre cercueil en témoignant de notre
foi et de nos espérances.


Paris, 24 décembre 1853.

# FLORE UTILE

# DE LA FRANCE.

## Première Classe.

—

### UNE ÉTAMINE. — MONANDRIE.

—

### ORDRE UNIQUE.

#### UN PISTIL. — MONOGYNIE.

** Une corolle monopétale.*

Corolle prolongée à la base en
éperon . . . . . . . . . 1. CENTRANTHE.

*** Corolle nulle.*

Plante charnue, calice ventru à
4 angles . . . . . . . . 2. SALICORNE.
Plante non charnue, feuilles
élargies, lobées. . . . . 19. APHANE.

1. CENTRANTHE, *Centranthus* DC. Calice petit, à dents nombreuses, très-courtes : corolle à cinq

divisions un peu irrégulières, éperonnée à la base du tube : fruit à une graine, couronné par les dents du calice qui se sont déroulées en aigrette plumeuse.

### * *Eperon long.*

1. C. ROUGE. — *C. ruber*, DC!

Tige rameuse, droite, glabre, haute de 2-3 pieds : feuilles glabres, ovales-lancéolées : fleurs d'un beau rouge, rarement blanches, en corymbe. *v.* Juin, août. Rochers exposés au midi.

2. C. A FEUILLES ÉTROITES. — *C. angustifolius*. DC.

Tige plus élevée : feuilles étroites linéaires, aiguës : fleurs purpurines ou blanches, en corymbe. *v.* Eté, lieux pierreux.

### ** *Eperon très-court.*

3. C. CHAUSSE-TRAPE. — *C. calcitrapa*. DC.

Tige ordinairement simple, de 1-2 pieds : feuilles radicales ovales, celles de la tige profondément pinnatifides, à lobe terminal plus grand, parfois les feuilles sont presque toutes ovales-arrondies : fleurs purpurines, en corymbe. *a.* Mai, juin. Rochers.

2. SALICORNE, *Salicornia*, L. Calice ventru, persistant, à 4 angles, entier ou à peine denté : corolle nulle : 1-2 étamines : style à 2 stigmates saillants : graine recouverte par le calice.

1. S. HERBACÉE. — *S. herbacea*, L.

Tige charnue, articulée, rameuse, à rameaux comprimés, étalés, opposés et échancrés : feuilles nulles : fleurs petites, herbacées, en épis axillaires amincis vers le sommet. *a.* Eté. Marais salins.

2. S. LIGNEUSE. — *S. fruticosa*, L.

Tige ligneuse, épaisse, à rameaux ascendants, comprimés aux articulations : fleurs vertes en épis allongés. *l.* Eté. Bords de la Méditerranée.

**3. BLETTE**, *Blitum*, L. Calice persistant à 3-5 divisions arrondies : corolle nulle : 1-3-5 étamines : graine unique, en rein, recouverte par le calice devenu charnu et semblable à une baie rouge.

1. B. EFFILÉE. — *B. virgatum*, L.

Tige penchée, feuillée jusqu'au sommet : feuilles lancéolées, en triangle, munies surtout vers la base de dents irrégulières : fleurs verdâtres, en capitules tous axillaires. *a*. Eté. Décombres.

2. B. EN TÈTE. — *B. capitatum*, L.

Tige dressée, non feuillée au sommet : feuilles peu ou point dentées, en fer de lance : fleurs verdâtres, en capitules, les uns axillaires, les autres serrés en épi terminal. *a*. Eté. Champs, murs.

# Deuxième Classe.

## DEUX ÉTAMINES PAR FLEUR.—DIANDRIE.

### 1er ORDRE.

#### UN PISTIL. — MONOGYNIE.

##### § I. Fleurs complètes.

*A. Corolle monopétale régulière : arbustes ou arbrisseaux.*

*★ Fruit charnu.*

*⸹ Baie.*

Corolle à tube court, blanche, à
4 divisions . . . . . . . . 4. TROÈNE.

Corolle à tube long, à 5 divisions . . . . . . . . . . . 5. JASMIN.

§§ *Fruit en drupe.*

Corolle à tube court. . . . . . . 6. OLIVIER.

** *Fruit sec.*

Capsule : corolle à 4 lobes. . . . 7. LILAS.

B. *Corolle monopétale irrégulière.*

* *Une capsule pour fruit.*

§ *Corolle éperonnée : ovaire à une loge.*

Feuilles grasses, luisantes . . . 8. GRASSETTE.

§§ *Corolle sans éperon : ovaire à deux loges.*

2 Bractées à la base du calice :
corolle à 2 lèvres . . . 9. GRATIOLE.
Calice sans bractées : corolle en
roue. . . . . . . . . . . 10. VÉRONIQUE.

** *Quatre graines nues au fond du calice.*

§ *Anthères au sommet d'un filet.*

a. *Corolle à 2 lèvres bien distinctes.*

Arbuste à feuilles étroites. . . . 12. ROMARIN.

b. *Corolle à 4 lobes presque égaux.*

Lobes de la corolle entiers. . . 13. VERVEINE.
Lobe supérieur de la corolle
échancré . . . . . . . . . 14. LYCOPE.

§§ *Anthères aux deux bouts d'un filet posé en travers
sur un pivot.*

Corolle à 2 lèvres . . . . . . . 11. SAUGE.

C. *Corolle polypétale.*

* *Arbre.*

Corolle nulle , ou à 4 pétales, ou
à 4 lobes . . . . . . . . 16. FRÊNE.

**** *Herbes.***

Corolle de 2 pétales en cœur. . .    15. Circée.
Corolle de  4 pétales. . . . . .    379. Passerage.

§ 2. Fleurs incomplètes.

**** *Arbre.***

Corolle nulle, ou à 4 pétales,
  ou à 4 lobes. . . . . . . . 16. Frêne.

**** *Herbes.***

Une à 3 folioles en forme de
  lentilles nageant sur l'eau
  des mares. . . . . . . . . 17. Lentille d'eau.
Herbe charnue, sans feuil-
  les, croissant sur la terre.  2. Salicorne.

§ 3. Fleurs formées d'écailles imbriquées.

Graines laineuses ou soyeu-
  ses. . . . . . . . . . . . . 29. Linaigrette.

—

## II ORDRE.

**Deux pistils. — Digynie.**

Fleur glumacée, formée d'é-
  cailles distiques, munies
  d'arête. . . . . . . . . . . 18. Flouve.
Calice à 8 divisions dont 4 plus
  petites, alternes. . . . . . 19. Aphane.

4. TROENE, *Ligustrum*, l. Calice très-petit, à
4 dents: corolle à tube court, à 4 divisions étalées :
baie à 2 loges, à 2-4 graines.

T. commun. — *L. vulgare*, l.

Arbrisseau à rameaux grêles et flexibles: feuilles
opposées, ovales, lancéolées, glabres, entières :
fleurs petites, blanches, en grappes terminales : baies
noires. *l*. Eté. Haies.

5. JASMIN, *Jasminum*, L. Calice à 5 divisions : corolle à long tube, à 5 divisions obliques : stigmate bifide : baie dure, à 2 loges à une graine munie d'arille.

1. J. COMMUN. — *J. officinale*, L.

Arbuste à rameaux sarmenteux, sillonnés : feuilles opposées, ailées, à folioles ovales : calice à divisions étroites et longues : corolle blanche à divisions ovales, pointues : fleurs en corymbe. *l.* Jardins.

2. J. ARBUSTE. — *J. fruticans*, L.

Arbuste à fleurs jaunes en corymbe : feuilles alternes, les unes simples, les autres à 3 folioles oblongues, baies noires. *l.* Mai, juin. Rochers du midi.

6. OLIVIER, *Olea*, L. Calice petit, à 4 dents : corolle à tube court, à 4 divisions planes, ovales : stigmate bifide : drupe glabre, amère, à chair huileuse : noyau à 2 loges et à 2 graines, parfois une loge et une graine.

1. O. D'EUROPE. — *O. Europœa*, L.

Petit arbre rameux, à écorce cendrée : feuilles opposées, persistantes, coriaces, oblongues-lancéolées, entières, blanchâtres en dessous, un peu roulées en dessous par les bords : fleurs blanches, petites, en grappes axillaires. *l.* Mai, juin. Midi.

7. LILAS, *Syringa*, L. Calice petit, à 4 dents : corolle tubuleuse à 4 lobes concaves : stigmate bifide : capsule oblongue, comprimée : graines bordées d'une aile.

1. L. COMMUN. — *S. vulgaris*, L.

Arbrisseau à feuilles ovales, un peu en cœur à la base, opposées : fleurs odorantes, lilas ou blanches, en grappes terminales. *l.* Mai. Jardins.

2. DE PERSE. — *S. Persica*, L.

Diffère par ses feuilles lancéolées, entières ou pinnées : fleurs purpurines. *l.* Printemps. Jardins.

8. GRASSETTE, *Pinguicula*, L. Calice à 5 lo-

bes : corolle éperonnée, à deux lèvres , la supérieure à 2 lobes, l'inférieure à 3 lobes obtus , plus longs : stigmate à 2 lames inégales : capsule à 1 loge , à 2 valves, à graines oblongues, ponctuées : hampes uniflores : feuilles grasses.

1. G. COMMUNE. — *P. vulgaris*, L.

Feuilles toutes radicales, étalées, ovales-oblongues obtuses , d'un vert jaunâtre et comme huilées : fleurs d'un bleu-violet moins foncé à la gorge : éperon plus court que la corolle. *v.* Mai, juin. Marais.

9. GRATIOLE , *Gratiola*, L. Calice à 5 divisions, muni de 2 bractées à la base : corolle tubuleuse, un peu à 4 angles, à 2 lèvres peu marquées , la supérieure échancrée, l'inférieure à 3 lobes : étamines 4-5 dont seulement 2 fertiles à anthères pendantes : capsule ovale , à 2 loges, à 2 valves, à graines nombreuses.

G. OFFICINALE. — *G. officinalis*, L.

Racine rampante , articulée : tige dressée , glabre, ordinairement simple , cylindrique , un peu carrée dans le haut, s'élevant à 10-15 pouces : feuilles opposées, nombreuses, sessiles, lancéolées, dentées en scie , à 3-5 nervures, ponctuées : fleurs rosées ou blanches, à tube jaunâtre , portées sur de longs pédoncules axillaires, uniflores. *v.* Eté. Prés humides.

10. VÉRONIQUE , *Veronica* , L. Calice à 4, rarement à 5 divisions : corolle en roue , à tube court, à 4 divisions dont l'inférieure plus petite : capsule ovale ou en cœur renversé, à 2 loges, à 2 ou plusieurs graines.

§ 1. **Fleurs en épis terminaux ou en grappe terminale.**

* *Epis serrés, fournis.*

1. V. EN ÉPI. — *V. spicata*. L.

Racine rampante : tige ascendante , pubescente ,

haute de 4-8 pouces, ordinairement simple: feuilles opposées, obtuses, sessiles, oblongues, entières ou crénelées-dentées : fleurs bleues ou blanchâtres en épis fournis, longs : capsule arrondie, à peine échancrée. *v.* Eté. Haies, prairies des montagnes.

**★★** *Grappe de fleurs lâche.*

2. V. à feuilles de serpolet. — *V. serpyllifolia.* l.

Plante glabre : tige couchée, radicante à la base, puis ascendante, longue de 3-6 pouces : feuilles ovales, obtuses, entières ou à peine crénelées : fleurs solitaires axillaires, disposées en grappe°, à la fin lâche : corolle blanche ou rosée, rayée de bleu : capsule comprimée, peu échancrée, en cœur, glabre, à lobes ciliés. *v.* Eté. Fossés, bois.

§ **2. Fleurs en épis ou grappes axillaires.**

**★** *Plantes pubescentes ou velues.*

a. *Poils de la tige sur deux rangées opposées.*

3. V. petit chêne. — *V. chamædrys.* l.

Tige cylindrique, dure, ascendante, à deux rangées de poils alternant d'un entre-nœud à l'autre : feuilles sessiles, opposées, ovales, en cœur, ridées, velues, dentées : fleurs bleuâtres ou rosés, en grappes lâches, pédonculées : capsule comprimée, en cœur renversé, ciliée. *v.* Mai, juin. Bois, haies.

b. *Poils épars sur la tige.*

¶ *Calice à 4 lobes.*

4. V. officinale. — *V. officinalis.* l.

Racine rampante : tige couchée et radicante à la base, velue, ascendante : feuilles rudes, hérissées, crénelées, dentées, opposées : fleurs d'un bleu pâle ou blanches, rayées de rouge : capsule comprimée, pubescente, en cœur, dépassant le calice. *v.* Eté. Lieux arides, bois montueux.

*¶¶ Calice à 5 lobes dont l'un est très-petit.*

5. V. TEUCRIETTE. — *V. Teucrium.* L.

Tige un peu couchée à la base, velue, dure, haute de 6-10 pouces : feuilles inférieures ovales, sessiles ou à peine pétiolées, profondément dentées, les supérieures plus étroites, sessiles, presque pinnatifides : fleurs grandes, en grappe lâche, très-allongée, dépassant la tige : corolle bleue, veinée : capsule comprimée presque arrondie, surmontée d'un long style. *v.* Eté. Champs, paturages.

V. PROSTATA. L.

Tiges couchées gazonnantes : feuilles presque pétiolées, étroites, linéaires-lancéolées, dentées : calice et capsule glabres. *v.* Eté. Collines sèches.

** *Tiges glabres.*

**a.** *Feuilles arrondies ou oblongues, épaisses.*

6. V. AQUATIQUE. — *V. Beccabunga.* L.

Tige tendre, rameuse, couchée, radicante : feuilles charnues, glabres, opposées, ovales-arrondies, dentées, luisantes : fleurs bleues, en grappes lâches, étalées, axillaires : capsule comprimée, arrondie. *v.* Mai, août. Mares, fossés.

Varie à tige droite et feuilles entières.

**b.** *Feuilles lancéolées ou linéaires, minces.*

7. V. MOURON D'EAU. — *V. Anagallis,* L.

Tige couchée et radicante à la base, dressée hors de l'eau, haute de 1-2 pieds et plus : feuilles opposées, lancéolées, longues, demi-embrassantes, dentées en scie, glabres : fleurs bleues en grappes axillaires : capsule arrondie, comprimée, un peu échancrée. *v.* Mai, août. Fossés, ruisseaux.

**11. SAUGE,** *Salvia.* L. Calice tubuleux ou en cloche, strié, à 2 lèvres, la supérieure trifide, l'inférieure bifide, à gorge nue en dedans : corolle longuement tubuleuse, à 2 lèvres. la supérieure voûtée ou comprimée , échancrée , l'inférieure à 3 lobes : anthères à 2 loges séparées par un filet fixé horizontalement par le milieu sur les filets très-courts : graines rudes, anguleuses et soudées, placées dans le fond du calice.

** Lèvre supérieure de la corolle comprimée.*

1. S. DES PRÉS. — *S. pratensis.* L.

Tige dressée, d'un à deux pieds, carrée, un peu laineuse par le bas, peu feuillée : feuilles radicales nombreuses , étalées , pétiolées , ridées , ovales en cœur, doublement crénelées, les caulinaires sessiles : fleurs presque sessiles, bleues, roses ou blanches, en verticilles opposés , presque nus, formant des épis allongés : bractées ovales en cœur, acuminées , courtes : corolle longue à lèvre supérieure courbée en faucille. *v.* Mai, juillet. Partout dans les prés secs.

2. S. SCLARÉE. — *S. Sclarea.* L.

Tige dressée , carrée , velue , à poils glanduleux dans le haut : feuilles ovales , pétiolées , très-grandes, en cœur à la base, épaisses, ridées, irrégulièrement crénelées, les supérieures sessiles : bractées roses , très-pointues : corolles grandes, blanches ou bleuâtres dépassées par les bractées et formant un épi terminal : calice à dents piquantes. *v.* Été. Chemins.

*** Lèvre supérieure de la corolle voûtée, non comprimée.*

3. S. OFFICINALE. — *S. officinalis.* L.

Tige dressée, ligneuse à la base , rameuse, blanchâtre : feuilles pétiolées, ovales-lancéolées, grenues, finement crénelées , un peu blanchâtres en-dessous , pubescentes : fleurs bleuâtres , 6-8 par verticilles rapprochés en épi simple , dressé , terminal. *l.* Été. Jardins. Midi.

**4. S. HORMIN. — *S. Horminum.* L.**

Tige herbacée, grosse, carrée, velue : feuilles oblongues, obtuses, crénelées : bractées larges, aiguës, les supérieures colorées : fleurs verticillées 5-6, violettes ou d'un beau pourpre. *a.* Eté. Midi. Jardins.

**12. ROMARIN**, *Rosmarinus.* L. Calice comprimé, à 2 lèvres, la supérieure entière, l'inférieure bifide, à gorge nue : corolle à 2 lèvres, la supérieure bifide, l'inférieure à deux lobes réfléchis, le médian très-grand et concave : étamines arquées, saillantes, munies d'une dent : stigmate aigu : 4 graines au fond du calice.

**1. R. OFFICINAL. — *R. officinalis,* L.**

Arbuste de 1-4 pieds, dressé, très-rameux, à rameaux cendrés : feuilles opposées, linéaires, fermes, entières, obtuses, vertes en-dessus, blanchâtres en-dessous et roulées en-dessous par les bords, odorantes : fleurs axillaires, bleuâtres ou blanches, ponctuées. *l.* Mars, mai. Midi.

**13. VERVEINE**, *Verbena.* L. Calice anguleux, tubuleux, à 5 dents dont une plus courte : corolle à tube courbé à peine, à limbe étalé, à 5 lobes arrondis, presque en deux lèvres : 2-4 étamines à filets renfermés dans le tube : 2-4 graines recouvertes par une pellicule mince en réseau, disposées au fond du calice.

**1. V. OFFICINALE. — *V. officinalis.* L.**

Tige raide, carrée, droite, haute de 1-2 pieds : feuilles opposées, ridées, ovales-oblongues, incisées-pinnatifides, les supérieures souvent presque entières, lancéolées : fleurs petites, presque sessiles, d'un blanc bleuâtre, en épis grêles, filiformes, allongés, terminaux. *a.* Eté. Chemins.

**2. V. A TROIS FEUILLES. — *V. triphylla.* L'Héritier.**

Arbuste à feuilles lancéolées, 3 à 3, rudes, odorantes : fleurs petites, violettes, en panicule au sommet des rameaux. *l.* Jardins. *Verveine citronelle.*

**14. LYCOPE,** *Lycopus.* l. Calice tubuleux, à 5 dents : corolle en entonnoir à 4 lobes presque égaux, le supérieur plus large, échancré : 2-4 étamines dont 2 seulement fertiles : graines arrondies, émoussées, au nombre de 4 au fond du calice.

1. L. d'Europe. — *L. Europœus.* l.

Tige carrée, dressée, haute de 2-3 pieds, pubescente : feuilles opposées, ovales-lancéolées, incisées-dentées, pinnatifides à la base, pétiolées et velues, les supérieures presque sessiles et sinuées, grossièrement dentées : fleurs petites, blanches, ponctuées de pourpre, longues, 20-30 en verticilles serrés : calice piquant. *v.* Eté. Lieux humides.

**15. CIRCÉE,** *Circœa.* l. Calice caduc, à tube filiforme, à limbe à 2 divisions ovales : corolle de 2 pétales en cœur renversé : ovaire infère : capsule ovoïde, hérissée de poils crochus, à 2 loges, à 2 valves s'ouvrant de la base vers le sommet : graines solitaires.

1. C. des Parisiens. — *C. Luteliana.* l.

Tige dressée, haute de 8-16 pouces, pubescente, simple ordinairement : feuilles opposées, pétiolées, ovales aiguës, qqf. un peu arrondies en cœur à la base, dentelées irrégulièrement : fleurs rosées ou blanches, en grappe terminale allongée, nue : pédicelles étalés, poilus. *v.* Eté. Bois humides, haies, ombrages.

**16. FRÊNE,** *Fraxinus.* l. Calice et corolle nuls ou à 3-4 divisions linéaires : capsule ovale, comprimée (*samare*) terminée par une aile membraneuse, à une loge par avortement et à une graine.

** Calice et corolle nuls : fleurs polygames.*

1. F. ÉLEVÉ. — *F. excelsior*. L.

Arbre élevé de 40-80 pieds, à écorce unie, grisâtre, à bois blanc : feuilles opposées, pétiolées, articulées, ailées avec impaire, à 11-15 folioles, lancéolées, dentées en scie, acuminées : fleurs brunâtres, paraissant avant les feuilles, disposées en grappes dressées, nombreuses, ramassées au bout des rameaux : capsules (*samares*) pendantes. *l*. Avril, mai. Bois, haies un peu humides.

*** 4 Pétales linéaires, longs : calice à 4 parties.*

2. F. ORNE. — *F. Ornus*. L.

Arbre de 20-30 pieds : feuilles opposées, ailées avec impaire, à 5-9 folioles ovales lancéolées, pointues, pétiolées, dentées en scie, pâles en-dessous : fleurs nombreuses, odorantes, blanches, presque toujours à étamines et à pistils, en grappe touffue à l'extrémité des rameaux. *l*. Avril, mai. Bois, Alsace, Provence. Jardins.

17. LENTILLE D'EAU , *Lemna*. L. Fleurs seulement à pistils ou seulement à étamines : fleurs à étamines solitaires, peu apparentes, placées sous les feuilles, formées d'un périanthe d'une seule pièce contenant deux étamines : fleurs à pistil formées de même : 1 pistil : 1 capsule à 1 loge, à 1-2 graines.

1. L. COMMUN. — *L. minor*. L.

Petite plante en forme de lentilles vertes, flottant sur l'eau, attachées 3 ensemble par la base et munies d'une racine en-dessous ; elles se multiplient par le développement latéral de petites folioles semblables. *u*. Sur les eaux tranquilles.

18. FLOUVE. *Anthoxanthum*. L. Glume à 2 valves, à 3 fleurs, la supérieure sans arête, fertile,

munie d'étamines et de pistils, les 2 inférieures sans étamines ni pistils, réduites à une seule valve portant une arête dorsale tortillée ; 2 styles , graine glabre . oblongue.

1. F. ODORANTE. — *A. odoratum*. L.

Chaumes de 10-20 pouces, dressés, nus dans le haut : feuilles planes, ordinairement glabres, linéaires-acuminées : ligule tronquée : panicule en épi un peu lâche, d'un vert jaunâtre ou violacé : fleurs stériles hérissées, soyeuses : fleurs fertiles glabres, brunâtres, luisantes. *v.* Mai, juin. Prés et bois.

19. APHANE , *Aphane*. L.. Calice à 8 divisions dont 4 alternativement plus petites : étamines 1-2 insérées sur la gorge du calice : corolle nulle : 2 styles : 2 graines recouvertes par le calice : rarement 4 étamines.

1. A. DES CHAMPS. — *A. arvensis*. L.

Tige de 2-4 pouces, très-rameuse , étalee , velue. feuillée : feuilles velues, petites, presque sessiles, divisées en 3-5 lobes en coin subdivisés en 3-4 autres, ciliés : stipules larges, embrassantes, incisées-dentées: fleurs petites, herbacées, en paquets axillaires, sessiles. *α.* Mai, août. Champs.

# Troisième Classe.

—

## TROIS ÉTAMINES PAR FLEUR.

### TRIANDRIE.

—

## Ier ORDRE.

### UN PISTIL PAR FLEUR. — MONOGYNIE.

—

**§ 1. Fleurs complètes.**

** Corolle monopétale.*

*¶ Corolle régulière.*

Dents du calice se déroulant après
la floraison en aigrette plumeuse. . . . . . . . . . . 20. VALÉRIANE.

Dents du calice courtes et ne
se déroulant pas en aigrette
plumeuse . . . . . . . . . 21. MACHE.

*¶¶ Corolle irrégulière.*

3 pétales plus étroits ; très-petite
plante . . . . . . . . . . . 22. MONTIE.

*** Corolle polypétale.*

Arbuste à fleurs jaunes . . . . . 23. CAMÉLÉE.

**§ 2. Fleurs incomplètes non glumacées.**

** Fleurs grandes, colorées : tiges simples ou nulles.*

*¶ Pas de tiges.*

Fleurs et feuilles radicales. . . . 24. SAFRAN.

*¶¶ Une tige portant les fleurs et les feuilles.*

Fleurs un peu irrégulières en
gueule. . . . . . . . . . . . 25. GLAYEUL.

Fleur régulière à stigmates pétaloïdes . . . . . . . . . . . . . 26. IRIS.

** *Fleurs petites : tiges rameuses : spate nulle.*
Herbes à fleurs en grappes ou
épis — (Jardins). . . . . . . AMARANTHE.

### § 3. Fleurs glumacées ; gaîne des feuilles entière.

* *Chaque écaille ou fleur munie d'étamines et de pistils.*
¶ *Ecailles sur deux rangs distiques.*
Ecailles toutes fertiles. . . . . . 27. SOUCHET.

¶¶ *Ecailles sur quatre rangs ou en tout sens.*
Graines entourées de longs poils
blancs soyeux . . . . . . . . 29. LINAIGRETTE.
Graines nues ou entourées de
soies courtes : écailles toutes
fertiles, imbriquées en tout
sens . . . . . . . . . . . . . 28. SCIRPE.

** *Des écailles seulement à étamines et d'autres seulement à pistils.*
Etamines séparées des pistils dans
le même épi ou dans des épis
différents. . . . . . . . . . . 30. LAICHE.

—

## II ORDRE.

### DEUX PISTILS PAR FLEUR. — DIGYNIE.

—

### § 1. Fleurs glumacées (graminées).

A. *Epillets non pédicellés, tous sessiles sur les dents de l'axe.*

* *Epillets solitaires sur chaque dent de l'axe.*
Glume à deux valves ovales

ou ovales-lancéolées, tri-
flore. . . . . . . . . . . . 50. FROMENT.
Glume à 2 valves linéaires, tri-
flore ; 2 fleurs fertiles . . . . 51. SEIGLE.
Glume à une seule valve dans
les épillets latéraux, l'intérieure
exiguë, et à 2 valves dans le
terminal; 3-20 fleurs par épillet. 49. IVRAIE.

** *Epillets trois-à-trois et parallèles sur chaque dent
de l'axe.*

Epillets à une fleur ; glume à
valves étroites . . . . . . . . 52. ORGE.

B. *Epillets deux-à-deux sur les articulations de l'épi
ou de la panicule, l'un sessile, l'autre pédicellé.*

Epillets tous pédicellés et pourvus d'étamines et de pistils. . 54. SUCRE.
Epillets linéaires, les uns sessiles, pourvus d'étamines et
de pistils, les autres pédicel-
lés et à étamines seulement. . 53. BARBON.

C. *Epillets à pédicelle plus ou moins long, quelquefois très-court, à une fleur, souvent accompagnée
du rudiment d'une deuxième fleur au sommet,
ou de deux à la base.*

* *Epillets comprimés par le dos, c'est-à-dire glume
simplement convexe : glume à 3 valves, l'inférieure
plus petite ou très-petite.*

Epillets entourés de soies à la
base . . . . . . . . . . . . . 37. SÉTAIRE.
Epillets non entourés de soies à
la base. . . . . . . . . . . . 36. PANIC.

** *Epillets comprimés par les côtés : glume nulle.*

Glumelle à deux valves inégales, carénées, fermées. . 31. LEERSIE.

*** *Epillets comprimés par les côtés : glume à 2 valves : fleur munie à la base de paillettes ou de 2 fleurs rudimentaires.*

Fleur munie à la base de 2 écail-
les sans arête. . . . . . . . . . 33. ALPISTE.
Fleur munie à la base de 2 paillettes aristées , plus longues
que la fleur. . . . . . . . . . . 18. FLOUVE.

**** *Epillets cylindriques ou comprimés par les côtés : glume à 2 valves , à 1 fleur souvent accompagnée du rudiment d'une autre fleur supérieure.*

¶ *Stigmates filiformes sortant du sommet de l'épillet.*

Valves de la glume carénées ,
presque égales , plus longues
que la glumelle . . . . . . . 32. FLÉOLE.

¶¶. *Style allongé, à stigmate en goupillon, sortant au-dessous du sommet de la fleur.*

Epis digités : valves de la glume
étroites, étalées. . . . . . . . 35. CHIENDENT.
Panicule ou épi non digité, très-
velu. . . . . . . . . . . . . . 54. SUCRE.

¶¶¶ *Style court ou nul , à stigmates plumeux, sortant de la base de l'épillet.*

De longs poils à la base de la glumelle. . . . . . . . . . . . . . CALAMAGROSTIDE.
*Poils courts ou nuls à la base de
la glumelle.*
Arête courte, fine ou nulle. . . . 39. AGROSTIDE.
Arête forte, longue, tordue, arti-
culée à la base . . . . . . . . 38. STIPE.

**D.** *Epillets plus ou moins longuement pédicellés, à 2 ou plusieurs fleurs, les inférieures rarement neutres ou à étamines, les terminales avortées ordinairement.*

* *Stigmates en goupillon sortant au-dessous du sommet de la fleur.*

Fleurs à glumelles très-velues à la base, sans arête; plante élevée. . . . . . . . . . . . . 40. Roseau.

Fleurs à glumelles peu velues ou glabres; une seule fleur fertile. 34. Houque.

** *Stigmates plumeux sortant de la base de la fleur.*

¶ *Epillet à 2 fleurs.*

2 fleurs fertiles : glumelle portant une arête à la base. . . . . 41. Canche.

1 fleur fertile, sans arête, la fleur supérieure à étamines et aristée. . . . . . . . . . . . . . 34. Houque.

¶¶ *Epillet à 2 ou plusieurs fleurs.*

a. *pas d'arête.*

† *Glumelle obtuse.*

Glumelles ventrues, en cœur à la base. . . . . . . . . . . 45. Brize.

Epillets oblongs : glumelle extérieure rongée-dentée au sommet, à 5-7 nervures . . . . . 44. Glycérie.

†† *Glumelle aiguë.*

Epillets à fleurs ovoïdes ou lancéolées, comprimées-carenées sur le dos, caduques avec les articles de l'axe. . . . . . . 43. Paturin.

Epillets lancéolés, pointus aux
   deux bouts, arrondis sur le dos,
   aristés ou mutiques. . . . . . 47. FÉTUQUE.

b. *Une arète.*

† *Arête terminant la glumelle.*

Epillets lancéolés, comprimés,
   aigus aux deux bouts ; glumelle
   arrondie sur le dos, avec ou
   sans nervure proéminente. . 47. FÉTUQUE.

†† *Arête insérée au-dessous du sommet de la
glumelle.*

Glumelle comprimée - carénée :
   épillets en panicule agglomérée,
   unilatérale : arête très-courte. 46. DACTYLE.
Glumelle lancéolée, arrondie sur
   le dos, veinée : panicule égale :
   arête partant souvent d'une
   échancrure . . . . . . . . . . 48. BROME.

††† *Arête dorsale.*

Arête genouillée tordue à la base;
   panicule . . . . . . . . . . . 42. AVOINE.

### § 2. Fleurs non glumacées.

Calice ou périanthe à 3-5 divisions:
   1-5 étamines : une graine en
   rein recouverte par le périanthe, à la fin charnu. . . . . . 3. BLETTE.

20. VALERIANE *Valeriana*. L. Calice à 5 dents
d'abord roulées en dedans, puis se déroulant en
aigrette plumeuse après la floraison, caduc: corolle
en entonnoir, bossue à à la base, à 5 divisions un
peu inégales : capsule à une loge, à une graine.

**A.** *f. u'll's toutes ailées.*

1. V. OFFICINALE. — *V. officinalis.* L.

Racines composées de fibres épaisses, blanchâtres, d'une odeur forte : tige droite, sillonnée, haute de 2-4 pieds, glabre ou un peu velue surtout en bas : feuilles ailées avec impaire, à 7-10 paires de folioles sessiles, lancéolées, entières ou dentées, souvent confluentes au sommet de la feuille, fleurs blanches ou roses, peu odorantes, en corymbe rameux, à la fin paniculé ; rameaux opposés. v. Été. Lieux humides, bois, fossés.

**B.** *Feuilles les unes simples, les autres ailées ou ternées.*

**a.** *Des feuilles ternées sur la tige.*

2. V. A TROIS LOBES. — *V. tripteris.* L.

Tige élevée, glabre : feuilles radicales petiolées, en cœur ou ovales, fleurs blanches ou purpurines, dioïques, en panicule : souche épaisse. v. Montagnes. Été.

3. V. DES PYRÉNÉES. — *V. Pyrenaïca.* L.

Tige pubescente, striée élevée ; feuilles toutes en cœur à la base. v. Été. Lieux humides.

**b.** *des feuilles ailées sur la tige.*

* *racine tubéreuse.*

4. V. TUBÉREUSE. — *V. tuberosa.* L.

Racine en fuseau ; feuilles obtuses, les radicales entières ou un peu ailées, ovales, lancéolées, les caulinaires ailées. v. Mai, juin. Bois des montagnes.

** *Racine non tubéreuse.*

§ *Fruit hérissé sur deux lignes.*

5. V. PHU. — *V. phu.*

Tige grande, haute, de 2-3 pieds : feuilles glabres,

les radicales entières ou incisées, quelquefois lobées à la base, les caulinaires ailées, à lobes entiers, lancéolés : fleurs blanchâtres, odorantes. *v.*
Eté. Monts.

*§§ Fruit glabre ou non hérissé sur deux lignes.*

6. V. DIOÏQUE. — *V. dioïca.* L.

Tige presque simple, haute de 4-8 pouces : feuilles
radicales, pétiolées, ovales arrondies, les caulinaires
inférieures lyrées-ailées, les supérieures à 3-4 lobes
linéaires : fleur dioïques ou polygames. *v.* Avril.
juin. Prés humides.

C. *Feuilles toutes simples.*

a. *Feuilles caulinaires ovales, pointues.*

7. V. DE MONTAGNE. — *V. montana.* L.

Tige simple, droite, haute de 10-18 pouces :
feuilles un peu dentées ou entières, les radicales pétiolées, ovales ou arrondies, celles des jets stériles
ovales, à long pétiole : les caulinaires ovales-lancéolées, sessiles ou à peu près : fleurs blanches ou
rosées, en corymbe trichotome. *v.* Eté. Lieux arides des montagnes.

b. *Feuilles caulinaires linéaires ou lancéolées.*

* *Fruit hérissé.*

8. V. NARD CELTIQUE. — *V. celtica.* L.

Racine odorante : tige grêle, dressée courte : feuilles entières, glabres, les radicales oblongues obtuses.
les caulinaires linéaires : fleurs petites, blanchâtres
ou jaunâtres, verticillées, écartées. *v.* Eté. Hautes
montagnes.

** *Fruit glabre.*

9. V. SALIUNCA. — *V. saliunca.* L.

Tige courtes, couchées à la base, en touffe : racine grosse : feuilles glauques, les radicales ovales.

les 2-3 caulinaires linéaires : fleurs en tête, rouges en dehors. *v*. Eté. Montagnes. Rare.

10. V. DES ROCHERS. — *V. saxatilis*. L.

Tige grêle, dressée, à deux feuilles linéaires, lancéolées, opposées, les feuilles radicales sont oblongues ou ovales, à 3 nervures et ciliées : fleurs dioïques, blanches, en corymbe. *v*. Eté.

21. MACHE, *Valerianella*. T. Calice à 5 dents, très-petites, droites : corolle tubuleuse, à 5 lobes réguliers : capsule nue ou couronnée par les dents du calice, à 3 loges dont une ou deux stériles.

1. M. COMMUNE. — *V. olitoria*. Mœnch.

Racines fibreuses : tiges faibles, anguleuses, dichotomes : feuilles opposées, oblongues, molles, glabres, entières ou dentées : fleurs petites, blanchâtres ou purpurines, en bouquets terminaux. *a*. Avril, mai. Jardins, lieux cultivés, vignes. Variable.

22. MONTIE, *Montia*. L. Calice persistant, comprimé, à 2-3 sépales : corolle en entonnoir. fendue profondément d'un côté, à 5 divisions dont 3 plus petites portant les étamines : style court à 3 stigmates : capsule à une loge, à 3 valves, à 3 graines, recouverte par le calice (quelquefois 3-5 étamines).

1. M. DES FONTAINES. — *M. fontana*. L.

Petite plante glabre, succulente, d'un vert jaunâtre : tiges rameuses, faibles, diffuses : feuilles opposées, oblongues ou linéaires, entières : fleurs blanches, petites, nombreuses, axillaires et terminales. *a*. Avril, mai. Lieux humides.

23. CAMÉLÉE, *Cneorum*. L. Calice persistant, très-petit, à 3 dents : 3 pétales étroits : 3 étamines : 3 stigmates : baie sèche, à 3 coques, à 1 graine ronde.

C. A TROIS COQUES. — *C. tricocon*. L.

Arbuste de 2-4 pieds, à rameaux glabres : feuilles

sessiles, petites, alternes, oblongues ou ovales, persistantes : fleurs petites, jaunes, axillaires. *l.* Printemps. Rochers du midi.

24. SAFRAN , *Crocus*. L. Périanthe à tube très-long, grêle : limbe à 6 divisions profondes, droites, égales : étamines insérées sur le tube : 3 stigmates épais, enroulés et souvent dentés en crête : capsule presque arrondie, à 3 lobes, à 3 loges, à 3 valves : graines rondes, nombreuses: racine bulbeuse: feuilles radicales, en faisceau, engaînées par la base : spathe uniflore.

1. S. CULTIVÉ. — C. sativus. L.

Feuilles ciliées sur les bords, sans nervures dans la gouttière : spathe double : stigmates d'un jaune orangé, crépus au sommet, égalant les pétales : fleurs d'un violet pâle. *v.* Automne.

2. S. DU PRINTEMPS. — C. vernus. ALL.

Feuilles étroites, dressées, linéaires, un peu obtuses au sommet, à carène un peu large et blanchâtre, sortant avec la fleur d'une gaîne scarieuse, sèche : spathe simple : fleurs à tube anguleux, violettes, blanches ou rayées de violet : stigmates droits, dilatés en crête et dentés, plus courts que les pétales. *v.* Printemps. Champs, paturages des hautes montagnes.

25. GLAYEUL , *Gladiolus*. L. Périanthe en entonnoir, un peu labié, à 6 divisions oblongues : style à 3 stigmates étalés, obtus, velus : capsule ovale, à 3 angles obtus, à 3 loges, à 3 valves, à graines nombreuses, munies d'une arille ou membraneuses sur les bords.

G. COMMUN. — G. communis. L.

Tige de 2-3 pieds, lisse : feuilles longues, étroites, pointues, en forme de glaive, embrassantes : fleurs sessiles, ordinairement unilatérales, rouges, violettes ou blanches. *v.* Mai, juin. Champs du midi.

26. IRIS, *Iris*. L. Périanthe tubuleux à 6 divisions profondes, 3 droites et les 3 alternes réfléchies : style court surmonté de 3 stigmates larges, pétaloïdes, recouvrant les étamines : capsule allongée, à 3 angles, à 3 valves, à 3 loges polyspermes.

* *Divisions extérieures du périanthe barbues à la base interne.*

§ *Fleurs blanches, sessiles.*

1. I. DE FLORENCE. — *I. Florentina*. L.

Tige multiflore, de 18-22 pouces : feuilles assez larges, en épée, aiguës, glauques : pétales ovales-oblongs, élargis au sommet, munis à la base d'une barbe jaune : 1-3 fleurs : racine très-odorante. *v.* Mai, juin. Murs de Provence.

§§ *Fleurs pédonculées.*

2. I. D'ALLEMAGNE. — *I. Germanica*. L.

Tige multiflore de 18-20 pouces, rameuse : feuilles en épée, un peu courbées en faux, entières, s'engaînant les unes dans les autres à la base : spathes oblongues, scarieuses : fleurs grandes, odorantes, violettes ou bleuâtres, à divisions extérieures veinées, munies à la base d'une barbe blanchâtre ou rarement jaunâtre : stigmates bifides : racine odorante quand elle est sèche, épaisse ou noueuse. *v.* Mai, juin. Rochers et vieux murs.

** *Divisions extérieures non barbues à la base interne.*

§ *Feuilles étroites, en gouttière.*

3. I. FAUX-XIPHIUM. — *I. xiphioïdes*. EHRH.

Racine bulbeuse : tige à 1-2 fleurs, plus courte que les feuilles : spathe verte, herbacée : ovaire à 3 angles aigus : fleurs grandes, azurées, violettes ou blanches. *v.* Eté. Pyrénées.

§§ *Feuilles non en gouttière, larges ou linéaires.*

† *Fleurs jaunes.*

4. I. FAUX ACORE. — *I. pseudo-acorus.* L.

Racine longue, rameuse, charnue : tige haute de 2-4 pieds, cylindrique, à peine comprimée : feuilles lancéolées, en épée : spathes verdâtres : fleurs grandes, pédonculées, à divisions extérieures, grandes, ovales, les intérieures linéaires comme en spatule : capsule à 3 angles. *v.* Mai, juin. Fossés, marais.

†† *Fleurs jamais jaunes.*

*Tige comprimée : graines rouges.*

5. I. FÉTIDE. — *I. fœtidissima.* L.

Racine épaisse : tige haute de 9-15 pouces, anguleuse d'un côté : feuilles en épée, lancéolées-linéaires, striées, répandant une odeur fétide quand elles sont froissées : fleurs d'un bleu gris ou sale, rayées de noir : ovaire à 3 angles : graines luisantes, globuleuses en forme de baies. *v.* Eté. Bois humides.

*Tige cylindrique.*

6. I. DE SIBÉRIE. — *I. Sibirica.* L.

Tige haute de 15-20 pouces : dépassant les feuilles très-étroites, linéaires, en épée, fleurs 2-4, bleues ou blanches, à divisions extérieures obovales, rétrécies en onglet court d'un brun jaunâtre : capsule à 3 angles. *v.* Juin. Prés humides.

27. SOUCHET, *Cyperus.* L. Epis comprimés, formés d'écailles ovales, creusées en carène et imbriquées sur 2 rangs opposés : chaque écaille forme une fleur : style très-long, à 2-3 stigmates : graines nues, à 3 angles, acuminées, sans poils involucre commun rayonnant.

* *Des tubercules aux racines.*

**1. S. COMESTIBLE. — *C. esculentus*. L.**

Racines menues, fibreuses, chargées de tubercules arrondis, bruns en dehors, blancs et doux à l'intérieur : tige à 3 angles, nue, feuillée à la base, haute d'un pied et demi : feuilles glauques, longues, étroites, linéaires, carénées : involucre de 3-4 folioles linéaires, planes, dépassant les épis linéaires-roussâtres, longs de 2-3 lignes, sessiles. *v.* Été. Lieux marécageux de la Provence. Cultivé.

**2. S. ROND. — *C. rotundus*. L.**

Fibres des racines se renflant çà et là en tubercules ovales, amers, fauves : tiges dures, nues, à 3 angles : feuilles glauques, graminées : épis presque sessiles, semblables du reste aux épis du précédent. *v.* Été. Marais du Midi.

** *Racines sans tubercules.*

**3. S. LONG. — *C. longus*. L.**

Racines longues, charnues, odorantes, brunes en dehors : tige nue, triangulaire, haute de 2-4 pieds : feuilles très-longues, glabres, striées, glauques, un peu carénées, rudes sur les bords : fleurs en ombelle terminale, lâche ; 5 ou 6 pédoncules communs inégaux : épillets brunâtres : involucre à 3-4 folioles inégales. *v.* Été. Les fossés.

**28. SCIRPE, *Scirpus*. L.** Fleurs toutes fertiles, composées d'une seule écaille ovale, un peu concave ; écailles imbriquées de tous côtés : graine nue ou munie à sa base de poils plus courts que l'écaille.

**S. MARITIME. — *S. maritimus*. L.**

Racine rampante, épaisse : chaume de 1-2 pieds, triangulaire, un peu rude au sommet, nu, spongieux, muni à la base de gaines courtes prolongées en feuilles très-longues, planes, rudes au bord : épillets gros, oblongs, ovales, d'un brun ferrugineux, disposés par groupes de 3 ou 4 sessiles ou pédonculés, en cime munie de 3-4 folioles inégales : graines entourées de 3-4 soies rudes, courtes : écailles bifides ou trifides. *v.* Eté. Marais.

29. LINAIGRETTE, *Eriophorum.* L. Fleurs composées d'une seule écaille, imbriquées en tous sens en tête : graine à 3 angles, entourée de longs poils blancs, soyeux, qui transforment les épis en houppe soyeuse.

### * *Un seul épi.*

1. L. A LARGES GAINES. — *E. vaginatum.* L.

Chaume triangulaire au sommet, garni jusqu'au milieu de gaînes renflées : feuilles radicales, nombreuses, en gouttière, rudes sur les bords : épi ovale, à écailles d'un gris argenté : soies blanches. *v.* Avril, mai. Tourbières.

### ** *Plusieurs épis.*

L. A LARGES FEUILLES. — *E. latifolium.* L.

Chaume cylindrique, à peine triangulaire, garni de feuilles planes, carénées, terminées en pointe trigone : pédoncules souvent rameux : écailles obtuses, d'un vert sombre : soies blanches, une fois plus longues que l'épi. *v.* Avril, mai. Prés et lieux humides.

30. LAICHE, *Carex.* L. Fleurs à étamines et fleurs à pistils dans des épis différents, quelquefois dans le même épi, monoïques, rarement dioïques : 2-3 stigmates : graine renfermée dans un urcéole capsuliforme, percé au sommet d'un trou par où sort le style : la fleur est réduite à une écaille couvrant les étamines ou l'ovaire : chaume arrondi ou trigone, à feuilles graminées, linéaires, à gaine entière : fleurs en chaton.

### * *Deux stigmates.*

**1. L. DES SABLES. — *C. arenaria*. L.**

Racine longue, noueuse, garnie de filaments verticillés et rampante : chaumes courbés, haut de 6-10
pouces, triangulaires , rudes sur les angles : feuilles
longues, étroites, carénées, striées, aiguës, vertes :
épillets roussâtres, rapprochés, surtout les supérieurs,
séparés par des bractées foliacées : fruits ovales ,
aigus, bifides, ailés. *v*. Mai. juin. Bords des rivières
et de la mer.

**2. L. DISTIQUE. — *C. disticha*. SCHREB.**

Racine rampante , profonde : tige triangulaire, à
moitié nue : feuilles planes : 20-60 épillets très-variables, alternes, rapprochés, presque en épi distique :
écailles rousses, égalant les fruits pointus, striées,
bifides. *v*. Mai, juin. Marécages et prés humides.

### ** *Trois stigmates.*

### ¶ *Fruits velus , triangulaires.*

**3. L. HÉRISSÉE. — *C. hirta*. L.**

Racines épaisses, profondément rampantes: chaume presque triangulaire , glabre : feuilles aiguës,
laineuses ainsi que les gaînes, à bords un peu rudes :
2-3 épis à étamines inégaux, rapprochés , à écailles
velues : 2-3 épis à pistils distants, pédonculés, munis
d'une feuille, à écailles glabres , en arête : fruits un
peu lâches, laineux, gonflés. terminés par deux dents
très-longues. *v*. Mai, juin. Lieux humides.

### ¶¶ *Fruits glabres, triangulaires.*

**4. L. FAUX-SOUCHET. — *C. pseudo-cyperus*. L.**

Racines fibreuses : chaume à 3 anges aigus, feuillé,
dressé, scabre, haut d'un à deux pieds : feuilles larges, planes, pointues, rudes sur les bords et la carène
dorsale : 1 épi à étamines, cylindrique, grêle. termi-

nal : 3-4 épis à pistils pendants du même côté à la
maturité : fruits lancéolés, étalés, aplatis, à très-long
bec terminé par deux dents pointues : écailles vertes :
bractées dépassant le chaume. *v.* Eté. Bois humides, bords des marais et des rivières.

Nota. — Tous les Carex à grosses racines peuvent être em-
ployés aux mêmes usages.

––––

### GRAMINÉES.

**31. LEERSIE**, *Leersia*. Swartz. Glume nulle :
glumelle à 2 valves dures, comprimées, carénées :
sans arête, ciliées, l'inférieure bien plus large : stigmates plumeux : graine renfermée dans la glumelle.

L. A FLEURS DE RIZ. — *L. oryzoïdes*. Swartz.

Racine rampante, stolonifère : chaumes de 2-3
pieds, dressés, feuillés, velus sur les nœuds : feuilles
longues, planes, rudes aux bords : gaînes un peu
enflées, la supérieure renfermant souvent la base de
la panicule qui est lâche, étalée, à rameaux flexueux :
épillets ovoïdes, elliptiques, blanchâtres, à carêne
ciliée et à dos velu. *v.* Eté. Bords des eaux.

**32. FLÉOLE**, *Phleum*. L. Glume uniflore, à 2
valves presque égales, comprimées carénées, tronquées au sommet avec deux pointes : glumelle plus
petite que la glume, à 2 valves inégales, la plus
grande à 3 dents : graine arrondie : **panicule en forme**
**d'épi simple et dense.**

★ *Racine bulbeuse.*

1. F. NOUEUSE. — *P. nodosum*. L.

Racines bulbeuses : tiges d'un à deux pieds, un
peu couchées, rameuses et noueuses à la base :
feuilles un peu rudes : épi oblong, à valves de
la glume ciliées. *v.* Eté. Bords des chemins, lieux secs.

** *Racine non bulbeuse.*

2. F. DES PRÉS. — *P. pratense.* L.

Racines fibreuses : tiges de 1-3 pieds, rameuses à la base, coudées : feuilles distantes, planes, celle du bas plus longues : épi linéaire de 2-3 pouces de long valves de la glume ciliées à la base et à pointes un peu crochues. *v.* Eté. Prés.

33. ALPISTE, *Phalaris.* L. Glume à 2 valves aiguës presque égales, comprimées en carène par les côtés, à carène souvent ailée, uniflore avec le rudiment squamiforme d'une ou deux fleurs inférieures : glumelle plus petite que la glume, à 2 valves sans arête et concave : graine ovale, oblongue, acuminée, recouverte par les paillettes internes.

* *Valves de la glume à carène ailée.*

§ *Panicule hors de la gaine supérieure.*

1. A. DES CANARIES. — *P. Canariensis.* L.

Racine fibreuse : chaume dressé, feuillé : feuilles assez larges, rudes, à gaine lisse, la supérieure à gaine renflée et resserrée à l'entrée : panicule en épi ovoïde, très-serré, blanchâtre, rayé de vert ; épillets ovales, comprimés, valves de la glume ovales, entières, aiguës, pliées en carène, ailées sur le dos : glumelle pubescente. *a.* Eté. Cultivée et naturalisée.

§§ *Panicule en partie renfermée dans la gaine supérieure.*

2. A. PARADOXALE. — *P. paradoxa.* L.

Chaume dressé, feuillé, haut de 12-14 pouces : épi rétréci à la base, élargi au sommet, panaché de vert et de blanc, à peine saillant hors de la gaine à longue languette : glume à longue pointe : des fleurs avortées, rongées. *a.* Mai, juin. Provence.

3. A. BULBEUSE. — *P. bulbosa.* L.

Chaume renflé en bulbe à la base : panicule en

épi lâche, dilaté au sommet, à fleurs inférieures stériles, ordinairement renfermé dans la gaîne : glume
mucroné, à aile entière: glumelle pubescente. *v.* Mai,
juin. Provence.

** *Valves de la glume non ailées.*

4. A. ROSEAU. — *P. arundinacea.* L.

Racine rampante : chaume de 2-4 pieds, dressé,
strié : feuilles larges, lancéolées-linéaires, planes,
rudes au bord : ligule grande, blanche : panicule
allongée, ovale, ordinairement panachée de blanc-
verdâtre et de violet, rameuse, en faisceau, enfin un
peu étalée : épillets oblongs, comprimés : valves de
la glume carénées, à 3 nervures, à carène rude : glumelle luisante, munie de quelques poils : fleurs stériles longuement poilues, situées à la base des fleurs
fertiles. *v.* Eté. Le long des ruisseaux et des rivières.

*P. arundinacea picta.* L. Feuilles élégamment
rayées de vert et de blanc. Cultivée sous le nom d'*herbe
à la nation.*

34. HOUQUE, *Holcus.* L. Fleurs à étamines et
à pistils, mêlées à des fleurs simplement à étamines :
les premières sont sessiles, à glume obtuse, concave,
coriace et sans arête ; la glumelle a deux valves velues, plus petites que la glume, et ordinairement une
arête tortillée sort de la fente de la valve extérieure :
graine ovale : les fleurs à étamines ont la glume lancéolée aiguë sans arête, la glumelle sans arête, et
elles sont plus petites et pédonculées. Panicule.

1. H. SORGHO. — *H. sorghum.* L.

Tiges épaisses, hautes de 7-9 pieds : feuilles longues de 2-3 pieds, larges de 2 pouces, pointues, glabres ; entrée de la gaîne velue : panicule droite,
ovoïde, serrée, à pédoncules principaux verticillés
sur un axe anguleux : graines blanches, jaunes, rousses, noires selon la variété. *a.* Cultivé.

2. H. D'ALEP. — *H. Alepensis*. L.

Plante plus petite : panicule lâche, ordinairement purpurine, longue de 5-8 pouces. *a.* Cultivé dans le Midi.

35. CHIENDENT, *Cynodon*. RICH. 3-5 épis digités : épillets uniflores, alternes, unilatéraux sur 2 rangs : glume uniflore à 2 valves étalées, presque égales, lancéolées, en carène aiguë : glumelle un peu plus longue, à valve extérieure ovale, comprimée en nacelle, renfermant la supérieure linéaire : stigmates colorés : graine entourée par la glumelle.

C. PIED DE-POULE. — *C. dactylon*. RICHARD.

Racine longuement rampante, à stolons nombreux, couchés sur la terre, garnis de feuilles courtes : chaumes de 3-6 pouces genouillés-ascendants : feuilles courtes, linéaires, poilues en-dessous et à l'entrée de la gaîne : épis grêles, dressés-étalés, verdâtres ou violacés à épillets sur le côté extérieur. *v.* Eté. Lieux chauds et stériles.

36. PANIC, *Panicum*. L. Glume à 3 valves, dont une extérieure dorsale très-petite : glumelle à 2 valves égales, entières, membraneuses ou coriaces : graine couverte par la glumelle, un peu arrondie : épillets agglomérés en panicule.

P. MILLET. — *P. miliaceum*. L.

Chaume de 3-4 pieds, dressé, épais, un peu comprimé : feuilles linéaires-lancéolées, larges, molles, un peu poilues, à gaîne munie de longs poils blancs : panicule lâche, penchée, à la fin jaunâtre : épillets ovoïdes, aigus : glume striée-nerveuse et mucronée : graines luisantes. *a.* Eté. Cultivé et spontané au bord des rivières.

37. SÉTAIRE, *Setaria*. PAL.-BEAUV. Chaque fleur munie à sa base de deux ou plusieurs soies en

forme d'involucre unilatéral : le reste comme dans le
*Panicum*.

1. S. D'ITALIE. — S. *Italica*. P. BEAUV.

Chaume de 2-3 pieds, dressé, feuillé : feuilles
linéaires, larges, velues à l'entrée et sur les bords de
la gaîne : panicule en épi, violette ou blanchâtre, serrée, épaisse, composée de grappes nombreuses, quelquefois un peu séparées à la base de l'épi: axe de l'épi
laineux : soies rudes. *a*. Eté. Cultivé et spontané.

38. STIPE, *Stipa*. L. Glume uniflore, à 2 valves
aiguës, longues, sans arête : glumelle à 2 valves, à la
fin cartilagineuses, l'extérieure enroulée en cylindre.
terminée par une longue arête tordue, articulée à sa
base mais persistante, l'intérieure linéaire, sans arête :
graine oblongue, couverte par la glumelle.

1. S. PLUMEUSE. — S. *pennata*. L.

Chaume de 2-4 pieds, dressé, couvert de feuilles
longues, à la fin enroulées en forme de jonc, à gaine
longue : panicule étroite, à peu de fleurs, engaînée à
sa base par la feuille supérieure : arêtes très-longues
et plumeuses dans le haut. *v*. Mai, juin. Collines sèches, pierreuses.

39. AGROSTIDE , *Agrostis*. L. Glume uniflore.
peu comprimée, ordinairement plus longue que la
glumelle, à 2 valves aiguës : glumelle à deux valves,
l'extérieure portant souvent une arête dorsale très-
fine, rarement mutique , l'intérieure très-petite ou
nulle: graine couverte par la glumelle. Panicule.

1. A. BLANCHE. — *A. alba*. L.

Chaume rampant à la base, souvent radicant,
ascendant : feuilles planes, molles, rudes aux bords :
languette obtuse : panicule ordinairement blanche,
étalée pendant la floraison et resserrée après : pédoncules un peu verticillés, rudes. *v*. Bords des eaux,
prairies. Variable.

*A. decumbens*. G. — Chaumes nombreux, radicants, souvent rameux, se redressant pour fleurir : panicule souvent colorée , très-étalée d'abord , et à la fin très-resserrée. *a. Poil de chien.* Vignes.

**40. ROSEAU** , *Arundo*. L. Glume à 1-7 fleurs, à 2 valves dressées, oblongues, acuminées, sans arête et inégales : glumelle oblongue , acuminée, la valve extérieure munie à sa base de longs poils laineux et bien plus grande que l'intérieure : graine couverte par la glumelle et barbue à la base ; quelques fleurs à étamines et nues, à la base de l'épillet. Panicule.

1. R. A BALAIS. — *A. phragmites*. L.

**Racine** épaisse, articulée, rampante : chaume de 3-8 pieds, dressé, très-feuillé, à peine rude : feuilles planes, glabres, dures, glauques, lancéolées, larges de 8-15 lignes, rudes et coupantes sur les bords : gaines striées, munies d'une rangée de poils à l'ouverture : panicule ample, longue d'un pied et plus, très-rameuse , un peu penchée au sommet et plumeuse à la maturité : épillets lancéolés , d'un violet noirâtre, à la fin roussâtres : axe plumeux : glumelle à valves très-inégales, l'inférieure entière au sommet mucroné. *v.* Août, septembre. Bords des ruisseaux, des rivières, des étangs.

2. R. CULTIVÉ. — *A. donax*. L.

**Racine** odorante, épaisse : chaumes durs , ligneux, dressés, hauts de 6-15 pieds : feuilles planes, larges de 1-3 pouces, longues de 1-2 pieds, rudes, à gaines courtes : panicule grande, fournie , un peu colorée en pourpre : épillets à axe plumeux , à glumelle enveloppée à la maturité par de longs poils ; la valve extérieure de la glumelle a deux pointes séparées par l'arête. *v.* Été. Octobre. Midi.

**41. CANCHE,** *Aira.* **L.** Epillets à 2 fleurs petites, rarement à 3 : glume comprimée à 2 valves égales aiguës : glumelle à 2 valves, l'inférieure munie à la base ou sur le dos d'une arête genouillée ou presque droite : styles très-courts : graine aiguë aux deux bouts et couverte par la glumelle. Panicule rameuse.

1. C. GAZONNANTE. — A. cœspitosa. L.

Chaumes de 2-3 pieds, dressés, nombreux : feuilles longues, les radicales enroulées, les supérieures planes, rudes sur les bords : panicule longue, étalée pendant la floraison, ensuite resserrée, à rameaux demi-verticillés : épillets petits, verdàtres, panachés de brunàtre et de violet : glumes scarieuses, argentées aux bords : glumelle à valve inférieure argentée, à 4 dentelures au sommet : arête très-courte. *v.* Eté. Bois et lieux ombragés.

**42. AVOINE,** *Avena.* **L.** Glume à 2 valves lancéolées, aiguës, làches, contenant de 2-8 fleurs : glumelle à 2 valves lancéolées, pointues, l'extérieure bidentée et portant sur le dos une arête tordue à la base et genouillée : graine renfermée dans la glumelle. Panicule.

* Plantes non cultivées.

A. FOLLE. — A. fatua. L.

Chaumes de 3-5 pieds, striés, glabres : feuilles planes, rudes, larges, nerveuses, à gaînes striées : panicule égale, ample, droite, étalée, à rameaux portant peu de fleurs, souvent simples : épillets souvent penchés, à 2-3 fleurs plus courtes que la glume striée, glumelle hérissée dans sa moitié inférieure, ainsi que l'axe, de longs poils argentés on roux, et portant une arête double de sa longueur : graine velue. *a.* Mai, juin. **Lieux cultivés.**

### 2. A. ÉLEVÉE. — *A. elatior.* L.

Racine simple, rampante : chaumes de 2-4 pieds,
dressés, glabres ainsi que les feuilles et les nœuds :
feuilles planes, rudes : panicule d'abord resserrée,
étalée pendant la fleuraison, lâche et penchée à la fin :
pédoncules demi-verticillés, rameux et simples : épillets lancéolés, d'un vert blanchâtre ou purpurescent,
à 2 fleurs dont l'une est fertile et surmontée d'une
arête courte, l'autre stérile ordinairement poilue à la
base. *v.* Juillet. Lieux cultivés.

### ** *Plantes cultivées.*

### 3. A. CULTIVÉE. — *A. sativa.* L.

Tige dressée, ferme, haute de 1-3 pieds : feuilles
larges, planes, glabres, un peu rudes : panicule lâche,
étalée, quelquefois unilatérale et un peu resserrée, à
pédoncules simples ou rameux, demi-verticillés :
épillets à 2 fleurs, pendants : glume à 9 nervures,
plus longue que les fleurs portées sur un axe glabre :
arête dorsale longue, brunâtre à la base, rarement
les deux fleurs sont sans arête : graines allongées,
blanches ou noires. *a.* Eté.

### 4. A. NUE. — *A. nuda.* L.

Espèce plus petite que la précédente, ses glumes
sont un peu plus courtes que les fleurs, ses arêtes
ne sont pas tordues à la base, et les glumelles
se séparent de la graine à la maturité. *a.* Eté. Cultivée.

### 5. A. D'ORIENT. — *A. Orientalis.* WILLD.

Chaume de 3-4 pieds, très-robuste : feuilles larges, planes, striées, rudes, à gaîne lisse : panicule unilatérale, penchée, très-fournie, à pédoncules hispides : épillets à 2 fleurs glabres à la base, plus courtes
que la glume, l'une est toujours sans arête, et l'autre
avec un arête presque droite. *a.* Eté. Cultivée.

**43. PATURIN**, *Poa*. L. Glume à 2 valves et multiflore : glumelle ovoïde ou lancéolée, arrondie à la base, comprimée en carène sur le dos, la valve interne est linéaire, pliée : arête nulle : ovaire glabre. Panicule.

1. P. A FEUILLES ÉTROITES. — *P. angustifolia*. L.

Chaume de 10-18 pouces, lisse en haut : feuilles étroites, un peu rudes sur les bords, sans languette à l'ouverture de la gaîne : panicule filiforme, resserrée : glume renfermant 2-3 fleurs glabres. *v.* Juin. Prés humides.

2. P. ANNUEL. — *P. annua*. L.

Tiges débiles, comprimées, dressées ou couchées, coudées et feuillées du bas : feuilles planes, lisses, molles : panicule lâche, étagée, dont les pédicelles inférieurs s'ouvrent à angle droit et sont demi-verticillés ou seulement 2-2 : glumes renfermant 2-5 fleurs verdâtres. *a.* Toute l'année. Partout.

**44. GLYCÉRIE**, *Glyceria*. R. BROUN. Glume multiflore (8-12 fleurs), à 2 valves inégales, convexes, courtes, obtuses, sans arête : glumelle obtuse, à 2 valves transparentes sur les bords, l'extérieure arrondie sur le dos, demi-cylindrique, rongée-dentée au sommet, à 5-7 nervures, enveloppe l'autre qui est plus petite, concave, à 2 dents. Panicule resserrée.

1. G. FLOTTANTE. — *G. fluitans*, R. BR.

Racine stolonifère : chaumes radicants aux nœuds et rameux à la base, redressés, ascendants, souvent flottants, mous, cylindriques : feuilles planes, larges, à gaîne très longue : panicule allongée, dressée, un peu unilatérale, d'un vert blanchâtre : épillets linéaires, appliqués contre les pédoncules, à 7-11 fleurs striées, distiques. *v.* Eté. Fossés, marais. *Manne de Prusse.*

**45. BRIZE**, *Briza*. L. Glume à 2 valves ovales,

arrondies, entières, ventrues, un peu en cœur à la base, sans arête : glumelles ventrues, en cœur comme les valves de la glume, scarieuses aux bords, très-obtuses, s'emboîtant les unes dans les autres : graine glabre. Panicule très-lâche.

1. B. TREMBLANTE. — *B. tremula.* KOELER.

Chaume de 8-24 pouces, lisse, dressé, souvent coloré dans le haut : feuilles planes, courtes, assez larges, la supérieure à gaîne un peu ventrue : panicule ouverte, étalée, à pédoncules geminés et renflés aux articulations, filiformes : épillets ovoïdes, comprimés, à 5-9 fleurs, mêlés de vert, de blanc et de pourpre, pendants et tremblottants, un peu en cœur. *a.* Mai, juin. Champs et pâturages.

46. DACTYLE, *Dactylis.* L. Glume à 2 valves inégales, aiguës, comprimées en carêne, mucronées en courte arête : glumelle à 2 valves inégales, l'inférieure carénée, munie sous le sommet d'une arête très-courte, l'inférieure à 2 carênes et bidentée : 2 stigmates sessiles : épillets à 3-5 fleurs, agglomérés et tournés du même côté en panicule.

1. D. AGGLOMÉRÉE. — *D. glomerata.* L.

Chaume de 1-3 pieds, dressé, rude en haut : feuilles planes, les radicales très-larges, plus étroites sur la tige, rudes, à gaîne striée, comprimée, rude : panicule pyramidale, unilatérale, à pédicelles inférieurs écartés, longuement nus à la base : épillets verts, comprimés, à fleurs ayant le sommet fléchi du même côté : glume ciliée, rude sur la carêne, de même que la glumelle. *v.* Eté. Prés, champs, chemins.

47. FÉTUQUE, *Festuca.* L. Épillets lancéolés, comprimés, aigus aux deux bouts, à 5-15 fleurs : glume à 2 valves inégales, aiguës : glumelle à 2 val-

ves assez raides, l'inférieure lancéolée, aiguë, mucronée ou terminée en arête, arrondie sur le dos, non
carénée, avec ou sans nervure proéminente, la supérieure (intérieure) plus petite, bidentée. Panicule.

1. F. DES BREBIS. — *F. ovina*. L.

Racine brune, gazonnante : chaumes de 8-15 pouces, filiformes, anguleux et nus au sommet, ronds à
la base : feuilles nombreuses, filiformes, pliées-appli-
quées, glabres, d'un vert glauque : panicule dressée,
resserrée, étalée pour fleurir : pédoncules rudes :
épillets ovoïdes, comprimés, petits, verdâtres, à 3-6
fleurs glabres et pourvues d'une soie courte. *v.* Mai,
juillet. Paturages secs et arides. Partout.

2. F. GLAUQUE. — *F. glauca*. L.

Plante très-glauque : fleurs en panicule en forme
d'épi. *v.* Dans les lieux arides et incultes.

48. BROME, *Bromus*. L. Glume à 5-18 fleurs, à
2 valves acuminées, sans arête : glumelle à 2 valves
inégales échancrées, l'inférieure grande, concave,
obtuse, terminée par une arête droite qui part au-
dessous du sommet, ou dans le milieu d'une fente terminale, l'intérieure ciliée sur les bords : styles courts,
insérés sur le côté antérieur de l'ovaire poilu au
sommet. Fleurs en panicule, velues ou glabres.

1. B. DES SEIGLES. — *B. secalinus*. L.

Chaumes de 2-4 pieds, dressés, à nœuds pubescents : feuilles grandes, rudes sur les bords, poilues
en-dessous, à gaînes glabres, striées : panicule dressée, étalée, à la fin penchée, à pédoncules filiformes,
allongés, anguleux, demi-verticillés : épillets gros,
ovoïdes, oblongs, un peu comprimés, à 7-9 fleurs
glabres, à arête droite, un peu flexueuse : épillets à la
fin pendants et jaunes. *a.* Eté. Champs, moissons.

2. B. A ARÈTES DIVARIQUÉES. — *B. squarrosus*. L.

Chaume de 1-3 pied : feuilles larges, pu-

bescentes, ainsi que les gaînes striées : panicule lâche,
penchée, simple, à pédicelles filiformes, épaissis sous
l'épillet : épillets ovales, dressés et étalés, glauques-
verdâtres ou mêlées de blanc, à 9-10 fleurs à valves
obtuses, étroitement imbriquées, puis presque distinctes : arêtes d'abord dressées, et à la fin parallèle-
ment divariquées presque à angle droit. *a.* Eté.
Champs.

49. IVRAIE, *Lolium*. L. Epillet solitaire, sessile
sur chaque dent de l'axe, présentant un de ses côtés à
cet axe pour former un épi aplani : glume à 2 valves
dans l'épillet terminal, unique et lancéolée, sans arête,
dans les autres épillets, multiflore (3-20 fleurs) : glumelle à 2 valves, l'extérieure étroitement lancéolée,
concave, sans arête ou avec une courte arête, l'intérieure à 2 dents : graine oblongue, convexe d'un
côté, plane et sillonné de l'autre.

    * *Valve de la glume plus courte que l'épillet.*

    1. I. VIVACE. — *L. perenne*. L.

Chaume de 1 à 2 pieds, presque nu, lisse, quelquefois rameux à la base : feuilles pliées en long
étant jeunes : gaînes striées : épi allongé, filiforme,
ayant l'axe flexueux : épillets alternes, comprimés,
serrés contre l'axe, glabres, à 5-10 fleurs lancéolées, sans arête. *v.* Eté. Partout. Varie à épi
rameux.

    2. I. MULTIFLORE. — *L. multiflorum*. LAM.

Chaumes souvent rameux dans le bas, de 2-4
pieds, fragiles, glabres dans le haut : feuilles
roulées étant jeunes, puis larges, planes : épi allongé,
un peu penché, formé d'un grand nombre d'épillets
linéaires-lancéolés, comprimés, contenant 10-20
fleurs : valve extérieure de la glume petite, des 2 tiers
moins longue que les fleurs sans arêtes ou munies

d'arêtes fines et étalées pendant la fleuraison. *v.* Eté.
Champs. Cultivé.

** *Valve de la glume égalant ou dépassant l'épillet.*

3. I. ÉNIVRANTE. — *L. temulentum.* L.

Racine fibreuse : chaumes de 1-3 pieds, dressés.
gros, nus, ordinairement rudes en haut : feuilles planes, allongées, larges, nerveuses, rudes,
auriculées à la base : épi allongé, raide, ayant
l'axe flexueux : épillets alternes, renflés, à glume raide, striée, contenant 5-7 fleurs un peu ventrues et portant une courte arête. *a.* Eté. Champs.

50. FROMENT , *Triticum.* L. Epillets solitaires
et sessiles sur chaque dent de l'axe auquel ils présen-
tent une de leurs faces : glume à 2 valves ovales,
concaves, presque égales, avec ou sans arête, à 2-15
fleurs : glumelle à 2 valves presque égales, l'inférieure
souvent ventrue, avec ou sans arête, l'intérieure
plane à 2 carènes : ovaire à 2 styles réfléchis : graine
obtuse aux deux bouts, convexe en dehors, marquée
d'un sillon à l'intérieur, libre ou renfermée dans la
glumelle : épi simple.

* *Valves de la glume tronquées, valve intérieure de
la glumelle entière : épillets renflés, ventrus :
plantes cultivées, annuelles.*

¢ *Graines libres ; axe tenace.*

1. F. CULTIVÉ. — *T. sativum.* LAM.

Racines fibreuses : chaumes de 2-5 pieds, droits,
glabres, noueux, garnis de 4-5 feuilles longues,
planes, glabres : épi d'abord dressé puis penché,
presque à 4 angles, composé d'épillets courts, ventrus
et comprimés, à 3-4 fleurs imbriquées : axe poilu
sur les angles : glumelle avec ou sans arête. *a.* Juin.
Cultivé.

§§ *Graines étroitement enveloppées par la glumelle:*
*axe fragile.*

2. F. épeautre. — *T. spelta.* L.

Chaumes fermes, hauts de 2-3 pieds, noueux : épis distiques : glumes à valves ovales, tronquées obliquement, cartilagineuses, bordées par une ligne saillante : valve de la glumelle portant une soie : grains allongés, aigus. *a.* Juin. Cultivé.

3. F. locular. — *T. monococcum.* L.

Epi très-comprimé : épillets serrés à 3 fleurs dont deux stériles sans arête, la fertile munie d'une longue arête : valves des glumelles stériles, à 3 pointes. *a.* Juin. Cultivé.

4. F. amidon. — *T. dicoccum.* L.

Epi très comprimé, tout-à-fait distique, grêle, allongé, lisse ou velu : épillets étroitement imbriqués, ordinairement à 4 fleurs dont les intermédiaires stériles : glume carénée, à carène arquée et terminée par une pointe courbe. *a.* Juin.

** *Valves de la glume aiguës : valve intérieure de la glumelle bifide : épillets non renflés-ventrus. Plantes vivaces, non cultivées.*

5. F. chiendent. — *T. repens.* L.

Racine longue, rampante, écailleuse aux articulations : chaumes de 2-3 pieds, dressés, souvent coudés, feuillés jusqu'à l'épi : feuilles planes, molles, parfois pubescentes en-dessus, à gaînes striées : épi de 3-4 pouces, comprimé, à épillets convexes, à la fin ouverts-aplanis, sur deux rangs, à 4-10 fleurs pointues, avec ou sans arêtes. *v.* Juin, juillet. Chemins, haies. Partout.

51. SEIGLE, *Secale.* L. Epillet solitaire et sessile sur chaque dent de l'axe : glume à 2 fleurs fertiles e souvent une troisième fleur avortée, à 2 valves li-

néaires ; glumelle à 2 valves , l'inférieure carénée, terminée en arête, l'intérieure large, plus courte, à 2 carènes et à 2 dents. Epi.

1. S. CULTIVÉ. — S. cereale. L.

Chaumes de 3-5 pieds, dressés, fermes : feuilles allongées, larges, planes, un peu rudes : épi long de 3-5 pouces, aplati, un peu penché, composé d'épillets serrés, imbriqués, lancéolés, comprimés : valves de la glume rudes sur la carène : glumelle à valve extérieure ciliée sur la carène : arête hispide. *a. v.* Mai, juin. On en cultive plusieurs espèces ou variétés.

52. ORGE, *Hordeum.* L. Trois épillets sur chaque dent de l'axe, les latéraux souvent pédicellés et à étamines, celui du milieu sessile, à étamines et pistil, glume à une fleur avec le rudiment d'une seconde, à 2 valves linéaires, en alène, terminées par une arête presque plane : glumelle à 2 valves, l'extérieure plus grande, concave, terminée par une arête, la supérieure à 2 carènes : graine poilue au sommet, marquée d'un sillon en dedans. Epi. Les valves des glumes, presque unilatérales, sont placées devant les épillets et forment un demi-involucre à 6 divisions.

* *Toutes les fleurs pourvues d'étamines et de pistils.*

1. O. COMMUN. — H. vulgare. L.

Chaumes de 2-3 pieds, dressés, feuillés presque jusqu'à l'épi, glabres : feuilles larges, striées, rudes : épi gros, long de 2-3 pouces, à 6 rangs dont 2 plus saillants, ce qui le rend un peu comprimé : les 3 fleurs ont des barbes triangulaires : graine adhérente à la valve de la glumelle munie d'arête. *a.* Juillet. *Orge à 4 rangs.*

2. O. A SIX RANGS. — H. hexastichon. L.

Diffère du précédent par ses feuilles plus larges, par son épi plus court, plus renflé, par ses épillets disposés sur 6 rangs également saillants. *a*. Juillet. *Orge carré ou orge d'hiver.*

** *Fleurs latérales à étamines, sans pistil et sans arêtes.*

3. O. A DEUX RANGS. — *H. distichum.* L.

Diffère par son épi allongé tout-à-fait comprimé et comme distique, quoique à 6 rangs, par l'effet des épillets latéraux stériles appliqués et sans arête, tandis que les épillets fertiles sont opposés et pourvus d'arêtes rudes, dressées. *a*. Juin. *Orge plat ou de Carême.*

On cultive une variété à graines libres, non adhérentes à la glumelle. *Orge sucrion.*

4. O. RIZ. — *H. zeocriton.* L.

Diffère du précédent par son épi court, comprimé, large du bas, étroit du haut, à arêtes divergentes et rudes : épillets latéraux stériles, appliqués, sans arête, les fertiles opposés, écartés. *a*. Juin.

*** *Fleurs latérales à étamines, sans pistil et avec arêtes.*

O. DES MURS. — *H. murinum.* L.

Racines formant des touffes épaisses : chaumes d'un pied, quelquefois rameux et coudés à la base : feuilles velues, molles, à gaînes glabres, la supérieure renflée : épi épais, long, d'abord renfermé dans une feuille : les 2 valves de la glume de l'épillet du milieu et la valve intérieure des épillets latéraux, ciliées : arêtes rondes, hispides. *a*. Eté. Chemins, pieds des murs. *Queue de souris.*

53. BARBON, *Andropogon.* L. Glume à 2 valves, l'extérieure presque plane, l'intérieure carénée : glumelle à 2 valves, l'inférieure portant à son sommet une arête tortillée, caduque : graine glabre : fleur à étamines pédicellée, sans arête : épillets linéaires, 2

à 2, les terminaux 3 à 3, l'un sessile, à étamines et pistils, muni d'arêtes, tous uniflores avec une valve inférieure, rudiment d'une fleur. Epis digités.

1. B. PIED-DE-POULE. — *A. ischæmum*. L.

Racine articulée, rampante : chaumes de 1-2 pieds, souvent rameux, raides, redressés : feuilles radicales étroites, planes, parsemées de rares poils blancs ; celles de la tige rétrécies à l'entrée barbue de la gaîne : épis digités, purpurins, 4-6-8, linéaires, fleurs entourées à la base de longues soies blanches. *v*. Eté. Lieux secs et arides.

54. SUCRE, *Saccharum*. L. Epillets fertiles, 2 à 2, articulés à la base, l'un est pédicellé : glume à 1 fleur, à 2 valves revêtues en dehors de poils longs et soyeux : glumelle à 2 valves avec ou sans arête. Panicule.

On cultive la Canne à Sucre, *S. officinarum*, dont le chaume s'élève à 6-10 pieds. En France, on trouve le S. de Ravenne, *S. Ravennæ*, à panicule très-rameuse, lâche : arête plus longue que la glumelle : chaume de 6-9 pieds : feuilles en gouttière, presque planes. Bords de la Méditerranée.

# Quatrième Classe.

—

## QUATRE ÉTAMINES ÉGALES PAR FLEUR.
### TÉTRANDRIE.

—

## 1er ORDRE.
### UN PISTIL PAR FLEUR. — MONOGYNIE.

—

**§ 1. Fleurs complètes.**

*A. Fleurs polypétales.*

** Arbres ou arbrisseaux.*

*¶ Feuilles opposées.*

Fruit en drupe, contenant un
noyau à 2 loges. . . . . . .   55. CORNOUILLER.
Capsule anguleuse à 3-5 loges,
à 3-5 valves; chaque loge
contenant une graine enton-
rée d'une arille . . . . . . . 122. FUSAIN.

*¶¶ Feuilles alternes.*

Baie sèche à 3 coques monospermes. . . . . . . . . .   23. CAMÉLÉE.
Baie peu charnue à 2-4 loges, à
1 graine . . . . . . . . . . 126. NERPRUN.

*** Herbes.*

Herbe nageante : capsule à 4
angles, à 4 pointes. . . . .   56. MACRE.
Tige dressée : capsule linéaire,
à 2 valves et à 2 loges. . . .   CARDAMINE.

*B. Fleurs monopétales.*

** Plantes ligneuses.*

Arbuste filiforme, rampant . .   LINNÉE.

**⁂ *Herbes.***

*¶ Fleurs en épi serré ou en tête.*

*Ovaires placés dans les corolles*
*　particulières.*
Corolle à 5 divisions bleuâtres.　57. GLOBULAIRE.
Corolle à 4 divisions verdâtres.　58. PLANTAIN.
*Ovaires portant les corolles à*
*　leur sommet.*
Réceptacle commun hérissé de
　paillettes épineuses . . . . .　59. CARDÈRE.
Réceptacle couvert de paillettes
　non épineuses. . . . . . . .　60. SCABIEUSE.

*¶¶ Fleurs ni en épi, ni en tête serrée.*

*Fruit nu à 2 graines accolées*
*　ou à 2 lobes.*
Corolle en entonnoir ou eu clo-
　che, à limbe etalé : 2 graines
　sèches , globuleuses. . . . .　61. ASPÉRULE.
Corolle en roue, plane : 2 grai-
　nes sèches . . . . . . . . .　62. GAILLET.
Corolle en cloche , à 4-5 divi-
　sions étalées : 2 baies peu
　succulentes , monospermes.　63. GARANCE.

*Fruit en capsule.*

Corolle en cloche à 4-9 lobes.　78. GENTIANE.
— *4 Etamines dont 2 plus courtes.* Voyez la QUA-
TORZIÈME CLASSE. — *Didynamie.*

**§ 2. Fleurs incomplètes.**

** Arbres ou arbrisseaux.*

Grand arbre à feuilles dentées :
　fruit en samare comprimée,
　entourée d'une large aile
　membraneuse. . . . . . . .128. ORME.
Arbrisseau à feuilles entières, ar-

gentées en-dessous : fruit en
drupe à une graine . . . . . 64. CHALEF.
*Herbes.*
Périanthe à 8 divisions dont
4 plus petites. . . . . . . . 65. ALCHEMILLE.
*Périanthe à 4 divisions.*
*Feuilles ailées.*
Fleurs en tête. . . . . . . . . 66. SANGUISORBE.
*Feuilles simples.*
Feuilles larges. . . . . . . . .488. PARIÉTAIRE.
Feuilles linéaires. . . . . . . . 67. CAMPHRÉE.

—

## II ORDRE.

**DEUX PISTILS PAR FLEUR. — DIGYNIE.**
*Herbes munies de feuilles.*

Corolle monopétale, grande,
feuilles entières. . . . . . . 78. GENTIANE.
Périanthe à 8 divisions dont 4
plus petites : feuilles lobées,
dentées. . . . . . . . . . . 19. APHANE.
*Herbe parasite, filiforme, sans feuilles.*
Fleurs en paquets. . . . . . . 68. CUSCUTE.

—

## III ORDRE.

**TROIS PISTILS PAR FLEUR. — TRIGYNIE.**
Corolle de 5 pétales bifides . . STELLAIRE.
Corolle monopétale à 5 divisions
inégales. . . . . . . . . . . 22. MONTIE.

—

## IV ORDRE.

**QUATRE PISTILS PAR FLEUR. — TÉTRAGYNIE.**
*Arbre peu élevé.*
Feuilles luisantes, ordinairement

épineuses : baies . . . . . . . 69. Houx.
Feuilles très-petites, imbriquées :
    semences aigrettées. . . . .181. Tamarisque.
                    *Herbe.*
Plante aquatique, à fleurs en épi  70. Potamot.

—

## V ORDRE.

**CINQ PISTILS PAR FLEUR. — PENTAGYNIE.**

Calice tubuleux à 5 divisions :
    pétales à long onglet . . . .253. Lychnide.
Calice à 5 sépales : 5 pétales
    sans onglet . . . . . . . . .       Spargoute.

55. CORNOUILLER, *Cornus.* L. Calice petit, à
4 dents caduques : corolle de 4 pétales élargis à la
base : drupe ovoïde, contenant un noyau à 2 loges
monospermes.

1. C. MALE. — *C. mas.* L.

Arbrisseau de 10-15 pieds, rameux, à bois dur :
feuilles ovales, arrondies, pointues, entières, un peu
pubescentes en dessous : fleurs jaunes, 12-15 en
bouquets axillaires, naissant avant les feuilles : fruits
ovoïdes, rouges ou jaunâtres : involucre coloré égal à
la longueur des pédicelles floraux. *l.* Mars, avril.
Bois, haies.

2. C. SANGUIN. — *C. sanguinea.* L.

Arbrisseau de 4-8 pieds, très-rameux, à rameaux
souvent rouges en hiver : feuilles opposées, pétiolées,
ovales, terminées par une languette courte, entières,
devenant quelquefois rouges en-dessus : fleurs blanches en cîmes axillaires et terminales, pédonculées,
planes, à rayons rameux, sans involucre : fruits noirs,
globuleux, petits, amers et nauséeux. *l.* Mai, juillet.
Haies, bois.

56. MACRE, *Trapa.* L. Calice adhérent, à 4 di-

visions profondes, devenant à la fin épineuses : 4 pétales, obovales : capsule oblongue, à une graine, à 4 angles, couronnée par les 4 divisions du calice, épaissies et épineuses.

M. NAGEANTE. — *T. natans.*

Tiges longues, flottantes sous l'eau : feuilles submergées, opposées, divisées en lanières capillaires : feuilles nageantes, alternes, disposées en rosette, triangulaires, larges, grossièrement dentées, à pétiole vésiculeux : fleurs petites, blanchâtres, axillaires : fruit en toupie, à 4 cornes, rempli d'une pulpe farineuse. *v.* Été. Étangs, marécages.

57. GLOBULAIRE, *Globularia.* L. Fleurs en tête entourée d'un involucre de plusieurs folioles : réceptacle garni de paillettes : calice persistant tubuleux, à 5 lobes : corolle à 5 lobes inégaux, presque à 2 lèvres, munie d'une paillette à sa base : graine ovale, enveloppée par le calice.

* *Tige ligneuse.*

1. G. TURBITH. — *G. alypum.* L.

Tige rameuse de 2-3 pieds : feuilles lancéolées, mucronées ou munies de deux petites dents au sommet, ordinairement entières : fleurs bleuâtres, à lèvre inférieure longue : dents du calice velues. *l.* Été. Bords des bois et lieux pierreux du Midi.

** *Tige herbacée.*

2. G. COMMUNE. — *G. vulgaris.* L.

Tige de 2-12 pouces, dressée, simple, feuillée : feuilles radicales pétiolées, arrondies, en spatule, entières ou à 2 crénelures au sommet ; celles de la tige alternes, sessiles, ovales-lancéolées : fleurs petites, bleues, en une seule tête. *v.* Mai, juin. Terrains secs.

58. PLANTAIN, *Plantago.* L. Fleurs en épi ou en tête serrée : calice persistant, à 4 divisions, quel-

quefois 3 : corolle tubuleuse, à limbe à 4 divisions
étalées : étamines insérées au fond du tube et saillantes : capsule s'ouvrant en travers, à 2-4 loges, à 2
ou plusieurs graines.

## § I. Tige simple, nue.

### * Feuilles ovales.

#### 1. P. A LARGES FEUILLES. — *P. major.* L.

Feuilles ovales, larges, à 7 nervures principales,
glabres, à dents inégales et espacées ou sinuées, à
large pétiole : hampes ascendantes, cylindriques, pubescentes : épi linéaire, long de 5-7 pouces, dressé,
corolle blanchâtre : capsule à 4 loges. *v.* Eté. Bords
des chemins, des sentiers, partout.

#### 2. P. MOYEN. — *P. media.* L.

Feuilles ovales, denticulées ou entières, étalées sur
la terre en rosette, marquées de 5 nervures, pubescentes : hampe cylindrique, ascendante, haute d'environ 1 pied, un peu hispide : épi ovoïde-allongé :
corolle d'un blanc argenté, glabre : capsule à 2 loges
monospermes. *v.* Eté. Lieux secs. Partout.

### ** Feuilles lancéolées.

#### 3. P. LANCÉOLÉ. — *P. lanceolata.* L.

Racine épaisse : feuilles lancéolées, longues, entières ou dentelées, pubescentes, rétrécies en long
pétiole, marquées de 3-5 nervures : hampes dressées
ou couchées, sillonnées, à longs poils : épi ovoïde,
épais, compacte, brunâtre : capsule à 2 loges monospermes : lobes de la corolle blanchâtres, brunâtres
sur la nervure moyenne. *v.* Eté. Prés secs.

## § 2. Tige rameuse.

### * Tige sans feuilles.

#### 4. P. CORNE DE CERF. — *P. coronopus.* L.

Tiges rameuses, sans feuilles, longues de 5-6 pouces, cylindriques, velues : feuilles radicales, étalées, en rosette, pinnatifides, à lobes écartés : épi grêle, à anthères surmontées d'une membrane lancéolée : capsule à 4 loges monospermes : fleurs jaunâtres ou verdâtres. *v.* Eté. Lieux secs.

**** *Tige feuillée à feuilles opposées.***

**ç *Tige ligneuse à la base.***

5. P. DES CHIENS. — *P. cynops.* L.

Racine ligneuse : tige ligneuse, rougeâtre, pubescente, à rameaux ascendants : feuilles linéaires, entières, en gouttière, connées et ciliées à la base : épis ovoïdes portés sur des pédoncules nus, axillaires, pubescents, plus longs que les feuilles : bractées ovales, obtuses, mucronées, les inférieures terminées par une pointe : fleurs blanchâtres : capsule ovale, à 2 loges, à 1 ou 2 graines brunes, un peu luisantes. *l.* Eté. Lieux incultes du Midi.

**çç *Tige herbacée.***

6. P. DES SABLES. — *P. arenaria.* L.

Tige dressée, très-rameuse, haute d'un pied, pubescente, cylindrique : feuilles linéaires, entières, hérissées, ainsi que la tige, de poils visqueux : fleurs blanchâtres, serrées en épi ovoïde, entouré d'un involucre foliacé dû au développement des bractées inférieures : capsule à 2 loges contenant chacune une graine oblongue, noire, luisante. *a.* Eté. Terrains sablonneux.

7. P. PUCIER. — *P. psyllium.* L.

Diffère du précédent par sa tige rameuse seulement à la base, par ses poils non visqueux, ses feuilles plus étroites, par ses bractées calicinales ne dépassant pas le calice. *a.* Eté. Midi.

59. CARDÈRE, *Dipsacus.* L. Fleurs réunies en

tête sur un réceptacle commun, conique, garni de paillettes épineuses, entouré d'un involucre de plusieurs longues folioles épineuses : calice double, carré, petit, entier sur ses bords ; l'intérieur poilu, caduc: l'extérieur glabre, persistant : corolle tubuleuse, à 4 lobes : étamines saillantes : fruit oblong, anguleux, couronné par le calice extérieur : feuilles opposées.

* *Paillettes recourbées en crochet.*

1. C. A FOULON. — *D. fullonum*. L.

Tige haute de 3-4 pieds, robuste, cannelée, munie de forts aiguillons : feuilles étalées, dentées ou entières, sessiles et formant par leur réunion de larges entonnoirs où l'eau séjourne : fleurs en tête oblongue, à paillettes florales, larges à la base : corolles purpurines. *a*. Eté. Cultivé.

** *Paillettes non recourbées en crochet.*

2. C. SAUVAGE. — *D. sylvestris*. L.

Tige comme celle de l'espèce précédente : feuilles plus longues, formant de petits entonnoirs : capitule moins gros, muni à la base de bractées linéaires très-longues, aiguillonnées : paillettes florales, droites, fines et très-piquantes : fleurs purpurines. *a*. Eté. Fossés, chemins.

60. SCABIEUSE, *Scabiosa*. L. Fleurs en tête sur un réceptacle convexe garni de soies, entourées d'un involucre de plusieurs folioles : calice double, l'extérieur persistant, quelquefois exigu, membraneux : l'intérieur caduc, composé de soies ou arêtes : corolles tubuleuses, à 4 5 lobes, celles de la circonférence ordinairement plus grandes et inégales : 4 étamines : stigmate en tête : fruit comprimé ou ovoïde, couronné par les 2 calices; quelquefois les fleurs du bord n'ont que des étamines et sont stériles.

** Involucre à folioles sur deux rangs.*

**1. S. DES CHAMPS. — *S. arvensis.* L.**

Tige haute de 2-3 pieds, rameuse, velue à la base, pubescente en haut : feuilles radicales entières ou dentées, petiolées, ovales-lancéolées, souvent incisées ou lobées à la base ; celles de la tige opposées, pinnatifides, à lobes écartés, lancéolés, le terminal plus grand : feuilles supérieures à lobes étroits ou simplement lancéolées : fleurs d'un bleu rougeâtre, en 3-4 têtes munies de longues bractées : corolles à 4 lobes. *v.* Eté. Prés, champs.

**2. S. DES BOIS. — *S. sylvatica.* L.**

Tige de 2-3 pieds, branchue, arrondie, hérissée, surtout dans le bas, de poils tuberculeux à la base : feuilles ovales, dentées, minces, pointues, d'un vert noirâtre, celles de la tige un peu connées à la base : fleurs grandes, égales, d'un bleu rougeâtre : aigrette de 8 dents en alène, velues. *v.* Eté. Bois couverts.

*** Involucre imbriqué, à folioles ovales.*

**2. S. SUCCISE. — *S. succisa.* L.**

Racine épaisse, tronquée à son extrémité : tige dressée, haute de 1-3 pieds, munie, ainsi que les feuilles, de quelques longs poils : feuilles radicales, ovales-lancéolées, entières, celles de la tige sessiles, espacées, lancéolées, un peu dentées, connées par la base : têtes de fleurs hémisphériques, à la fin globuleuses, portées sur de longs pédoncules : corolles égales et petites, bleues : folioles de l'involucre sur 2-3 rangs, inégales, ciliées, égalant les fleurs. *v.* Automne. Bois et prairies humides.

**61. ASPÉRULE,** *Asperula.* L. Calice petit, à 4 dents : corolle en entonnoir ou en cloche, à 4 lobes étalés, insérée sur l'ovaire ; 2 fruits accolés, secs, monospermes, non couronnés par le calice.

* *Fleurs blanches.*

§ *Corolle en cloche.*

1. A. ODORANTE. — *A. odorata.* L.

Racine rampante : tige simple, anguleuse, dressée, glabre, lisse, haute de 8-10 pouces : feuilles 8 par verticille, ovales-lancéolées, aiguës, rudes sur les bords ciliés et sur la nervure : fleurs terminales, pédonculées, en faisceaux presque en panicule : fruit hérissé de poils crochus. *v.* Mai, juin. Lieux ombragés des bois et des haies.

§§ *Corolle en entonnoir.*

2. A. DES TEINTURIERS. — *A. tinctoria.* L.

Racine rampante rouge : tiges de 1 à 2 pieds, rouges et un peu ligneuses à la base, dressées, rameuses, lisses, renflées aux nœuds : feuilles linéaires, glabres, un peu rudes sur les bords et un peu obtuses; les inférieures verticillées par 6, les supérieures par 4, celles du sommet des rameaux 2 à 2, opposées, ovales, courtes : fleurs petites, quelquefois rougeâtres, en petits faisceaux pédonculés en corymbe : corolle souvent à 3 lobes et alors 3 étamines : fruits noirs, lisses. *v.* Été. Coteaux arides.

** *Fleurs rosées.*

3. A. A L'ESQUINANCIE. — *A. cynanchica.* L.

Racine en fuseau allongé, produisant plusieurs tiges carrées, lisses, ascendentes, diffuses, très rameuses : feuilles linéaires, étroites, glabres, un peu aiguës, 4 à 4 dans le bas, opposées dans le haut et inégales : bractées lancéolées, mucronées : fleurs petites, en faisceaux, sur des pédoncules rameux paniculés : limbe de la corolle à 3 veines foncées : fruit chagriné, rougeâtre. *v.* Été. Coteaux secs.

*** *Fleurs bleues.*

4. A. DES CHAMPS. — *A. arvensis.* L.

Racine grêle, rouge : tige carrée, lisse, feuillée, dressée, rameuse. haute de 8-10 pouces : feuilles verticillées par 6, linéaires-lancéolées, glabres. obtuses, les radicales ovales : fleurs terminales, presque sessiles, en tête, entourées d'une collerette de folioles linéaires munies de longs cils blancs : fruit glabre. *a.* Mai, juin. Moissons.

62. CAILLE-LAIT, *Galium.* L. Calice à 4 dents exiguës : corolle en roue ou plane, à 4 lobes : style bifide : 2 fruits ovoïdes, secs, monospermes, accolés.

* *Fleurs jaunes.*

¶ 8 *Feuilles par verticille.*

1. C. JAUNE. — *G. verum.* L.

Racine presque ligneuse, rampante : tiges de 1 à 3 pieds, un peu velue inférieurement, anguleuses, souvent couchées et très-rameuses : feuilles linéaires, aiguës, roulées en-dessous par les bords, raides, étalées ou réfléchies : fleurs petites, à odeur de miel, pédicellées, disposées au sommet de la tige en panicule allongée, composée de petites grappes rapprochées. *v.* Eté. Prés secs, le long des murs et des champs.

¶¶ 4 *Feuilles par verticille.*

2. C. CROISETTE. — *G. cruciata.* L.

Plante velue et jaunâtre : tiges simples, hautes de 1 à 2 pieds, molles, feuillées, anguleuses : feuilles sessiles, ovales, obtuses, à 3 nervures, à la fin réfléchies : pédoncules axillaires. laineux, plus courts que les feuilles, munis de 2 bractées ciliées, et à la fin réfléchis : fleurs petites, en petites grappes rameuses : fruits lisses, noirâtres, souvent simples.

ʊ. Avril, mai. Buisson des bois, haies, chemins ombragés.

** *Fleurs blanches.*

¶ *6-8 Feuilles par verticille.*

3. C. GRATERON. — *G. aparine.* L.

Tige dressée, faible, haute de 2-4 pieds, carrée, rameuse, hérissée de petits aiguillons crochus, au moyen desquels elle s'attache aux corps voisins : articulations velues : feuilles linéaires-lancéolées, rudes, accrochantes sur les bords et la nervure dorsale, terminées par une pointe longue : fleurs blanchâtres, petites, peu nombreuses, sur des pédoncules bien plus longs que les feuilles : fruits gros, à poils rudes et crochus. *a.* Eté. Haies, chemins, champs.

4. C. BLANC. — *G. mollugo.* L.

Tiges hautes, de 1 à 2 pieds, rameuses, faibles, carrées, genouillées, à rameaux étalés : feuilles ovales-oblongues, obtuses, mucronées, ciliées-rudes sur les bords, étalées : fleurs très-nombreuses, petites, disposées à l'extrémité de la tige et des rameaux en panicule rameuse, étalée, à la fin divariquée. *v.* Eté. Haies, prés, chemins.

¶¶ *Feuilles 4 par verticille.*

5. C. BORÉAL. — *G. boreale.* L.

Tige droide, raide, carrée, fistuleuse, rameuse, haute de 10-16 pouces : feuilles glabres, à 3 nervures, obtuses, rudes sur les bords, lancéolées : fleurs en panicule terminale resserrée, à pédoncules opposés, rameux : fruit hérissé de soies courbées, rarement glabre. *v.* Eté. Tourbières et prairies des montagnes.

63. GARANCE, *Rubia.* L. Calice à 4 dents : corolle en cloche à 4-5 divisions étalées : 4-5 étamines : style bifide : 2 fruits globuleux, en forme de baies charnues et soudées.

1. G. des teinturiers. — *R. tinctorum*. L.

Racines rouges, rampantes : tiges rameuses, hautes de 2-3 pieds, à 4 angles hérissés de dents crochues : feuilles annuelles, ovales-lancéolées, 4-6 par verticille, hérissées sur les bords et la nervure dorsale de dents crochues : pédoncules axillaires, opposés, rameux, à pédicelles ouverts, uniflores : fleurs jaunâtres, à divisions épaissies au bout : baies noires. *v.* Eté. Buissons, murs. Cultivée.

64. CHALEF, *Elæagnus*. L. Périanthe à tube grêle, à limbe en cloche, à 4-5 lobes, coloré intérieurement, revêtu d'écailles en dehors : 4-5 étamines presque sessiles : fruit en drupe, contenant un noyau monosperme.

1. C. a feuilles étroites. — *E. angustifolia*. L.

Arbrisseau à rameaux blanchâtres, souvent épineux : feuilles alternes, lancéolées, aiguës, entières, argentées en-dessous : fleurs jaunes en-dedans, argentées en dehors, 2-3 ensemble, axillaires, odorantes : fruit ovale. *l.* Eté. Midi. Bord des rivières.

65. ALCHIMILLE, *Alchemilla*. L. Périanthe presque en cloche, à 8 dents dont 4 alternativement plus petites : 2-4 étamines insérées à la gorge du tube et opposées aux petites dents : style inséré sur le côté de l'ovaire : stigmate en tête : graine renfermée dans le calice persistant.

* *Feuilles réniformes à 7-9 lobes.*

1. A. commune. — *A. vulgaris*. L.

Tiges ascendantes, rameuses, hautes de 2-12 pouces : feuilles radicales grandes, longuement pétiolées, à poils couchés, plissées en éventail, en rein, à 7-9 lobes arrondis, dentés en scie : feuilles de la tige plus petites, à 5-7 lobes, à peine pétiolées : stipules grandes, embrassantes, incisées : fleurs petites, herbacées, en faisceaux à l'extrémité des tiges et des rameaux, disposées en corymbes formant une panicule feuillée, dichotôme. *v.* Eté. Prairies, bois.

On remarque ordinairement un globule d'eau sur les feuilles.

** *Feuilles digitées, à 5-9 folioles dentées au sommet.*

2. A. des Alpes. — *A. Alpina.* L.

Racine presque ligneuse, brunâtre : tiges ascendantes, rameuses, pubescentes, hautes de 2-6 pouces : feuilles radicales, à 7-9 folioles oblongues, un peu en coin à la base, vertes en-dessus, soyeuses-argentées par des poils en-dessous, à pétioles munis de grandes stipules ferrugineuses : feuilles de la tige à 5-7 folioles : fleurs verdâtres, en paquets, formant une panicule terminale, lâche. *v.* Eté. Montagnes élevées.

*** *Feuilles à 3-5 folioles multifides ou dentées.*

3. A. a cinq feuilles. — *A. pentaphyllea.* L.

Tiges rameuses, couchées : feuilles glabres ou ciliées, à folioles en coin à la base, incisées : fleurs petites, verdâtres, en ombelle munie de deux feuilles sessiles, dentées au sommet. *v.* Eté. Très-hautes montagnes. Varie à surface soyeuse blanchâtre.

66. SANGUISORBE , *Sanguisorba.* L. Fleurs en tête globuleuse : périanthe à 4 lobes, muni de 2 écailles à la base : 2 ovaires surmontés chacun d'un style à stigmate en pinceau : 1-2 graines renfermées dans le périanthe faisant l'office de capsule.

1. S. officinale. — *S. officinalis.* L.

Tige de 2-3 pieds, anguleuse, peu rameuse, glabre, striée : feuilles alternes, ailées, à 9-13 folioles alternes ou opposées, ovales, en cœur, dentées, obtuses, pâles en-dessous : fleurs d'un pourpre foncé en tête ovale, globuleuse, ou épi court. *v.* Été. Prés montueux.

**67. CAMPHRÉE**, *Camphorosma*. L. Périanthe en godet, à 4 divisions dont 2 alternes plus grandes, recourbées : 1 style bifide : capsule à 1 loge, à 1 graine luisante, recouverte par le périanthe.

1. C. DE MONTPELLIER. — *C. Monspeliaca*. L.

Petit arbuste rameux : racine ligneuse, brune : tiges étalées, cotonneuses, blanchâtres, hautes d'un pied et demi : feuilles petites, linéaires, persistantes, verdâtres, velues, odorantes : fleurs très-petites, d'un vert blanchâtre, en paquets axillaires presque ramassés en épi velu. *l.* Juillet, septembre. Lieux arides et sablonneux du Midi.

**68. CUSCUTE**, *Cuscuta*. L. Calice à 4-5 lobes : corolle globuleuse, à 4-5 lobes de la couleur du calice : 4-5 étamines presque sessiles et munies d'une écaille à leur base : 2 styles : capsule arrondie, s'ouvrant en travers, à 2 loges, à 2 graines.

1. C. D'EUROPE. — *C. Europæa*. L.

Tiges filiformes, rameuses, grimpantes, privées de feuilles, d'un blanc jaunâtre, s'accrochant aux plantes voisines qu'elles enlacent : de petites écailles çà et là : fleurs d'un blanc rosé, par paquets, quelquefois jaunâtres. *a.* Été. Parasite sur d'autres plantes.

**69. HOUX**, *Ilex*. L. Calice petit, à 4-5 dents très-petites : corolle de 4 pétales élargis et contigus à la base : style nul : 4 stigmates sessiles : baie arrondie, à 4 loges, à 4 graines.

1. H. COMMUN. — *I. aquifolium*. L.

Arbrisseau toujours vert, rameux, de 4-15 pieds, à écorce lisse, à bois dur : feuilles luisantes, coriaces, pétiolées, ovales, pointues, glabres, ondulées, épineuses ou quelquefois sans épines : fleurs axillaires,

en paquets, presque sessiles, d'un blanc rosé : baies
rouges. *l.* Avril, mai. Bois, haies.

70. POTAMOT, *Potamogeton.* L. Périanthe à
4 divisions profondes, rétrécies à la base : étamines
à anthère à 2 lobes, presque sessiles : style nul : 4
stigmates : 4 capsules arrondies, acuminées, à une
graine : fleurs en épi renfermé d'abord dans une
spathe à 2 folioles membraneuses : feuilles ordinairement sur 2 rangs opposés : plantes aquatiques, à
espèces nombreuses, variées.

P. NAGEANT. — *P. natans.* L.

Tige arrondie, rameuse, glabre, d'autant plus longue qu'il y a plus d'eau : feuilles pétiolées, coriaces,
opaques, elliptiques, veinées, aiguës au sommet,
arrondies à la base, entières : fleurs en épi terminal
ou axillaire, gros : fleurs d'un blanc sale. *v.* Eté.
Eaux stagnantes. Varie à feuilles lancéolées. *P. fluitans.* Villd.

# Cinquième Classe.

—

## CINQ ÉTAMINES LIBRES PAR FLEUR.

### PENTANDRIE.

—

## PREMIER ORDRE.

### UN PISTIL PAR FLEUR. — MONOGYNIE.

—

### § I. Fleurs complètes.

#### A. FLEURS A COROLLE MONOPÉTALE.

† *Ovaire supère, c'est-à-dire placé dans le calice.*

* *Étamines placées chacune devant une division de la corolle.*

⸙ *Corolle en roue.*

Capsule coriace à 5 valves : corolle à divisions réfléchies sur
le tube en cloche.. . . . . . 71. CYCLAME.

Capsule s'ouvrant en boîte à
savonnette : étamines velues 72. MOURON.

Capsule s'ouvrant par le sommet
en 5 ou 10 valves : étamines
glabres . . . . . . . . . . . 73. LYSIMACHIE.

⸙⸙ *Corolle en entonnoir ou en soucoupe ; calice peu divisé.*

Tube de la corolle ovoïde, res-
serré à la gorge. . . . . . . 74. ANDROSACE.

Tube de la corolle cylindrique ou
en massue, ouvert à la gorge 75. PRIMEVÈRE.

Corolle à lobes découpés en la-
　nières. . . . . . . . . . . . . 77. SOLDANELLE.

** *Étamines placées devant l'entre-deux des divisions
de la corolle.*

1° *Pour fruit, une capsule.*

*Feuilles opposées.*

Capsule à une loge, à une grai-
　ne : corolle en entonnoir. . .　　BELLE-DE-NUIT.
Capsule à une loge, à graines
　nombreuses attachées sur les
　bords rentrants des 2 valves :
　1 style bifide. . . . . . . . 78. GENTIANE.
Capsule à 2 loges, à graines
　nombreuses : corolle en en-
　tonnoir ou en soucoupe : an-
　thères à la fin tordues. . . . 79. ERYTHRÉE.

*Feuilles alternes.*

* *Capsule à 1 loge : 2 placentas pariétaux.*

Corolle en entonnoir, à limbe
　barbu en-dedans . . . . . . 80. MÉNYANTHE.
Corolle en roue : stigmate bifide 81. VILLARSIE.

** *Capsule à 2-5 loges.*

a. *Corolle à divisions un peu inégales.*

Corolle en roue : des étamines
　barbues. . . . . . . . . . . 82. MOLÈNE.
Corolle en entonnoir : capsule
　ventrue, fermée par un cou-
　vercle. . . . . . . . . . . . 83. JUSQUIAME.

b. *Corolle à divisions égales.*

*Corolle en entonnoir ou en cloche.*

Corolle en entonnoir évasé en
　cloche, à 5 plis anguleux :

*Corolle en roue.*



II° *Pour fruit, une baie.*

*Corolle en roue, à tube très-court.*

§ *Anthères s'ouvrant en long.*



§§ *Anthères s'ouvrant au sommet par 2 petits trous.*



*Corolle en cloche ou en entonnoir.*

§ *Herbe.*



§§ *Arbuste souvent épineux.*

III° *Pour fruit, 1-2 follicules ou capsule allongée : feuilles entières.*

*Etamines distinctes, sur le tube de la corolle.*

Plante rampante : fleurs bleues à gorge nue. . . . . . . . . 95. PERVENCHE.

Arbrisseau droit : fleurs jamais bleues, à gorge munie d'une couronne laciniée. . . . . . 96. LAURIER-ROSE.

*Etamines à filets soudés en tube.*

Gorge de la corolle munie de 5 cornets : limbe étalé ou réfléchi. . . . . . . . . . . 97. ASCLÉPIADE.

Gorge munie de 5 dents, quelquefois 10, en couronne soudée au tube des filets : limbe étalé . . . . . . . . . . . . 98. CYNANQUE.

IV° *Pour fruit, des graines nues au fond du calice.*
*Gorge de la corolle nue.*

¶ *Ovaire unique à 4 sutures.*

Fruit mur se séparant en 4 graines planes à la base. . . 99. HÉLIOTROPE.

¶¶ *Deux graines.*

2 graines osseuses chacune à 2 loges. . . . . . . . . . . .100. MÉLINET.

¶¶¶ *4 Graines distinctes : style libre.*

a. *Corolle en tube évasé, à 5 lobes inégaux.*

Stigmate bifide : graines raboteuses . . . . . . . . . . . 101. VIPÉRINE.

a. *Corolle à divisions égales.*

Calice à 5 angles, à 5 lobes : graines lisses . . . . . . . . 102. PULMONAIRE.

Calice oblong : corolle en entonnoir : stigmate bifide : anthères oblongues . . . . . . 103. GRÉMIL.

Calice court: corolle en cloche
  ventrue : stigmate simple :
  anthères sagittées. . . . . . 104. ORCANETTE.

*Gorge de la corolle munie de 5 écailles ou appendices.*

§ *Graines munies d'un rebord.*

Graines à bord membraneux
  redressé en corbeille. . . . 105. OMPHALODE.

§§ *Graines non bordées en forme de corbeille.*

a. *Corolle en entonnoir.*

*Graines 4, attachées par le côté au style persistant.*

Calice à 5 divisions égales : grai-
  nes hérissées d'aiguillons . . 106. CYNOGLOSSE.
Calice à 5 lobes inégaux dentés
  à la base : graines rudes, recouvertes par le calice accru
  et comprimé . . . . . . . . 107. RAPETTE.

*Graines 4, insérées sur un disque et munies à la base
  d'un anneau strié et creusé au milieu.*

Tube de la corolle droit. . . . 108. BUGLOSSE.
Tube de la corolle courbé . . 109. LYCOPSIDE.

b. *Corolle en roue.*

Corolle à 5 lobes étalés. . . . 110. BOURRACHE.
Corolle tubuleuse évasée en
  cloche : graines lisses. . . . 111. CONSOUDE.
Corolle petite en soucoupe. . . 112. MYOSOTE.

†† *Ovaire infère, c'est-à-dire placé sous le calice ou
  soudé au calice en grande partie.*

* *Plantes ligneuses.*

Corolle irrégulière ordinaire-
  ment : baie . . . . . . . 113. CHÈVREFEUILLE.

## ** *Herbes.*

### *Corolle régulière.*

§ *Ovaire adhérent entièrement au calice.*

Corolle en cloche : capsule en
toupie s'ouvrant par des trous
latéraux . . . . . . . . . . 114. CAMPANULE.
Corolle en roue : capsule linéai-
re, anguleuse, s'ouvrant par
des fentes latérales. . . . . 115. PRISMATOCARPE
Corolle à 5 lobes linéaires, res-
tant unis par le sommet : anthères libres à filets dilatés à
la base. . . . . . . . . . 116. RAIPONCE.
Corolle tubuleuse : 2 baies accolées : tige carrée. . . . . 63. GARANCE.

§§ *Ovaire adhérent à moitié au calice.*

Corolle en soucoupe, à 5 lobes
alternant avec une dent. . . 76. SAMOLE.

### *Corolle irrégulière.*

Etamines barbues : capsule. . . 117. LOBÉLIE.

### B. FLEURS A COROLLE POLYPÉTALE.

† *Ovaire supère.*

* *Fleurs régulières : arbres ou arbrisseaux.*

### *Capsule.*

Arbrisseau à feuilles simples. 122. FUSAIN.

### *Baie.*

Arbrisseau à rameaux raides :
feuilles simples, entières ou
dentées. . . . . . . . . . 126. NERPRUN.
Rameaux sarmenteux s'accro-
chant par des vrilles : pétales

restant soudés par le sommet :
baie succulente. . . . . . . 121. VIGNE.
Rameaux sarmenteux ainsi que
la tige , s'accrochant par de
nombreuses petites racines
disposées dans toute leur lon-
gueur. . . . . . . . . . . . . 120. AMPÉLOPSIDE.

**** *Fleurs irrégulières : herbes.***

*Capsule succulente à 5 valves : tige succulente.*

Sépales 2 : pétales 4 : anthères 5 à 2 loges : stigmates
distincts. . . . . . . . . . . 123. BALSAMINE.
Sépales 3 , inégaux : pétales 3 :
anthères 5 , dont 3 à 2 loges
et 2 à 1 loge : stigmates soudés. 124. IMPATIENTE.

*Capsule sèche à 3 valves, tige grêle.*

5 sépales et 5 pétales . . . . . 125. VIOLETTE.

**†† *Ovaire infère.***

Arbuste à feuilles tombant cha-
que année : baie. . . . . . . 118. GROSEILLER.
Arbuste toujours vert, muni dans
toute sa longueur de petites
racines pour s'accrocher aux
corps voisins : baies noires en
ombelle. . . . . . . . . . . 119. LIERRE.

**§ 2. Fleurs incomplètes.**

****Arbres ou arbrisseaux.***

*Feuilles simples.*

Feuilles argentées en-dessous :
drupe à 1 graine . . . . . . 64. CHALEF.
Feuilles plus ou moins vertes :
baie à 3-4 graines. . . . . . 126. NERPRUN.

*Feuilles ailées.*

Silique charnue . . . . . . . . . 127. CAROUBIER.

** *Herbes.*

Feuilles munies d'une gaîne . . 231. RENOUÉE.

—

## II ORDRE.

### DEUX PISTILS PAR FLEUR. — DIGYNIE.

—

### § 1. Ovaire supère.

### A. FLEURS INCOMPLÈTES.

*Arbres.*

Capsule (*samare*) munie d'une
large aile membraneuse :
fleurs en paquets. . . . . 128. ORME.
Fruit en drupe globuleux noirâ-
tre : fleurs solitaires . . . . 129. MICOCOULIER.

*Herbes.*

* *Feuilles engaînantes ou munies de stipules.*

5 pétales filiformes alternant
avec les 5 étamines. . . . . 134. HERNIAIRE.
Pas de pétales filiformes : 5-8
étamines fertiles . . . . . . 231. RENOUÉE.

** *Feuilles ni engaînantes ni munies de stipules.*

¶ *Feuilles linéaires, étroites.*

Etamines 5-10 : capsule à 1-2
graines . . . . . . . . . . . GNAVELLE.
Etamines 5 : graine en forme
d'escargot dans le calice devenu comme pétaloïde. . . 130. SOUDE.

**†† *Feuilles larges, planes.***

*Toutes les fleurs munies d'étamines et de pistils.*

Plante potagère, à feuilles glabres, charnues : graine en
rein. . . . . . . . . . . . . 131. BETTE.

Plante des champs : feuilles souvent farineuses ou pubescentes, minces : graine nue, en
forme de lentille. . . . . . . 132. ANSERINE.

*Des fleurs sans étamines.*

Des fleurs à étamines et à pistils, mêlées à des fleurs à
pistils qui n'ont que 2 divi-
sions au périanthe. . . . . . 133. ARROCHE.

**B. FLEURS MONOPÉTALES.**

***Plantes munies de feuilles vertes.***

* *Fruit en 2 follicules à 1 loge, à 1 valve : feuilles
ordinairement alternes.*

Stigmate mucroné : divisions de
la corolle étalées. . . . . . 98. CYNANQUE.

Stigmate non mucroné : 5 cornets à la gorge de la corolle
dont le limbe est étalé ou ré-
fléchi. . . . . . . . . . . . 97. ASCLÉPIADE.

** *Fruit en capsule à 2 valves.*

Feuilles opposées . . . . . . . 78. GENTIANE.

*Plante jaunâtre, sans feuilles et parasite.*

Tige filiforme. . . . . . . . . 68. CUSCUTE.

**C. FLEURS POLYPÉTALES.**

*Arbres.*

Feuilles opposées, composées :
capsule divisée au sommet. . 182. STAPHILIN.

Feuilles alternes, simples : drupe. 183. Jujubier.

*Herbe.*

5 pétales filiformes . . . . . . . 134. Herniaire.

### § 2. Ovaire infère : fleurs en ombelle.

† *Ombelle imparfaite, c'est-à-dire simple, ou en tête, ou irrégulière, ou ombellules en tête.*

Iº *Fruit comprimé par les flancs, à 2 lobes.*

Feuilles simples, peltées. . . 135. Hydrocotyle.

IIº *Fruit à coupe transversale arrondie.*

Feuilles épineuses : fleurs en tête, entremêlées de paillettes. 136. Panicaut.

Fleurs en tête entourée de folioles colorées : graines à côtes plissées. . . . . . . . 137. Astrance.

Ombelle rameuse : fruits couverts d'aiguillons crochus . . 138. Sanicle.

†† *Ombelle parfaite, régulière, c'est-à-dire à rayons partant du même point et portant à la même hauteur une ombelle plane.*

* *Graine ayant la face interne plane ou presque plane.*

Iº *Fruit évidemment comprimé par les côtés : graine à 5 côtes égales, filiformes ou rarement un peu ailées.*

*Feuilles simples.*

Fleurs jaunes ou jaunes-violacées . . . . . . . . . . . . . 149. Buplèvre.

*Feuilles simplement ailées.*

¶ *Involucre et involucelles nuls.*

Pétales obovales, fléchis au som-

met en forme d'échancrure :
styles réfléchis : carpophore
bifide : fruit ovoïde . . . . . 147. Boucage.
Pétales arrondis, courbés au
sommet : carpophore simple :
fruit arrondi presque en cœur. 140. Ache.

*¶¶ Un involucre et des involucelles.*

*' Folioles de l'involucre découpées.*

Pétales irréguliers, ceux du
bord plus grands . . . . . . 143. Ammi.

*" Folioles de l'involucre entières.*

Fruit globuleux : calice à 5
dents : involucre et involucelles à folioles nombreuses :
styles réfléchis. . . . . . . 148. Berle.
Fruit ovoïde : styles caducs : calice peu marqué : involucre
et involucelles à 2-4 folioles. 142. Sison.

*Feuilles au moins deux fois ailées ou ternées.*

*¶ Fruit globuleux, didyme.*

Involucre nul : involucelles à
3-5 folioles étroites . . . . 139. Cicutaire.

*¶¶ Fruit ovoïde.*

Fleurs verdâtres : carpophore
bifide . . . . . . . . . . . 141. Persil.

*¶¶¶ Fruit oblong ou en fuseau.*

Feuilles 1-2 fois ternées à folioles ovales : involucre et involucelles nuls. . . . . . . 144. Égopode.
Feuilles 2 fois ailées : involucre
nul : involucelles souvent nuls. 145. Carum.
Feuilles 2 fois ailées : involucre

et involucelles à plusieurs folioles . . . . . . . . . . . 146. TERRE-NOIX.

11° *Fruit à coupe transversale circulaire ou à peu
près : chaque graine à 5 côtes filiformes ou ailées,
les latérales au bord, égales ou un peu plus larges :
feuilles 2-3 fois ailées.*

### Fleurs jaunes ou jaunâtres.

Pétales jaunes, arrondis, obtus :
involucre et involucelles nuls :
feuilles découpées en lanières
filiformes . . . . . . . . . 152. FENOUIL.
Pétales jaunâtres, oblongs, élargis à la base : des involucelles : feuilles découpées en
lobes lancéolés. . . . . . . 159. SILAUS.

### Fleurs blanches ou rosées.

A. *Pétales entiers, aigus aux deux bouts.*

Feuilles très-finement découpées : fruit oblong . . . . . 156. MÉUM.

B. *Pétales entiers, ovales, infléchis.*

Fruit ovoïde, un peu comprimé,
à 5 côtes presque ailées. . . 157. BACILLE.

C. *Pétales obovales ou en cœur renversé, échancrés,
à languette fléchie en-dedans.*

* *Involucelles pendants situés du côté extérieur de
l'ombelle.*

Fruit globuleux à côtes épais-
ses . . . . . . . . . . . . . 151. ETHUSE.

** *Involucelles étalés ou redressés sous l'ombelulle.*

        *‣ Fleurs égales à pétales égaux.*

  a. *Fruit à côtes filiformes ou épaisses, jamais ailées.*

*Plante glabre : fruit pubescent ou blanchâtre : styles réfléchis.*

Dents du calice épaisses , persistantes : involucre souvent
  nul . . . . . . . . . . . . 153. Séséli.

Dents fines, en alène, caduques:
  involucre à plusieurs folioles. 154. Libanotide.

       *Fruits et plante velus.*

Styles dressés ou divariqués. . 155. Athamanthe.

  b. *Fruit à 5 côtes égales un peu amincies en aile.*

Fleurs verdâtres. . . . . . . 158. Livèche.

** *Fleurs inégales à pétales inégaux, celles du bord
rayonnantes, celles du centre presque sessiles :*

Fruit couronné par les dents du
  calice et par les styles. . . 150. Enanthe.


III° *Fruit comprimé par le dos, ailé sur les flancs :
chaque graine à 5 côtes, 3 dorsales filiformes ou
ailées, et 2 latérales au bord figurant une aile
double et plus large que les autres : les 2 graines
ne se touchant que par le centre de la face intérieure plane.*

    § *Un involucre de plusieurs folioles.*

Pétales herbacés , arrondis,
  munis d'un sillon : fruit à 2
  ailes étroites de chaque côté. 158. Livèche.

** *Involucre presque nul : ombellules globuleuses.*

Pétales lancéolés, infléchis :

involucelle entier : graine
adhérente en entier au pé-
ricarpe : 2 ailes très-larges. 160. ANGÉLIQUE.
Pétales elliptiques verdâtres :
involucelle d'un seul côté :
graine libre dans le péri-
carpe : ailes étroites. . . 161. ARCHANGÉLIQUE.

IV° *Fruit comprimé par le dos ou aplani en lentille,
entouré d'un rebord en forme d'aile ou de cordon.*

§ *Les 3 côtes dorsales filiformes ou peu apparentes :
chaque graine à 3-5 côtes et jointe à l'autre par
toute l'étendue de sa face intérieure.*

*Fruit entouré d'un rebord épais, ridé.*

Fleurs blanches, les extérieures
plus grandes, rayonnantes. 167. TORDYLE.

*Fruit entouré d'une aile mince.*

Côtes ou stries du fruit placées
à égale distance les unes des
autres : les 2 latérales peu
apparentes . . . . . . . . 162. PEUCEDAN.

§§ *Les 3 côtes dorsales filiformes rapprochées, les
2 latérales écartées souvent confondues avec le
rebord ailé.*

*Fleurs jaunes, involucre et involucelles nuls.*

Feuilles à divisions larges : fruit
elliptique très-aplati. . . . 165. PANAIS.
Feuilles à divisions linéaires, filiformes : fruit ovale à dos un
peu convexe . . . . . . . 164. ANETH.

*Fleurs blanches : pas d'involucre, des involucelles
ordinairement.*

Pétales extérieurs plus grands,

bifides : fruit échancré au
   bout. . . . . . . . . . . . . . 166. BERCE.
Pétales presque égaux . cour-
   bés : fruit elliptique , bossu. 163. IMPÉRATOIRE.

** *Fruit à face intérieure plane et marquée de
2 côtes filiformes : 7 côtes filiformes ou ailées sur
le dos : côtes souvent hérissées d'aiguillons.*

   ¶ *Fruit à 2 graines portant chacune 8 ailes.*
Pétales égaux et blancs. . . . 168. LASER.

¶¶ *Fruit oblong, à 2 graines entourées chacune d'une
   aile échancrée aux deux bouts.*
Fleurs jaunes : involucres et
   involucelles nuls. . . . . . 169. THAPSIE.

¶¶¶ *Fruit ovale à 3 côtes hérissées de soies et 4 côtes
   plus relevées portant une rangée d'aiguillons
   crochus.*
Involucres pinnatifides ordinairement: fleur centrale rouge,
   grande. . . . . . . . . . . 170. CAROTTE.

*** *Graine ayant la face intérieure marquée d'un
sillon longitudinal, ou ayant les bords fléchis ou
enroulés en-dedans.*

   *Fleurs jaunes : fruit succulent.*
Fruit ovale, globuleux, succulent à la maturité, noir :
   graine en demi-lune, à 3 côtes aiguës. . . . . . . . . 176. MACERON.

   *Fleurs blanches: fruit sec ou gonflé.*

   ¶ *Fruit presque globuleux.*
Graine à 5 côtes crénelées :
   fleurs égales, à pétales en
   cœur renversé : tige tachée. 175. CIGUE.

** *Fruit allongé, au moins 2 ou 3 fois plus long que large.*

a. *Fruit surmonté d'un bec allongé.*

Fruits à bec linéaire très-long :
graine à 5 côtes obtuses . . 171. SCANDIX.
Fruits à bec court marqué de
côtes : graines lisses, sans
côtes . . . . . . . . . . . 172. ANTHRISQUE.

b. *Fruit oblong ou cylindrique, sans bec.*

Graine à 5 côtes égales, très-
obtuses . . . . . . . . . . 173. CERFEUIL.
Fruit luisant, très-gros, vernissé :
graine libre dans l'enveloppe,
à 5 côtes creuses en-dedans,
à carène aiguë. . . . . . . 174. MYRRHE.

**** *Graine hémisphérique, à face interne concave, courbée-enroulée de la base au sommet.*

Fruit globuleux, à 10 côtes filiformes droites, séparées par
10 côtes flexueuses . . . . 177. CORIANDRE.

—

# III ORDRE.

**TROIS PISTILS PAR FLEUR. — TRIGYNIE.**

—

## § 1. Herbes.

A. *Fleurs n'ayant qu'une seule enveloppe florale.*

* *Feuilles jeunes à bords roulés en-dessous, engaînantes à la base.*

Périanthe non persistant, dé-
coupé en 4-5 lobes . . . . . 231. RENOUÉE.

** *Feuilles sans gaine et non enroulées : périanthe
à 5 folioles persistantes.*

Périanthe recouvrant le fruit, en
    figurant une capsule . . . . . 131. BETTE.
Périanthe entourant le fruit, à
    divisions non en capuchon
    comme dans le précédent. . 132. ANSÉRINE.

B. *Fleurs à 2 enveloppes florales : calice et corolle.*

Pétales inégaux : calice à 2-3
    divisions : capsule à 1 graine.   22. MONTIE.
Pétales égaux, bifides : calice à
    5 divisions : capsule à plu-
    sieurs graines. . . . . . . .     STELLAIRE.

### § 2. Plantes ligneuses.

* *Corolle monopétale : ovaire infère.*

Feuilles ailées, opposées : baie
    à 3 graines . . . . . . . . . 180. SUREAU.
Feuilles simples, opposées : baie
    ou drupe à une graine . . . 179. VIORNE.

** *Corolle polypétale : ovaire supère.*

*Feuilles petites.*

Graines munies d'aigrette. . . 181. TAMARISQUE.

*Feuilles larges, non imbriquées : graines sans
aigrette.*

¶ *Étamines opposées aux pétales.*

Fruit un peu charnu, à 3-5
    graines . . . . . . . . . . . 126. NERPRUN.

¶¶ *Étamines alternes avec les pétales.*

Feuilles opposées, stipulées :

capsule : fleurs en grappe
pendante . . . . . . . . . 182. STAPHILIN.
Feuilles alternes, sans stipules :
baie à 1 graine : fleurs en panicule ou épi dressé. . . . . 178. SUMAC.

———

## IV ORDRE.

**QUATRE PISTILS PAR FLEUR. — TETRAGYNIE.**

Herbe à feuilles entières : une
écaille ciliée à la base de
chaque étamine . . . . . . 184. PARNASSIE.
Arbrisseau à feuilles petites,
comme imbriquées. . . . . 181. TAMARISQUE.
Arbre ou arbrisseau à feuilles
larges. . . . . . . . . . . 126. NERPRUN.

———

## V ORDRE.

**CINQ PISTILS PAR FLEUR. — PENTAGYNIE.**

A. *Feuilles lobées, découpées, ou au moins crénelées.*

5 étamines fertiles et 5 filets
alternes . . . . . . . . . . 386. GÉRANIUM.

B. *Feuilles simples, entières, à peine dentelées.*

** Calice scarieux.*

Fleurs en tête ou en épis. . . 185. STATICE.

*** Calice herbacé.*

5 Étamines réunies à la base par un anneau et
alternes avec 5 filets dépourvus d'anthères.
Capsule globuleuse à graines
plates . . . . . . . . . . . 186. LIN.

*Point de filaments stériles avec les étamines.*

§ *Calice tubuleux.*

Pétales à onglet. . . . . . . 253. LYCHNIDE.

§§ *Calice à 5 sépales ou à 5 divisions profondes.*

' *Fleurs en épi.*

Feuilles radicales. . . . . . . 187. ROSSOLIS.

" *Fleurs non en épi : feuilles sur la tige et les rameaux.*

Capsule s'ouvrant par le sommet en 5-10 valves : pétales bifides ou échancrés. . . . CÉRAISTE.

Capsule s'ouvrant jusqu'à la base : pétales entiers. . . . . SPARGOUTE.

—

# VI ORDRE.

**PISTILS NULS OU PEU APPARENTS.**

—

## § 1. **Corolle monopetale.**

* *Baie : arbrisseau.*

Feuilles simples ou lobées. . . 179. VIORNE.
Feuilles ailées . . . . . . . . . 180. SUREAU.

** *Follicules : graines aigrettées.*

Stigmate mucroné : corolle à limbe étalé . . . . . . . . . 98. CYNANQUE.
Stigmate non mucroné : limbe de la corolle réfléchi . . . . 97. ASCLÉPIADE.

### § 2. **Corolle polypetale.**

#### * *Arbrisseaux ou plantes ligneuses.*

##### A. *Capsule.*

Fleurs jaunâtres : fruit angu-
leux : feuilles opposées. . . 122. Fusain.

##### B. *Baie plus ou moins succulente.*

###### *Tige forte se soutenant seule.*

Pédoncules paniculés, devenant
plumeux . . . . . . . . . 178. Sumac.
Pédoncules axillaires, agrégés,
jamais plumeux. . . . . . 126. Nerprun.

###### *Tige ne se soutenant pas seule.*

Feuilles persistantes : fruits non
comestibles. . . . . . . . 119. Lierre.
Feuilles tombant chaque au-
tomne : fruits comestibles. 121. Vigne.

#### ** *Herbes.*

##### *Fleurs régulières.*

Feuilles radicales, en cœur :
fleur blanche. . . . . . 184. Parnassie.
Feuilles opposées : fleurs verdâtres, petites. . . . . . 134. Herniaire.

##### *Fleurs irrégulières.*

Fleurs jaunes, délicates. . . . 124. Impatiente.

### § 3. **Corolle nulle : calice souvent coloré en dedans.**

#### * *Arbre à feuilles alternes.*

Capsule ailée . . . . . . . . 128. Orme.

#### ** *Herbes.*

† *Feuilles engaînantes ou munies de stipules.*
Cinq pétales filiformes alternant

avec les 5 étamines. . . . . 134. HERNIAIRE.
Pas de pétales filiformes : 5 8
étamines fertiles. . . . . . 231. RENOUÉE.

†† *Feuilles ni engainantes ni munies de stipules.*

§ *Feuilles linéaires, étroites.*

Étamines 5-10 : capsule à 1-2
graines. . . . . . . . . . GNAVELLE.
Étamines 5 : graine en forme
d'escargot dans le calice devenu comme pétaloïde. . . 130. SOUDE.

§§ *Feuilles larges, planes.*

*Toutes les fleurs munies d'étamines et de pistils.*

Plante potagère, à feuilles glabres, charnues : graine en
rein. . . . . . . . . . . 131. BETTE.
Plante des champs: feuilles souvent farineuses ou pubescentes, minces : graine nue, en
forme de lentille. . . . . . 132. ANSERINE.

*Des fleurs seulement à pistil mêlées à d'autres.*

Des fleurs à étamines et à pistils,
mêlées à des fleurs à pistils
qui n'ont que 2 divisions au
perianthe. . . . . . . . . 133. ARROCHE.

71. CYCLAME, *Cyclamen.* L. Calice en cloche,
à 5 divisions : corolle à 5 divisions lancéolées, réfléchies sur le tube court en cloche, à gorge saillante:
anthères 5, sessiles, aiguës, conniventes : stigmate
aigu : capsule charnue-coriace, globuleuse, à 5 valves,
à graines nombreuses.

C. d'Europe. — *C. Europæum*. L.

Racine épaisse, tuberculeuse, munie de fibres noirâtres : feuilles toutes radicales, longuement pétiolées, ovales-arrondies, profondément échancrées à la base, à lobes arrondis et rapprochés, légèrement sinuées, crénelées, rougeâtres en-dessous, vertes et tachées de blanc en-dessus : hampes uniflores, enroulées dans la jeunesse : fleur penchée ou pendante, à corolle purpurine, odorante ou d'un blanc rosé, à gorge saillante tournée vers la terre, à lobes dirigés vers le ciel. *v*. Eté. Bois et buissons des montagnes.

72. MOURON, *Anagallis*. L. Calice à 5 divisions: corolle en roue, à 5 lobes, à tube très-court ou nul : étamines barbues : stigmate en tête : capsule globuleuse, à une loge, s'ouvrant en travers : graines nombreuses, anguleuses sur un réceptacle très-gros.

1. M. des champs. — *A. arvensis*. L.

Tige rameuse, carrée, glabre ainsi que toute la plante, couchée, puis redressée, longue de 3-10 pouces : feuilles sessiles, opposées (ou par 3), ovales, entières, à 3 nervures, marquées en dessous de points noirs : pédoncules axillaires, uniflores, à la fin réfléchis : lobes du calice aigus : lobes de la corolle à peine crénelés au bout : fleurs rouges ou bleues. *a*. Eté. Lieux cultivés.

73. LYSIMACHIE, *Lysimachia*. L. Calice à 5 divisions aiguës, dressées : corolle en roue, à tube court ou presque nul, à limbe à 5 divisions : 5 étamines libres ou réunies par les filets : capsule globuleuse, mucronée, à une loge, polysperme, s'ouvrant par le sommet en 2-5-10 valves.

* *Fleurs en grappes*.

1. L. commune. — *L. vulgaris*. L.

Tige dressée, ferme, anguleuse, haute de 2-4

pieds, rameuse du haut: feuilles opposées ou ternées, quelquefois alternes, presque sessiles, ovales ou oblongues-lancéolées, aiguës, entières, pubescentes en-dessous: fleurs jaunes, portées sur des pédoncules rameux et disposées en grappe arrondie, terminale : calice bordé d'une ligne colorée. *v.* Eté. Lieux humides ombragés.

2. L. A FLEURS EN THYRSE. — L. thyrsiflora. L.

Tige dressée, assez grande : feuilles lancéolées allongées, ponctuées de noir : fleurs jaunes, en grappes axillaires, denses, pédonculées, moins longues que la feuille : 5 ou 6 étamines libres. *v.* Eté. Lieux humides.

** Fleurs solitaires, jaunes, axillaires.

3. L. NUMMULAIRE. — L. nummularia. L.

Tiges rameuses à la base, couchées, un peu quadrangulaires, glabres, longues d'un pied, rampantes : feuilles ovales-arrondies, glabres, opposées, peu pétiolées, entières : fleurs placées vers le milieu des tiges, grandes : calice à 5 divisions un peu en cœur à la base. *v.* Eté. Lieux ombragés et humides, fossés.

4. L. DES BOIS. — L. nemorum. L.

Tige couchée, simple, anguleuse, glabre, longue de 5-8 pouces : feuilles opposées, ovales, entières, glabres, presque sessiles, à 3-5 nervures : fleurs petites, à pédoncules filiformes, recourbés à la maturité : calice à 5 divisions linéaires : capsule s'ouvrant en 2 valves. *a.* Eté. Bois un peu humides.

74. ANDROSACE, *Androsace.* L. Calice à 5 divisions profondes : corolle en soucoupe, à 5 lobes ordinairement entiers, à tube ovoïde, resserré au sommet, muni ordinairement à la gorge de 5 glandes : style court : capsule globuleuse, s'ouvrant au sommet en 5 valves : 5-20 graines anguleuses.

A. A GRAND CALICE. — A. maxima. L.

Feuilles radicales, en rosette, ovales-lancéolées. denticulées : hampe de 2-6 pouces, divisée dès la base, en 3-5 branches, terminées chacune par une ombelle simple à 6-8 fleurs munie d'un involucre de 4-6 folioles ovales en spatule : calice grand, farineux. velu, cachant au fond une petite fleur blanche. *a.* Printemps. Champs du midi.

75. PRIMEVÈRE, *Primula*. L. Calice tubuleux, persistant, à 5 dents : corolle tubuleuse, à 5 lobes , dilatée à l'insertion des étamines : style à stigmate globuleux : capsule à une loge, s'ouvrant en dix dents au sommet : graines nombreuses.

* Calice prismatique : fleurs jaunes verdissant en séchant.

1. P. OFFICINALE. — P. officinalis. Thuil.

Feuilles ovales-oblongues, obtuses, ondulées-crénelées, ridées, un peu pubescentes, décurrentes sur le pétiole : hampe dressée, cylindrique, pubescente, haute de 2 8 pouces, terminée par une ombelle simple de 4-20 fleurs penchées plus ou moins : une collerette de folioles étroites à la base de l'ombelle : corolle d'un jaune doré, avec cinq taches orangées à la gorge, à limbe concave à 5 lobes échancrés en cœur : calice, hampe et pédoncules d'un vert jaunâtre : fleurs très-odorantes. *v.* Printemps. Prés montueux, haies.

2. P. DU PRINTEMPS. — P. veris. L.

Diffère de la précédente par sa couleur plus verte. sa corolle plus grande, à limbe plane, peu ou point tachée d'orange à la gorge : plante très-variable dont la hampe est quelquefois nulle, ou courte, ou longue de 3-8 pouces. *v.* Printemps. Prés, bois, haies.

** *Calice tubuleux : corolle purpurine ou rosée.*

3. P. **farineuse**. — P. *farinosa*. L.

Feuilles petites, obovales-oblongues , rétrécies en pétiole, obtuses, dentelées , vertes et glabres en-dessus, couvertes d'une poussière blanc-jaunâtre en-dessous : hampe de 3-10 pouces, à 4-10 fleurs petites à pédoncules farineux ainsi que les calices : corolle lilas ou rosée, devenant bleue en séchant, à gorge jaune. *v.* Juin, septembre. Prés humides, tourbières.

*** *Calice court en cloche : feuilles épaisses , non ridées.*

4. P. **oreille d'ours**. — P. *auricula*. L.

Feuilles raides, charnues, obovales, lisses, peu ou point crénelées , légèrement ciliées-glanduleuses : hampe glabre, portant une ombelle simple de fleurs jaunes ou rouges, farineuses dans la gorge : involucre à folioles ovales, obtuses, courtes. *v.* Eté. Rochers.

76. SAMOLE, *Samolus*. L. Calice demi-adhérent à l'ovaire, à 5 lobes : corolle en soucoupe, à tube court, à 5 lobes étalés : étamines 5, insérées à la base du tube : 5 écailles alternant avec les étamines et placées à la gorge du tube : ovaire demi-infère : capsule à 5 valves au sommet, à 1 loge : graines nombreuses.

S. **aquatique**. — S. *valerandi*. L.

Tige dressée, cylindrique, feuillée, haute d'un pied, glabre ainsi que toute la plante, un peu rameuse du haut : feuilles ovales, entières, les inférieures rétrécies en pétiole, les supérieures sessiles : fleurs petites, en grappes lâches, blanches, à pédoncules coudés et pourvus d'une écaille : capsule globuleuse, recouverte par le calice. *v.* Eté. Lieux humides, marécageux.

**77. SOLDANELLE,** *Soldanella.* **L.** Calice court. à 5 divisions : corolle en cloche, à 5 lobes déchiquetés : anthères 5 , pointues : capsule oblongue, à une loge, polysperme, s'ouvrant au sommet par un couvercle et se divisant en plusieurs dents.

S. DES ALPES. — *S. Alpina.* L.

Feuilles toutes radicales, en cœur à la base, arrondies en rein, vertes, glabres comme la plante : hampes de 3-6 pouces, portant 2-6 fleurs bleues ou lilas, assez grandes, souvent penchées, portées sur des pédoncules rudes : corolle à lobes découpés en 5-7 lanières inégales. *v.* Eté. Hautes montagnes.

**78. GENTIANE,** *Gentiana.* **L.** Calice à 4-6 divisions ou fendu latéralement en forme de spathe : corolle monopétale à tube cylindrique ou en cloche. glanduleux dans le fond, à 4-9 divisions entières ou frangées-ciliées : 4-9 étamines à anthères libres ou réunies : styles 2, ou unique à 2 stigmates : capsule à 1 loge, à 2 valves portant les graines sur leurs bords infléchis. Plantes amères à feuilles entières.

* *Gorge de la corolle munie d'appendices frangés.*

1. G. DES CHAMPS. — *G. campestris.* L.

Tige dressée, haute de 2-6 pouces, ordinairement très-rameuse et feuillée, à rameaux opposés-croisés : feuilles radicales en spatule, obtuses, pétiolées, celles de la tige ovales-lancéolées, aiguës : fleurs d'un violet foncé, à tube blanchâtre ou jaunâtre, à limbe divisé en 4 lobes, rarement en 5 : calice à 4 divisions dont 2 plus larges, toutes finement ciliées-dentelées ainsi que les feuilles. *a.* Eté. Paturages des montagnes. Elle varie à fleurs flanches.

2. G. D'ALLEMAGNE. — *G. germanica.* Willd.

Tige dressée, haute de 2-5 pouces, rameuse, en panicule dans le haut, anguleuse, ordinairement violette : feuilles radicales en spatule, pétiolées, celles de la tige ovales-lancéolées, aiguës, d'un vert sombre ou violacé, plus pâles en-dessous: fleurs d'un bleu violet, axillaires, terminales et pédonculées : calice à 5 lobes presque égaux, plus courts que le tube de la corolle qui a les lobes aigus. *a.* Eté. Automne. Paturages et lieux incultes.

3. G. amarelle. — *G. amarella.* L.

Diffère de la précédente par les feuilles à nervures souvent de couleur différente, par les lobes de la corolle plus larges, et les dents du calice un peu inégales. *a.* Automne. Prairies humides.

** *Corolle en entonnoir, à gorge nue, à 4 lobes ciliés-frangés.*

4. G. ciliée. — *G. ciliata.* L.

Tige dressée, souvent un peu coudée à la base, souvent simple : feuilles étroites, lancéolées-linéaires: fleur d'un beau bleu de ciel, terminale, rarement accompagnée d'une ou deux autres fleurs : corolle à 4 lobes frangés, ciliés au bout. *v.* Automne. Prairies des montagnes.

*** *Corolle* en entonnoir *ou* en soucoupe *à gorge nue et lobes non ciliés.*

5. G. du printemps. — *G. verna.* L.

Tiges ascendantes, de 2-3 pouces, terminées par des rosettes de feuilles lancéolées-ovales, rétrécies à la base : feuilles de la tige plus étroites : fleur assez grande, terminale d'un bleu d'azur magnifique, souvent plus longue que la tige : calice à 5 angles un peu ailés, plus court que le tube jaunâtre de la corolle dont le limbe est étalé en 5 lobes ovales, aigus, parfois crénelés, séparés par des appendices blancs à la base : stigmate en disque frangé, plane. *v.* Eté. Mars, avril. Paturages des montagnes.

******** *Corolle* en cloche *ou* en roue , *sans cils ,
ni appendices frangés.*

† *Fleurs bleues.*

¶ *Anthères soudées.*

### 6. G. à feuilles étroites. — *G. pneumonanthe.* L.

Tige haute de 6-15 pouces, dressée, grêle, rougeàtre, simple : feuilles opposées, réunies par la base en gaîne courte, roulées en-dessous par les bords, lancéolées-linéaires, à une seule nervure, les inférieures en forme d'écailles : fleurs d'un beau bleu, pédonculées, axillaires et terminales, en cloche rétrécie à la base , à 5 lobes courts, triangulaires. *v.* Automne. Prés humides et tourbeux des montagnes.

### 7. G. sans tige. –- *G. acaulis.* L.

Racine dure : tige courte, de quelques lignes, ascendante, uniflore, portant une ou deux paires de feuilles ovales-lancéolées, un peu obtuses, à 3 nervures, les radicales en rosette étalées, plus larges : fleur grande, terminale, d'un bleu foncé, ponctuée en-dedans, à 5 lobes courts, séparés par 1 dent plissée : calice à lobes ovales-lancéolés. *v.* Paturages des montagnes.

¶¶ *Anthères libres.*

### 8. G. croisette. –- *G. cruciata.* L.

Tiges couchées et amincies à la base, ascendantes, simples, rarement rameuses : feuilles radicales obovales, rétrécies à la base, celles de la tige nombreuses, oblongues-lancéolées, obtuses, nervées, opposées-engainantes : fleurs bleues, en cloche tubulée, axillaires, verticillées et ramassées en tête au sommet : calice à 4 dents étroites : étamines 4. *v.* Eté. Lieux arides.

†† *Fleurs jaunes ou purpurines.*

¶ *Calice à 6-7 divisions.*

**9. G. PONCTUÉE. -- *G. punctata.* L.**

Racine très-grosse : tige dressée, feuillée, haute d'un pied : feuilles ovales, les plus hautes lancéolées ; fleurs jaunâtres, marquetées de points pourpres, en verticilles, sessiles, courtes : calice à divisions inégales. *v.* Eté. Prairies des montagnes.

¶¶ *Calice fendu d'un seul côté, en forme de cornet.*

**10. G. JAUNE. — *G. lutea.* L.**

Racine grosse, épaisse, ridée, très-amère : tige simple, droite, glabre, haute de 2-5 pieds : feuilles engaînantes, opposées, entières, glabres, ovales-elliptiques, nervées en long, très-grandes, les radicales rétrécies en pétiole : fleurs nombreuses, pédicellées, en verticilles épais, jaunes : calice membraneux : corolle en roue, à 5-8 divisions lancéolées, étalées, aiguës : anthères libres. *v.* Eté. Paturages des montagnes.

**11. G. PURPURINE. — *G. purpurea.* L.**

Tige de 1 pied : feuilles lancéolées, les inférieures elliptiques : fleurs purpurines en dehors, jaunâtres en-dedans, marquetées de points disposés en lignes, ou jaunes ponctuées, rarement sans points, en verticilles, sessiles, un peu en cloche, à 5-6 divisions : anthères soudées. *v.* Eté. Alpes.

**79. ERYTHRÉE**, *Erythrea.* RICH. Calice tubuleux, à 5 lobes : corolle en entonnoir, à tube cylindrique, à limbe à 5 lobes : anthères 5, oblongues, contournées en spirale après l'émission du pollen : stigmates 2, parallèles : capsule à 2 valves, à 2 loges formées par les bords rentrants des valves.

**1. E. CENTAURÉE. — *E. centaurium*. Pers.**

Tige dressée, de 6-18 pouces, à 4 angles aigus : paniculée dichotome au sommet : feuilles opposées, oblongues, à 3 nervures, les radicales obovales ou oblongues, obtuses, celles de la tige demi-embrassantes : fleurs roses, nombreuses, sessiles dans les dichotomies, agrégées au bout des rameaux, et formant un corymbe terminal : corolle à 5 lobes oblongs, étalés. *a*. Automne. Bois, paturages.

**2. E. ÉLÉGANTE. —*E. pulchella*. Fries.**

Diffère à peine de la précédente par sa tige plus basse, ses fleurs dépourvues de bractées, son calice égalant le tube de la corolle, et ses anthères n'ayant qu'un seul tour de spire. *a*. Lieux un peu humides et mêmes lieux.

**80. MENYANTHE**, *Menyanthes*. L. Calice à 5 divisions : corolle en entonnoir, à 5 lobes étalés, barbus en-dedans : stigmate en tête, sillonné : capsule à 1 loge, à 2 valves : graines nombreuses.

**M. TRÈFLE-D'EAU. — *M. trifoliata*. L.**

Souche épaisse, articulée, longuement rampante, poussant des jets ascendants, munis de 2-3 feuilles alternes, dressées, à longs pétioles embrassants par leur base élargie et portant 3 folioles ovales, obtuses, sessiles, glabres, lisses ainsi que toute la plante : hampes axillaires, hautes de 2-8 pouces, portant une grappe de fleurs blanches ou rosées, élégamment barbues en-dessus : anthères noirâtres après l'émission du pollen. *v*. Printemps. Marais, fossés.

**81. VILLARSIE,** *Villarsia*. Vent. Calice à 5 divisions : corolle en roue, à tube court, à limbe étalé, à 5 lobes ciliés sur les bords, barbu à la gorge : stigmate à 2 lobes crénelés : 5 glandes alternes avec les

5 étamines : capsule à 1 loge, à 2 valves : graines sur deux rangs, bordées.

V. FAUX NÉNUPHAR. — *V. nymphoïdes*. Vent.

Racine rampante : tiges allongées, cylindriques, tachetées de noir, submergées, rameuses, radicantes, garnies de fleurs et de feuilles au sommet des rameaux : feuilles opposées, flottantes, arrondies, en cœur à la base, ponctuées de violet en-dessous : fleurs jaunes, en ombelle simple, au nombre de 6-8 par ombelle. *v*. Eté. Eaux. Rare.

82. MOLÈNE, *Verbascum*. L. Calice à 5 divisions : corolle en roue, à 5 lobes un peu inégaux : 5 étamines inégales, inclinées, souvent barbues à la base : 1 style persistant, épaissi : capsule à 2 valves, à 2 loges : graines nombreuses.

* *Feuilles décurrentes et drapées des deux côtés*

1. M. BOUILLON-BLANC. — *V. thapsus*. L.

Tige de 3-4 pieds, dressée, ferme, cotonneuse, drapée ainsi que toute la plante par des poils courts, feutrés, épais et étoilés : feuilles grandes, oblongues, épaisses, entières, les supérieures embrassantes, lancéolées : fleurs jaunes, grandes, paniculées ou en épi, agglomérées ou solitaires, placées dans l'aisselle d'une bractée allongée : capsule laineuse. *v*. Eté. Champs.

Feuilles inférieures rétrécies en pétiole. V. *crassifolium*. DC.

** *Feuilles non décurrentes*.

‡ *Feuilles drapées en-dessous, pubescentes en-dessus*.

2. V. PHLOMIDE. — *V. phlomoïdes*. L.

Tige simple, haute de 3-4 pieds, drapée : feuilles

ovales-lancéolées, les inférieures finissant en pétiole, les supérieures sessiles. embrassantes, inégalement dentées ou crénelées : fleurs jaunes en épi terminal interrompu, groupées par bouquets de 5-10 : filets des étamines à poils jaunes. *v.* Eté. Terrains sablonneux. Très-variable.

**⁎⁎** *Feuilles pubescentes des deux côtés, pulvérulentes.*

3. M. FLOCCONNEUSE. — *V. pulverulentum.* Vill.

Tige dressée, de 2-4 pieds, couverte de floccons blancs, cotonneux, pulvérulents , qu'on enlève par le frottement, rameuse-paniculée du haut : feuilles sessiles, en cœur, molles, embrassantes, terminées en pointe oblique, presque glabres en-dessus, duvetées en-dessous, les inférieures oblongues, moins en cœur : fleurs en panicule pelotonnées, jaunes, presque cachées dans les floccons cotonneux qui couvrent le calice dont l'extrémité des divisions est glabre. *v.* Eté. Lieux secs. Varie beaucoup.

**⁎⁎⁎** *Feuilles glabres ou à peu près : fleurs solitaires ou géminées.*

4. M. BLATTAIRE. — *V. blattaria.* L.

Plante glabre, excepté le sommet de la tige , les pédoncules et le calice qui sont couverts de poils fins, glanduleux au sommet : tige simple, parfois rameuse du haut, dressée, cylindrique, haute de 1 à 3 pieds : feuilles oblongues, glabres, alternes, les radicales un peu pétiolées, sinueuses, dentées, les inférieures sessiles, crénelées, les supérieures dentées. ovales-acuminées , presque en cœur, demi-embrassantes : fleurs solitaires, jaunes ou blanches, en grappe terminale , longue et lâche : étamines à filets couverts de poils purpurins. *v.* Eté. Lieux arides qui ont été inondés ; bord des chemins.

**83. JUSQUIAME**, *Hyosciamus*. L. Calice grand,
en cloche, à 5 lobes aigus : corolle en entonnoir, à
5 lobes obtus, inégaux, obliques : 5 étamines inclinées : capsule un peu comprimée, à 2 loges, s'ouvrant par un couvercle caduc : graines nombreuses.

* *Feuilles sessiles.*

1. J. NOIRE. — *H. niger.* L.

Tige cylindrique, rameuse, haute d'un pied, laineuse surtout dans le haut : feuilles alternes, embrassantes, sinuées-pinnatifides, anguleuses, pubescentes,
les florales presque entières : fleurs presque sessiles,
paniculées, noirâtres au milieu, d'un gris jaunâtre au
bord : capsules tournées du même côté : graines
rougeâtres, grenues, creusées sur une face. *a.* Été.
Ruines, bords des chemins.

** *Feuilles pétiolées.*

2. J. BLANCHE. — *H. albus.* L.

Plante velue : feuilles alternes, ovales, angulen-
ses, molles, les inférieures sinuées, obtuses : fleurs
blanchâtres, souvent à gorge violette, axillaires, solitaires, presque sessiles. *a.* Été. Le Midi.

3. J. DORÉE. — *H. aureus.* All.

Plante hérissée : tige d'un pied, grêle : feuilles arrondies, un peu en cœur, anguleuses, dentées vers la
base, les supérieures oblongues, élargies au sommet :
fleurs d'un jaune vif à gorge pourpre : capsules pendantes. *a.* Été. Décombres du Midi.

**84. DATURA**, *Datura*. L. Calice tubuleux, à 5
angles, caduc, à 5 divisions : corolle très-grande, en
entonnoir, à limbe en cloche, à 5 angles, 5 plis et 5
divisions : stigmate à 2 lames : capsule glabre ou
épineuse, à 4 valves, à 4 loges inférieurement et à
2 supérieurement : graines en rein, nombreuses.

#### * *Feuilles glabres : capsule épineuse.*

##### 1. D. STRAMOINE. -- *D. stramonium.* L.

Tige de 2-3 pieds, très-branchue, glabre : feuilles vertes, rétrécies en pétiole, alternes, ovales, larges, sinuées-anguleuses, pointues : fleurs grandes, blanches ou violettes, isolées, axillaires, pédonculées : capsule grosse, ovale : graines noirâtres, en rein. *a.* Été. Lieux sablonneux, chemins.

##### 2. D. A. FEUILLES DENTÉES. -- *D. tatula.* L.

Odeur fétide : tige purpurine dichotome : feuilles en cœur, deux fois dentées, rougeâtres sur les veines en dessous : fleurs d'un pourpre violet : capsule ovale, dressée. *a.* Été. Rocailles du Midi.

#### ** *Feuilles pubescentes : capsule épineuse.*

##### 3. D. A FEUILLES ENTIÈRES. -- *D. métel.* L.

Tiges fortes, rameuses, hautes de 2-3 pieds, à rameaux velus : feuilles pétiolées, en cœur ovale, entières ou à peine sinuées, d'un vert blanchâtre : fleurs blanches, verdâtres à leur base, striées de jaune : capsule inclinée, globuleuse. *a.* Automne. Midi.

85. LISERON, *Convolvulus.* L. Calice à 5 divisions : corolle en cloche, à 5 plis formant 5 angles, à limbe entier : stigmate bifide : étamines inégales : capsule à 2-3 loges contenant chacune 2 graines, ou quelquefois une seulement.

#### * *Tige volubile.*

##### 1. L. DES CHAMPS. -- *C. arvensis.* L.

Tige faible, anguleuse, à rejets rampants, longue de 1-2 pieds : feuilles pétiolées, étroites, ayant une pointe au sommet et deux lobes écartés en fer de bêche à la base : fleurs médiocres blanches ou rosées, à pédoncules axillaires arrondis, munis de 2 petites bractées dans leur milieu : calice nu. *v.* Eté. Champs, blés, vignes.

### 2. L. DES HAIES. — *C. sepium.* L.

Tige grimpante, longue de 2-6 pieds, grêle : feuilles pétiolées, ovales, glabres, entières, obtuses, ou peu pointues, à oreillettes tronquées : pédoncules axillaires, quadrangulaires, glabres, sans bractées dans le milieu : calice dépassé par les deux larges bractées en cœur qui enveloppent sa base : fleurs blanches, grandes. *v.* Eté. Haies.

### ** *Tige non volubile.*

### 3. L. SOLDANELLE. — *C. soldanella.* L.

Tige étalée : feuilles arrondies, en rein, glabres : calice entouré par deux bractées : pédoncules à une fleur purpurine. *a.* Mai, juin. Sables maritimes du Midi.

Le C. BATATAS est cultivé pour ses racines tuberculeuses sous le nom de *Patate.* — Plante rampante : tiges purpurines : feuilles ovales, en cœur, ou hastées: fleurs axillaires fasciculées ou ramassées en ombelle, blanchâtres en dehors, purpurines en dedans.

**86. NICOTIANE,** *Nicotiana.* L. Calice en godet à 5 divisions : corolle en entonnoir, plus longue que le calice, à limbe étalé, plissé, à 5 lobes : 5 étamines inclinées : 1 style : capsule presque ovale, à 2 loges, à 2 valves, s'ouvrant au sommet : graines nombreuses, en rein, rugueuses.

### * *Fleurs roses.*

### 1. N. TABAC. — *N. tabacum.* L.

Tige ronde, velue, rameuse, haute de 3-5 pieds : feuilles grandes, oblongues, lancéolées, sessiles, décurrentes, d'un vert jaunâtre : fleurs en panicule, à lobes pointus. *a*. Eté. Midi, Alsace. Cultivé.

** *Fleurs verdâtres.*

2. N. RUSTIQUE. — *N. rustica*. L.

Tige droite, cylindrique, velue, haute de 2-3 pieds : feuilles pétiolées, alternes, ovales, obtuses, entières, duvetées : fleurs d'un jaune verdâtre, en panicule : corolle évasée en soucoupe, à divisions arrondies. *a*. Eté. Cultivée.

87. POLEMOINE, *Polemonium*. L. Calice persistant, en coupe à 5 lobes aigus : corolle en roue, à tube court, à gorge fermée par les 5 filets des étamines élargis à la base, à limbe plan, à 5 divisions arrondies : stigmate trifide, enroulé : capsule ovale, trigone, à 3 loges, à 3 valves, recouverte par le calice : graines nombreuses et pointues.

1. P. BLEUE — *P. cœruleum*. L.

Tige dressée, anguleuse, rameuse du haut, glabre ainsi que toute la plante, haute de 2-3 pieds : feuilles alternes, lisses, ailées avec impaire, à 6-10 paires de folioles lancéolées-ovales, pointues, entières : fleurs bleues ou blanches en grappe terminale paniculée, à pédoncules rameux, munis de bractées à la base : calice pubescent glanduleux ainsi que le pédoncule. *v*. Eté. Prés humides et pierreux.

88. PIMENT, *Capsicum*. L. Calice dressé à 5 divisions : corolle en roue, à tube très-court, à limbe à 5 lobes étalés, plissés : anthères s'ouvrant en long : baie grande, dilatée, à 2 loges, cave, colorée : graines nombreuses.

1. P. ANNUEL. — *C. annuum*. L.

Tige cylindrique, velue, striée, rameuse, haute d'un pied : feuilles pétiolées, alternes, ovales-lancéolées,

pointues, d'un vert brun : fleurs blanchâtres, solitaires, pédonculées : fruit en baie sèche, oblongue, d'un
rouge vif ou jaunâtre, d'une saveur âcre et piquante :
fruit très-variable dans sa forme et sa couleur. *a*. Été.
Automne. Cultivé.

2 P. FRUTESCENT. — *C. frutescens*. L.

Tige diffuse, dichotome, rude au toucher, velue,
haute de 2-3 pieds : feuilles ovales, lancéolées,
pointues, veinées de jaunâtre en-dessous : fleurs axillaires, solitaires, à calice très-court, à corolle blanche
ou un peu jaunâtre : fruit en baie oblongue, petite,
d'un jaune roux. *v*. Été. Cultivé.

89. COQUERET, *Physalis*. L. Calice ventru, à
5 lobes aigus, à 5 angles : corolle en roue, à tube
très-court, à limbe grand, plissé, à 5 lobes : 1 style :
baie globuleuse, petite, à 2 loges, recouverte par le
calice enflé, fermé et coloré : graines nombreuses.

1. C. ALKEKENGE. — *P. alkekengi*. L.

Tige rameuse, rougeâtre, haute d'un pied : feuilles
pétiolées 2 à 2, ovales, pointues, pubescentes : pédoncules axillaires, solitaires, uniflores : fleurs d'un
blanc jaunâtre ; baie d'un beau rouge cachée dans le
calice de même couleur. *v*. Été. Lieux ombragés,
haies, vignes du Midi.

90. TOMATE, *Lycopersicum*. Tour. Calice à
5-6 divisions : corolle en roue, à limbe plan, à 5-6
lobes : 5-6 anthères réunies au sommet : graines
velues, dans une baie très-aqueuse et grosse.

1. T. POMME D'AMOUR. — *L. esculentum*. DUNAL.

Tige velue, rameuse, faible, haute de 2-3 pieds :
feuilles ailées avec impaire et inégalement, à folioles
ovales ou oblongues, d'un vert sombre, incisées, séparées par d'autres folioles plus petites : fleurs jaunes,
en corymbes latéraux, hors de l'aisselle des feuilles,

penchés, nus : baies rouges ou jaunâtres, grosses, déprimées, bosselées, succulentes, d'une saveur acidulée. *a.* Eté. Cultivée.

91. MORELLE, *Solanum.* L. Calice persistant, à 5 divisions ordinairement : corolle en roue, à tube court, à limbe étalé, à 5 lobes, rarement 4-8 : 5 étamines, ou plus, à anthères oblongues, rapprochées-conniventes, s'ouvrant au sommet par deux pores : baie arrondie ou oblongue, à 2 loges, rarement 3-10 : graines nombreuses.

* *Feuilles entières, sinuées ou anguleuses.*

§ *Tige ligneuse au moins à la base.*

1. M. DOUCE-AMÈRE. — *S. dulcamara.* L.

Tiges à tronc ligneux, rameuses, flexueuses, grimpantes, hautes de 2-8 pieds, à rameaux anguleux, pubescents dans la jeunesse : feuilles ovales en cœur au bas de la tige, pointues, entières, quelquefois lobées à leur base, les supérieures ovales-lancéolées, souvent munies d'oreillettes à leur base : fleurs bleuâtres ou violettes, rarement blanches, en grappes longuement nues et pédonculées : baies ovoïdes, rouges à la maturité. *v.* Eté. Haies, buissons.

§§ *Tige herbacée.*

2. M. NOIRE. — *S. nigrum.* L.

Tige diffuse, anguleuse : feuilles indivises, ovales, dentées-anguleuses, rétrécies en pétiole : fleurs en petite ombelle, blanches, à pédoncules réfléchis à la maturité du fruit : baies noires, globuleuses, à calice réfléchi. *a.* Eté. Lieux cultivés, champs.

Tige plus forte, haute de 2 pieds : baies rouges, ovoïdes : *Miniatum.* DUNAL.

Tige simple, faible, haute de 2-5 pouces : feuilles entières : baies jaunâtres : *Humile*. MÉRAT.

Feuilles ondulées : baies variées de jaune et de vert : tige basse : *Ochroleucum*. MÉRAT.

Plante velue : baies jaunes, ovoïdes : *Villosum*. LAM.

### 3. M. AUBERGINE. — *S. melongena*. L.

Tige rameuse, haute d'un pied et demi : feuilles cotonneuses en-dessous, pétiolées, ovales, un peu sinueuses, d'un vert foncé : fleurs solitaires, ou 2-3 sur un pédoncule cotonneux blanchâtre, incliné à la fin : corolle d'un bleu pourpre, ou blanche : baie pendante, lisse, charnue, oblongue, ronde ou ovale, violette, quelquefois blanche ou jaunâtre. *a*. Eté. Cultivée.

**⁂ *Feuilles ailées, pinnatifides*.**

### 4. M. POMME DE TERRE. — *S. tuberosum*. L

Racines produisant çà et là de gros tubercules variés de forme et de couleur (pommes de terre) : tige creuse, rameuse, anguleuse, haute de 1 à 2 pieds : feuilles ailées, ou pinnatifides, décurrentes, composées de folioles ovales, entières, presque opposées, un peu velues en-dessous, mêlées à d'autres folioles plus petites : fleurs en corymbe, à pédoncules droits, longs et velus, souvent divisés : corolles blanches, rougeâtres, bleues ou violettes : baies globuleuses verdâtres. *a*. Eté. Cultivée.

## 92. BELLADONE, *Atropa*. L. Calice à 5 lobes étalés : corolle en cloche à 5 lobes : 5 étamines inégales : stigmate en tête : baie globuleuse, à 2 loges, portée par le calice persistant : graines nombreuses.

### 1. B. VÉNÉNEUSE. — *A. belladona*. L.

Racine blanchâtre : tige herbacée, haute de 2-6 pieds, pubescente, feuillée, très-rameuse du haut :

feuilles alternes, pétiolées, ovales, entières, pointues, souvent 2 à 2, molles, un peu pubescentes, inégales : fleurs axillaires, pédonculées, solitaires, penchées, d'un pourpre noir livide, grandes à 5 lobes obtus : baies de la grosseur d'une cerise, noires, luisantes, succulentes, d'une saveur douceâtre. *v.* Eté. Bois, taillis.

**93. MANDRAGORE,** *Mandragora.* **T.** Calice en toupie, corolle en entonnoir évasé en cloche, à 5 lobes profonds : étamines égales : 2 glandes à la base de l'ovaire : baie globuleuse, charnue, à 1 loge polysperme.

1. M. OFFICINALE. — *M. officinalis.* MILL.

Plante sans tige, glabre : racine épaisse, charnue, simple, ou à 2-3 branches : feuilles grandes, courtement pétiolées, ovales-lancéolées, ondulées au bord, d'un vert foncé, étalées en cercle : pédoncules radicaux, courts, portant une ombelle de fleurs blanches, violacées, ou purpurines : baies molles, d'un vert jaunâtre, d'une odeur forte, de la grosseur d'une petite pomme. *a.* Jardins.

**94. LYCIET,** *Lycium.* **L.** Calice court, tubuleux, en cloche, à 2-5 lobes : corolle en entonnoir, à tube court, à 5 lobes : étamines velues à la base : stigmate sillonné : baie à 2 loges : graines nombreuses.

1. L. D'EUROPE.— *L. Europæum.* L.

Arbrisseau épineux : tige dressée, branchue : rameaux flexibles, arrondis, pubescents : feuilles rétrécies en pétiole, ovales, entières ou à bords flexueux, grandes, inégales et insérées plusieurs au même point : fleurs violettes, rayées de blanc : calice à 5 dents : baie grosse, allongée, rouge. *l.* Eté. Haies.

2. L. DE BARBARIE. — *L. Barbarum.* L.

Arbrisseau épineux : tige faible, à rameaux un

peu anguleux, pendants, à écorce blanchâtre : feuilles courtement pétiolées, alternes, lancéolées, glabres, entières, pointues : fleurs lilas en dedans : calice à 2 lèvres : baie ovoïde, rouge-orangée. *l.* Eté. Haies.

**95. PERVENCHE,** *Vinca,* **L.** Calice persistant, à 5 divisions : corolle en soucoupe, renflée à la gorge, à 5 lobes obliquement tronqués, à tube long dont l'entrée à 5 angles est saillante : 5 étamines à anthères barbues, rapprochées : 1 style à stigmate en tête, muni à la base d'un rebord en anneau : fruit en 2 follicules oblongs, connivents, acuminés : graines nues, nombreuses.

1. P. **a petite fleur**. — *V. minor.* L.

**Tiges** grêles, couchées, presque ligneuses, rondes, glabres, radicantes, à rameaux fleuris redressés : feuilles opposées, presque sessiles, persistantes, glabres, lisses, luisantes, d'un vert foncé, entières, lancéolées-ovales ou elliptiques : fleurs bleues, rarement blanches ou violettes, axillaires sur les pousses de l'année, solitaires, à longs pédoncules : calice à divisions courtes. *v.* Avril, juin. Buissons, haies.

2. P. **a grande fleur**. — *V. major.* L.

**Diffère** de la précédente par sa tige plus grosse, redressée, plus forte : par ses feuilles un peu ovales, en cœur et légèrement ciliées sur les bords : par son calice à divisions étroites: par ses pédoncules souvent plus courts que les feuilles : par ses fleurs plus grandes. *v.* Printemps. Haies, jardins.

**96. LAURIER-ROSE,** *Nerium.* **L.** Calice à 5 divisions : corolle en entonnoir, à 5 lobes obtus, munie à la gorge d'une couronne formée de 5 appendices pétaloïdes, laciniés : anthères surmontées d'un filet coloré : stigmate tronqué, porté sur un rebord

annulaire : fruit en follicule allongé : graines chevelues.

1. L. COMMUN. — N. oleander. L.

Arbrisseau toujours vert, haut de 2-6 pieds, à
écorce grise, à rameaux redressés, feuillés aux extrémités, souvent 3 à 3 : feuilles ternées ou opposées ,
lancéolées, aiguës, entières, glabres, raides, très-nervées en-dessous : fleurs roses, quelquefois blanches,
en corymbe terminal au sommet des rameaux. *l.* Eté.
Bords des ruisseaux de Provence, jardins.

97. ASCLÉPIADE, *Asclepias.* L. Calice persistant, à 5 dents : corolle à 5 divisions réfléchies, à
gorge munie d'un appendice formé de 5 folioles en
cornet, portant les étamines dont l'anthère est terminée par une membrane : stigmate déprimé : follicule
allongé, à graines chevelues.

1. A. DE SYRIE. — A. Syriaca. L.

Tige herbacée, simple : feuilles ovales, cotonneuses
en-dessous : fleurs rougeâtres, en ombelles pendantes : follicule lisse. *v.* Eté. Cultivé et naturalisé dans
le Midi.

98. CYNANQUE, *Cynanchum,* L. Calice à 5
dents : corolle en roue, à 5 divisions ouvertes, à
gorge munie d'un appendice en forme de couronne, à
5-10 lobes portant les anthères : stigmate aigu : follicules oblongs, aigus : graines chevelues.

⋆ Fleurs blanches ou jaunâtres.

1. C. DE MONTPELLIER. — C. Monspeliacum. L.

Tiges glabres, sarmenteuses, pleines d'un suc laiteux : feuilles pétiolées, arrondies en cœur, pointues
et veinées : fleurs blanchâtres, en paquets axillaires,
fournis. *v.* Eté. Sables maritimes du Midi.

Feuilles moins larges, plus pointues : tige pubescente : *Acutum.* L.

**2. C. DOMPTE-VENIN. — *C. vincetoxicum*. L.**

Racine d'odeur nauséabonde : tige cylindrique, dressée, souvent pubescente au sommet, feuillée : feuilles pétiolées brièvement, opposées, ovales, pointues, un peu en cœur, glabres, lisses, souvent ciliées au bord et sur les nervures, les supérieures lancéolées : fleurs petites, disposées en petites ombelles ou paquets pédonculés, axillaires : capsule renflée à la base. *v.* Eté. Lieux secs et pierreux.

** *Fleurs d'un pourpre noirâtre.*

**3. C. NOIR. — *C. nigrum*. L.**

Tige assez grêle, un peu grimpante, à suc jaune : feuilles ovales-lancéolées, pointues : fleurs velues en dedans, par bouquets. *v.* Eté. Midi.

99. HÉLIOTROPE, *Heliotropium*. L. Calice tubuleux à 5 dents ou à 5 lobes : corolle en soucoupe, à 5 lobes séparés par 5 petites dents, à gorge nue : stigmate échancré : 4 graines réunies par leurs bords en un seul ovaire, avant la maturité.

* *Tige herbacée.*

**1. H. D'EUROPE. — *H. Europæum*. L.**

Tige dressée, rameuse, arrondie, blanchâtre, cotonneuse, haute d'un pied : feuilles pétiolées, ovales, entières, presque anguleuses, obtuses, ridées : fleurs nombreuses, petites, unilatérales, en épis courbés en spirale à leur extrémité, souvent geminées : fruits velus : corolle blanchâtre, à gorge souvent jaunâtre. Plante blanchâtre. *a.* Eté. Lieux cultivés. Les fleurs sont quelquefois odorantes.

** *Tige ligneuse.*

**2. H. DU PÉROU. — *H. Peruvianum*. L.**

Tige peu élevée à rameaux cylindriques, velus :

feuilles ovales, ridées, pubescentes, d'un vert brun en-dessus, d'un vert blanchâtre en-dessous : fleurs d'un brun violet ou blanches, en épis réunis en corymbe, à odeur de vanille. *v.* Été. Jardins.

**100. MÉLINET,** *Cérinthe.* L. Calice à 5 divisions persistantes : corolle campanulée-cylindrique, à tube court, à gorge nue, à 5 lobes : 1 style : 2 graines osseuses, luisantes, à base plane, bossue en-dehors, à 2 loges monospermes.

### 1. M. RUDE. — *C. major.* L.

Tige succulente, dressée, cylindrique, rameuse, haute d'un pied et demi : feuilles larges, obtuses, les inférieures rétrécies en pétiole ailé, les supérieures embrassantes, toutes un peu ciliées, parsemées d'aspérités blanches portant un poil rude presque épineux : fleurs grandes, en épis courts, terminaux : corolle jaune ou purpurine vers le milieu, à dents réfléchies. Plante glauque. *a.* Été. Terrains cultivés du Midi.

**101. VIPÉRINE,** *Echium.* L. Calice persistant, à 5 divisions étroites : corolle à tube court, à limbe évasé en cloche, à 5 divisions inégales, obliquement tronquées au sommet : gorge nue : étamines libres : stigmate bifide : graines 4, libres, tuberculeuses.

### 1. V. COMMUNE. — *E. vulgare.* L.

Tige simple, dressée, dure, haute de 1-3 pieds, velue et hérissée de soies raides plantées sur des tubercules ou glandes d'un pourpre noirâtre : feuilles épaisses, lancéolées, hérissées, sessiles : fleurs bleues, rarement roses ou blanches, presque sessiles, rouges avant de s'épanouir, disposées en épis latéraux, axillaires, recourbés. *a.* Été. Terrains stériles.

**102. PULMONAIRE,** *Pulmonaria.* L. Calice en cloche à 5 angles et à 5 dents : corolle en entonnoir, à limbe à 5 lobes courts, peu étalés : gorge nue, souvent poilue : stigmate obtus , échancré : 4 graines lisses, libres , arrondies à base plane, dans le calice.

1. P. OFFICINALE. — *P. officinalis.* L.

Tige de 6-12 pouces , dressée, simple, velue-hérissée : feuilles radicales pétiolées, variant depuis la forme en cœur ovale jusqu'à la forme ovale-lancéolée. ou lancéolée, souvent tachées ; celles de la tige sessiles, embrassantes, oblongues, ou lancéolées, toutes velues : fleurs terminales , ramassées en corymbe court et lâche, peu nombreuses, d'abord roses, puis devenant bleues en s'épanouissant. *v.* Printemps.

Feuilles radicales-ovales : *P. media.* HOST.

Feuilles ovales-lancéolées : *P. angustifolia.* L.

Feuilles ovales, maculées : *P. saccharata.* MILL.

**103. GRÉMIL,** *Lithospermum.* L. Calice oblong. à 5 divisions étroites : corolle en entonnoir, à 5 lobes, à 5 bosselures à la gorge nue : anthères à la gorge : stigmate bifide : 4 graines libres, ovales-acuminées, dures, dans le calice ouvert.

* *Fleurs blanchâtres ou blanches.*

1. G. OFFICINAL. — *L. officinale.* L.

Tige haute de 1 à 2 pieds, dressée, cylindrique. dure, souvent simple, velue, ordinairement rameuse : feuilles longues, linéaires lancéolées, pointues, rudes, à poils tuberculeux à la base : fleurs blanchâtres, petites, courtement pédicellées au sommet de la tige et des rameaux, s'allongeant en épis : graines très-dures, blanches, luisantes. *v.* Eté. Haies, chemins. lieux incultes.

2. G. DES CHAMPS. — *L. arvense.* L.

Tige dressée, rameuse du haut , hispide , rude. haute d'un pied : feuilles sessiles, molles, étroites. velues, à une seule nervure : fleurs petites, blanches.

en épi terminal à la fin : calices grands : graines brunâtres, ridées ou peu luisantes. *a.* Eté. Champs et lieux cultivés.

**** *Fleurs bleues.***

3. G. DES TEINTURIERS. — *L. tinctorium.* L.

Racine longue, tortueuse, d'un rouge brun en dehors : tiges bifurquées, velues, hautes de 8-12 pouces : feuilles étroites, lancéolées, velues, d'un vert blanchâtre, les supérieures élargies à la base, ovales-lancéolées : fleurs d'un beau bleu, ou quelquefois violettes, petites, en grappes géminées : graines rudes. *v.* Mai, juin. Terrains sablonneux du Midi.

104. ORCANETTE, *Onosma.* L. Calice à 5 divisions : corolle tubuleuse, renflée en haut, à 5 divisions courtes, droites : anthères sagittées : stigmate simple : 4 graines ovales, luisantes au fond du calice.

1. O. VIPÉRINE. — *O. echioides.*

Plante hérissée de poils rudes étalés, tuberculeux à la base, d'un blanc jaunâtre : tige droite, ronde, jaunâtre, rameuse : feuilles oblongues, un peu en spatule : fleurs d'un jaune clair, terminales, en épis penchés ou enroulés : calice moitié plus court que la corolle dont le tube est très-long. *a.* Eté. Lieux secs du Midi.

105. OMPHALODES, *Omphalodes.* T. Calice à 5 divisions : corolle courte, en roue, à 5 divisions, à gorge fermée par 5 écailles : stigmate échancré : 4 graines lisses, déprimées, à bords membraneux relevés en forme de corbeille denticulée ou ciliée.

1. O. DU PRINTEMPS. — *O. verna.* MOENCH.

Racine rampante : tiges grêles, nombreuses, hautes de 3-6 pouces : feuilles peu ou point pubescentes, aiguës, pétiolées, les radicales ovales en cœur, les supérieures lancéolées : fleurs d'un bleu vif rayé de de blanc à la gorge, en grappes terminales géminées, peu fournies : calice à poils soyeux, blanchâtres. *v.* Printemps. Bords des bois, jardins.

2. L'O. A FEUILLES DE LIN. — *O. linifolia.* L.,

Est glauque, a les feuilles en spatule ou lancéolées oblongues, dentées; les fleurs blanches ou bleuâtres, en grappes lâches, et le fruit crénelé sur les bords. Cultivée pour bordure.

**106. CYNOGLOSSE,** *Cynoglossum.* L. Calice à 5 divisions : corolle en entonnoir, à limbe concave, à 5 lobes : tube fermé à la gorge par 5 écailles : 4 graines déprimées, attachées par le flanc au style persistant, et hérissées de petits aiguillons crochus.

* *Etamines cachées dans le tube.*

1. C. OFFICINALE. — *C. officinale.* L.

Racine en fuseau : tige dressée, épaisse, rameuse-paniculée en haut, velue, haute de 1 à 2 pieds : feuilles molles, blanchâtres, couvertes d'un duvet court, les inférieures oblongues-elliptiques, rétrécies en pétiole, les supérieures lancéolées, aiguës, sessiles et demi-embrassantes en haut : fleurs d'un rouge sale, rarement blanches, en grappes nombreuses, d'abord un peu enroulées au bout, puis allongées, raides, dressées : calice 2 fois plus long que la corolle. *a.* Eté. Lieux arides et incultes.

2. C. A FEUILLES DE GIROFLÉE. — *C. cheirifolium.*

Plante à duvet blanc, doux : tige anguleuse, rameuse : feuilles lancéolées, obtuses, les radicales en spatule, longuement pétiolées : fleurs rosées, tachées de rouge, à gorge plus foncée, rarement blanches, en grappes. *a.* Mai, juin. Lieux stériles du Midi.

****** *Etamines saillantes hors du tube.*

**3. C. DES APENNINS. — C. *Apenninum*. L.**

Plante couverte d'un duvet blanchâtre : tige droite, haute de 2 pieds : feuilles très-nombreuses, molles, les radicales très-grandes, pétiolées, ovales, les supé rieures longues, lancéolées, sessiles : fleurs d'abord d'un rouge pâle, puis bleuâtres, ramassées au sommet de la tige en gros bouquet serré. *a.* Juin. Montagnes alpines et sous-alpines.

107. RAPETTE, *Asperugo*. L. Calice à 5 divisions inégales, dentées : corolle en entonnoir à tube court, fermé à la gorge par 5 écailles convexes, rapprochées, limbe à 5 lobes courts, obtus : 4 graines recouvertes par le calice figurant 2 sépales opposés sinués-dentés et accrus.

**1. R. COUCHÉE. — *A. procumbens*. L.**

Tiges rameuses, couchées, nombreuses, anguleuses, hérissées de poils rudes : feuilles hérissées-rudes, oblongues, ovales, obtuses, entières, les inférieures rétrécies en pétiole, les supérieures sessiles, opposées, ou presque verticillées : fleurs sessiles, petites, violettes, rarement blanches, axillaires : calice s'accroissant beaucoup à la maturité. *a.* Eté. Lieux incultes.

108. BUGLOSSE, *Anchusa*. L. Calice à 5 divisions : corolle en entonnoir, à tube droit, à 5 lobes entiers : gorge fermée par des écailles proéminentes, rapprochées, barbues : 4 graines libres, ridées, creusées à la base et munies d'un rebord plissé.

***** *Ecailles de la gorge hérissées de longs poils en pinceau.*

**1. B. PANICULÉE. — *A. paniculata*. AIT.**

Plante hérissée de poils raides, tuberculeux à la

base : tige rameuse au sommet, haute de 1 à 2 pieds : feuilles lancéolées, sessiles, un peu luisantes, embrassantes, ondulées sur les bords : fleurs rouges puis bleues, rarement blanches, en grappes unilatérales, recourbées, géminées, à la fin dressées : calice à lanières linéaires, profondes. *a.* Eté. Chemins, lieux secs.

** *Ecailles peu saillantes, pubescentes.*

2. B. TOUJOURS VERTE. — *A. sempervirens.* L.

Tiges dressées, simples, hérissées : feuilles hispides, les inférieures ovales, un peu sinuées, pétiolées, les supérieures sessiles, lancéolées : fleurs bleues, en tête pourvue de 2 bractées ovales : calice hispide, à divisions lancéolées. *v.* Eté. Bois.

3. B. OFFICINALE. — *A. officinalis.* L.

Tige grande, hérissée : feuilles lancéolées, un peu embrassantes, entières : bractées ovales à la base du pédoncule : fleurs en épi serré, petites, à tube court, rouges, ou blanchâtres, puis bleues : écailles blanches, ovales. *v.* Eté. Champs.

109. LYCOPSIDE, *Lycopsis.* L. Caractères du genre précédent (108) sauf le *tube* de la corolle qui est *courbé.*

1. L. DES CHAMPS. — *L. arvensis.* L.

Tige dressée très-hérissée, ainsi que toute la plante, souvent rameuse, haute de 1 à 2 pieds : feuilles alternes, sessiles, les radicales longues, linéaires-lancéolées, les supérieures demi-embrassantes, toutes un peu ondulées, chagrinées : fleurs petites, bleues, quelquefois blanches, en épi terminal : tube de la corolle et écailles blancs. *a.* Eté. Lieux incultes, pierreux.

110. BOURRACHE, *Borago.* L. Calice à 5 divisions : corolle en roue, à 5 lobes plans, pointus : tube

fermé par 5 écailles échancrées, portées chacune par
un prolongement crochu dont l'autre branche porte
l'étamine : 4 graines ridées, creusées à la base munie d'un anneau plissé.

1. B. OFFICINALE. — *B. officinalis.* L.

Tige dressée, rameuse, cylindrique, hérissée de
soies raides, ainsi que toute la plante , haute de 1-2
pieds: feuilles alternes, ovales, larges, sessiles, les inférieures rétrécies en pétiole: fleurs terminales, roses
ou blanches, ordinairement d'un beau bleu, à pédoncules rameux disposés en panicule étendue. *a.* Eté.
Lieux cultivés, décombres.

**111. CONSOUDE**, *Symphytum.* L. Calice à 5
divisions : corolle en cloche, à tube court, à limbe
tubuleux-ventru, à 5 lobes courts, droits : gorge fermée par 5 écailles rapprochées en cône, allongées en
alène : anthères aiguës : 4 graines lisses, bossues, à
base creusée et munie d'un anneau épais, plissé.

1. C. OFFICINALE. — *S. officinale.* L.

Racine épaisse, charnue, noirâtre en dehors, blanchâtre en-dedans, visqueuse, inodore : tige haute de
10-16 pouces, dressée, branchue, ailée d'une feuille
à l'autre, sillonnée, velue : feuilles alternes, entières,
décurrentes, lancéolées , les inférieures presque en
spatule, rétrécies en pétiole , les autres lancéolées,
pointues : fleurs jaunâtres , blanches ou purpurines,
en épis lâches, unilatéraux , courbés d'abord : style
très-long. *v.* Mai, juin. Près humides.

**112. MYOSOTE**, *Myosotis.* L. Calice à 5 dents:
corolle en soucoupe ou en roue, à tube cylindrique :
limbe plan , à 5 lobes échancrés : gorge munie de 5
écailles rapprochées : 4 graines ovales, lisses ou dentées sur les angles.

** Fruits lisses.*

1. M. ANNUELLE. — *M. annua.* MOENCH.

Tige droite, grêle, rameuse, étalée, longue de 6 pouces, hérissée de poils blancs : feuilles ovales, oblongues, lancéolées, rétrécies à la base, velues, sessiles et alternes : fleurs bleues, à gorge jaune, en épi axillaire, lâche, quelquefois enroulé au sommet. *a.* Eté. Lieux arides et sablonneux.

Varie à tige simple : feuilles pétiolées : fleurs bleues et jaunes. *a.* Eté. Bois secs.

*** Fruits à 3 angles dentés.*

2. M. A FRUITS DE BARDANE. — *M. lappula.* L.

Tige droite, hérissée, rameuse au sommet : feuilles alternes, sessiles, lancéolées, entières, obtuses, velues ; fleurs presque sessiles, formant comme un épi feuillé, bleues ou blanches : fruit denté, à épines crochues. *a.* Eté. Murs, décombres, lieux stériles.

113. CHÈVREFEUILLE, *Lonicera.* L. Calice à 5 dents, muni d'une bractée : corolle tubuleuse, ou presque en cloche, à limbe irrégulier ou régulier, à 4-5 divisions dont une s'écarte des autres : baie ombiliquée, à 1-3 loges polyspermes.

** Tiges sarmenteuses, volubiles : fleurs en têtes : corolle à 2 lèvres.*

1. C. DES JARDINS. — *L. caprifolium.* L.

Arbrisseau sarmenteux : feuilles glabres, opposées, sessiles, ovales-obtuses, entières, les supérieures de chaque rameau soudées ensemble par la base : fleurs grandes, odorantes, jaunâtres ou blanchâtres en-dedans, rougeâtres en-dehors, verticillées en têtes terminales et sessiles au centre de la dernière paire de feuilles : corolle tubuleuse, à 2 lèvres, l'une à 4 lobes,

l'autre entière réfléchie : baies rouges, succulentes.
*l.* Mai, juin. Haies, jardins.

2. C. des bois. — L. periclymenum. L.

Arbrisseau sarmenteux, à rameaux pubescents
dans la jeunesse: feuilles sessiles ou à peine pétiolées,
ovales-lancéolées, pubescentes en-dessous ou raie-
ment glabres, jamais soudées ensemble par la base :
fleurs grandes, d'un blanc jaunâtre, velues et rougeâtres en-dehors, en têtes terminales pédonculées : baies
rouges, couronnées par le calice. *l.* Eté. Haies, bois
taillis.

** Fleurs axillaires, 2 à 2 par pédoncule : tiges
dressées : 2 baies accolées.

3. C. des haies. — L. xylosteum. L.

Arbrisseau de 3 6 pieds, rameux, grisâtre: feuilles
opposées, pétiolées, ovales, entières, molles, pubescentes : pédoncules axillaires, à 2 fleurs velues, d'un
blanc jaunâtre, à 2 lèvres : ovaires distincts : baies
rouges, succulentes, amères, un peu soudées par la
base. *l.* Mai, juin. Haies, buissons.

4. A. fruits noirs. — L. nigra. L.

Diffère par ses feuilles elliptiques, glabres en-dessus ; par ses baies noires. *l.* Mai, juin. Haies, bois.

5. A. des Alpes.— L. Alpigena. L.

Arbrisseau cassant, de 2-3 pieds : feuilles nombreuses, grandes, ovales, entières, opposées : 2 fleurs
labiées, jaunâtres en-dedans, rougeâtres en-dehors :
baies 2 à 2, soudées en une seule à peine à 2 lobes
au sommet, rouge, de la grosseur d'une petite cerise,
marquée de 2 petits points au sommet. *l.* Mai, juin.
Bois et rochers élevés.

114. CAMPANULE, *Campanula*. L. Calice en
toupie, adhérent à l'ovaire, à 5 divisions : corolle en

cloche, à 5 divisions, marcescente: 5 étamines à filets
élargis à la base et fermant le fond de la corolle: stigmate à 3-5 divisions : capsule à 10 stries, en toupie,
à 3-5 loges s'ouvrant par des trous latéraux ou des
déchirures : graines nombreuses.

** Divisions du calice étroites , linéaires en alène.*

**1. C. RAIPONCE. —** *C. rapunculus.* **L.**

Plante un peu hérissée : racine épaisse, en fuseau,
blanchâtre : tige dressée, sillonnée-anguleuse, un peu
rude, simple ou rameuse, haute de 2-4 pieds : feuilles
radicales presque ovales, obtuses, un peu ondulées,
finissant en un large pétiole, les supérieures sessiles,
linéaires-lancéolées, à dents écartées : fleurs bleues,
rarement blanches, en panicule dressée : pédoncules
à 1-3 fleurs, inégaux. *v.* Mai. Eté. Prés, haies.

*** Divisions du calice ovales ou lancéolées.*

*§ Fleurs en grappe unilatérale.*

**2. C. FAUSSE RAIPONCE. —** *C. rapunculoides.* **L.**

Tige simple, dressée, souvent rougeâtre, à angles
rudes, haute de 1 à 2 pieds : feuilles un peu velues,
rudes, dentées, les radicales pétiolées ovales en cœur,
les inférieures ovales-lancéolées, arrondies à la base,
peu pétiolées, les supérieures sessiles, lancéolées,
acuminées : fleurs bleues ou blanches, pendantes,
presque sessiles : calice à divisions aiguës. *v.* Eté.
Lieux secs, bords des champs.

*§§ Fleurs en grappe ou en panicule.*

**3. C. A FEUILLES DE PÊCHER. —** *C. persicifolia.* **L.**

Plante glabre : racine en fuseau : tige dressée, lisse,
presque nue au sommet, haute de 2-3 pieds : feuilles
radicales oblongues-ovales, dentelées crénelées, à

large pétiole, les caulinaires étroites, allongées, linéaires-lancéolées et linéaires : fleurs grandes, bleues
ou blanches , 2-5 en grappe lâche : dents du calice
grandissant après la floraison. *v.* Eté. Bois, haies.

4. C. GANTELÉE. — *C. trachelium.* L.

Plante hérissée : racine épaisse, rameuse, tige
haute de 2-3 pieds, simple ou rameuse, anguleuse, à
poils réfléchis : feuilles en cœur, à l'exception des supérieures qui sont ovales-lancéolées, sessiles, les inférieures grandes, pétiolées, dentées : fleurs bleues,
violettes ou blanches, 1-3 sur des pédoncules courts,
axillaires : calice hérissé. *v.* Eté. Bois, buissons.

115.  PRISMATOCARPE , *Prismatocarpus.*
L'Hér. Calice à 5 divisions , à base adhérente à
l'ovaire : corolle en roue, à 5 divisions étalées : 5 étamines : 1 pistil à stigmate trilobé : capsule linéaire-
oblongue, prismatique à 2-3 loges s'ouvrant au sommet par le flanc.

1. MIROIR DE VÉNUS. — *P. speculum.* L'Hérit.

Racine en fuseau : tige dressée , anguleuse, rude
sur les angles, rameuse, haute de 4-8 pouces: feuilles
sessiles, alternes, oblongues, obtuses, souvent ondulées, un peu dentées, les inférieures ovales élargies :
fleurs d'un violet rougeâtre, terminales et axillaires.
*a.* Eté. Champs, moissons.

116. RAIPONCE, *Phyteuma.* L. Calice adhérent,
à 5 divisions : corolle à tube court, à 5 lobes profonds,
linéaires, se séparant de la base au sommet : 5 étamines à filets élargis à la base : 1 style à stigmate à
2-3 lobes : capsule infère, ovoïde, à 2-3 loges s'ouvrant chacune par un trou latéral : graines nombreuses.

* *Fleurs en épi ovoïde, puis cylindrique.*

1. R. EN ÉPI. — *P. spicata.* L.

Racine épaisse, charnue, en fuseau : tige simple,

dressée, striée, haute de 1 à 2 pieds : feuilles inférieures en cœur, pétiolées, dentées en scie, souvent
tachées de brun au centre, les intermédiaires ovales-
lancéolées, les supérieures linéaires-lancéolées, sessiles, dentées, glabres : fleurs en épi de 1 à 2 pouces de
long, accompagnées de bractées linéaires, plus longues que les fleurs qui sont blanches ou jaunâtres,
rarement bleues. *v.* Eté. Prés, bois, haies.

** *Fleurs en tête globuleuse.*

2. R. ORBICULAIRE. — *R. orbicularis.* L.

Racine en fuseau : tige simple, dressée, glabre,
haute de 8-12 pouces : feuilles radicales allongées un
peu en cœur, glabres, pétiolées, crénelées, les inférieures oblongues-lancéolées, les supérieures linéaires, dentées, sessiles : fleurs nombreuses en tête
terminale fournie, avec des bractées lancéolées ciliées à la base : corolle un peu courbée en arc avant
de s'épanouir, d'un bleu foncé. *v.* Eté. Prés, collines
sèches.

117. LOBÉLIE, *Lobelia.* L. Calice à 5 divisions
linéaires : corolle tubuleuse, irrégulière, à 2 lèvres,
la supérieure à 2 divisions, l'inférieure à 3, toutes linéaires : 5 étamines formant un tube à anthères soudées : stigmate cilié, presque à 2 lobes : capsule
infère, à 2-3 loges polyspermes, s'ouvrant par le
sommet.

1. L. BRULANTE. — *L. urens.* L.

Tige dressée, haute d'un pied, anguleuse, simple,
rude, glabre : feuilles glabres, les inférieures ovales
en spatule, étalées, crénelées, les supérieures lancéolées, dentées en scie : fleurs bleu-clair, à gorge
blanchâtre, terminales, en épi allongé, lâche. *a.* Eté.
Prés tourbeux, terrains humides.

118. GROSEILLER, *Ribes.* L. Calice ventru,

adhérent, à 5 lobes colorés, persistants sur le fruit : corolle de 5 pétales dressés, insérés sur la gorge du calice : 5 étamines insérées sur le calice : ovaire infère : style bifide : baie à une loge polysperme, ombiliquée, arrondie : graines un peu comprimées.

** Arbrisseau épineux : pédoncule à 1-3 fleurs.*

1. G. ÉPINEUX. — *R. uva-crispa.* L.

Arbrisseau très-rameux, haut de 2-4 pieds, à rameaux munis d'aiguillons réunis 3 à 3 ou 2-5 ensemble: feuilles alternes, pétiolées, arrondies, un peu en cœur à la base, pubescentes, à 3-5 lobes profonds, dentés : fleurs axillaires, 1-2 par pédoncule, verdâtres : baies d'un vert jaunâtre, velues, à la fin glabres, acides et astringentes, douces à la maturité. *l.* Printemps. Haies, buissons.

Feuilles plus grandes, souvent glabres et luisantes en-dessous : baies grosses, glabres ou poilues, jaunâtres ou rouges à la maturité : *R. grossularia.* L. Cultivé.

*** Arbrisseau sans épines : fleurs en grappes.*

*¶ Baie rouge ou blanche, acide.*

2. G. ROUGE. — *R. rubrum.* L.

Arbrisseau dressé, rameux, haut de 2-4 pieds : feuilles alternes, pétiolées, grandes, échancrées en cœur à la base, à 3-5 lobes obtus, dentés irrégulièrement, pubescentes en-dessous: fleurs d'un blanc verdâtre en grappes pendantes, presque glabres : baies acides, d'un goût agréable. *l.* Printemps. Lieux secs, jardins.

3. G. DES ROCHERS. — *R. petræum.* JACQ.

Diffère du précédent par ses grappes de fleurs plus allongées, velues, d'abord dressées ou penchées, puis pendantes: par ses baies acerbes et astringentes, peu agréables : par ses calices pourprés à lobes ciliés ainsi que les pétales. *l.* Printemps. Rochers des Montagnes.

§§ *Baie rouge ou blanche, non acide.*

4. G. DES ALPES. — *R. alpinum.* L.

Arbrisseau rameux, haut de 3-5 pieds : feuilles petites, pétiolées, à 3-5 lobes obtus ou un peu lancéolés, dentés, à peine échancrées en cœur à la base, vertes en dessus, presque luisantes en-dessous : fleurs d'un vert jaunâtre, en grappes dressées, poilues-glanduleuses, à lobes du calice dressés : baies d'un rouge clair, d'une saveur douce, presque fade. *l.* Printemps. Haies, bois, taillis des montagnes.

§§§ *Baie noire.*

5. G. NOIR. — *R. nigrum.* L.

Arbrisseau à odeur forte, rameux, haut de 2-5 pieds: feuilles grandes, échancrées en cœur à la base, pétiolées, à 3-5 lobes dentés, pubescentes et glanduleuses en-dessous : fleurs verdâtres en grappes pubescentes, pendantes : baies grosses, noires, ponctuées, souvent peu nombreuses, d'une saveur sucrée, aromatique. *l.* Printemps. Lieux humides, jardins.

119. LIERRE, *Hedera.* L. Calice adhérent, à 5 dents : corolle de 5 pétales oblongs, petits : 5 étamines : 1 style : baie infère, globuleuse, à 1 ou 5 loges monospermes.

1. L. GRIMPANT. — *H. helix.* L.

Arbrisseau sarmenteux, grimpant au moyen de radicules très-nombreuses et serrées, pouvant s'élever très-haut : feuilles luisantes, persistantes, coriaces, pétiolées, anguleuses, ovales ou lobées : fleurs pédonculées, d'un vert jaunâtre, en ombelle simple : baies noirâtres. *l.* Automne. Bois, murs, rochers.

**120. AMPÉLOPSIDE,** *Ampelopsis.* Mich.. Calice sinné, à 5 dents : 5 pétales étalés : 5 étamines : stigmate en tête : baie à 2-4 graines.

1. A. VIGNE VIERGE. — *A. hedera.* L.

Arbrisseau grimpant très-haut, s'attachant aux murs par de nombreuses petites radicules : feuilles digitées, à 3-5 folioles ovales-lancéolées, à peine pétiolées, dentées, glabres, vertes, devenant rouges en automne : fleurs verdâtres en corymbe dichotôme. Eté. Murs, tonnelles, berceaux. Originaire d'Amérique.

**121. VIGNE,** *Vitis.* L. Calice à 5 dents : 5 pétales adhérent au sommet, s'ouvrant par la base : 5 étamines : 1 style à stigmate en tête : baie à 1 loge, à 3-5 graines allongées, resserrées à la base.

1. V. COMMUNE. — *V. vinifera.* L.

Arbrisseau sarmenteux, pouvant s'élever très-haut : feuilles lobées-sinueuses, incisées, dentées, velues en-dessous, surtout dans la jeunesse, quelquefois glabres, pétiolées, ordinairement elles sont à 3-5 lobes : vrilles rameuses, opposées aux feuilles : fleurs verdâtres, en grappes opposées aux feuilles : baies noires, blanchâtres ou jaunâtres, succulentes, globuleuses ou oblongues. *l.* Eté. Cultivée.

**122. FUSAIN,** *Evonymus.* L. Calice aplani, à 4-5 lobes, recouvert à la base par un disque charnu : 4-5 pétales insérés sur le bord du disque, ainsi que les 4-5 étamines : 1 style : capsule à 3-5 angles, à 3-5 loges, à 3-5 valves : graines solitaires dans chaque loge, recouverte d'une arille ou membrane pulpeuse.

1. F. D'EUROPE. — *E. Europœus.* L.

Arbrisseau droit, haut, de 3-8 pieds, à rameaux opposés, d'abord verts et quadrangulaires, puis gri-

sâtres : feuilles opposées, glabres, brièvement pétiolées, ovales-lancéolées, aiguës, finement dentées : pédoncules opposés, comprimés, nus, à 3-5 fleurs en
petite ombelle : fleurs petites, verdâtres, d'une odeur
fétide: capsule devenant rose, renfermant des graines
blanches recouvertes d'une membrane orangée. *l.*
Mai, juillet. Haies, bois.

**123. BALSAMINE,** *Balsamina.* Riv. Calice de 2
sépales caducs : 4 sépales irréguliers, le supérieur en
voûte, à 3 dents, l'inférieur prolongé en éperon à la
base : 5 étamines à anthères soudées, chacune à 2
loges : 5 stigmates distincts : capsule ovoïde, à valves
élastiques, se roulant en-dedans du sommet à la base,
à la maturité.

1. B. DES JARDINS. — *B. hortensis.* DESF.

Tige glabre, droite, rameuse, tendre, succulente,
renflée aux articulations, haute de 8-16 pouces :
feuilles rétrécies en pétiole, alternes ou opposées,
glabres, dentées, lancéolées : fleurs brièvement pédonculées, axillaires, grandes, blanches, roses, rouges, pourpres ou panachées. *a.* Jardins.

**124. IMPATIENTE,** *Impatiens.* Riv. Distinct du
précédent par ses anthères dont 2 à 1 loge et 3 à 5
loges; par ses stigmates soudés; par sa capsule allongée, grêle, à valves s'ouvrant avec élasticité en
s'enroulant de la base au sommet.

1. N'Y TOUCHEZ PAS. — *I. noli tangere.* L.

Tige droite, glabre, renflée aux articulations, tendre, succulente, rameuse: feuilles alternes, pétiolées,
ovales, grossièrement dentées : fleurs jaunes, pendantes, ponctuées d'orangé à l'intérieur, à éperon
recourbé : pédoncules axillaires, à 2-4 fleurs: capsule
grêle, pendante, s'ouvrant au moindre contact. *a.* Eté.
Lieux humides et ombragés des bois.

**123. VIOLETTE**, *Viola*. L. Calice à 5 sépales persistants, prolongés à la base en appendices : pétales 5, inégaux, le plus grand prolongé en éperon à la base : 5 étamines à anthères rapprochées, les 2 inférieures munies à la base d'un appendice prolongé dans l'éperon : 1 stygmate aigu ou renflé : capsule à 3 angles, à 3 valves, à 1 loge polysperme.

* *Stigmate aigu, courbé.* (Violette).

§ *Tige nulle.*

1. V. ODORANTE. — *V. odorata*. L.

Plante sans tige, haute de 3-4 pouces, produisant des rejets rampants : feuilles pétiolées, en cœur élargi, presque arrondies, crénelées, glabres ou pubescentes : fleurs odorantes, d'un pourpre violet foncé, penchées, à pédoncule grêle, muni sur sa longueur de 2 petites bractées lancéolées : capsules presque globuleuses, s'enterrant souvent pour mûrir. *v.* Printemps. Haies, bois, champs. Varie à fleurs blanches ou bleuâtres.

§§ *Une tige.*

2. V. CANINE. — V. *canina*. L.

Tiges flexueuses, redressées, glabres ou à peine pubescentes : feuilles pétiolées, en cœur, crénelées, les supérieures un peu pointues : stipules lancéolées, ciliées-dentées, beaucoup plus courtes que le pétiole : fleurs axillaires, solitaires, inodores, d'un bleu pâle : éperon gros : sépales aigus. *v.* Printemps. Bois, pâturages.

** *Stigmate globuleux en godet, muni de chaque côté de faisceaux de poils, et d'une ouverture latérale.* (Pensée).

3. V. PENSÉE. — V. *arvensis*. MURRAY.

Tige glabre, rameuse, étalée, anguleuse presque

...lée, haute de 2-8 pouces : feuilles radicales-ovales, un peu en cœur, glabres, crénelées, pétiolées, les supérieures lancéolées, dentées : stipules pinnatifides à la base à lobe terminal, grand, oblong : fleurs blanchâtres ou jaunâtres, axillaires, dépassant peu le calice : les 2 pétales latéraux ciliés. *a*. Eté. Champs sablonneux.

4. V. TRICOLORE. — *V. tricolor*. LAM.

Diffère de l'espèce précédente par sa tige plus ferme, par sa couleur plus verte, par ses feuilles toutes ovales, et par ses corolles bien plus grandes que le calice : fleurs mêlées de violet et de jaune. *a*. Eté. Jardins, lieux cultivés.

**126. NERPRUN,** *Rhamnus*. L. Calice en godet, à 4-5 divisions étalées, adhérent par la base avec l'ovaire : 4-5 pétales très-petits, quelquefois nuls : 4-5 étamines opposées aux pétales : 1 style à 1-4 stigmates : fruit presque sec ou en baie, à 2-4 loges monospermes : fleurs quelquefois à étamines et pistils, ou les unes à étamines et les autres à pistils.

* *Rameaux jamais épineux.*

§ *Feuilles persistantes, lisses.*

1. N. ALATERNE. — *R. alaternus*. L.

Arbrisseau de 6-10 pieds, dressé, rameux : feuilles pétiolées, oblongues, ovales, lisses, coriaces : fleurs verdâtres, à 5 étamines, à 3 stigmates : baies globuleuses, grappes axillaires. *l*. Printemps. Bois, haies.

§§ *Feuilles ni persistantes, ni lisses.*

2. N. BOURDAINE. — *R. frangula*. L.

Arbrisseau de 6-10 pieds, rameux, pubescent sur le bout des jeunes rameaux : feuilles pétiolées, entières, ovales, pointues, à nervures parallèles : fleurs blanchâtres ordinairement toutes à étamines et à pistils, en grappes axillaires : baies d'abord rouges, puis noires. *l.* Printemps. Bois, haies humides surtout.

*** Rameaux épineux dans leur vieillesse.*

¶ *Fleurs ordinairement toutes à pistils et étamines : arbuste très-peu élevé.*

3. N. DES ROCHERS. — *R. saxatilis.* L.

Arbuste d'un pied de haut, très-épineux, à rameaux divergents, tombants ou un peu redressés, à écorce cendrée-rougeâtre : feuilles elliptiques-lancéolées, glabres, un peu dentées, à pétiole égal aux stipules persistantes : fleurs petites, pédicellées, jaunâtres, en bouquets axillaires : fruit anguleux, ombiliqué, inséré sur la base du calice presque plane : baie presque sèche à 4 graines. *l.* Été. Rochers.

¶¶ *Fleurs à étamines séparées des fleurs à pistils : arbrisseaux de 4-10 pieds.*

4. N. PURGATIF. — *R. catarthicus.* L.

Arbrisseau de 6-10 pieds, dressé, à rameaux étalés : feuilles glabres, ovales ou arrondies, à dents glanduleuses, à nervures convergentes, à pétiole 2 ou 3 fois plus long que les stipules caduques : fleurs jaunâtres, en paquets axillaires, à divisions du calice allongées : baies noires, globuleuses. *l.* Été. Haies, bois.

5. N. DES TEINTURIERS. — *R. infectorius.* L.

Arbrisseau de 4-5 pieds, dressé, étalé, à écorce rougeâtre, pubescente sur les jeunes rameaux : feuilles ovales-elliptiques, pubescentes en-dessous, pointues, dentées, à pétiole égal aux stipules : fleurs jaunâtres, très-petites, en bouquets axillaires : calice à 4 divisions courtes : baie un peu en cœur, sillonnée-anguleuse. *l.* Mai. Terrains arides du Midi.

**127. CAROUBIER,** *Cératonia.* L. — *Fleurs à étamines* : périanthe à 5 divisions : corolle nulle : 5 étamines très-longues. — *Fleurs à pistil* : calice à 5 divisions petites : corolle nulle : 1 pistil : gousse allongée, comprimée, presque coriace, remplie de pulpe entourant les graines qui sont ovales, dures, luisantes. Plante dioïque.

1. C. à longue silique. — C. *siliqua.* L.

Arbre de 20 à 30 pieds, très-rameux, en tête, toujours vert : feuilles ailées sans impaire, à 6-8 folioles ovales, obtuses, lisses, coriaces : fleurs en grappes, presque sessiles et rougeâtres avant leur entier développement : gousses pendantes, épaisses, longues de 6-8 pouces, remplies d'une pulpe noirâtre, douceâtre. *l.* Eté. Terrains arides de la Provence.

**128. ORME,** *Ulmus.* L. Périanthe persistant, en cloche, coloré en-dedans, à 5 ou 4 dents : corolle nulle : 4-8 étamines : 2 styles réfléchis : fruit en samare orbiculaire, comprimée-aplanie, entourée d'une large membrane et gonflée au milieu par la graine qui est solitaire.

1. O. commun. — U. *campestris.* L.

Grand arbre à tronc droit, à écorce grisâtre, épaisse : feuilles brièvement pétiolées, alternes, ovales, aiguës, inégales à la base, doublement dentées en scie, ordinairement un peu rudes, pubescentes : fleurs rougeâtres, naissant avant les feuilles, en paquets presque sessiles : graine placée près de l'échancrure de l'aile. *l.* Printemps. Bois, haies.

Varie pour les feuilles et l'écorce qui est quelquefois crevassée, épaisse, en consistance de liège.

2. O. de montagne. — U. *montana.* Smith.

Plus élevé que le précédent : feuilles plus larges,

plus glabres : capsule à graine centrale. *l.* Printemps. Bois, promenades, routes.

### 3. O. à fruits ciliés. — *U. ciliata.* Ehrha.

Diffère par ses fleurs lâchement pédicellées, par ses fruits plus petits, longuement pédonculés et ciliés sur tout leur contour : 8 étamines. *l.* Printemps. Bois montagneux.

**129. MICOCOULIER,** *Celtis.* **L.** Des *fleurs à étamines* et des *fleurs à étamines et pistils* sur le même pied : périanthe marcescent, à 5-6 divisions ovales, étalées : corolle nulle : 5-6 étamines à anthères épaisses, presque sessiles : 2 styles divergents : fruit sphérique peu charnu, renfermant un noyau osseux, à 1 graine.

### 1. M. du Midi. — *C. australis.* L.

Grand arbre à rameaux flexibles : feuilles pétiolées, alternes, ovales, terminées par une pointe oblique, dentées en scie, pubescentes : stipules linéaires : fleurs petites, vert-blanchâtres, solitaires ou agglomérées, axillaires : fruit noirâtre, mangeable. *l.* Avril. Rochers vers le midi.

**130. SOUDE,** *Salsola.* **L.** Périanthe à 5 divisions ovales, persistantes : corolle nulle : 5 étamines, quelquefois 3-4 : 2-3 styles courts, soudés à la base : graine roulée en escargot, renfermée dans le calice appendiculé en étoile.

* *Fleurs solitaires, munies de 2 bractées* (salsola).

### 1. S. commune. — *S. soda.* L.

Tige haute de 10-15 pouces, glabre, à rameaux étalés : feuilles sessiles, alternes, charnues, demi-cylindriques, linéaires, longues: fleurs axillaires, d'un blanc verdâtre : graine noirâtre. *a.* Été. Bords des deux mers.

## 2. S. Kali. — *S. Kali*. L.

Tiges de 15-18 pousses, couchées, rameuses, souvent velues au sommet : feuilles sessiles, alternes, charnues, linéaires, à 3 angles, un peu rudes : fleurs axillaires, solitaires, à bractées épineuses : bords du périgone scarieux, d'un blanc rosé. *a.* Eté. Rivages des mers.

** *Fleurs 2-3 en paquets axillaires : bractées nulles* (Kochia).

### 3. S. couchée. — S. *prostrata*. L.

Plante ligneuse, couchée, rameuse, cotonneuse vers le sommet : feuilles linéaires, molles, planes, pointues, velues : fleurs sessiles, herbacées, à anthères purpurines. *l.* Eté. Midi.

131. BETTE, *Beta*, L. Périanthe persistant. à 5 divisions : corolle nulle : 5 étamines opposées aux lobes du périanthe : 2 ou 3 styles très-courts : fruit monosperme, en rein, recouvert par le périanthe qui figure une capsule.

### 1. B. commune. — *B. vulgaris*. L.

Tige anguleuse, glabre, rameuse, haute de 2-6 pieds : feuilles largement pétiolées, ovales, grandes, comme échancrées en cœur à la base, succulentes, plissées sur les bords, entières, souvent colorées en jaune, rouge ou violet : fleurs petites, sessiles, herbacées, en paquets de 3-5 disposés en panicule terminale, feuillée, grêle. *a.* Eté. Jardins, champs. Cultivée.

Variable, surtout par la racine.

132. ANSÉRINE, *Chenopodium*. L. Fleurs munies d'étamines et de pistils, en faisceaux disposés en épis : périanthe à 5 divisions concaves, persistantes : corolle nulle : 5 étamines : style à 2, rarement 3 di-

visions : 1 graine ovoïde et dressée, ou en lentille et horizontale entourée par le périanthe à 3 angles.

* *Plantes glabres, plus ou moins farineuses.*

§ *Feuilles entières.*

### 1. A. POLYSPERME. — *C. polyspermum.* L.

Tiges striées-anguleuses, diffuses, rameuses, tombantes ou dressées, à rameaux étalés-ascendants, longues de 10-15 pouces : feuilles éparses, pétiolées, ovales ou oblongues, vertes, jamais farineuses : fleurs petites, verdâtres, en grappes grêles, axillaires et terminales : graines finement ponctuées, luisantes. *a.* Eté. Lieux cultivés.

### 2. A. FÉTIDE. — *C. vulvaria.* L.

Plante qui, étant frottée, répand une odeur fétide de poisson pourri, sa couleur est cendrée-poudreuse : tiges rameuses, couchées-divariquées, longues de 10-15 pouces : feuilles petites, alternes, rhomboïdales-ovales, glauques, pulvérulentes, obtuses : fleurs petites, blanchâtres, en petits paquets disposés en grappes axillaires et terminales. *a.* Eté. Lieux cultivés.

### 3. A. BON HENRI. — *C. bonus Henricus.* L.

Racine épaisse : tige dressée, haute de 1-2 pieds, forte, striée, rameuse à la base, farineuse en quelques endroits : feuilles grandes, alternes, pétiolées, entières, un peu ondulées, triangulaires avec deux prolongements sagittés à la base, vertes en-dessus, farineuses en-dessous : fleurs verdâtres, agglomérées, en grappes resserrées, compactes, réunies en espèce d'épi terminal : graines ovoïdes-allongées. *v.* Eté. Décombres, murs, chemins.

*§§ Feuilles dentées, sinuées ou anguleuses.*

*' Feuilles lancéolées.*

**4. A. FAUSSE AMBROISIE. —** *C. ambrosioïde.* **L.**

Plante à odeur forte, mais agréable : tige droite, rameuse, striée, haute de 1 à 2 pieds : feuilles vertes, rétrécies aux deux bouts, à grandes dents écartées : fleurs herbacées, en paquets sessiles, axillaires, nombreux, formant presque une panicule. *a.* Eté. Midi. Jardins.

*" Feuilles rhomboïdales.*

**5. A. VERTE. —** *C. viride.* **L.**

Tige dressée, rameuse, rayée de vert, anguleuse, haute de 1 à 2 pieds : feuilles larges, presque à 3 lobes, obtuses, d'un vert foncé en-dessus, blanchâtres-farineuses en-dessous, pétiolées, à grosses dents en avant ; feuilles supérieures oblongues, presque entières : fleurs nombreuses, en longues grappes latérales formées de petits paquets arrondis, caducs, blanchâtres. *a.* Eté. Lieux cultivés.

**6. A. BLANCHE. —** *C. album.* **L.**

Tige dressée, haute de 1 à 2 pieds, d'un vert terne ainsi que toute la plante qui est un peu blanche farineuse : feuilles longuement pétiolées, ovales-rhomboïdales, vertes ou glauques, entières à leur base, rongées dans leur moitié supérieure, les supérieures plus étroites, entières, oblongues : fleurs d'un vert blanchâtre, réunies en petits paquets arrondis et rapprochés en grappes courtes, ramassées, dressées. *a.* Eté. Lieux incultes ou lieux cultivés et secs.

*** Plantes pubescentes.*

**7. A. BOTRIDE. —** *C. botrys.* **L.**

Plante pubescente, un peu visqueuse, à odeur

forte, à tige dressée, raide, simple ou rameuse dès la base, haute de 8-12 pouces : feuilles petites, oblongues, sinuées pinnatifides, à lobes obtus, presque dentés, anguleux : fleurs petites, verdâtres, en petites grappes nombreuses, étalées, recourbées, presque nues. *a.* Eté. Terrains sablonneux du midi.

133. ARROCHE, *Atriplex.* L. Des fleurs à étamines, d'autres à pistils et d'autres à étamines et à pistils : périanthe à 3-5 divisions : 5 étamines : 2 styles : 1 graine comprimée orbiculaire renfermée dans le périanthe fermé et à 5 angles. — *Fleurs à pistils* : périanthe comprimé à 2 divisions appliquées l'une contre l'autre, s'accroissant après la fleuraison en valves grandes, en cœur, renfermant une graine comprimée-orbiculaire.

** Tige ligneuse.*

*ꟓ Feuilles opposées.*

1. A. POURPIER. — *A. portulacoides.* L.

Arbuste diffus, à rameaux grêles, blanchâtres, haut de 1 à 2 pieds : feuilles opposées, ovales-lancéolées, épaisses, glauques ou blanchâtres : fleurs jaunâtres, en épis terminaux, nus. *l.* Eté. Marais maritimes.

*ꟓꟓ Feuilles alternes.*

2. A. HALIME. — *A. halimus.* L.

Arbrisseau de 4-5 pieds, glauque, blanchâtre, à rameaux effilés : feuilles pétiolées, rhomboïdales ou deltoïdes, un peu charnues, persistantes pendant l'hiver, d'un blanc argenté: fleurs jaunâtres, en petites grappes nues et terminales. *l.* Eté. Lieux maritimes et sablonneux.

*** Tiges herbacées et annuelles.*

*ꟓ Feuilles linéaires.*

3. A. DES RIVAGES. — *A. littoralis.* L.

Tige droite, striée, rameuse, haute de 1 à 2 pieds

feuilles alternes, presque sessiles, linéaires, entières ou à peine dentées, vertes : fleurs petites, jaunâtres, en grappes terminales, grêles : valves seminales ovales, sinuées. *a.* Eté. Bords de la mer, marais salés.

¶¶ *Feuilles triangulaires.*

4. A. DES JARDINS. — *A. hortensis.* L.

Tige dressée, glabre, lisse, rameuse, haute de 3-4 pieds : feuilles pétiolées, alternes, grandes, molles, lisses, presque triangulaires, un peu en cœur, obtuses, d'un vert pâle ou jaunâtres, glabres, un peu farineuses dans la jeunesse, entières ou à dents inégales : fleurs petites, verdâtres, en épis terminaux, rameux, interrompus : fruits larges, aplanis, à valves arrondies-ovales, acuminées, veinées en réseau à la maturité. *a.* Eté. Potagers.

¶¶¶ *Feuilles inférieures triangulaires, les supérieures lancéolées.*

5. A. D'HERMANN. — *A. Hermanni.* WILLEMET.

Tige grande, raide, rameuse : feuilles grandes, vertes, luisantes, les inférieures triangulaires, celles du milieu hastées et terminées en longue pointe entière, les supérieures lancéolées, à peine dentées à la base : fruit à valves triangulaires, ovales, pointues, entières, veinées en réseau. *a.* Eté. Champs du Midi.

134. HERNIAIRE, *Herniaria.* T. Calice à 5 divisions profondes, colorées en-dedans : 5 pétales filiformes alternant avec les 5 étamines : 2 styles courts : 2 stigmates : capsule petite, à 1 graine, ne s'ouvrant pas, couverte par le calice persistant.

1. H. GLABRE. — *H. glabra.* L.

Tiges filiformes, rameuses, diffuses, couchées et étalées, longues de 2-6 pouces, un peu pubescentes ou glabres : feuilles petites, ovales, arrondies, planes, épaisses, entières, glabres, sessiles, obtuses et munies de petites stipules membraneuses : fleurs axillaires verdâtres, nombreuses, en paquets, peu distinctes. ♃. Été. Lieux sablonneux.

———

### OMBELLIFÈRES.

Fleurs en ombelle simple ou composée, munie souvent de folioles à la base des pédoncules ( *folioles de l'involucre* ou *involucre*) ou des pédicelles (*folioles de l'involucelle* ou *involucelle*) : calice adhérent à l'ovaire et le couronnant par son bord entier, peu apparent ou à 5 petites dents : 5 pétales, souvent en cœur, insérés au sommet de l'ovaire ainsi que les 5 étamines : 2 styles droits ou réfléchis à base dilatée (*stylopode*) couvrant en partie l'ovaire infère, simple : fruit consistant en 2 graines nues (*carpelles, akènes*) se séparant de la base au sommet, où elles sont attachées au bout d'un axe central appelé *carpophore* : chaque graine est munie sur le dos de côtes ou lignes saillantes, ou d'ailes, parfois presque nulles.

Pour reconnaître les plantes de cette famille, il faut que les graines ou fruits soient parfaitement mûres ; on les coupe alors en travers afin de bien distinguer les côtes et la figure de la face interne.

135. HYDROCOTYLE, *Hydrocotyle*. L. Ombelle simple : calice presque entier, peu apparent : pétales 5, ovales, aigus, entiers, droits : 5 étamines : 2 styles : fruit comprimé-aplani par les côtes, à 2 lobes : graines à 5 côtes filiformes dont quelques-unes peu marquées.

1. H. COMMUNE. — H. vulgaris. L.

Tiges grêles, rampantes, glabres, blanchâtres, radicantes aux nœuds : feuilles peltées, arrondies, crénelées, glabres, planes ou concaves, à pétioles dressés : fleurs axillaires, très-petites, blanchâtres ou

rosées, 4-5 en très-petites têtes garnies d'une collerette de 2-5 folioles, et portées par des pédoncules
radicaux. *v.* Eté. Marais, lieux humides.

**136. PANICAUT,** *Eryngium*. L. Calice à 5 dents
foliacées, en alène, persistantes : 5 pétales dressés,
rapprochés, oblongs, à longue pointe infléchie : 5 étamines : 2 styles : fruit oblong renflé au sommet,
écailleux, à coupe transversale presque circulaire,
couronné par les dents du calice épineuses : fleurs en
tête entremêlées de paillettes épineuses.

1. P. DES CHAMPS. — *E. campestre*. L.

Tige très-rameuse, haute de 10-15 pouces, glabre,
grosse : feuilles coriaces, d'un vert un peu glauque,
alternes, 2 fois ailées, à lobes décurrents épineux-
dentées, les radicales pétiolées, celles de la tige embrassantes, à oreillettes découpées, dentées-épineuses : fleurs blanchâtres, nombreuses, en têtes arrondies, munies d'un involucre de 6-8 folioles épineuses,
dépassant les fleurs. *v.* Eté. Lieux incultes et arides.

2. P. MARITIME. — *E. maritimum*. L.

Tige épaisse, rameuse, blanchâtre, haute d'un
pied : feuilles inférieures arrondies, larges, pétiolées,
plissées, les autres sessiles, incisées, anguleuses ou
trilobées, toutes dentées-épineuses : folioles de l'involucre ovales, anguleuses, épineuses, dépassant les
têtes de fleurs qui se colorent un peu en bleu. *v.* Eté.
Sables maritimes.

**137. ASTRANCE,** *Astrantia*. L. Calice à 5 dents
foliacées, persistantes : 5 pétales dressés, oblongs, in-
fléchis-bifides : 5 étamines : 2 styles : fruit ovale-
oblong, un peu comprimé sur le dos : graine à 5 côtes
saillantes, obtuses, plissées-dentées, renflées, semence
demi-cylindrique : involucelle à folioles colorées.

1. A. MAJEURE. — *A. major*. L.

Racine épaisse : tige dressée, striée, presque simple, haute de 1 à 2 pieds, glabre : feuilles glabres, les inférieures longuement pétiolées, divisées profondément en 5-7 lobes incisés, dentés, les supérieures plus petites, à 3-5 lobes, à pétiole court, dilaté en gaîne à la base : fleurs 30-40, pédicellées, en tête hémisphérique entourées et dépassées par 10-20 folioles blanchâtres ou rosées, vertes au sommet, lancéolées, veinées en réseau, ce qui donne à l'ombellule l'apparence d'une fleur radiée : fruits blanchâtres. *v*. Eté. Prairies et bois montagneux.

**138. SANICLE,** *Sanicula*. L. Calice à 5 dents : 5 pétales dressés, obovales, infléchis, échancrés sur le pli : 5 étamines: 2 styles : fruit presque globuleux, couvert d'aiguillons crochus : graines sans côtes : ombelle rameuse, à ombellules écartées, hémisphériques.

1. S. D'EUROPE. — S. *Europæa*. L.

Tige nue, glabre, presque simple, haute de 10-15 pouces : feuilles glabres, les radicales pétiolées, simples, à 3-5 lobes en coin, dentés-incisés ou trifides : les caulinaires 1-2, presque sessiles, à 3 divisions : ombellules portées sur des pédoncules inégaux : fleurs petites, blanches, en têtes globuleuses, celles du centre munies d'étamines et de pistils, celle de la circonférence n'ont que des étamines et l'ovaire lisse. *v*. Eté. Bois ombragés.

**139. CICUTAIRE,** *Cicuta*. L. Calice peu apparent : 5 pétales presque égaux, ovales, à languette infléchie: 5 étamines : 2 styles : fruit arrondi, un peu comprimé par les côtés, didyme, sillonné de 10 petites côtes, 5 par graine : involucre nul : involucelle de 3-5 folioles.

**1. C. vireuse. — *C. virosa.* L.**

Racine épaisse, creuse, cloisonnée en-dedans, garnie de fibres contenant un suc laiteux, jaunâtre, âcre : tige glabre, haute de 2-4 pieds, fistuleuse, rameuse, légèrement striée : rameaux un peu rougeâtres: feuilles à pétiole creux, grandes, 2-3 fois ailées, à folioles étroites, allongées, linéaires-lancéolées . souvent ternées, aiguës, à dents de scie aiguës : fleurs blanches en ombelles lâches, hémisphériques, parfois munies d'une foliole à la base, opposées aux feuilles et terminales : ombellules presque globuleuses, égalées par les folioles étroites de l'involucelle : fruits à styles réfléchis. *v.* Eté. Fossés, marais tourbeux.

**140. ACHE,** *Apium.* L. Calice entier : 5 pétales égaux, arrondis, infléchis au sommet : 5 étamines : 2 styles réfléchis : fruit ovoïde ou globuleux, un peu comprimé par les côtés : graine à 5 petites côtes filiformes, égales, les 2 latérales confondues avec le bord : involucre et involucelles nuls, ou à 1-3 petites folioles : carpophore entier, non divisé.

**1. A. des marais. — *A. graveolens.* L.**

Racine en fuseau : plante glabre : tige épaisse, rameuse, sillonnée, haute de 1 à 3 pieds : feuilles ailées, à 5-7 folioles, lisses, presque triangulaires, en coin, lobées, à grosses dents, la terminale trilobée : feuilles supérieures à 3 folioles, en coin, incisées, dentées : ombelles souvent latérales et sessiles, à 6-10 rayons, ainsi que les terminales qui paraissent sortir des ombelles inférieurs : involucre et involucelles nuls ou composés de quelques petites folioles trifides : fleurs blanches, petites, verdâtres sur le dos. *a.* Fossés, marais.

Feuilles dressées, à pétiole très-long, folioles à 3 lobes : *Dulce.* Gaud.

Racine charnue, arrondie : feuilles étalées : *Rapaceum.* D. C.

**141. PERSIL,** *Petroselinum*. Hoffm. Calice presque entier : 5 pétales arrondis, entiers, rétrécis en languette infléchie, à peine échancrés sur le pli : 5 étamines : 2 styles : fruit ovoïde, un peu comprimé par les côtés, presque didyme : graine à 5 côtes filiformes, égales, les 2 latérales au bord : carpophore bifide : involucre à 1-3 folioles : involucelles à 3-6 folioles.

**1. P. cultivé. — *P. sativum*. Hoffm.**

Tige haute de 2-3 pieds, droite, cylindrique, sillonnée, glabre, rameuse : feuilles inférieures pétiolées 2 fois ailées, glabres, à folioles luisantes, ovales, en coin, incisées, lobées, les supérieures ternées, à folioles simples, linéaires-lancéolées, allongées : involucelles très-courts et très-étroits : fleurs blanches, en ombelles terminales souvent un peu penchées, à 6-12 rayons. *a*. Été. Lieux frais, potagers.

Feuilles radicales trifides, dentées en scie, à long pétiole : *Latifolium*.

Feuilles crépues, les radicales plus grandes : *Crispum*.

**142. SISON**, *Sison*. L. Calice entier : 5 pétales arrondis, profondément échancrés en cœur, à pointe infléchie : 5 étamines : 2 styles : fruit ovale, comprimé par les côtés : graine à 5 côtes égales, filiformes, les 2 latérales au bord : carpophore bifide : involucre et involucelles de quelques folioles seulement.

**1. S. Amome. — *S. amomum*. L.**

Tige de 12-24 pouces, dressée, rameuse, striée légèrement : feuilles ailées, les inférieures longuement pétiolées, à 3-4 paires de folioles oblongues-ovales, opposées, incisées-dentées, les supérieures à folioles plus étroites : ombelles terminales, petites, à 4-6 rayons : fleurs blanches : involucre et involucelles à folioles étalées : fruit aromatique. *a*. Été. Haies ombragées.

**143. AMMI**, *Ammi*. L. Calice entier : 5 pétales échancrés en cœur profondément, à pointe infléchie, ceux du bord de l'ombelle plus grands, bilobés : 5 étamines : 2 styles : fruit petit, ovoïde, comprimé par les côtés : graine à 5 côtes égales, filiformes, les latérales au bord : carpophore bifide : involucre à folioles pinnatifides, celles de l'involucelle simples.

1. A. **MAJEUR**. — *A. majus*. L:

Racine épaisse : plante d'un vert un peu glauque, glabre : tige dressée, haute de 2-3 pieds, rameuse, striée : feuilles inférieures ailées, à folioles grandes, ovales ou ovales-lancéolées, dentées, simples ou quelquefois un peu lobées à la base : les supérieures plus divisées, bipinnées, à lobes plus étroits, incisés, et linéaires dans les plus hautes : fleurs blanches en ombelles terminales assez grandes : folioles de l'involucre et de l'involucelle très-étroites. *a.* Eté. Lieux cultivés.

Toutes les feuilles à découpures linéaires : plante glauque : *Glaucifolium*.

**144. EGOPODE**, *Ægopodium*. L. Calice entier : 5 pétales obovés, échancrés sur le pli de la languette infléchie : 5 étamines : 2 styles réfléchis : fruit ovale-oblong, comprimé sur les côtés : graine à 5 côtes filiformes égales, les latérales au bord : carpophore bifide : involucre et involucelles nuls.

1. E. **DES GOUTTEUX**. — *Æ. podagraria*. L.

Racine allongée, rampante : tige droite, glabre, rameuse, haute de 2-3 pieds, sillonnée : feuilles radicales et inférieures pétiolées, 2 fois ternées, à folioles ovales, acuminées, doublement dentées, les inférieures obliques à la base, souvent lobées en-dehors : feuilles supérieures opposées, simplement ternées et sessiles sur une large gaîne, à folioles lancéolées : ombelles terminales, à 12-20 rayons : fleurs blanches, petites, rarement rougeâtres : styles très-longs. *v.* Été. Lieux humides, haies.

**145. CARVI,** *Carum.* **L.** Calice entier : 5 pétales égaux, échancrés, à languette infléchie : 5 étamines : 2 styles : fruit ovale-oblong, comprimé par les côtés : graine à 5 côtes filiformes, égales, les latérales au bord : carpophore bifide : involucre nul : involucelles nuls ou à quelques petites folioles.

1. C. COMMUN. — C. carvi. L.

Racine charnue, en fuseau : tige haute de 1 à 2 pieds, ferme, rameuse, striée, un peu anguleuse, glabre : feuilles d'un vert foncé, glabres, 2 fois ailées, à folioles sessiles, pinnatifides, à lobes étroits, les 4 inférieures disposées en croix autour du pétiole commun, les radicales à long pétiole dilaté à la base en gaîne striée, les caulinaires sessiles sur la gaîne, elles sont à lanières linéaires : ombelles nombreuses, médiocres, planes en-dessus, à 8-12 rayons : fleurs blanches : graines aromatiques. *a.* Printemps. Prés et pâturages. Varie à fleurs roses.

**146. TERRE-NOIX,** *Bunium.* **L.** Caractères du précédent (145) dont il diffère par ses fleurs toutes fertiles, égales, par son fruit chagriné et résineux dans les intervalles des côtes, par son involucre et ses involucelles à plusieurs folioles.

1. T. COMMUN. — B. bulbocastanum. L.

Racine tuberculeuse, arrondie, blanche en-dedans, noirâtre en-dehors : tige droite, glabre, striée, un peu rameuse, haute de 1 à 2 pieds : feuilles 2-3 fois ailées, à découpures linéaires courtes : pétiole très-élargi : ombelles terminales, opposées aux feuilles ou axillaires, à 10-20 rayons plus longs que les 6-8 folioles linéaires de l'involucre : fleurs blanches : fruits noirâtres, d'abord réfléchis et serrés les uns contre les autres, puis caducs. *v.* Eté. Champs, moissons.

**147. BOUCAGE,** *Pimpinella.* L. Calice entier : 5 pétales entiers, presque égaux, fléchis au sommet en forme d'échancrure : 2 stigmates globuleux : fruit ovale-oblong, comprimé par les côtés : graine à 5 côtes filiformes, égales, les latérales au bord : involucre et involucelles nuls.

* *Fruit glabre: ombelles ordinairement penchées avant la floraison.*

§ *Tige sillonnée, anguleuse.*

**1. B. A GRANDES FEUILLES.** — *P. magna.* L.

**Racine** en fuseau, blanchâtre, odorante, âcre : tige rameuse, droite, haute de 2-4 pieds: feuilles radicales pétiolées, simples, ovales-arrondies, dentées ou tri-lobées, les inférieures ailées, à 5-7 folioles larges, ovales-oblongues, dentées, un peu lobées, la paire inférieure pétiolulée, la terminale trilobée : feuilles supérieures à folioles plus étroites ou pinnatifides, à lobes étroits, pointus : fleurs blanches en ombelle d'abord penchée, à 12-20 rayons lisses. *v.* Eté. Bords des bois, prés humides des montagnes.

Feuilles à folioles toutes 1 ou 2 fois pinnatifides, à lobes étroits : *Dissecta.*

Fleurs purpurines : plante plus petite : *Rubens.* GAUD.

§§ *Tige finement striée.*

**2. B. SAXIFRAGE.** — *P. saxifraga.* L.

**Racine** en fuseau, odorante comme toute la plante : tige grêle, raide, peu rameuse, peu feuillée, glabre ou pubescente, haute de 10-18 pouces : feuilles presque toutes radicales, ailées, à 5-9 folioles ovales, arron-dies, sessiles, incisées ou lobées, la terminale trilobée; les caulinaires à pétiole engaînant, à folioles oblongues, lobées, les supérieures sessiles sur la gaîne et à 1-3 folioles linéaires : ombelles d'abord penchées, à 8-15 rayons : fruits roussâtres : fleurs blanches. petites. *v.* Eté. Prés secs, lieux incultes.

Feuilles d'un vert noirâtre, pubescentes ainsi que la tige. *Nigra.* WILLD.

Folioles presque toutes laciniées ou pinnatifides : *Hircina.* DC.

** *Fruit pubescent* : *ombelles d'abord pendantes.*

¶ *Plante cultivée.*

3. B. ANIS. — *P, anisum.* L.

Racine menue : tige striée, pubescente, rameuse du haut, haute de 6-15 pouces : feuilles inférieures simples, en cœur, incisées-dentées, les caulinaires à 3-5 folioles en coin, lobées ou dentées, les supérieures découpées en lanières étroites : fleurs petites, blanches, terminales : fruit ovale, duveté, vert, très-odorant et très-sapide. *a.* Eté. Terre légère.

¶¶ *Plante non cultivée.*

4. B. TRAGION. — *B. tragium.* VILL.

Plante couverte d'un duvet grisâtre : tige grêle, peu élevée : feuilles radicales à long pétiole, à folioles en coin, incisées, dentées, les inférieures à folioles linéaires, les supérieures réduites à la gaîne : ombelles peu fournies, blanches. *v.* Lieux pierreux du Midi.

5. B. VOYAGEUR. — *P. peregrina.* L.

Tige de 1 à 2 pieds, presque lisse : feuilles radicales à folioles crénelées, dentées, ovales, la terminale en cœur, les supérieures à lobes linéaires-lancéolés, incisés : ombelle très-fournie, à 15-20 rayons : fleurs blanches. *a.* Eté. Champs du Midi.

148. BERLE, *Sium.* L. Calice à 5 dents souvent

très-petites : 5 pétales égaux échancrés en cœur par la languette infléchie : 5 étamines : 2 styles : fruit presque globuleux, presque didyme par la contraction des côtés : styles réfléchis : graine à 5 côtes égales, filiformes, les 2 latérales au bord : involucre et involucelles de plusieurs folioles.

§ *Ombelles toutes terminales.*

1. B. **à larges feuilles.** — *S. latifolium.* L.

Racine radicante : tige de 2 pieds, grosse, peu consistante, un peu fléchie à chaque nœud, anguleuse sillonnée, rameuse : feuilles ailées à 7-11 folioles ovales-lancéolées, dentées, glabres, la dernière trilobée ou simple : pétioles fistuleux, carénés, noueux : feuilles de la tige sessiles sur les gaînes, à folioles lancéolées : ombelles convexes, grandes, à 10-14 rayons : involucre et involucelles à 5-7 folioles lancéolées, quelquefois découpées, à la fin réfléchies : fleurs blanches, à styles rouges. *v.* Eté. Mares, fossés, ruisseaux peu rapides.

2. B. **chervi.** — *S. sisarum.* L.

Racine composée de tubercules allongés, blancs, charnus, d'une saveur douce un peu aromatique: tige de 1-3 pieds, striée, rameuse : feuilles ailées à 5-9 folioles lancéolées, dentées en scie : flenrs blanches, petites, en ombelles, à 9-12 rayons : involucre à 3-7 folioles linéaires, lancéolées, réfléchies, inégales : feuilles supérieures souvent ternées. *v.* Eté. Potagers. Provence, dans les prés.

§§ *Ombelles latérales opposées aux feuilles.*

3. B. **incisée.** — *S. incisum* Pers.

Racine rampante : tige radicante à la base, cylindrique, striée, haute de 1 à 2 pieds, rameuse : feuilles ailées à 11-21 folioles sessiles, opposées, ovales-lancéolées, incisées, inégalement dentées en scie, lobées ou auriculées à la base, la terminale trilobée, les feuilles supérieures sont très-incisées, presque laciniées : ombelles caulinaires opposées aux feuilles, pédonculées, convexes, à 12-15 rayons : involucre à 5-6 folioles simples ou incisées, réfléchies : fleurs blanches : graines ovoïdes. *v.* Eté. Ruisseaux, fossés, mares.

149. BUPLÈVRE, *Buplevrum.* L. Calice entier ou à 5 dents à peine marquées : 5 pétales entiers, arrondis, courts, égaux, enroulés en demi-cercle : fruit ovoïde, comprimé par les côtés ou presque didyme : graines à 5 côtes égales, ailées ou filiformes, ou presque nulles, les 2 latérales confondues avec le rebord : involucre nul ou à 2-3 folioles : involucelles de 5 folioles larges.

* *Feuilles opposées, soudées par la base traversée par la tige.*

1. B. **A FEUILLES RONDES**. — *B. rotundifolium.* L.

Plante un peu glauque : tige glabre, un peu rameuse du haut, s'élevant à 10-15 pouces : feuilles ovales-arrondies, entières, perfoliées, les inférieures sessiles, embrassantes, oblongues : involucelles plus grands que les fleurs, à 5 folioles ovales, jaunâtres : fleurs jaunâtres, petites. *a.* Eté. Champs.

** *Feuilles alternes, pétiolées ou sessiles, non perfoliées.*

2. B. **EN FAUX**. — *B. falcatum.* L.

Tige flexueuse, grêle, glabre, à rameaux ascendants, se colorant en automne : feuilles radicales ovales ou ovales-lancéolées, pétiolées, souvent un peu courbées en faux, à 5-7 nervures, les caulinaires lancéolées-linéaires, les supérieures linéaires, toutes entières et glabres : involucelles à 4-5 folioles un peu concaves, lancéolées. petites : fleurs jaunes. *v.* Lieux pierreux : haies.

**150. ENANTHE**, *Œnanthe*. L. Calice à 5 dents persistantes : 5 pétales à pointe infléchie en cœur, plus grands au bords de l'ombelle : fruits oblongs , renflés au sommet, terminés par les styles et les dents du calice, se serrant en faisceau à la maturité : graine à 5 côtes obtuses, un peu convexes, les latérales au bord : involucre souvent nul : involucelles à plusieurs folioles.

* *Toutes les fleurs des ombellules fertiles, pédicellées.*

1. E. **PHELLANDRE**. — *OE. phellandrium*. L.

**Racine** en fuseau, blanchâtre, à fibres verticillées : tige **grosse**, fistuleuse, striée, rameuse, haute de 2-3 pieds : feuilles grandes, à contour triangulaire, 2-3 fois ailées, glabres, lisses, d'un vert gai, à folioles ovales, incisées-pinnatifides, obtuses, petites, divariquées : feuilles submergées , multifides-capillaires : ombelles nombreuses, opposées aux feuilles, courtement pédonculées, à 7-10 rayons : fleurs blanches. ⚥. Eté. Marais, fossés, étangs.

** *Ombellules à fleurs centrales fertiles, presque sessiles, celles du bord plus grandes, pédicellées, stériles.*

§ *Feuilles toutes uniformes.*

2. E. **SAFRANÉE**. — *OE. crocata*. L.

**Racine** composée de tubercules en forme de petits navets sessiles : tige de 2-3 pieds , grosse , striée, dressée, rameuse, glabre, d'un vert sale ou roussâtre, pleine d'un suc jaune ou roussâtre, très-âcre : feuilles toutes 2 fois ailées, à folioles en coin, incisées, trifides ou lancéolées sur la tige (semblables à celles du persil), d'un vert sombre : ombelles terminales, convexes, de 15-30 rayons : involucre et involucelles de 4-6 folioles allongées : fleurs blanches. ⚥. Eté. Fossés, marais, rivières.

**§§** *Feuilles de formes différentes.*

*' Tige pleine, à fruit oblong.*

3. E. A FEUILLES DE PEUCÉDAN. — *OE. peucedanifolia.* POLL.

Racine à tubercules ovoïdes, sessiles, fasciculés : tige de 2-3 pieds, glabre, dressée, sillonnée, peu rameuse : feuilles d'un vert gai, les radicales et les inférieures 2 fois ailées, longuement pétiolées, à folioles linéaires, allongées, très-écartées, les supérieures sessiles sur les gaînes, ailées, à folioles linéaires : ombelle à 5-10 rayons un peu inégaux : fruit ovoïde : involucre nul : involucelle à 8-10 folioles étroites : fleurs blanches. *v.* Eté. Prairies humides, marécages.

Plante moins élevée, à tige finement striée : feuilles radicales ailées, à folioles incisées-pinnatifides : tubercules de la racine en fuseau, allongés : *Lachenalii.* GAUD.

Tige presque anguleuse : feuilles presque semblables ; folioles des radicales lancéolées, linéaires dans les autres : ombelle petite : *Silaïfolia.* GAUD.

*'' Tige pleine, à fruit cylindrique.*

4. E. PIMPRENELLE. — *OE. pimpinelloïde.* L.

Racine en faisceau, à fibres renflées en tubercule au sommet : tige sillonnée, anguleuse, haute de 2 3 pieds : feuilles 2 fois ailées, les radicales à folioles ovales, incisées, crénelées, obtuses, les inférieures de la tige à folioles ovales, en coin à la base, divisées en lanières aiguës, les supérieures à folioles linéaires : involucelles égalant l'ombellule : fleurs blanches, à 10-12 rayons. *v.* Marécages.

5. E. A FEUILLES D'ACHE. — *OE. apiifolia.* B.

Diffère de la précédente par sa tige finement striée, les involucelles plus courts que les ombellules : rayons de l'ombelle nombreux : involucre de 5 fo-

lioles : tubercules à suc aqueux, incolore. *v.* Eté.
Marais.

*"" Tige fistuleuse ainsi que les pétioles.*

**6. E. FISTULEUSE. — *OE. fistulosa.* L.**

Racine composée d'un faisceau de fibres dont quelques-unes épaissies, tuberculeuses-ovales : tige émettant des rejets à sa base, dressée, lisse, glabre,
haute de 10-20 pouces, un peu en zig-zag : feuilles
ailées, portées sur des pétioles fistuleux du haut, fen-
dus du bas pour laisser sortir une autre feuille, qui en
laisse quelquefois sortir encore une autre, les feuilles
de la tige ont 7-9 folioles lancéolées-linéaires, glabres, distantes, les radicales à folioles trifides, courtes, en coin : ombelle à 2-4 rayons : ombellules
planes, à fleurs blanches qui se serrent en tête à la
maturité des graines. *v.* Eté. Marais, fossés pleins
d'eau.

**151. ETHUSE,** *Æthusa.* **L.** Calice entier : 5 pétales inégaux, échancrés en cœur, à pointe infléchie :
5 étamines : 2 styles : fruit ovale-globuleux : graine
à 5 côtes saillantes dont 3 dorsales épaisses, les 2 latérales aiguës : involucre nul ou à une foliole : involucelle à 3-5 folioles linéaires, longues et toutes
pendantes en dehors.

**1. E. PETITE CIGUE. — *AE. cynapium.* L.**

Racine blanchâtre, en fuseau : tige rameuse, lisse,
glabre, striée, violacée à la base, haute de 6-18 pouces : feuilles ressemblant à celles du persil, 2-3 fois
ailées, à folioles incisées en lobes linéaires-lancéolés,
aigus : ombelles opposées aux feuilles et terminales,
planes, à 10-12 rayons inégaux, étalés : involucelle
d'abord étalé, puis pendant : fleurs blanches, petites,
les extérieures un peu rayonnantes. *a.* Eté. Champs
après la moisson, jardins.

NOTA. — Ses feuilles frottées sentent mauvais, ce qui la distingue du persil.

Tige de 2-3 pieds : plante plus forte et plus développée dans toutes ses parties. *Æ. elata.* FRIEDL. Tige naine, folioles palmées, obtuses. *Æ. segetalis.* BOE.

**152. FENOUIL**, *Fœniculum.* HOFFM. Calice à bord entier, épaissi : 5 pétales entiers, arrondis, courbés en demi-cercle : 5 étamines : 2 styles courts : fruit ovale-oblong, un peu comprimé : graine à 5 côtes presque égales : involucre et involucelles nuls.

1. F. OFFICINAL. — *F. officinale.* ALL.

Tige vivace, dressée, rameuse, striée, haute de 3-5 pieds : feuilles amples, longuement pétiolées, découpées plusieurs fois en lanières étroites, capillaires, longues, d'une odeur agréable quand on les touche : feuilles supérieures à pétiole court, dilaté à la base en gaine striée : ombelles axillaires et terminales, planes, à rayons nombreux : fleurs jaunes, petites : fruits souvent courbés en faux. *v.* Eté.

2. F. DOUX. — *F. dulce.* C. BAUHIN.

Diffère par sa tige comprimée à la base, par ses feuilles à découpures plus longues et plus fines, par ses ombelles moins garnies et ses fruits noirs. *v.* Midi. Eté.

**153. SÉSÉLI**, *Seseli.* L. Calice entier : 5 pétales égaux, obovales, à languette infléchie en cœur : 5 étamines : 2 styles : fruit petit, ovale : graine à 5 côtes, les 2 latérales au bord, souvent un peu plus larges : involucre nul ou à quelques folioles caduques : involucelles à plusieurs folioles.

1. S. DE MONTAGNE. — *S. montanum.* L.

Tige dressée, glabre, sillonnée, haute de 10 à 15 pouces : feuilles radicales à pétiole simple et entier (il est échancré, ventru sur la tige), 2-3 fois ailées, à folioles linéaires, courtes, souvent à 2-3 lobes mucronulés : feuilles de la tige écartées, presque simples :

ombelles en faisceau à 6-12 rayons inégaux : fleurs blanches, rapprochées, purpurines avant l'épanouissement : fruits un peu glauques et presque pubescents. *v*. Eté. Lieux arides des montagnes.

Plante plus glauque : pétioles presque tous entier : *Glaucum*, etc.

### 2. S. TORTUEUX. — *S. tortuosum*. L.

Tige dure, presque ligneuse, tortueuse, rameuse, d'un vert glauque ou blanchâtre, haute d'un pied : rameaux divergents : feuilles inférieures grandes, 2 fois ailées, à folioles découpées en lanières linéaires, d'un vert glauque, leur gaîne est bordée de blanc : fleurs blanches, petites, en ombelle demi-globuleuse, à 2-6 rayons : graines petites, blanchâtres. *v*. Eté. Lieux secs du midi.

**154. LIBANOTIDE,** *Libanotis*. Crantz. Calice à 5 dents fines, allongées, en alène, tombant bientôt ; le reste comme le *Seleli*.

### 1. L. DE MONTAGNE. — *S. montana*. All.

Racine épaisse, en fuseau, souvent divisée, garnie à son collet de fibres rousses, qui sont les restes des feuilles anciennes : tige épaisse, rameuse, profondément sillonnée ainsi que les rameaux, haute de 3-4 pieds : feuilles glabres, 2-3 fois ailées, à folioles incisées-pinnatifides à lobes lancéolés, mucronés, les folioles inférieures disposées en croix autour du pétiole commun : fleurs blanches, en ombelles convexes, serrées, à 30-40 rayons : involucre et involucelles à plusieurs folioles presque réfléchies : fruits velus, à côtes saillantes. *v*. Eté. Rochers des montagnes, collines arides. La plante froissée exhale une forte odeur d'encens.

**155. ATHAMANTE,** *Athamantha*. L. Calice entier : 5 pétales obovales, échancrés par la pointe infléchie : 5 étamines : 2 styles : fruit ovoïde ou oblong, un peu comprimé par les côtés, velu : graine à 5 côtes filiformes, égales : involucre et involucelles à plusieurs folioles : fleurs blanches.

* *Folioles linéaires ou lancéolées.*

**1. A. DE CRÈTE. — *A. Cretensis.* L.**

Racine épaisse, en fuseau : tige dressée, striée, pubescente, haute d'un pied : feuilles verdâtres, 2-3 fois ailées, à lanières très-étroites, linéaires et pointues : pétiole dilaté à la base en gaîne embrassant la tige : ombelles terminales de 7-15 rayons pubescents, inégaux : involucre et involucelles à folioles membraneuses et blanchâtres sur les bords : fruit hérissé de poils étalés. *v.* Eté. Fentes des rochers, montagnes.

** *Folioles ovales rhomboïdales.*

**2. A. DE MACÉDOINE. — *A. Macedonica.* SPRENGEL.**

Plante pubescente : tige rameuse, dressée, haute de 2-3 pieds : feuilles 2-3 fois ailées, à folioles incisées, dentées : involucre velu : ombelle peu fournie à fleurs petites, blanchâtres : fruit ovale. *v.* Eté. Alpes du Midi.

**156. MÉON , *Meum.* TOURNEF.** Calice entier : 5 pétales entiers, ovales, aigus aux deux bouts : 5 étamines : 2 styles : fruit en fuseau, à peine comprimé sur les côtés : graine à 5 côtes égales, carénées : involucre nul ou à quelques folioles : involucelles à plusieurs folioles.

**1. M. ATHAMANTE.— *M. athamanthicum.* JACQ.**

Racine épaisse, rameuse, d'une saveur âcre et d'une odeur forte : tige munie de fibres sèches à sa base, dressée, grêle, striée, presque nue, peu rameuse, haute de 8-15 pouces ; feuilles à pétiole élargi en gaîne à sa base, 2 fois ailées, à folioles pinnatifides, découpées très-menues, en lanières courtes, un peu verticillées autour du pétiole : contour de la feuille lancéolé : ombelles blanches , médiocres , à 8-15 rayons inégaux : folioles des involucelles linéaires-lancéolées, fines. *v.* Eté. Prés montagneux.

2. M. MUTELLINE. — *M. mutellinum* KOCH.

Racine odorante : tige simple, nue, lisse, haute de 6-10 pouces : feuilles oblongues, presque triangulaires, luisantes, 2 fois ailées, décomposées en lanières-lancéolées, grêles : involucre nul : involucelles à folioles lancéolées, d'un seul côté : ombelle terminale à 12-15 rayons, les axillaires petites : ombellules convexes serrées, à fleurs d'un beau rose ou d'un blanc teinté de pourpre. *v.* Eté. Pâturages des hautes montagnes.

**157. BACILLE ,** *Crithmum.* L. Calice entier : 5 pétales entiers, presque égaux , ovales, à pointe infléchie : 5 étamines : 2 styles : fruit ovale comprimé, recouvert d'une écorce fongueuse : graine à 5 côtes saillantes presque ailées, les 2 latérales confondues avec le bord : involucre et involucelles à plusieurs folioles.

1. B. MARITIME. — *C. maritimum.* L.

Tige droite, lisse, verte, presque ligneuse, haute de 8-15 pouces, simple ou peu rameuse : feuilles grandes, 2 fois ailées ou 3 fois ternées, à folioles étroites, linéaires, charnues, un peu aplaties : fleurs blanches en ombelles terminales. *v.* Eté. Rochers au bord des mers.

**158. LIVÊCHE,** *Levisticum.* KOCH. Calice entier : 5 pétales arrondis, entiers, égaux, infléchis, muni d'un sillon sur le dos : 5 étamines : 2 styles : fruit ovale-oblong, comprimé : graine à 5 côtes, 3 dorsales rapprochées, obtuses, peu ailées, les 2 latérales ailées, doubles des autres : involucre et involucelles à plusieurs folioles.

1. L. OFFICINALE. — *L. officinale*. KOCH.

Tige haute de 3-5 pieds, cylindrique, glabre, striée : feuilles amples, luisantes, 2-3 fois ailées, à folioles planes, larges, en coin, incisées et lobées vers leur sommet, et entières dans leur moitié inférieure : fleurs d'un blanc verdâtre, en ombelles médiocres, de 12-20 rayons. Plante à odeur aromatique. *v.* Été. Prairies des montagnes, jardins.

**159. SILAUS,** *Silaüs.* BESSER. Calice entier : 5 pétales égaux, oblongs, courbés au sommet : 5 étamines : 2 styles : fruit ovoïde, un peu comprimé : graine à 5 côtes égales, amincies, un peu ailées, les 2 latérales confondues avec le bord : involucre nul ou à quelques folioles : involucelles à 8-10 folioles : base du style colorée plus grande que les pétales.

1. S. DES PRÉS. — *S. pratensis.* BESSER.

Tige un peu anguleuse, solide, souvent rougeâtre à la base, rameuse, haute de 2-3 pieds : feuilles d'un vert foncé, les radicales amples, à contour triangulaire, 2-3 fois ailées, à folioles linéaires, planes, courtes, mucronulées, entières ou à 2-3 lobes étroits, les supérieures moins divisées, à folioles entières : ombelles médiocres (6-8), à 12-15 rayons lâches, inégaux, quelques fleurs sessiles dans les ombellules : fleurs petites, d'un jaune pâle. *v.* Été. Prés, chemins un peu humides.

**160. ANGÉLIQUE,** *Angelica.* HOFFM. Calice entier : 5 pétales entiers, égaux, lancéolés, à pointe droite ou infléchie : 5 étamines : 2 styles : fruit comprimé par le dos : graines réunies seulement par le milieu de la face interne, chacune ayant 5 côtes dont 3 dorsales filiformes, saillantes, et 2 latérales ailées largement : involucre nul ou à 1-2 folioles caduques : involucelles à plusieurs folioles.

1. A. SAUVAGE. — *A. sylvestris.* L.

Racine épaisse : tige haute de 3-4 pieds et plus, dressée, épaisse, fistuleuse, lisse, à peine striée, recouverte dans le bas d'une poussière glauque ou violette, un peu pubescente dans le haut : feuilles amples, 2-3 fois ailées, à folioles égales, ovales, simples ou incisées, dentées en scie, presque sessiles, les caulinaires à gaînes ventrues striées : ombelles convexes, à longs pédoncules, striés, pubescents, à 20-40 rayons : ombellules convexes, à involucelles linéaires-lancéolées : fleurs blanches ou rosées. *v.* Eté. Ruisseaux, bois humides.

**161. ARCHANGÉLIQUE,** *Archangelica.* HOFFM. Calice à 5 dents très-petites : 5 pétales entiers, égaux, elliptiques, à pointe infléchie : 5 étamines : 2 styles : fruit comprimé par le dos, oblong, à semence n'adhérant pas à l'écorce et très-odorante : graine à 5 côtes dont 3 dorsales en carène, épaisses, 2 latérales dilatées en ailes une fois plus larges : involucre presque nul : involucelles à plusieurs folioles placées d'un seul côté.

1. A. OFFICINALE. — *A. officinalis.* HOFFM.

Racine brune en-dehors, blanche en-dedans : tige dressée, haute de 3-5 pieds, épaisse, fistuleuse, glabre, rameuse, cylindrique, striée, rougeâtre à la base : feuilles amples, 2 fois ailées, à folioles sessiles, ovales ou un peu en cœur, dentées en scie, la terminale trilobée très-grande : gaînes très-ventrues, striées : ombelles grandes, hémisphériques, très-garnies, à 30-40 rayons un peu rudes : involucelles extérieurs : fleurs d'un blanc verdâtre. *v.* Eté. Montagnes, rare, jardins.

**162. PEUCEDAN,** *Peucedanum.* L. Calice entier ou à 5 dents : 5 pétales égaux, obovales, échancrés à pointe infléchie : 5 étamines : 2 styles : fruit comprimé par le dos, aplani en lentille, entouré d'un rebord plane, un peu ailé : graines à 5 côtes dont 3 filiformes dorsales et 2 latérales moins marquées, contiguës ou confondues avec le rebord : involucre caduque : involucelles à plusieurs folioles.

*** *Fleurs jaunes.***

1. P. OFFICINAL. — *P. officinale.* L.

Racine grosse, longue : tige de 3-4 pieds, glabre, striée, cylindrique, rameuse : feuilles 3-4 fois ailées, à folioles linéaires en épée, allongées : feuilles supérieures à 3 folioles sur une gaîne herbacée : involucre à 2-4 folioles très-fines, caduques : ombelle lâche à fleurs jaunes. *v.* Eté. Lieux couverts, humides, jardins.

**** *Fleurs blanches.***

2. P. DES MARAIS. — *P. palustre.* DUBY.

Racine très-épaisse, en fuseau, très-odorante et un peu laiteuse : tige dressée, sillonnée, fistuleuse, glabre, haute de 2-3 pieds, un peu rameuse du haut : feuilles 3 fois ailées, à folioles pinnatifides, à lanières linéaires-lancéolées, acuminées : feuilles supérieures presque avortées : ombelles à 12-20 rayons pubescents sur le côté interne : involucre et involucelles à 8-10 folioles réfléchies, linéaires, membraneuses sur les bords : fleurs blanches, petites, presque régulières, les centrales souvent avortées. *v.* Eté. Tourbières, fossés, prés marécageux.

3. P. DES CERFS. — *P. cervaria.* DUBY.

Racine épaisse, en fuseau, fibreuse au collet : tige dressée, glabre, striée, cylindrique, rameuse, haute de 2-4 pieds : feuilles d'un vert glauque, fermes, 2 fois ailées, à folioles grandes, sessiles, opposées, ovales-lancéolées, veinées en-dessous, incisées-dentées en scie, à dents terminées par une pointe, les folioles inférieures sont souvent lobées en dehors à la base, et les supérieures confluentes : feuilles supérieures presque réduites à de larges gaînes renflées : ombelles terminales à 10-15 rayons inégaux : involucre à 6-3 folioles étroites réfléchies : involucelles à folioles étalées étroites : fruit ovale. *v.* Été. Lieux pierreux.

4. P. SELIN DES MONTAGNES. — *P. oreoselinum.* DUBY.

Racine épaisse, à suc laiteux, amer : tige dressée, cylindrique, striée, rameuse, haute de 1 à 3 pieds : feuilles 3 fois ailées, à folioles luisantes, ovales, incisées, trifides au sommet, glabres, étalées, à dents presque émoussées : divisions du pétiole divariquées, comme brisées : feuilles supérieures souvent presque réduites à la gaîne : ombelles terminales, médiocres, à fleurs blanches, à 12-15 rayons : involucre et involucelles à folioles inégales, courtes, linéaires, souvent réfléchies : fruit presque orbiculaire, un peu échancré aux deux bouts. Plante résineuse, glabre, aromatique. *v.* Été. Prés secs.

163. IMPÉRATOIRE , *Imperatoria.* L. Calice entier : 5 pétales presque égaux, en cœur, à pointe infléchie : 5 étamines : 2 styles : fruit comprimé en lentille par le dos, entouré d'un large bord plane : graine à 5 côtes dont 3 dorsales petites et 2 latérales moins apparentes : involucre nul : un involucelle.

1. I. OFFICINALE. — *I. osthrutium.* L.

Racine épaisse : tige de 2-3 pieds, cylindrique, lisse, fistuleuse, épaisse : feuilles ternées, amples, à folioles pétiolées, ovales, larges, à 3 lobes incisées-dentés, à base oblique, inégale : gaînes ventrues : ombelle grande, à 20-30 rayons : fleurs blanches ou carnées, petites. *v.* Été. Pâturages des montagnes.

164. ANETH, *Anethum.* L. Calice entier : 5 pétales entiers, presque égaux, ovales, enroulés, à

pointe large : 5 étamines : 2 styles : fruit ovale, comprimé par le dos en lentille, entouré d'un rebord plane : graine à 5 côtes dont 3 dorsales aiguës, les 2 latérales confondues avec le bord ailé : involucre et involucelles nuls.

1. A. ODORANT. — *A. graveolens*. L.

Tige dressée, haute de 1 à 2 pieds, striée, glabre : feuilles grandes, glauques, 2 fois ailées, à découpures fines, allongées : pétioles membraneux : fleurs jaunes, petites, en ombelle terminale : fruit petit, elliptique, à ailes larges. *v.* Eté. Moissons du Midi, jardins.

Fruit ovale, à ailes étroites. *a.* Eté. Midi. *A. sege-tum*. L.

165. PANAIS, *Pastinaca*. L. Calice entier : 5 pétales ovales, entiers, à pointe large, courbés en demi-cercle, presque égaux : 5 étamines : 2 styles : fruit comprimé par le dos, en lentille elliptique, entourée d'un bord ailé : graine à 5 côtes très-fines sur le dos, dont les 2 latérales sont contiguës au bord : involucre et involucelles nuls ou presque nuls.

1. P. CULTIVÉ. — *P. sativa*. L.

Racine charnue, en fuseau, blanchâtre ou jaunâtre : tige droite, de 2-4 pieds, sillonnée-anguleuse, glabre, rameuse : feuilles ailées, à 7-11 folioles sessiles, op-posées, ovales, dentées, un peu lobées-incisées, la terminale plus large, souvent à 3 lobes : ombelle de 20-30 rayons inégaux : fleurs jaunes, petites : fruit ovale, échancré des 2 bouts; la plante froissée a une odeur de prunes. *v.* Eté. Prés secs.

Feuilles glabres : racine plus charnue : *P. edulis*.

2. P. OPOPONAX. — *P. opoponax*. L.

Racine grosse : tige haute de 6-8 pieds, droite, ra-meuse : feuilles 1-2 fois ailées, à folioles oblongues, ovales, rudes : fleurs petites, d'un jaune vif, en om-

belle munie d'un involucre; la tige a le suc jaune.
*v.* Eté. Midi.

**166.** BERCE , *Heracleum*, L. Calice presque entier ; 5 pétales échancrés au sommet fléchi en-dedans, égaux dans le centre de l'ombelle, inégaux à la
circonférence, les extérieurs bifides , rayonnants :
fruit elliptique comprimé-aplani par le dos, entouré
d'un rebord membraneux, plane : graine à 5 côtes
très-fines, 3 sur le dos, équidistantes , et 2 latérales
plus éloignées, rapprochées du rebord : involucre caduque : involucelles à plusieurs folioles.

1. B. BRANC-URSINE. — H. sphondylium. L.

**Plante** très-variable : racine blanchâtre, en fuseau, ridée : tige droite, grosse, fistuleuse, sillonnée, rameuse, hispide, haute de 3-4 pieds :
feuilles très-amples, ailées ou ternées, à folioles
grandes, hérissées, les inférieures pétiolées, toutes
sinuées pinnatifides, à lobes incisés-dentés, la terminale à 3 lobes profonds : ombelles grandes, à 10-20
rayons pubescents : involucelle à 6-10 folioles déliées : fruit grand, aplati, renflé au milieu : fleurs
blanches ou purpurines. *v. a.* Eté. Prés un peu humides.

**Feuilles** à découpures étroites : *Stenophyllum.*
GAUD.

**167.** TORDYLE, *Tordylium*. L. Calice à 5 dents :
5 pétales infléchis en cœur, égaux dans les fleurs du
centre , très-grands et bifurqués à la circonférence :
5 étamines : 2 styles : fruit orbiculaire, comprimé,
aplani par le dos, entouré d'un rebord épais, ridé-tu-
berculeux : graine à 5 côtes dont 3 dorsales filiformes, les 2 latérales contiguës au rebord ou cachées :
involucre et involucelles à plusieurs folioles.

1. T. OFFICINAL. — T. officinale. L.

**Tige** de 1 à 2 pieds, rameuse, velue : feuilles ai-

lées, à folioles ovales-lancéolées, incisées et crénelées, les supérieures laciniées: fleurs blanches en ombelles planes : fruit glanduleux sur les bords, couvert
de poils en massue. *v*. Eté. Bords des champs du Midi.

### 2. T. ÉLEVÉ. — *T. maximum.* L.

Tige de 2-3 pieds, rameuse, hispide , à poils ren-
versés : feuilles ailées, les inférieures à folioles pubescentes, larges, ovales, incisées et dentées, les supérieures lancéolées, à impaire très-allongée: involucre
plus court que l'ombelle à fleurs blanches : fruits hérissés serrés les uns contre les autres, à centre gris,
à rebord blanchâtre. *v*. Eté. Lieux pierreux, vignes.

168. LASER , *Laserpitium.* Calice presque à 5
dents : 5 pétales presque égaux, obovales, échancrés,
infléchis : 5 étamines : 2 styles : fruit ovale ou oblong,
comprimé par le dos : graine à 5 côtes filiformes,
dont 3 dorsales et 2 sur la face interne, entre ces 5
côtes se trouvent 4 côtes secondaires ailées : involucre et involucelles de plusieurs folioles.

### * *Folioles ovales , en cœur.*

### 1. L. A LARGES FEUILLES. — *L. latifolium.* L.

Racine épaisse, couronnée de fibres : tige de 2-4
pieds, striée, glabre, rameuse : feuilles très-grandes ,
2 fois ternées ou 2 fois ailées, à folioles grandes, ovales, tronqués obliquement à la base, comme en cœur,
la terminale souvent trifide, toutes d'un vert glauque
en-dessous, dentées : ombelles terminales très-grandes, à 30-40 rayons, à fleurs blanches ou rougeâtres:
fruit à ailes planes ou ondulées. *v*. Eté. Lieux arides
et pierreux des montagnes. — Varie à feuilles glabres ou hérissées en-dessous.

### ** *Folioles lancéolées , entières.*

### 2. L. DES MONTAGNES. — *L. siler.* L.

Plante à odeur forte : racine épaisse, solide, fibreuse à son collet : tige de 2-3 pieds, lisse, rameuse, finement striée : feuilles grandes , fermes, glabres, glauques ou d'un vert pâle, 2-3 fois ailées, à folioles lancéolées, entières ou à 3 lobes : ombelle grande, à 30-40 rayons striés, à fleurs blanches : fruits oblongs, à 'ailes étroites : involucre acuminé. *v.* Eté. Rochers des montagnes.

**169. THAPSIE**, *Thapsia.* L. Calice presque entier : 5 pétales lancéolées, infléchis : 5 étamines : 2 styles : fruit oblong, comprimé par le dos, strié sur le dos : graine convexe, entourée d'une aile plane, membraneuse, échancrée aux deux bouts : involucre et involucelles nuls : fruit à 4 ailes.

1. T. VELUE. — T. villosa. L.

Racine épaisse, à suc laiteux, nauséeux, très-âcre : tige presque simple , haute de 2-3 pieds , couverte d'une poussière glauque : feuilles amples, velues, 2-3 fois ailées, à folioles lancéolées, dentées et réunies à leur base : fleurs jaunes en grandes ombelles de 16-20 rayons. *v.* Eté. Lieux pierreux et ombragés du Midi.

**170. CAROTTE**, *Daucus.* L. Calice à 5 dents peu apparentes : 5 pétales infléchis en cœur, plus grands et bifides au bord de l'ombelle : 5 étamines : 2 styles : fruit oblong, un peu comprimé par le dos : graine à 3 côtes dorsales hérissées de soies raides, séparées par 4 côtes secondaires plus saillantes, portant chacune une rangée d'aiguillons crochus : involucre à folioles pinnatifides, égalant l'ombelle : involucelles égalant l'ombellule.

1. C. COMMUNE. — D. carota. L.

Racine jaunâtre, en fuseau, allongée, dure : tige dressée, striée, hispide, haute de 1-3 pieds : feuilles velues, 2-3 fois ailées, à folioles pinnatifides, à lobes lancéolés, mucronés, les inférieures à pétioles hispides et les supérieures portées sur des gaines striées : ombelles grandes, planes, à 20-30 rayons infléchis à la maturité, ce qui rend l'ombelle concave : involucelles à folioles blanchâtres sur les bords : fleurs blanches, un peu plus grandes au bord de l'ombelle ; la fleur du centre de l'ombelle est stérile, d'un pourpre noir. *a*. Eté. Prés secs , bords des champs et des chemins.

Racine grêle, dure, sans suc, d'une odeur agréable: *Sylvestris*. GAUD.

Fleurs toutes d'un rouge purpurescent, ou même très-foncé : *Rubens*. GAUD.

Racine épaisse, charnue, succulente, odorante, de couleur variée. *Sativa*. GAUD. Potagers.

171. SCANDIX, *Scandix*. L. Calice entier : 5 pétales infléchis en cœur, l'extérieur plus grand : 5 étamines : 2 styles : fruit comprimé sur les côtés, très-long, hispide sur les 5 côtes : graine à 5 côtes obtuses, égales : involucre souvent nul : involucelle à 4-8 folioles : sillon profond sur la face interne de la graine.

1. S. PEIGNE DE VÉNUS. — *S. pecten Veneris*. L.

Tige grêle, rameuse, pubescente, haute de 2-14 pouces : feuilles au moins 3 fois ailées, à découpures très-menues, en lobes linéaires aigus, d'un beau vert: ombelle à 2-4 rayons, souvent simple : fleurs blanches, petites : fruits longs de 1-2 pouces terminés en aiguille ou dent de peigne. *a*. Eté. Moissons, champs.

172. ANTHRISQUE , *Anthriscus*. L. Calice entier : 5 pétales obovales, infléchis, en cœur: 5 étamines: 2 styles: fruit comprimé par les côtés, oblong, lisse, sans côtes, surmonté d'un bec sillonné : graine munie en dedans d'un sillon profond : involucre nul : des involucelles.

1. A. CERFEUIL. — *A. cerefolium*. Hoffm.

Tige grêle, haute de 1 à 2 pieds, glabre, striée, rameuse, un peu renflée sous les nœuds : feuilles à

contour triangulaire, odorantes, glabres, d'un beau
vert, 2-3 fois ailées, à folioles ovales, incisées-pinnatifides : ombelles souvent latérales, presque sessiles,
les terminales pédonculées, à 4-5 rayons : gaînes des
feuilles barbues aux bords : fleurs blanches : fruit
grêle, aminci au sommet strié , lisse, noirâtre à la
maturité. *a.* Printemps. Jardins potagers.

2. A. sauvage. — *A. sylvestris.* Hoffm.

Tige sillonnée, rameuse, dressée , haute de 1-3
pieds, à nœuds surtout les inférieurs renflés, velus :
feuilles très-grandes, inodores, largement triangulaires, glabres en-dessus, 2-3 fois ailées, à folioles ovales-lancéolées, à lobes incisés-dentés, ciliés : gaînes
membraneuses et barbues au bord : ombelles planes
à 7-10 rayons : involucelles à 4-6 folioles lancéolées,
ciliées, membraneuses sur les bords, à la fin réfléchies : fleurs blanches, celles de la circonférence plus
grandes, irrégulières : fruit brun, lisse. *v.* Printemps.
Haies, prés, bords des ruisseaux.

173. CERFEUIL, *Chærophyllum.* L. Ce genre
diffère du précédent (172) par son fruit oblong ou linéaire, dépourvu de bec, muni sur chaque graine de
5 côtes égales, obtuses.

1. C. énivrant. — *C. temulum.* L.

Tige de 1-2 pieds, rameuse, hérissée, rude au toucher, à nœuds un peu renflés , tachée à la base :
feuilles 2 fois ailées à folioles obtuses, velues, ovales
ou lancéolées, incisées-pinnatifides, dentées : ombelles penchées avant la floraison, puis dressées, à 6-12
rayons velus, peu inégaux : fleurs blanches, petites,
peu irrégulières : fruit oblong : involucelles à 6-9 folioles, lancéolées-ovales, soudées à la base, ciliées. *a.*
Eté. Haies. La plante froissée répand une odeur
fétide.

2. C. bulbeux. — *C. bulbosum* L.

Tige de 3-5 pieds, tachée, hérissée, à nœuds ren-

llés : racine en navet : feuilles 2-3 fois ailées, à folioles découpées en lanières étroites, entières : styles
divariqués: involucelles glabres. *a.* Eté. Haies, murs.

**174. MYRRHE,** *Myrrhis.* Scop. Calice entier : 5
pétales obovales, infléchis en cœur : 5 étamines : 2
styles : fruit comprimé par les côtés, linéaire ou ovale-oblong, recouvert d'une double écorce, l'extérieure renflée, non appliquée, à 5 côtes creuses
en-dedans, saillantes en-dehors, en carène, aiguës.
l'intérieure adhérente à la semence : involucre nul :
involucelles à plusieurs folioles acuminées.

1. M. ODORANTE. — M. odorata. Scop.

Racine aromatique, ainsi que toute la plante qui a
une odeur d'anis: tige épaisse, fistuleuse, striée, presque glabre, hérissée sur les nœuds, haute de 2 pieds :
feuilles molles, pubescentes, largement triangulaires.
2-3 fois ailées, à folioles nombreuses, ovales-lancéolées,
pinnatifides à lobes ovales ou lancéolés, incisés-dentés, ombelles médiocres, à 6-10 rayons lisses : involucelles blanchâtres, membraneux : fleurs blanches.
petites : fruits très-gros, luisants, comme vernis. *v.*
Eté. Prés et pâturages des montagnes.

**175. CIGUE,** *Conium.* L. Calice entier : 5 pétales
inégaux, infléchis, en cœur : 5 étamines : 2 styles divergents : fruit presque globuleux, comprimé par les
côtés : graine à 5 côtes égales, ondulées-crénelées.
marquée d'un sillon profond sur la face interne : involucre à plusieurs folioles inégales : involucelles à 3
folioles, tournées du même côté.

1. C TACHÉE. — C. maculatum. L.

Racine en fuseau, blanchâtre, divisée : tige haute
de 2-5 pieds, dressée, glabre, tachée à la base, rameuse du haut, lisse, striée, fistuleuse : feuilles amples, triangulaires, 2-3 fois ailées, d'un vert sombre.
à folioles lancéolées-oblongues, incisées-pinnatifides.

à lobes rapprochés, à pointe blanchâtre : ombelles planes, médiocres, à 10-15 rayons, pédonculées, nombreuses : fleurs blanches, égales et un peu irrégulières : fruits comme raboteux : involucre réfléchi: involucelles placés du côté extérieur de l'ombelle. La feuille froissée a une odeur vireuse désagréable. *a.* Été. Fossés, haies, décombres.

**176. MACERON,** *Smyrnium.* L. Calice entier : 5 pétales lancéolés, relevés en carène, aigus, presque égaux, un peu infléchis : 5 étamines : 2 styles : fruit elliptique, un peu comprimé par les côtés, didyme, succulent à la maturité : graine mûre, sillonnée profondément sur la face interne, en forme de croissant, relevée sur le dos de 3 nervures saillantes.

1. M. COMMUN. — *S. olusatrum.* L.

Tige de 2-3 pieds, anguleuse, rameuse, glabre : feuilles inférieures trois fois ternées, à folioles ovalesarrondies, dentées, lobées, glabres, d'un vert noir, les supérieures une fois ternées : fleurs jaunâtres en ombelle de 12-15 rayons : fruits noirs : involucre et involucelles nuls. *a.* Mai, juin. Pâturages humides et couvert du Midi.

**177. CORIANDRE,** *Coriandrum.* L. Calice à 5 dents : 5 pétales obovales, échancrés, à pointe infléchie, ceux du bord plus grands, bifides : 5 étamines: 2 styles : fruit globuleux : graine concave du côté interne, relevé sur le dos de 5 côtes déprimées, flexueuses et de 4 côtes intermédiaires plus saillantes, carénées: involucre nul : involucelles nuls ou 2-3 folioles placées du côté extérieur.

1. C. CULTIVÉE. — *C. sativum.* L.

Tige d'un pied et plus, striée : feuilles inférieures 1-2 fois ailées, à folioles ovales-arrondies, inciséesdentées, les supérieures découpées en folioles linéaires, écartées : fleurs blanches ou rosées, en ombelles de 5-8 rayons : fruit odorant. La plante fraîche sent fortement la punaise. *a.* Été. Moissons. Cultivée.

178. SUMAC, *Rhus.* L. Calice petit, persistant, à 5 divisions dressées : 5 pétales ovales : 5 étamines : 3 stigmates sessiles : fruit presque sec, à noyau osseux, à 1 loge et à 1-2-3 graines. Arbres ou arbrisseaux.

* *Feuilles simples.*

1. S. FUSTET. — *S. cotinus.* L.

Arbrisseau de 4-6 pieds, à écorce lisse : feuilles ovales-arrondies, entières, fermes, glabres, odorantes, nervées : fleurs petites, d'un vert jaunâtre, en panicules lâches, entremêlées de pédicelles stériles et hérissés après la floraison : fruit veiné, un peu en cœur. *l.* Été. Lieux pierreux du Midi.

** *Feuilles ailées avec impaire.*

2. S. DES CORROYEURS. — *R. coriaria.* L.

Arbrisseau de 5-10 pieds : feuilles à 9-11 folioles velues, ovales-lancéolées, vertes, dentées en scie : jeunes rameaux et pétiole ailé, laineux, grisâtres : fleurs blanchâtres, en grappe serrée : fruit ovale, arrondi, duveté *l.* Été. Lieux secs du Midi.

3. S. DE VIRGINIE. — *R. typhina.* L.

Arbrisseau couvert d'un duvet brunâtre : feuilles à pétiole non ailé, à folioles ovales-lancéolées, blanches en-dessous : fleurs pourprées, en grappe serrée : fruit rouge, hérissé. *l.* Été. Midi, Nord. Jardins.

179. VIORNE, *Viburnum.* L. Calice supère, très petit, à 5 dents : corolle en roue ou en cloche, à 5 lobes : 5 étamines sur la corolle : 3 stigmates sessiles : baie arrondie, à 1 graine : feuilles opposées.

* *Feuilles entières ou dentées, non lobées.*

1. M. MANCIENNE. — *V. lantana.* L.

Arbrisseau de 4-6 pieds de hauteur, rameux : écorce

des jeunes rameaux farineuse, duvetée : feuilles pétiolées, ovales, larges, dentées, un peu en cœur à la base, cotonneuses en-dessous : fleurs blanches en corymbe terminal, à pédoncules rameux, cotonneux : baies ovales, comprimées, vertes, puis rouges et enfin noires, d'une saveur douce. *l.* Eté. Haies.

2. V. LAURIER-TIN: — *V. tinus.* L.

Arbrisseau de 2-18 pieds, très-rameux : feuilles pétiolées, glabres, fermes, coriaces, luisantes et d'un vert foncé en-dessus, persistantes, ovales-oblongues, entières, velues en-dessous: fleurs blanches un peu rosées, en corymbe terminal : baies ovales, d'un bleu noir, couronnées par les dents du calice. *l.* Fleurit toute l'année. Lieux pierreux du Midi.

** *Feuilles lobées.*

3. V. OBIER. — *V. opulus.* L.

Arbrisseau rameux, haut de 3-8 pieds, à bois fragile : rameaux opposés, à moelle abondante : feuilles à pétioles glanduleux au sommet, glabres, à 3-5 lobes profonds, acuminés, à dents larges et inégales : fleurs blanches en corymbe terminal plane, à pédoncules glabres, petites et fertiles dans le centre, grandes et stériles à la circonférence : baies rougeâtres, succulentes, nauséeuses. *l.* Eté. Bois, haies.

Fleurs grandes, presque toutes stériles, en corymbe globuleux : *Sterilis.* DC. *Boule de neige.*

180. SUREAU, *Sambucus.* L. Calice très-petit, supère, à 5 dents : corolle en roue à 5 lobes à la fin réfléchis : 5 étamines : 3 stigmates sessiles : baie à 1 loge, à 3-5 graines ridées.

* *Herbe.*

1. S. YÈBLE. — *S. ebulus.* L.

Tige herbacée, glabre, dressée, haute de 2-5 pieds,

rameuse : feuilles pétiolées, opposées , ailées avec impaire, à 7-9 folioles pétiolulées, lancéolées, aiguës. allongées , glabres , dentées, munies d'une grande stipule foliacée à leur base inégale : fleursblanches un peu rosées en-dehors , nombreuses , en corymbe plane, à 3-4 pédoncules principaux rameux : anthères purpurines : baie noire, pulpeuse. Odeur des fleurs très-forte , nauséabonde de près. *v.* Eté. Taillis, fossés, bords des chemins.

**** *Arbrisseaux*.**

2. S. NOIR. — S. *nigra*. L.

Arbrisseau de 6-20 pieds de haut, à bois cassant. dur, à rameaux remplis d'une moëlle abondante . blanche : feuilles opposées, ailées avec impaire, à 5-7 folioles ovales-lancéolées, vertes et glabres, dentées , entières à la base : fleurs blanches devenant jaunâtres, petites , odorantes, en corymbe large , aplani. formé par 4-5 pédoncules rameux : baies noires, globuleuses. *l.* Eté. Haies.

Fruit restant toujours vert : *Virescens*. DESF.

Feuilles découpées en lanières étroites : *Laciniata*.

3. S. A GRAPPES. — S. *racemosa*. L.

Arbrisseau de 2-10 pieds de haut, différant du précédent par ses fleurs en grappes ovoïdes, serrées, terminales, par ses baies rouges, par sa moëlle jaunâtre. *l.* Printemps. Bois des montagnes.

181. TAMARISQUE, *Tamarix*. L. Calice à 5 divisions : 5 pétales libres ou soudés par la base, ou nuls : 4-5-10 étamines libres ou soudées : 1-3 stigmates divergents, plumeux : capsule oblongue, acuminée, à 3 angles, à 3 valves, à 1 loge : graines petites , duvetées.

*** 5 *Etamines : graine sans bec , à aigrette à poils simples*.**

1. T. DE FRANCE. — T. *Gallica*. L.

Arbrisseau de 4-12 pieds. à rameaux grêles , flexibles, touffus, étalés, d'un brun rougeâtre : feuilles petites, alternes, courtes, pointues, très rapprochées, vertes : bractées pointues : fleurs blanches ou roses, petites, en épis grêles formant une panicule. *l.* Mai. juin. Bords des mers.

** 10 *Etamines : graine terminée en bec, à aigrette plumeuse.*

2. T. D'ALLEMAGNE. — *T. germanica.* L.

Arbrisseau de 4-8 pieds, à rameaux dressés, flexibles : feuilles linéaires-lancéolées, glauques, sessiles, peu rapprochées : fleurs médiocres, purpurines, en épis disposés en grappe droite. *l.* Printemps. Bords des rivières.

182. STAPHYLIN, *Staphylea.* L. Calice à 5 lobes allongés, concaves, colorés : 5 pétales : 5 étamines : 2-3 styles soudés : ovaire à 2-3 lobes : capsule enflée, à 2-3 loges, 1-2 graines, globuleuses, comprimées, avec une cicatrice.

1. S. AILÉ. — *S. pinnata.* L.

Arbrisseau de 6-18 pieds : feuilles ailées avec impaire, opposées, à folioles lancéolées, dentées : fleurs blanches en grappes pendantes : capsule membraneuse, très-renflée, à graines luisantes. *l.* Juin. Forêts de l'Alsace. Jardins.

183. JUJUBIER, *Ziziphus.* T. Calice ouvert, à 5 lobes : 5 pétales insérés sur un disque glanduleux adhérent à la base du calice : 5 étamines : 2 styles : drupe oblongue à noyau, à 2 loges, à 1-2 graines.

1. J. COMMUNE. — *Z. vulgaris.* L.

Arbrisseau de 15-20 pieds, épineux à la base des rameaux : feuilles pétiolées, alternes, ovales, oblongues, dentées, luisantes : fleurs petites, jaunâtres, axillaires, 2-2 ou 4-4 : fruit ovale, rouge, d'une saveur agréable. *l.* Eté. Midi.

**184. PARNASSIE**, *Parnassia*. L. Calice persistant à 5 sépales : 5 pétales arrondis, concaves : 5 nectaires lamelleux, bordés de cils globuleux au sommet, placés à la base des pétales : 5 étamines : 4 stigmates : capsule à 4 valves, à 1 loge : graines arillées. nombreuses.

1. P. DES MARAIS. — *P. palustris*. L.

Tiges simples, dressées, hautes de 4-12 pouces, glabres, portant une seule feuille sessile, engaînante: feuilles radicales pétiolées, en cœur, entières, glabres: fleur solitaire, terminale, blanche, à nectaires ciliés jaunes. *v*. Automne. Prés et lieux humides.

**185. STATICE**, *Statice*. L. Calice double, l'extérieur entier, plissé, scarieux, l'intérieur à 5 dents : corolle monopétale à 5 lobes, ou 5 pétales : 5 étamines : 5 pistils : 1 graine entourée par le calice.

1. S. GAZON D'OLYMPE. — *S. armeria*. L.

Hampe de 4-8 pouces, glabre ou pubescente, plus longue que les feuilles linéaires, étroites, gazonnantes, molles : fleurs roses en tête serrée, entourée de bractées ovales, obtuses, scarieuses et d'une gaine réfléchie sur la hampe. *v*. Eté. Collines arides, jardins.

**186. LIN**, *Linum*. L. Calice persistant, à 5 sépales: 5 pétales obtus : 10 étamines dont 5 seulement portent des anthères sagittées : 5 styles : capsule globuleuse formée par la réunion de 10 capsules univalves. à 1 loge monosperme, se séparant à la maturité.

★ *Fleurs bleues.*

1. L. COMMUN. — *L. usitatissimum*. L.

Tige dressée, glabre, haute de 2-3 pieds : feuilles alternes, lancéolées, linéaires, pointues, glabres, à 2 nervures, quelquefois 3 : fleurs presque terminales, 1-3 sur chaque pédoncule, presque en corymbe lâche: pétales bleu-de-ciel, 2-3 fois plus grands que le calice, veinés, crénelés au sommet : graines brunes, luisantes, ovales. *a.* Eté. Champs. Cultivé.

** *Fleurs blanches.*

2. L. PURGATIF. — *L. catharticum.* L.

Tiges grêles, dressées ou ascendantes, glabres, bifurquées en haut, élevées de 2-10 pouces : feuilles glabres, opposées sur la tige, alternes sur les rameaux, les inférieures ovales, élargies, les supérieures lancéolées : fleurs terminales, penchées avant leur épanouissement, à pédoncules filiformes disposés en panicule lâche : calice presque glanduleux.

187. ROSSOLIS, *Drosera.* L. Calice à 5 divisions profondes : 5 pétales ovales : 5 étamines : 3-5 styles bifides : capsule à 1 loge s'ouvrant au sommet en 3-5 valves : graines nombreuses, rudes. Plantes roulées en crosse avant leur développement.

* *Pétiole velu.*

1. R. A FEUILLES RONDES. — *D. rotundifolia.* L.

Hampes grêles, simples, dressées, 3 fois plus longues que les feuilles, qui sont toutes radicales, étalées en rosette, arrondies, petites, dégénérant en long pétiole, visqueuses, livides et lisses en-dessous, rougeâtres en-dessus, à poils ras, glanduleux et rougeâtres : fleurs blanches, unilatérales, en grappe courte, penchée au sommet : sépales obtus, rougeâtres : graines petites, longues, arillées. *v. a.* Eté. Tourbières.

** *Pétiole glabre.*

2. R. A FEUILLES OBOVALES. — *D. intermedia.* Hayne.

Diffère de la précédente par ses feuilles obovales se rétrécissant insensiblement en long pétiole glabre, par ses hampes ascendantes, dépassant peu les feuilles, par ses stigmates obovales. *v.* Eté. Marais.

3. R. A LONGUES FEUILLES. — *D. longifolia.* L.

Diffère de la précédente par sa hampe 2-4 fois

plus longue que les feuilles lancéolées, un peu élargies au bout, longues de 2 3 pouces : pétiole un peu roux à la base : stigmates en massue. Eté. Tourbières.

# Sixième Classe.

—

## SIX ÉTAMINES LIBRES ET ÉGALES
### PAR FLEUR. — HEXANDRIE.

—

## I^er ORDRE.
### UN PISTIL PAR FLEUR. — MONOGYNIE.

—

**A. Fleurs complètes (calice et corolle).**

Arbrisseaux épineux : fruits
rouges en grappes . . . . 188. Epine-Vinette.
Herbe à fleurs rouges. . . . 296. Salicaire.

**B. Fleurs incomplètes (périanthe).**

† *Ovaire supère, c'est-à-dire placé dans le périanthe.*

§ 1. *Périanthe coloré plus ou moins, à 6 dents ou 6 lobes peu profonds.*

* *Fruit en baie.*

Baie rouge : fleur globuleuse
on tubuleuse. . . . . . . 204. Muguet.

** *Fruit en capsule.*

Périanthe en entonnoir : éta-
mines couchées. . . . . . 207. Hémérocalle.
*Périanthe tubuleux ou ovoïde.*

Périanthe tubuleux : capsule
à 3 sillons . . . . . . . . . 205. JACINTHE.
Périanthe à 6 dents courtes,
à gorge resserrée : capsule
à 3 angles saillants. . . . 206. MUSCARI.

§ 2. *Périanthe coloré, fendu jusqu'à la base ou
au-delà du milieu en 6 divisions.*

* *Fruit en baie.*

Feuilles fasciculées, capillai-
res. . . . . . . . . . . . . 203. ASPERGE.
Feuilles larges , non en fai-
sceau. . . . . . . . . . . . 196. UVULAIRE.

** *Fruit en capsule.*

§ *Style à 3 divisions au sommet.*

Une fossette nectarifère à la
base interne de chaque pé-
tale . . . . . . . . . . . 195. FRITILLAIRE.

§§ *Style entier ou nul et alors stigmate obtus ou
trilobé.*

† *Anthère droite ou attachée par sa base au bout
du filet.*

' *Fleurs en tête ou très-serrées en épi latéral.*

Fleurs en tête sortant d'une
spathe : lieux secs. . . . 193. AIL.
Fleurs en épi latéral oblong :
feuilles engaînantes : ma-
rais. . . . . . . . . . . . 208. ACORE.

" *Fleurs solitaires ou en corymbe lâche.*

Stigmate sessile à 3 divisions
très grosses . . . . . . . 197. TULIPE.
Stigmate entier sur un long
style : fleurs vertes en-de-
hors. . . . . . . . . . . . 199. GAGÉE.

11° *Anthère attachée par le dos au sommet du filet.*

* *3 filets des étamines ou tous les filets dilatés à la base.*



** *Filets des étamines non dilatés à la base.*

*Racine bulbeuse ou écailleuse.*



*Racine fibreuse.*



§ 3. *Périanthe glumacé, diaphane ou scarieux.*



†† *Ovaire infère, c'est-à-dire portant le périanthe.*

* *Étamines dépassant beaucoup la corolle.*

** *Étamines dépassant peu ou point la corolle.*

§ *Périanthes à 6 pétales, sans appendices.*

Pétales égaux, épaissis au bout. 190. NIVÉOLE.
Pétales inégaux, les 3 intérieurs
  plus petits. . . . . . . . . . 189. GALANTINE.

§ *Périanthe muni à la gorge d'un appendice.*

Appendice en forme de cou-
  ronne . . . . . . . . . . 191. NARCISSE.

—

## II ORDRE.

**DEUX PISTILS PAR FLEUR. — DIGYNIE.**

* *Arbre à feuilles simples.*

Arbre à fleurs blanchâtres: fruit
  à 1 noyau osseux. . . . . . 129. MICOCOULIER.
Fleurs rougeâtres : samare en-
  tourée d'une large aîle . . . 128. ORME.

** *Herbe.*

Plante graminée à feuilles linéaires : fleurs en panicule. . . 210. RIZ.
Feuilles larges, non graminées,
  roulées en-dessous dans la
  jeunesse : graine nue, ovoïde
  ou triangulaire . . . . . . . 231. RENOUÉE.

—

## III ORDRE.

**TROIS PISTILS PAR FLEUR. — TRIGYNIE.**

* *Périanthe monopétale.*

Périanthe à tube radical. . . 213. COLCHIQUE.

** *Périanthe à 6 divisions colorées, pétaloïde en partie.*

§ *Souche ligneuse.*

Fleurs en spadice : feuilles plissées. . . . . . . . . . . . . . 214. LATANIER.

§§ *Herbe à fleurs non en spadice.*

Feuilles graminées. . . . . . . 212. TROSCART.
Feuilles larges: fruit en capsule:
   fleurs médiocres. . . . . . . 217. VÉRATRE.
Graine nue dans le calice en-
   touré de petites bractées :
   fleurs petites, herbacées. . . 211. PATIENCE.

—

## IV ORDRE.

**PLUS DE TROIS PISTILS PAR FLEUR. — POLYGYNIE.**

* *Périanthe imitant une corolle et un calice.*

Pétales 3 : sépales 3 : 6-25 pistils surmontant chacun un
   ovaire. . . . . . . . . . . . 215. FLUTEAU.
Pétales et sépales 5 : pistils 5 :
   1 capsule. . . . . . . . . . .      CERAISTE.

** *Périanthe à peine coloré ou prolongé en languette.*

Feuilles graminées: périanthe à
   6 divisions. . . . . . . . . . 212. TROSCART.
Feuilles en cœur : périanthe tu-
   buleux, prolongé en languet-
   te : étamines sur l'ovaire. . 479. ARISTOLOCHE.
188. ÉPINE-VINETTE, *Berberis.* L. Calice de
6 pétales muni de 3 petites bractées à sa base : 6 pétales arrondis, concaves, munis chacun de 2 glandes
à leur base interne : 6 étamines irritables : stigmate
sessile : baie oblongue, à 2-3 graines.

**1. E. VULGAIRE. — *B. vulgaris*. L.**

Arbrisseau de 3-5 pieds, à bois jaunâtre, à écorce cendrée, muni d'épines ternées à la base des rameaux : feuilles par bouquet de 3-4, dures, ovales. rétrécies en pétiole, ciliées-dentées : fleurs jaunes, odorantes, en grappes pendantes, axillaires : baies rouges, très-acides : les étamines se contractent quand on les pique à la base interne. *l.* Eté. Haies, bois.

**189. GALANTINE,** *Galanthus.* L. Spathe tubuleuse à la base , membraneuse sur les bords : périanthe à 6 divisions , les 3 extérieures demi-étalées, oblongues , les 3 intérieures plus courtes , dressées, échancrées au sommet : stigmate simple : capsule ovoïde, infère, à 3 angles obtus, à 3 loges, à 3 valves : graines ovoïdes, nombreuses.

**1. G. PERCE-NEIGE. — *G. nivalis*. L.**

Bulbe ovoïde : feuilles 2-3, linéaires, obtuses, planes, un peu carénées en-dessous, glauques, plus courtes que la hampe qui est droite, uniflore, haute de 4-5 pouces : fleur blanche, inodore, en cloche, penchée, assez grande, à pédicelle cachée dans la spathe, les divisions intérieures tachées de vert au sommet. *v.* Février, mars. Prés couverts.

**190. NIVÉOLE,** *Leucoium.* L. Spathe oblongue, d'un vert blanchâtre surtout aux bords, fendue : périanthe en cloche, à 6 pétales égaux, ovales, épaissis au sommet taché : stigmate simple, aigu : capsule infère, en poire, à 3 loges, à 3 valves : graines nombreuses, arrondies.

**1. N. DU PRINTEMPS. — *L. verna*. L.**

Bulbe arrondie : feuilles 3-4, planes, linéaires, obtuses, plus courtes que la hampe qui est striée, comprimée, longue de 4-10 pouces : fleur blanche, grande, penchée, solitaire, rarement 2, odorante, en cloche, tachée de vert au bout des pétales : anthères blanchâtres. *v.* Hiver. Bois et prés humides.

2. N. D'ÉTÉ. — *L. œstivum.* L.

Hampe de 12-15 pouces, droite, fistuleuse , à 2 angles saillants, rudes : feuilles allongées, linéaires . larges, obtuses : fleurs blanches, 5-6 sortant d'une spathe, pendantes. *v.* Eté. Prairies ombragées.

191. NARCISSE, *Narcissus.* L. Spathe unique : périanthe de 6 pétales égaux , muni à la gorge d'une couronne pétaloïde, d'une seule pièce, en entonnoir ou en cloche , renfermant les étamines : style à stigmate trifide : capsule infère, arrondie , un peu à 3 angles, à 3 loges, à 3 valves : graines nombreuses, globuleuses. Racine en bulbe.

★ *Feuilles planes, glauques.*

§ *Couronne en cloche, grande.*

1. N. DES PRÉS. — *N. pseudo-narcissus.* L.

Feuilles radicales, linéaires, obtuses: hampe comprimée, à 2 angles, finement striée, haute d'un pied : fleur grande, penchée ou horizontale, d'un jaune pâle. à couronne d'un beau jaune foncé, en cloche allongée , plissée, dentée , crénelée. *v.* Printemps. Bois taillis et prés.

2. N. TAZETTE. — *N. tazetta.* L.

Feuilles radicales, un peu courbées : hampe comprimée à la base et au sommet: 3-10 fleurs odorantes, à pétales blancs ou jaunâtres , 2 fois plus grands que la couronne orangée, en cloche, entière au sommet. *v.* Printemps. Prairies du Midi.

§§ *Couronne courte, en roue.*

3. N. DES POÈTES. — *N. poeticus.* L.

Feuilles radicales, linéaires, obtuses , larges de 2-5 lignes, presque un peu carénées sur le dos, à peu près de la longueur de la hampe qui est comprimé à

2 angles, haute d'un pied : fleur unique. odorante, un peu penchée, terminale, blanche, à divisions étalées, à tube grêle, muni à la gorge d'une couronne courte. jaunâtre, crénelée, bordée d'un rouge orangé. *v.* Mai. Prairies.

** *Feuilles demi-cylindriques en gouttière, vertes : couronne en cloche, plus courte que les pétales.*

### 4. N. JONQUILLE. — *N. jonquilla.* L.

Hampe comprimée : feuilles en alène au bout : 2-6 fleurs jaunes, à divisions inégales, ovales, plus courtes que le tube et 3 fois plus longues que la couronne plissée, très-dilatée, jaune. *v.* Printemps. Midi. Jardins.

### 5. N. ODORANT. — *N. odorus.* L.

Hampe presque cylindrique : spathe colorée : 1-5 fleurs jaunes, très-odorantes, à divisions oblongues, étalées, égales, 1 fois plus longue que la couronne à 6 lobes, de même couleur. *v.* Printemps. Prairies du Midi et de l'Ouest.

**192. PANCRACE,** *Pancratium.* **L.** Périanthe en entonnoir à tube long, à pétales lancéolés, étalés : étamines insérées sur le sommet du tube, réunies par la dilatation des filets en couronne membraneuse. à 12 dents : stigmate simple, capsule infère, arrondie à 3 angles, à 3 loges, à 3 valves. Racine en bulbe.

### 1. P. MARITIME. — *P. maritimum.* L.

Hampe anguleuse, droite, haute de 8-15 pouces : feuilles planes, linéaires-lancéolées, glauques : 4-6 fleurs blanches, grandes, vertes sur les nervures : couronne à dents droites. *v.* Eté. Sables des deux mers.

**193. AIL,** *Allium.* **L.** Spathe à 1-2 valves : périanthe de 6 pétales oblongs, étalés ou en cloche : anthères dressées : style simple : capsule supère. à 3 loges, à 3 valves : fleurs nombreuses. réunies

en tête serrée sortant d'une spathe. Dans quelques
espèces les fleurs sont remplacées par des bulbilles
sessiles.

　* *Feuilles planes, quelquefois un peu carénées.*
　♀ *Filets des étamines alternativement simples et
trifides au sommet.*
　' *Ombelle portant des bulbes entre ses pédicelles.*

### 1. A. COMMUN. — *A. sativum.* L.

Bulbe arrondie, prolifère et couverte de tuniques
minces, blanchâtres : tige dressée, cylindrique, haute
de 1 à 2 pieds, engaînée par les feuilles jusqu'au milieu : feuilles linéaires , planes , un peu en gouttière,
lisses, aiguës : spathe ovale acuminée en pointe dépassant l'ombelle : fleurs petites, blanchâtres ou rougeâtres, longuement pédicellées : 3 étamines dentées
à la base du filet. *v.* Eté. Midi. Potagers.

### 2. A. ROCAMBOLE. — *A. scorodoprasum.* L.

Bulbe prolifère: tige haute de 2 pieds, cylindrique,
engaînée jusqu'au milieu par des feuilles graminées,
carénées, dentelées-rudes ou ondulées sur les bords :
spathe caduque, courtement acuminée, ne dépassant
pas l'ombelle petite : fleurs petites, purpurines, un
peu rudes sur la carène. *v.* Eté. Terrains pierreux.

Tige contournée en spirale avant la floraison ·
*Ophioscorodon.* LINK.

　" *Ombelle ne portant point de bulbes.*

### 3. A. POIREAU. — *A. porrum.* L.

Bulbe simple, recouverte par les gaines des feuilles
inférieures : tige haute de 2-3 pieds, garnie jusqu'au
milieu de feuilles un peu glauques, lancéolées-linéaires, aiguës, pliées en carène : spathe très-courte, caduque : fleurs blanchâtres, à carène rougeâtre en
ombelle grande, globuleuse, multiflore. *a.* Eté. Potagers.

*ç• Filets des étamines tous simples au sommet.*

*' Fleurs jaunes.*

**4. A. DORÉ. — *A. moly.* L.**

Hampe d'un pied, presque cylindrique : 2-4 feuilles radicales sessiles, lancéolées, aiguës, larges d'un pouce : spathe à 2 valves courtes : fleurs grandes. en ombelle, à pétales aigus, toutes à capsules dépourvues de bulbes : fleurs jaunes. *v.* Printemps. Prés, bois.

*" Fleurs blanches.*

**5. A. DES OURS. — *A. ursinum.* L.**

Bulbe oblongue : hampe nue, dressée, presque à 3 angles, haute de 6-12 pouces : feuilles radicales, pétiolées, luisantes, ovales-lancéolées, dressées : ombelle grande, un peu convexe : fleurs blanches, à odeur agréable tandis que la plante pue l'ail : spathe blanchâtre, caduque. *v.* Printemps. Bois, haies, lieux frais et ombragés.

*** Feuilles cylindriques, fistuleuses ou demi cylindriques.*

*ç Filets des étamines alternativement à 3 pointes et simples.*

*' Ombelles portant des bulbes avec les fleurs.*

**6. A. DES VIGNES. — *A. vineale.* L.**

Bulbe prolifère : tige dressée, cylindrique, grêle, haute de 1-3 pieds, engaînée jusqu'au milieu de 2-4 feuilles grêles, nerveuses, presque cylindriques, étroitement canaliculées en-dessus : ombelle petite, globuleuse, souvent chevelue par la germination des bulbilles sur la plante même : fleurs petites, purpurines ou verdâtres, longtemps fermées : spathe courte, caduque, acuminée. *v.* Eté. Vignes, champs.

*" Ombelle ne portant que des fleurs.*

7. A. OIGNON. — *A. cepa.* L.

Bulbe simple, de couleur variée, arrondie-déprimée, formée de tuniques colorées, charnues, concentriques, les extérieures sèches et minces : hampe nue, haute de 1 à 3 pieds, fistuleuse, cylindrique, renflée-ventrue vers la base, plus longue que les feuilles cylindriques, fistuleuses, aiguës : ombelle globuleuse, grande : fleurs nombreuses, d'un blanc verdâtre ou rosé, à pétales plus courts que les étamines, qui sont alternativement munies d'une dent de chaque côté de la base élargie. *v. a.* Potagers.

8. A. ÉCHALOTTE. — *A. ascalonicum.* L.

Bulbes petites, oblongues, en faisceaux : hampe fistuleuse, nue ou feuillée, non renflée à la base, fleurissant rarement : feuilles fistuleuses, en alène, cylindriques : fleurs purpurines en ombelle globuleuse, compacte. Plante haute de 7-9 pouces, en gazons fins d'un vert foncé. *v.* Eté. Potagers.

§§ *Filets des étamines tous simples.*

9. A. CIVETTE. — *A. schœnoprasum.* L.

Bulbes petites, ovales, agglomérées : hampe engaînée à la base par des feuilles grêles, cylindriques, fistuleuses, linéaires, en alène, dilatées en gaîne à la base : ombelle presque globuleuse, serrée, petite : spathe à 2 valves rougeâtres : fleurs presque cylindriques, d'un rouge bleuâtre : plante haute de 3-6 pouces. *v.* Eté. Prairies des montagnes.

10. A. FISTULEUX. — *A. fistulosum.* L.

Diffère de l'*A.* oignon (7) par sa bulbe oblongue et ses étamines toutes simples, non dentées à la base. *v.* Eté. Potagers.

194. LIS, *Lilium.* L. Périanthe à 6 pétales droits ou enroulés en dehors, marqués sur le dos d'un sillon longitudinal : anthères attachées par le dos :

stigmate épais, à 3 angles : capsule allongée, à 3 angles, sillonnée, à 3 valves, à 3 loges : graines planes, nombreuses.

* *Pétales droits, non roulés en dehors.*

§ *Fleurs blanches.*

1. L. BLANC. — *L. candidum.* L.

Bulbe écailleuse, blanchâtre : tige cylindrique, haute de 2-4 pieds, simple : feuilles sessiles, lancéolées, aiguës, un peu ondulées, rapprochées en spirale autour de la tige : fleurs grandes, pédonculées, d'une odeur suave, très-belles, en grappe terminale, glabres. *v.* Eté. Jardins.

§§ *Fleurs orangées.*

2. L. BULBIFÈRE. — *L. bulbiferum.* L.

Bulbe écailleuse, blanche : tige de 2 pieds : feuilles sessiles, éparses, lancéolées-linéaires, nervées, les supérieures portant des bulbilles dans leur aisselle : fleurs inodores, barbues vers la base interne, 1-3 pédonculées, terminales, d'un beau rouge-orangé, tachetées de noir. *v.* Eté. Montagnes.

** *Pétales roulés en dehors.*

§ *Fleurs barbues en dedans.*

3. L. DE POMPONE. — *L. pomponium.* L.

Tige de 18 pouces : feuilles éparses, linéaires, en alène, lancéolées dans le bas : fleurs rouge-ponceau, en grappe terminale, sans tache. *v.* Eté. Montagnes.

§§ *Fleurs glabres en dedans.*

4. L. MARTAGON. — *L. martagon.* L.

Bulbe écailleuse, jaune : tige de 2-5 pieds, tachetée : feuilles 5-8 par verticelle, ovales-lancéolées, étalées, éparses dans le haut de la tige : fleurs médiocres, odorantes, pédonculées, penchées, en grappe simple, ou très-nombreuses en panicule étagée.

large, rougeâtres ou blanchâtres, piquetées en-dedans de points plus foncés. *v.* Eté. Montagnes, prés des bois, haies.

5  L. DES PYRÉNÉES. — *L. Pyrenaicum.* Gouan.

Feuilles éparses, linéaires, lancéolées : fleurs jaunes, parsemées en-dedans de taches ferrugineuses, à pétales obtus, étroits. *v.* Eté. Pyrénées.

195. FRITILLAIRE, *Fritillaria.* L. Périanthe en cloche, à 6 pétales munis à la base interne d'une fossette nectarifère : 1 style à 3 stigmates : capsule oblongue, obtuse, à 3 angles, 3 loges, 3 valves: graines nombreuses, planes. Racine en bulbe.

* 1-2 *fleurs terminales, à fossette oblongue.*

1. F. DAMIER. — *F. méleagris.* L.

Bulbe solide à 2 tubercules enveloppés de tuniques : tige haute de 6-12 pouces, grêle, blanchâtre dans le bas, d'un vert purpurescent et tachetée dans le haut , garnie de 3-5 feuilles éparses, lancéolées-linéaires , canaliculées, courbées: fleurs 1-2, grandes, penchées, presque pendantes, à pétales blancs, jaunes ou pourpres marquetés de carreaux plus pâles, en forme de damier. *v.* Printemps. Prés humides.

** *Fleurs pendantes , verticillées, à fossette ronde.*

2. F. IMPÉRIALE. — *F. imperialis.* L.

Bulbe épaisse à suc âcre : tige droite, haute de 1-3 pieds :  feuilles linéaires-lancéolées , nombreuses : fleurs d'un rouge orangé ou jaunes, en verticille surmonté par un bouquet de feuilles. *v.* Printemps. Jardins.

196. UVULAIRE, *Uvularia.* L. Périanthe en cloche, à 6 pétales aigus, très-longs, munis à la base d'une fossette nectarifère oblongue : anthères plus longues que les filets : 3 stigmates réfléchis : baie

ovale, colorée, un peu à 3 angles, 3 loges : graines nombreuses.

**1. U. à feuilles embrassantes. —** *U. amplexifolia.* **L.**

Racine composée de fibres entrelacées : tige rameuse, flexueuse, haute de 1 à 2 pieds : feuilles glaucescentes, ovales, grandes, nervées, alternes, embrassantes, à oreillettes arrondies : fleurs petites, blanchâtres, piquetées de brun en-dedans, pendantes, à pédoncules axillaires uniflores, genouillés-déjetés au milieu : baie rouge à la maturité. *v.* Eté. Bois des hautes montagnes.

**197. TULIPE,** *Tulipa.* **L.** Périanthe en cloche, à 6 pétales ovales-oblongs : anthères dressées : stigmate sessile, à 3 lobes épais : capsule grande, oblongue, arrondie-triangulaire, à 3 valves, 3 loges: graines nombreuses, planes. Bulbe.

* *Etamines glabres.*

**1. T. de Gesner. —** *T. Gesneriana.* **L.**

Tige dressée, uniflore : feuilles larges, lancéolées, ondulées, glabres: fleur droite, inodore, jaune, rouge, blanche ou panachée, à pétales obovales. *v.* Mai. Jardins. Midi.

** *Etamines velues à la base.*

**2. T. sauvage. —** *T. sylvestris.* **L.**

Tige uniflore, dressée: feuilles linéaires-lancéolées, canaliculées : fleur jaune, petite, odorante, penchée avant l'épanouissement, à pétales aigus, barbus au sommet, quelquefois 2 fleurs. *v.* Printemps. Vignes.

**198. ORNITHOGALE ,** *Ornithogalum.* **L.** Périanthe à 6 pétales persistants, étalés dans le haut, de 2 couleurs : 6 étamines dont les 3 extérieures à filets dilatés à la base : anthère fixée par le dos : stigmate en tête : capsule un peu à 3 angles, à 3 valves, 3 loges : graines nombreuses, arrondies. Bulbe.

1. O. EN OMBELLE. — *O. umbellatum.* L.

Bulbe ovoïde entourée d'écailles brunâtres : hampe de 5-6 pouces, cylindrique : feuilles radicales, linéaires, étalées, molles, séchant promptement : fleurs terminales, en grappe, ressemblant à un corymbe : bractée membraneuse à la base de chaque pédoncule : fleurs blanches ayant le dos des pétales vert, solitaires sur les pédoncules qui sont d'autant plus longs qu'ils sont plus inférieurs. *v.* Printemps. Vignes, champs, prés.

**199. GAGÉE**, *Gagea.* SALISB. Périanthe à 6 pétales persistants, rapprochés à la base, étalés au sommet : 6 étamines à filet en alène, non dilaté à la base : anthère fixée par sa base : stigmate simple, à 3 angles : capsule à 3 valves, à 3 loges polyspermes : bulbe : fleurs jaunes en-dedans, vertes en-dehors : feuilles radicales plus étroites que les autres.

* *Pétales obtus : bulbe solitaire.*

1. G. JAUNE. — *G. lutea.* Schultz.

Bulbe petite, entourée d'écailles brunâtres, produisant 1 ou rarement 2 feuilles linéaires-lancéolées, planes, nervées, élargies et roulées en capuchon au sommet, d'un vert un peu glauque : tige à 3 ou 4 angles, haute de 3-7 pouces, terminée par une ombelle lâche de 3-6 fleurs solitaires sur des pédoncules inégaux : feuilles florales presque opposées, inégales, 2-4, sessiles, lancéolées, un peu laineuses sur les bords : fleurs grandes, glabres. *v.* Printemps. Coteaux boisés.

** *Pétales acuminés : 2 bulbes dans une enveloppe commune.*

2. G. NAINE. — *G. minima.* Schultz.

Plante glabre : tige filiforme, flexueuse : feuille radicale ordinairement unique, filiforme, dressée.

celle de la tige lancéolée, embrassant la base du pédoncule de l'ombelle lâche à 2-5 fleurs : pédicelles simples ou rameux : fleurs petites à pétales lancéolés-linéaires, aigus. *v.* Printemps. Bois et prairies ombragées.

**200. SCILLE,** *Scilla.* L. Périanthe à 6 pétales étalés ou presque en cloche : étamines à filets glabres et filiformes insérés à la base des pétales ; anthères attachées par le dos : stigmate simple : capsule presque ovale, à 3 sillons, 3 loges, 3 valves : graines arrondies. Bulbe.

   * *Une ou deux bractées sous chaque pédicelle.*

   1. S. MARITIME. — *S. maritima.* L.

Bulbe très-grosse : hampe de 1 à 2 pieds : feuilles larges, lancéolées, très-longues, étalées : fleurs nombreuses, blanches, à nervure dorsale verdâtre, en épi occupant les deux tiers de la hampe : pétales elliptiques, en étoile. *v.* Août. Bords des mers.

   ** *Bractées nulles ou presque nulles.*

   2. S. A DEUX FEUILLES. — *S. bifolia.* L

Hampe cylindrique, haute de 4-6 pouces : feuilles radicales, étalées ou recourbées, au nombre de 2 ou quelquefois 3, lancéolées-linéaires, planes, un peu en gouttière, obtuses : fleurs bleues, blanches ou roses, 4-8 en grappe lâche ou corymbe peu fourni : pétales étroits, étalés : ovaire bleu. *v.* Printemps. Bois, taillis, haies.

**201. ASPHODÈLE,** *Asphodelus.* L. Périanthe à 6 divisions lancéolées, ouvertes : étamines à base courbée, dilatée et couvrant l'ovaire : stigmate simple : capsule globuleuse, charnue, à 3 lobes, 3 loges, 3 valves : graines anguleuses, 1-2 par loges.

   1. A. RAMEUX. — *A. ramosus.* Willd.

Tige rameuse vers le haut, sans feuilles, haute de

2-3 pieds : feuilles radicales, planes, lisses, lancéolées-linéaires ; bractée membraneuse, desséchée-blanche : fleurs blanches à nervure colorée, en grappes très-fournies, à pédicelles plus longs que les bractées. *v*. Avril. Midi.

**202. PHALANGÈRE**, *Phalangium*. Tour. Périanthe de 6 pétales obtus, étalés, persistants : étamines filiformes : anthères attachées par le dos au filet : stigmate obtus, trigone : capsule ovoïde, à 3 loges, 3 valves, 3 sillons : graines anguleuses, nombreuses, sur 2 rangs : racine en fibres épaisses fasciculées.

1. P. bicolore. — *P. bicolor*. DC.

Tige rameuse au sommet, haute d'un pied : feuilles linéaires allongées, pliées en gouttière à leur base, souvent courbées ou enroulées à leur sommet : fleurs blanches à l'intérieur, roses en dehors, en grappes courtes formant une panicule lâche : étamines courbées et barbues. *v*. Eté. Bruyères et landes.

**203. ASPERGE**, *Asparagus*. L. Périanthe à 6 divisions presque en cloche, les 3 intérieures réfléchies au sommet : stigmate simple : fruit en baie globuleuse, à 3 loges, à 2 graines par loge : feuilles en faisceau, munies de stipules.

1. A. officinale. — *A. officinalis*. L.

Tige dressée, cylindrique, très-rameuse, en panicule : feuilles capillaires, courtes, nombreuses, pointues, 2 à 5 en faisceaux avec une stipule écailleuse à la base : fleurs verdâtres, penchées, axillaires, souvent privées, les unes d'étamines, les autres de pistil : baie rougeâtre. *v*. Eté. Lieux sablonneux, potagers.

2. A. a feuilles aigues. — *A. acutifolius*. L.

Arbuste très-rameux et grisâtre : feuilles piquantes, persistantes : fleurs d'un blanc jaunâtre, 2-3 à l'aisselle des feuilles. *l.* Printemps. Midi, terrains arides.

204. MUGUET, *Convallaria.* L. Périanthe globuleux ou cylindrique, à 6 dents ou lobes courts : anthères dressées : stigmate obtus : baie globuleuse, tachée avant la maturité, à 3 loges monospermes : racine horizontale.

* *Fleurs globuleuses à 6 dents réfléchies.*

1. M. DE MAI. — *C. majalis.* L.

Hampe demi-cylindrique haute de 3-6 pouces, grêle, un peu arquée au sommet : feuilles 2 ou 3 ovales, ou ovales-lancéolées, pointues, pétiolées, radicales, engaînées à la base par des écailles membraneuses : fleurs blanches, odorantes, 3-12, penchées ou pendantes, tournées du même côté, en grappe terminale ; pédicelles uniflores, munis d'une écaille à la base : baie rouge. *v.* Printemps. Bois, haies.

** *Fleurs cylindriques.*

§ *Feuilles verticillées.*

2. M. VERTICILLÉ. — *C. verticillata.* L.

Tige droite, anguleuse, haute de 1 à 2 pieds : feuilles linéaires-lancéolées, nerveuses, 4 ou 3-5-6 par verticilles rapprochés : fleurs petites, blanches, vertes au sommet, tubuleuses pendantes, à pédoncules axillaires, rameux : baies rouges, à saveur fade. *v.* Eté. Haies, bois montagneux.

§§ *Feuilles alternes.*

3. M. ANGULEUX. — *C. polygonatum.* L.

Tige de 1 à 2 pieds, simple, arquée, anguleuse, comprimée, munie dans sa moitié supérieure de feuilles ovales-lancéolées, nerveuses, dressées, sessiles, embrassantes : pédoncules axillaires portant 1 ou 2 fleurs blanches, pendantes, vertes au sommet ;

baie médiocre, noire-bleuâtre. *v.* Printemps. Bois, haies.

4. M. MULTIFLORE. — *C. multiflora.* L.

Diffère de la précédente espèce par sa tige plus élevée, presque arrondie, par ses feuilles ovales-elliptiques, par ses pédoncules rameux portant 3-6 fleurs plus petites, par ses baies d'un noir violet. *v.* Printemps. Bois ombragés, haies.

205. JACINTHE , *Hyacinthus.* L. Périanthe tubuleux, à 6 divisions réfléchies : étamines insérées sur le tube : capsule à 3 angles, à 3 loges, à 3 valves : 2 graines par loge. Bulbe.

* *Bractées plus courtes que le pédoncule.*

1. J. ORIENTALE. — *H. orientalis.* L.

Feuilles linéaires, obtuses, canaliculées, plus courtes que la hampe : fleurs blanches, bleues ou roses, ventrues à la base : bractées géminées, membraneuses, lancéolées. *v.* Printemps. Jardins. Midi.

** *Bractées plus longues que le pédicelle.*

2. J. AMÉTHYSTE. — *H. amethystinus.* L.

Feuilles étroites, linéaires : fleurs d'un bleu foncé, cylindriques à la base, à divisions ovales obtuses : bractées solitaires, linéaires, membraneuses. *v.* Printemps. Pyrénées.

206. MUSCARI , *Muscari.* TOUR. Périanthe ovoïde, renflé au milieu, à 6 dents : étamines cachées dans le tube : 1 style à stigmate simple : capsule à 3 angles saillants, à 3 valves, à 3 loges contenant chacune 2 graines arrondies. Bulbe.

1. M. A TOUPET. — *M. comosum.* Duby.

Tige presque nue, de 1-2 pieds, ronde, engaînée à la base : feuilles très-longues, molles, étalées, linéaires, obtuses, planes, un peu pliées en gouttière : fleurs anguleuses, allongées, d'un brun verdâtre, en longue grappe lâche, terminale, surmontée d'un toupet de fleurs stériles, bleues ainsi que leurs pédoncules plus longs et redressés.

2. M. A. GRAPPE. — *M. racemosum.* Mill.

Hampe de 6-8 pouces, droite : feuilles linéaires, canaliculées, recourbées, étalées, très-longues: fleurs d'un bleu foncé, à poussière glauque, ovoïdes, odorantes, penchées, les supérieures presque sessiles, en petite grappe serrée : dents de la corolle blanche. *v.* Printemps. Champs.

207. HÉMÉROCALLE, *Hemerocallis.* L. Périanthe grand, persistant, en entonnoir évasé, irrégulier, à 6 divisions : étamines couchées, inégales ; anthères redressées : stigmate redressé : capsule à 3 angles, 3 loges, 3 valves : graines rondes.

1. H. JAUNE. — *H. flava.* L.

Racine composée de tubercules oblongs, épais, en faisceaux : hampe nue, dressée, haute de 12-18 pouces: feuilles larges, radicales, dressées, lancéolées-linéaires, aiguës, carénées : fleurs d'un jaune clair, presque sessiles, odorantes, 1-3 par rameau, disposées en corymbe : divisions du périanthe planes, nerveuses, non veinées : anthères acuminées. *v.* Eté. Montbéliard. Jardins.

2. H. FAUVE. — *H. fulva.* L.

Diffère de la précédente par sa taille plus grande, ses fleurs d'un jaune orangé ou rougeâtre, à divisions nervées, veinées et ondulées, par ses anthères obtuses. *v.* Eté. Toulon. Jardins.

208. ACORE, *Acorus.* L. Fleurs réunies en chaton sur un spadice latéral cylindrique : spathe nulle : périanthe persistant, à 6 pétales concaves, obtus: étamines opposées aux pétales, à anthères didymes : capsule triangulaire, à 3 loges monospermes : stigmate sessile.

**1. A. ODORANT. — *A. calamus*. L.**

Racine en souche épaisse, rampante, charnue, aromatique : hampe comprimée à 2 tranchants, haute de 2-4 pieds, se terminant au-dessus du châton de fleurs, en feuille ensiforme: feuilles dressées, en épée, engaînantes à la base par le flanc comme les iris : châton nu, jaunâtre, cylindrique, long de 1-2 pouces, sessile sur le milieu de la hampe : fleurs sessiles. *v.* Été. Fossés, marais.

209. JONC, *Juncus*. L. Périanthe à 6 divisions scarieuses, profondes, dont 3 extérieures munies d'écailles à leur base : 3 ou 6 étamines : 1 style à 3 stigmates velus : capsule à 3 valves, à 3 loges polyspermes : feuilles cylindriques, glabres.

**1. J. COMMUN. — *J. communis*. Meyer.**

Tige cylindrique, presque lisse, verte, un peu raide, haute de 2-3 pieds, remplie de moëlle continue: fleurs brunes en panicule latérale, à 3 étamines, à divisions étroites, aiguës. *v.* Été. Marécages, cours d'eau.

Panicule ramassée en tête : *J. conglomeratus*. L.
Panicule étalée : *J. effusus*. L.

**2. J. DES JARDINIERS. — *J. glaucus*. Willd.**

Tige de 1 à 2 pieds, grêle, raide, glauque, striée, flexueuse du haut, colorée à la base : tiges stériles plus grêles : fleurs brunes, en panicule dressée, resserrée, latérale, à 6 étamines, ayant des bractées scarieuses à la base des fleurs. *v.* Été. Fossés desséchés, lieux humides.

210. RIZ, *Oryza*. L. Epillets uniflores : glume à 2 valves presque égales, acuminées, très-petites : glumelle à 2 valves inégales, concaves, comprimées en carène, la plus grande anguleuse, munie d'une arête : 6 étamines à anthères bifides à la base : 2 styles plumeux : fruit oblong, comprimé, blanc,

presque à 4 angles, strié, obtus, recouvert par la
glumelle.

1. R. CULTIVÉ. — *O. sativa*. **L.**

Chaume de 3 4 pieds : feuilles larges, planes, linéaires, très-longues, striées, engaînantes, ciliées à
l'ouverture de la gaine : fleurs blanchâtres en panicule un peu resserrée, à rameaux dressés, longue et
pendante à la maturité : fruit un peu translucide. *a*.
Été. Midi. Cultivé dans les lieux inondés.

**211. PATIENCE,** *Rumex*. **L.** Périanthe divisé
jusqu'à la base en 6 parties dont les trois intérieures
plus grandes, rapprochées, persistantes : 6 étamines
opposées 2 à 2 aux divisions extérieures du périanthe : 3 styles portant chacun plusieurs stigmates en
pinceau : fruit monosperme, triangulaire, recouvert
par les 3 divisions intérieures du périanthe accrues
en forme de capsule à 3 valves.

NOTA. — Pour bien reconnaître les espèces, les graines doivent être bien mûres.

§ 1. *Plantes sans saveur acide : styles libres : feuilles
arrondies ou en cœur à la base, mais jamais
hastées ou sagittées.*

* *Valves du fruit ne portant pas de granules sur
le dos.*

1. P. DES ALPES. — *R. Alpinus*. **L.**

Racine épaisse, ridée, jaunâtre en-dedans, amère :
tige épaisse, sillonnée, haute de 2-3 pieds, rameuse,
glabre ainsi que toute la plante : nœuds munis de
larges gaînes : feuilles grandes, un peu molles, entières, ondulées, les inférieures pétiolées, en cœur à
la base, ovales, obtuses ou brièvement acuminées,
les supérieures lancéolées : fleurs d'un vert souvent
rougeâtre en verticilles rapprochés, les supérieures à
étamines ou à pistils, les autres à étamines et pistils,
formant des grappes nombreuses, presque dépour-

vues de feuilles, composant une vaste panicule terminale: valves du fruit ovales en cœur, entières, finement veinées. *v*. Eté. Autour des chalets des hautes
montagnes.

2. P. AQUATIQUE. — R. aquaticus. L.

Racine âcre, brunâtre en-dedans : tige feuillée,
sillonnée, épaisse, rameuse au sommet, haute de 3-5
pieds : feuilles un peu glauques en-dessous, minces,
presque glabres, les radicales ovales, aiguës, élargies
et en cœur à la base. les supérieures lancéolées :
fleurs verdâtres, en grappes nues, raides, dressées ,
formant une panicule allongée : valves du fruit en
cœur, triangulaires, entières, à nervures en réseau.
*v*. Eté. Bords des étangs, des fossés.

** Valves du fruit granifères, c'est-à-dire portant<br>
un ou plusieurs granules sur le dos.

§ Valves du fruit entières ou à peine dentées à la base.

' Valves intérieures du fruit oblongues.

3. P. DES FOSSÉS. — R. hydrolapathum. Huds.

Racine noirâtre, épaisse, jaunâtre intérieurement,
amère : tige épaisse, sillonnée, rameuse, haute de
3-5 pieds: feuilles inférieures très-grandes (1-2 pieds),
pétiolées, lancéolées, rétrécies aux deux bouts, très-
légèrement crénelées, un peu ondulées, surtout sur
la tige : feuilles supérieures plus petites : fleurs herbacées, en demi-verticillés rapprochés, disposés en
grappes dressées, allongées, nues, excepté à la base,
formant une vaste panicule terminale: pétales entiers,
veinés en réseau, ovales-lancéolés, presque triangulaires, quelquefois denticulés à la base, portant tous
un grain oblong. *v*. Eté. Fossés, bords des eaux.

4. P. DES BOIS. — R. sanguineus. L.

Tige de 2-3 pieds, raide. anguleuse, à rameaux

grêles et nus : feuilles inférieures lancéolées en cœur, les suivantes lancéolées, les supérieures aiguës aux deux bouts : fleurs petites, d'un vert rougeâtre, penchées, lâches, en verticilles distincts, disposés en grappes raides : pétales oblongs, obtus, entiers, dont un seul granifère. *v.* Eté. Prés, bois.

Tige et nervures des feuilles rouges : *Pictus.* GAUD.

" *Valves intérieures arrondies ou en cœur.*

### 5. P. CRÉPUE. — *R. crispus.* L.

Racine peu amère : feuilles peu acides : tige élevée de 2-3 pieds, sillonnée, rameuse au sommet : feuilles pétiolées, lancéolées, étroites, aiguës, ondulées-crépues sur les bords, les inférieures un peu arrondies à la base, les supérieures très-étroites, presque sessiles : fleurs verdâtres en grappes dressées, presque sans feuilles, portées sur des pédicelles penchés : pétales ovales-arrondis, entiers, presque tous granifères. *v.* Eté. Prés, chemins, fossés.

### 6. P. DES JARDINS. — *R. patientia.* L.

Racine épaisse, longue, jaune en-dedans, peu amère : feuilles peu acides : tige de 2-4 pieds, épaisse, sillonnée, rameuse : feuilles planes, les radicales ovales en cœur, pétiolées, un peu aiguës et ondulées sur les bords, à pétioles très-dilatés à la base, les supérieures ovales lancéolées; fleurs verdâtres, pendantes, en verticilles fournis, rapprochés en grappes nues, les inférieurs axillaires, formant une vaste panicule : pétales entiers en cœur arrondi, obtus, veinés en réseau, un seul granifère. *v.* Eté. Potagers.

§§ *Valves du fruit fortement dentées à la base.*

### 7. P. VIOLON. — *R. pulcher.* L.

Racine courte, épaisse : tige sillonnée, rameuse-diffuse, haute de 10-15 pouces, à rameaux effilés, divariqués : feuilles radicales pétiolées, oblongues en cœur, obtuses, sinuées sur les côtés en forme de violon, un peu pubescentes en-dessous, les supérieures lancéolées, sessiles, toutes munies en-dessous sur les côtes et les veines d'une substance écailleuse, rude : fleurs verdâtres demi-verticillées sur les rameaux, formant des grappes grêles, allongées : valves du fruit presque triangulaires, veinées en réseau, dentées-épineuses sur les bords, portant toutes un gros grain verruqueux. *v.* Eté. Décombres. Chemins.

### 8. P. LAMPÉE. — *R. obtusifolius.* L.

Racine brune, jaunâtre en-dedans : tige de 1 à 3 pieds, dressée, presque simple, sillonnée : feuilles pétiolées, un peu rudes-pubescentes sur le pétiole et les nervures, les radicales grandes, en cœur, ovales, obtuses ou un peu aiguës, légèrement crénelées ou ondulées sur les bords, les supérieures ovales-lancéolées : fleurs verdâtres en verticilles dont les supérieurs rapprochés forment des grappes presque nues, disposées en panicule terminale : pétales ovales-triangulaires, veinés en réseau, munis à leur base de dents en alène, tous obtus et granifères. *v.* Eté. Chemins humides, près des villages, les prés gras.

Feuilles toutes aiguës : *R. acutus.* L.

§ 2. *Plantes à saveur acide : styles adhérents au sommet des angles de l'ovaire : feuilles hastées ou sagittées.*

*** *Plante glauque.***

### 9. P. A ÉCUSSON. — *R. scutatus.* L.

Racine grêle, rampante : tige d'un pied, souvent

couchée à la base, striée, arrondie, peu rameuse : feuilles longuement pétiolées, souvent marquées de taches blanchâtres, rarement vertes, hastées en cœur, arrondies, obtuses, rétiécies vers la base, puis dilatées en grandes oreillettes : fleurs penchées, d'un vert rougeâtre, en verticilles nus, distants, disposés en grappes grêles : valves du fruit élargies, en cœur, entières, veinées en réseau, sans grains. *v.* Eté. Murs, pierrailles.

** *Plantes vertes : fleurs dioïques.*

10. P. oseille. — *R. acetosa.* L.

Tige simple, dressée, striée, haute de de 1 à 2 pieds, arrondie : feuilles veinées, d'un vert peu foncé en-dessous, les radicales et les inférieures pétiolées, oblongues-obtuses, à oreillettes presque parallèles au pétiole, les supérieures oblongues-lancéolées, en cœur, embrassantes : gaînes souvent frangées : fleurs petites, d'un vert rougeâtre, en verticilles nus disposés en grappes simples formant une panicule terminale : pétales ovales, persistants, veinés, entiers : calice réfléchi à la maturité. *v.* Eté. Bois couverts, prés, vignes, jardins.

11. P. petite-oseille. — *R. acetosella.* L.

Racine presque ligneuse, rampante : tige dressée, grêle, striée, peu feuillée, haute d'un pied : feuilles lancéolées ou linéaires, sagittées, aiguës, souvent recourbées en-dessus, à oreillettes divergentes ; feuilles supérieures linéaires-lancéolées, entières : fleurs petites, d'un vert rougeâtre, en grappes grêles et nues : pétales caducs, ovales, entiers, veinés. *v.* Eté. Lieux sablonneux. Cette plante est souvent rouge.

212. TROSCART, *Triglochin.* L. Périanthe à 6 pétales arrondis, concaves, caducs : 6 anthères presque sessiles : 3 6 stigmates sessiles, plumeux, rayon-

nants : capsule oblongue, obtuse, à 3-6 loges soudées à la base, monospermes, se séparant à la maturité.

**1. T. DES MARAIS. —** *T. palustre.* **L.**

Racine fibreuse : hampe double des feuilles qui sont linéaires, demi-cylindriques : fleurs petites, d'un vert blanchâtre, en épi grêle peu fourni : capsules linéaires, rétrécies à la base, serrées contre l'axe de l'épi. *v.* Eté. Marais, prairies humides.

**213. COLCHIQUE,** *Colchicum.* **L.** Périanthe en entonnoir, à tube anguleux, très-long, partant de la racine, à 6 divisions portant les étamines à leur base : styles 3, très-longs, à stigmates recourbés : ovaire radical : capsule paraissant l'année suivante, à 3 lobes réunis par la base, 3 loges à graines nombreuses. Bulbe.

★ *Feuilles glabres.*

**1. C. D'AUTOMNE. —** *C. autumnale.* **L.**

Bulbe grosse, ovoïde, charnue, recouverte de tuniques brunâtres, produisant 1-3 fleurs grandes, hautes de 2-8 pouces, d'un lilas pâle, rarement blanches, à tube blanc, à divisions un peu obtuses, lancéolées : feuilles d'un beau vert, entières, dressées, lancéolées, un peu carénées ou planes, au nombre de 3-4, avec une gaîne très-large : capsule ventrue, à 3 lobes terminés par une pointe : graines noires. *v.* Août, octobre. Prairies un peu humides. La fleur paraît en automne et les feuilles avec la capsule au printemps suivant; quelquefois la fleur ne paraît qu'au printemps et alors les feuilles l'accompagnent. *C. vernum.*

**2. C. DES ALPES. —** *C. Alpinum.* **All.**

Bulbe uniflore : feuilles lancéolées-linéaires, obtuses : fleur d'un lilas clair, à divisions linéaires-elliptiques, obtuses. *v.* Eté. Hautes prairies des Alpes. La capsule et les feuilles paraissent peu après la fleur.

** *Feuilles ciliées.*

**3. C. DE MONTAGNE. — *C. montanum.* L.**

Bulbe multiflore : feuilles étroites, linéaires, réflé-chies au sommet, naissant toujours avec les fleurs roses, à divisions linéaires-elliptiques. *v.* Automne. Midi.

**214. LATANIER, *Chamaerops.* L.** Spathe aplatie, s'ouvrant en long d'un seul côté : fleurs à étamines ayant un périanthe à 6 divisions dont 3 extérieures plus courtes, 6 étamines à filets soudés par la base : fleurs à pistils ayant 3 ovaires, 3 styles à stigmate pointu : fruit composé de 3 baies à 1 graine.

**1. L. NAIN. — *C. humilis.* L.**

Tronc cylindrique, gros, marqué à sa base de ci-catrices, couronné à son sommet d'un faisceau de feuilles persistantes, palmées, dures, glauques, plis-sées en éventail, à pétiole épineux : fleurs jaunes, sur un spadice naissant dans l'aisselle des feuilles infé-rieures : fruits 3 à 3, globuleux, roux, à noyau dur. *l.* Printemps. Nice et Provence.

**215. FLUTEAU, *Alisma.* L.** Calice à 3 sépales : 3 pétales : 6-25 capsules indéhiscentes, distinctes, portant chacune un style et ne contenant qu'une ou deux graines.

**1. F. PLANTAIN D'EAU. — *A. plantago.* L.**

Racine en forme de bulbe : hampe nue, dressée, haute de 1 à 4 pieds, rameuse-paniculée au sommet, à rameaux verticillés, munis de stipules à leur base : feuilles radicales, longuement pétiolées, ovales en cœur, ou ovales-lancéolées, pointues, entières, à 5-7 nervures : fleurs blanches ou rosées, petites, en 4-8 verticilles écartés portant des espèces d'ombelles sim-ples ou rameuses : capsules 15-20, obtuses, un peu trigones, disposées en cercle. *v.* Eté. Fossés, mares.

2. F. RENONCULE. — A. ranunculoides. L.

Hampes 1-3, simples, souvent flexueuses, longues
de 6-20 pouces, terminées par une ombelle simple
de 10-12 fleurs, quelquefois 2 ombelles superposées:
feuilles étroites, linéaires-lancéolées, calleuses au
sommet, à 3 nervures longitudinales, rétrécies en
pétiole allongé : fleurs blanches ou purpurines : capsules ovoïdes, aiguës, 20-30 en tête globuleuse. ⚥.
Eté. Marais.

216. AGAVÉ, *Agave*. L. Périanthe tubuleux, en
entonnoir adhérent à l'ovaire, à 6 divisions profondes:
6 étamines saillantes hors de la fleur : ovaire infère :
style à stigmate trigone : capsule triangulaire, à 3
loges, 3 valves : graines nombreuses.

1. A. D'AMÉRIQUE. — A. americana. L.

Feuilles radicales, nombreuses, grandes, épaisses,
charnues, lancéolées, glauques, dentées-épineuses
aux bords, en rosette : hampe épaisse, haute de
15-20 pieds, rameuse au sommet, en pyramide :
fleurs d'un jaune verdâtre, odorantes, peu ouvertes.
⚥. Eté. Automne. Midi. Provence.

217. VÉRATRE, *Veratrum*. L. Périanthe à 6
pétales : 3 ovaires surmontés chacun d'un style
court : capsules 3, oblongues, dressées, comprimées,
soudées par la base, à 1 loge : graines nombreuses,
comprimées, presque ailées au sommet, quelquefois
les pistils avortent et les fleurs n'ont que des étamines.

1. V. BLANC. — V. album. L.

Racine épaisse, tubéreuse, d'un blanc jaunâtre,
d'une odeur nauséabonde : tige dressée, haute de 2-4
pieds, ferme, grosse, cylindrique, pubescente, rameuse-paniculée au sommet : feuilles alternes, grandes, ovales, elliptiques ou lancéolées dans le haut,
entières, plissées sur les nervures parallèles, pu-

bescentes en-dessous, engaînantes à la base : fleurs blanchâtres en-dedans, verdâtres en-dehors ou tout-à-fait verdâtres, nombreuses, en panicule terminale, ample, composée de rameaux en grappes simples ou rameuses, pubescentes: pétales ciliés-dentelés, veinés. *v*. Eté. Bois, haies, pâturages des montagnes.

2. V. NOIR. — V. nigrum. L.

Diffère du précédent par ses fleurs très-ouvertes, d'un pourpre noir, par sa tige et ses pédoncules velus, par son feuillage pâle et ses fleurs en grappe terminale, rameuse seulement à la base. *v*. Eté. Montagnes. Vosges, Bourgogne, Auvergne.

<hr>

# Septième Classe.

—

## SEPT ÉTAMINES PAR FLEUR.

### HEPTANDRIE.

—

## ORDRE UNIQUE.

### UN PISTIL PAR FLEUR. — MONOGYNIE.

**218. MARRONNIER,** *Æsculus*. L. Calice en cloche, à 5 lobes : corolle irrégulière, à 4-5 pétales inégaux : 7-8 étamines inégales, déjetées-ascendantes : 1 style à stigmate aigu : capsule coriace, arrondie, hérissée d'épines molles, à 2-3 valves, 1-3 graines farineuses, très-grosses.

1. M. D'INDE. — E. hippocastanum. L.

Grand arbre de 50-70 pieds, à tête verte, touffue.

régulière : feuilles opposées, à 5-7 folioles digitées,
lancéolées-élargies au sommet, acuminées, irrégulièrement dentées en scie, inégales : fleurs blanches,
tachées de rouge et de jaune, en grappes dressées,
pyramidales et terminales : pétales chiffonés , ciliés :
graines (*marrons*) 1-3, lisses, d'un brun rougeâtre,
marbré, à ombilic large. *l.* Mai. Promenades, parcs.

Varie à fruit lisse, non épineux. Promenades.

# Huitième Classe.

## HUIT ÉTAMINES PAR FLEUR.

### OCTANDRIE.

## 1er ORDRE.

### UN PISTIL PAR FLEUR. — MONOGYNIE.

**A. FLEURS COMPLÈTES.**

**§ 1. plantes ligneuses.**

★ *Grands arbres.*

ℐ *Fruit sec : 5 pétales : feuilles profondément
divisées.*

Feuilles digitées à 5-7 folioles:
fruit hérissé . . . . . . . . . 218. MARRONNIER.
Feuilles palmées ou sinuées :
fruit à 2 ailes. . . . . . . . . 219. ÉRABLE.

¶¶ *Fruit charnu : corolle à 4-6 lobes : feuilles presque entières.*

Baie entourée à la base par le
   calice . . . . . . . . . . . 220. Plaqueminier.
Drupe coriace . . . . . . . . 241. Aliboufier.

** *Arbustes ou arbrisseaux, quelquefois à tige filiforme ou très-petite.*

¶ *Ovaire libre dans la corolle.*

Fruit en capsule : feuilles aiguës, imbriquées. . . . . . 222. Bruyère.

¶¶ *Ovaire infère.*

Fruit en baie : feuilles ni aiguës, ni imbriquées . . . . 221. Airelle.

**§ 2. plantes herbacées.**

* *Ovaire libre dans la corolle.*

¶ *Plante munie de feuilles.*

Corolle monopétale à 8 lobes :
   feuilles lancéolées. . . . . 225. Chlore.
5 pétales irréguliers : feuilles
   orbiculaires, peltées . . . . 226. Capucine.
4-5 pétales: feuilles découpées
   plusieurs fois. . . . . . . . 227. Rue.

¶¶ *Plante sans feuilles, jaunâtre.*

Des écailles au lieu de feuil-
   les: fleurs et plante jaunâtres. 228. Monotrope.

** *Ovaire infère allongé.*

Fleurs jaunes : graines nues. . 229. Onagre.
Fleurs jamais jaunes : graines
   chevelues . . . . . . . . . . 230. Epilobe.

### B. FLEURS INCOMPLÈTES.

#### * *Plantes ligneuses.*

Baie : étamines sur un seul
　rang. . . . . . . . . . . . 224. DAPHNÉ.
Capsule : étamines sur 2 rangs :
　des fleurs à étamines, d'au-
　tres à pistils, et d'autres à
　étamines et pistils. . . . . 223. PASSÉRINE.

#### ** *Plantes herbacées.*

Fleurs sur un spadice dans une
　spathe. . . . . . . . . . . . 237. CALLE.

———

## II ORDRE.

### DEUX PISTILS PAR FLEUR. — DIGYNIE.

#### § 1. Herbes à fleurs incomplètes.

##### * *Feuilles munies d'une gaîne.*

Périanthe persistant, à 4-5 divi-
　sions. . . . . . . . . . . . 231. RENOUÉE.

##### ** *Feuilles sans gaînes.*

Feuilles arrondies, larges. . . 233. DORINE.
Feuilles linéaires, étroites. . . 232. GNAVELLE.

#### § 3. Arbre.

Fruit entouré d'une membrane
　mince . . . . . . . . . . . . 128. ORME.

———

## III ORDRE.

### TROIS PISTILS OU DAVANTAGE PAR FLEUR. — POLYGYNIE.

#### * *Herbes.*

##### § *Fruit en baie.*

Fleur solitaire à 8 divisions

dont 4 plus grandes. . . . 235. PARISETTE.
Fleurs en grappes à 5 divisions. 236. PHYTOLAQUE.

§§ *Fruit sec ou en capsule.*

Feuilles entières ou à peine
    échancrées . . . . . . . . . 231. RENOUÉE.
Feuilles découpées plusieurs
    fois : ovaire adhérent. . . . 234. ADOXE.

** *Arbre.*

Corolle monopétale en godet :
    baie . . . . . . . . . . . . . 220. PLAQUEMINIER.

219. ÉRABLE, *Acer.* L. Calice à 5 ou 4-9 divisions : pétales en même nombre que les sépales et
alternant avec eux : étamines 8 ou 5-7-9 insérées
sur un disque crénelé : 1 style à 2 stigmates, quelquefois nul : capsules 2, uniloculaires, réunies et surmontées chacune d'une aile : 1-2 graines par loge.
Fleurs paraissant avant les feuilles ou en même
temps.

* *Fleurs en grappes.*

1: E. COMMUN. — *A. campestre.* L.

Arbre de 20-30 pieds dans les bois, mais de 4-10
pieds dans les haies, à écorce grise, crevassée, en
consistance de liège: rameaux étalés : feuilles petites,
très-vertes en-dessus, en cœur à la base, à 5 nervures,
à 5 lobes oblongs, anguleux, obtus, les 2 extérieurs
ordinairement plus petits : étamines saillantes: fleurs
herbacées, velues, en grappe paniculée terminale,
presque dressée : fruit pubescent, à ailes écartées
presque en ligne droite. *l.* Mai. Bois, haies.

2. E. SYCOMORE. — *A. pseudo-platanus.* L.

Arbre s'élevant à 80 pieds, à écorce lisse, grise, à
tête étalée : feuilles à pétiole canaliculé en vieillissant, un peu échancrées à la base, d'un vert glauque

en-dessous, palmées, à 5 lobes profonds, fortement veinés, ovales-acuminés, marquées à leurs extrémités de dents obtuses, quelquefois doublement dentées : fleurs petites , nombreuses, herbacées, en grappes fournies, pendantes : étamines ne dépassant pas la corolle : fruits glabres ayant les ailes écartées à angle droit. *l.* Bois des montages, parcs.

** *Fleurs en corymbe ou en faisceau.*

3. E. PLANE. — *A. platanoides.* L.

Arbre de 30-40 pieds, à écorce d'un gris brunâtre : feuilles grandes, vertes, glabres, en cœur à la base, palmées, à 5 lobes aigus, peu profonds, marqués de 3-5 grosses dents triangulaires acuminées : fleurs peu nombreuses, grandes, jaunâtres, en corymbes redressés, portées sur des pédoncules glabres : étamines saillantes : fruit plat , glabre, à ailes étalées, écartées en ligne droite. *l.* Avril. Bois, parcs.

220. PLAQUEMINIER, *Diospyros.* L. Calice en godet, à 4-5-6 divisions : corolle en godet, à 4 ou 6 lobes : 8 à 16 étamines insérées sur la corolle : 1 style court à stigmate lobé : baie à 8-12 loges monospermes, entourée à sa base par le calice.

1. P. FAUX LOTUS. — *D. lotus.* L.

Grand arbre à rameaux pubescents dans la jeunesse : feuilles ovales-oblongues, pointues, pâles en-dessous, ponctuées-calleuses vers le sommet : fleurs axillaires, d'un pourpre foncé : baie arrondie, de la grosseur d'une cerise, mangeable. *l.* Mai. Provence.

221. AIRELLE, *Vaccinium.* L. Calice entier ou à 4-5 dents : corolle à 4-5 dents ou 4 pétales : 8-10 étamines : 1 style : baie globuleuse, ombiliquée au sommet, à 4-5 loges polyspermes : ovaire infère. Plante ligneuse.

** Corolle globuleuse ou en cloche, à 4-5 dents.*

**¶** *Feuilles caduques chaque année: corolle globuleuse.*

### 1. A. MYRTILLE. — *V. myrtillus.* L.

Racine rampante : tige dressée, rameuse, haute
de 3-12 pouces, à rameaux anguleux, verdâtres,
glabres, comme ailés : feuilles petites, alternes, sessiles ou courtement pétiolées, ovales, finement denticulées, obtuses : fleurs solitaires, axillaires, pendantes, à pédoncules courts : corolle d'un blanc
rougeâtre, en grelot à 5 dents réfléchies : baies globuleuses, d'un noir bleuâtre, couronnées par le calice:
anthères à 2 cornes vers leur milieu. *l.* Eté. Bois des
montagnes, bruyères et marais.

### 2. A. DES MARAIS. — *V. uliginosum.* L.

Sous-arbrisseau dressé, rameux, feuillé dans le
haut, s'élevant à 8-16 pouces : rameaux d'un gris
brunâtre, cylindriques : feuilles obovales, obtuses,
entières, courtement pétiolées, alternes, glabres,
cendrées-glauques et veinées en-dessous, vertes en-
dessus : fleurs blanches ou un peu rosées, axillaires,
pendantes : corolle ovoïde à 4-5 dents réfléchies :
baies d'un noir bleuâtre, à chair blanchâtre : anthères
à 2 cornes. *l.* Eté. Marais.

**¶¶** *Feuilles persistantes : corolle en cloche à 4 dents.*

### 3. A. ROUGE. — *V. vitis-idæa.* L.

Sous-arbrisseau rameux, haut de 3-8 pouces, à
tiges ascendantes, diffuses, à rameaux pubescents :
feuilles alternes, dures, presque sessiles, obovales,
obtuses, vertes et lisses en-dessus, à bords entiers et
roulés en-dessous, parsemées de points brunâtres en-
dessous : fleurs petites, d'un rose pâle, en grappes
terminales, penchées : baies d'un rouge vif, acidules:

anthères sans cornes. *l.* Eté. Tourbières et montagnes boisées.

**** *Corolle en roue à 4 pétales lancéolés, réfléchis.***

4. A. CANNEBERGE. — *V. oxicoccos.* L.

Sous-arbrisseau à tiges filiformes, couchées, radicantes et rameuses, à rameaux souvent colorés en rouge et pubescents : feuilles très-petites, alternes, écartées, sessiles, persistantes, presque en cœur, ovales-lancéolées, roulées en-dessous par les bords, vertes et luisantes en-dessus, blanchâtres en-dessous : fleurs à 4-5 lobes très-profonds ou 4-5 pétales lancéolés, réfléchis : pédoncules filiformes, dressés, uniflores, munis de bractées : corolle rose ou rouge, penchée : baies rouges, acides en automne, persistantes pendant l'hiver et mangeables au printemps. *l.* Eté. Tourbières parmi les mousses.

222. BRUYÈRE, *Erica.* L. Calice persistant à 4 folioles : corolle persistante, en cloche, à 4 lobes : 8 étamines, 1 style : capsule à 4 loges, à 4 valves : graines nombreuses : feuillage toujours vert.

1. B. COMMUNE. — *E. vulgaris.* L.

Sous-arbrisseau rameux, haut de 9-18 pouces, tortueux, diffus : feuilles imbriquées sur 4 rangs, très-petites, vertes, presque triangulaires, coniques, prolongées au-dessous de leur insertion, sessiles, rapprochées, comme collées contre les rameaux : fleurs petites, rosées ou purpurines, un peu penchées, en longue grappe terminale composée de petites grappes partielles de 4-5 fleurs ayant un double calice. *l.* Eté. Bois, lieux arides, tourbières.

223. PASSERINE, *Passerina.* L. Périanthe à 4 divisions, persistant, à tube grêle, ventru vers la base : 8 étamines insérées au sommet du tube : style

filiforme, latéral, à stigmate velu : capsule ou baie sèche, ovale, à une loge : graine unique.

** Feuilles velues.*

1. P. VELUE. — *P. hirsuta.* L.

Arbrisseau rameux, haut de 1-3 pieds, cotonneux: euilles très-rapprochées, petites, ovales, épaisses, d'un vert blanchâtre en-dessous où elles sont coton-neuses : fleurs axillaires, d'un vert jaunâtre ou blan-châtre, en paquets : périanthe à lobes ovales. *l.* Presque toute l'année. Lieux pierreux du midi.

*** Feuilles glabres.*

2. P. DIOÏQUE. — *P. dioica.* L.

Sous-arbrisseau à rameaux tortueux et nombreux, à écorce en consistance de liège : feuilles nombreuses, serrées à l'extrémité des rameaux, imbriquées, li-néaires, en spatule, aiguës : fleurs jaunâtres, axillai-res, 2 à 2 ou rarement solitaires, celles à étamines sur un pied, celles à pistil sur un autre pied : corolle à lobes lancéolés. *l.* Mai. Pyrénées.

224. DAPHNÉ, *Daphne.* L. Périanthe tubuleux, coloré, à 4 lobes ouverts : 8 étamines cachées dans le tube qui les porte : style court à stigmate en tête : baie globuleuse, à 1 loge, à 1 graine. Sous-arbrisseaux ou arbrisseaux.

** Fleurs terminales, non entre les feuilles.*

*§ Fleurs sessiles presque en corymbe.*

1. D. CAMÉLÉE. — *D. cneorum.* L.

Tiges grêles, rameuses, hautes de 5-8 pouces, garnies à leur sommet de feuilles nombreuses, éparses, un peu en spatule ou lancéolées-linéaires, à bords un peu roulés : fleurs purpurines, roses ou blan-ches, velues sur le tube, odorantes : fruit ovoïde, à la fin brun. *l.* Eté. Hautes montagnes.

§§ *Fleurs pédicellées en panicule.*

2. D. GAROU. — *D. gnidium.* L.

Tige haute de 3 pieds, d'un rouge brun, rameuse :
feuilles planes, coriaces, nombreuses, linéaires-lancéolées, aiguës, presque imbriquées : fleurs blanches
ou rougeâtres, petites, à pédicelles chargés de duvet
blanc : fruit rouge. *l.* Eté. Monts arides du Midi.

** *Fleurs axillaires ou latérales, disposées entre les*
*feuilles ou au-dessous.*

§ *Fleurs blanches, roses ou purpurines.*

3. D. BOIS-GENTIL. — *D. mezereum.* L.

Arbuste de 1-3 pieds, rameux : feuilles naissant
après les fleurs, lancéolées, rétrécies à la base, courtement pétiolées, caduques, entières, glabres, légèrement ciliées dans la jeunesse, réunies au sommet
des rameaux : fleurs roses ou blanches, sessiles, d'une
odeur agréable, réunies 3 à 3 ou rarement 4 en
grappe surmontée d'un bourgeon de feuilles qui se
développent après la floraison : fruit rouge ou jaune.
*l.* Printemps. Lieux frais et ombragés.

4. D. DES ALPES. — *D. Alpina.* L.

Tige de 1 à 2 pieds, rameuse, tortueuse, nue :
feuilles toutes réunies au sommet des rameaux, lancéolées ou obovales, blanchâtres en-dessous, pubescentes au moins dans la jeunesse : fleurs blanches,
sessiles, axillaires, quoique paraissant terminales,
odorantes le soir : fruit rouge. *l.* Printemps. Rochers
des montagnes.

§§ *Fleurs d'un jaune verdâtre ou blanchâtre.*

5. D. LAURÉOLE. — *D. laureola.* L.

Sous-arbrisseau de 1-3 pieds, dressé, rameux du
haut, à rameaux nus, flexibles, feuillés au sommet :
feuilles grandes, éparses, sessiles, persistantes, lan-

céolées ou oblongues, élargies au sommet, aiguës, épaisses, coriaces, d'un vert sombre en-dessus, luisantes, glabres : fleurs presque inodores, d'un jaune verdâtre, 3-7 en grappes courtes, axillaires et penchées : fruits noirs à la maturité. *l.* Printemps. Bois, taillis, buissons des montagnes.

6. D. THYMELÉE. — D. thymelaea. L.

Arbuste de 8-10 pouces, à rameaux simples, lisses : feuilles petites, sessiles, lancéolées, glabres, glauques en-dessous et d'un vert jaunâtre : fleurs axillaires, d'un blanc jaunâtre, solitaires dans le bas, réunies 2-5 vers le bout des rameaux : périanthe à lobes linéaires. *l.* Printemps. Midi.

**225. CHLORE,** *Chlora.* L. Calice à 8 divisions, quelquefois 6-10-12 : corolle monopétale, en soucoupe, à tube court, découpée comme le calice à 8 lobes, ou 6-10-12 : étamines en même nombre : 1 style à stigmate à 2 lobes : capsule à 1 loge, à 2 valves : graines nombreuses.

1. C. PERFOLIÉE. — C. perfoliata. L.

Plante glabre : tige dressée, cylindrique, dichotome du haut, s'élevant à 12-15 pouces : feuilles d'un vert glauque, courtes, opposées, soudées-perfoliées, ovales-lancéolées, entières, les radicales en rosette : fleurs solitaires, pédonculées, d'un jaune d'or, disposées en corymbe dichotome terminal, muni de bractées à toutes les bifurcations : capsule un peu tétragone. *a.* Eté. Terres humides.

Divisions du calice à 3 nervures : *C. serotina.* KOCH.

**226. CAPUCINE,** *Tropæolum.* L. Calice à 5 divisions colorées, la supérieure prolongée à la base en éperon : 5 pétales inégaux, les 3 inférieurs plus petits, à onglet cilié : 8 étamines courbées : 1 style à 3 stigmates : fruit composé de 3 graines indéhiscentes à écorce ridée et spongieuse.

1. C. A LARGES FEUILLES. — *T. majus.* L.

Tige herbacée, glabre, tendre, rameuse, tombante, se soutenant pour grimper, au moyen de ses pétioles qui se contournent : feuilles peltées, arrondies, à bords sinués, longuement pétiolées : fleurs grandes, odorantes, solitaires, axillaires, orangées , rayées à pétales obtus  *a.* Eté. Jardins.

2. C. A PETITES FEUILLES. — *T. minus.* L.

Plante plus petite: nervures des feuilles prolongées au-delà du bord : fleurs jaunes à sépales pointus. *a.* Eté. Jardins.

227. RUE, *Ruta.* L. Calice persistant à 4, rarement 3-5 divisions : pétales 4, ou 3-5, concaves, à onglet : étamines droites en nombre double des pétales, insérées sous le disque qui porte l'ovaire : 1 style : réceptacle entouré de 8-10 points mellifères : capsule à 4-5 lobes , à 4-5 loges, à plusieurs graines.

1. R. FÉTIDE. — *R. graveolens.* L.

Racine ligneuse : tige dure, ligneuse à la base, rameuse, glauque ainsi que toute la plante, ou d'un vert sombre, haute de 1-2 pieds : feuilles alternes, pétiolées, 2 fois ailées, à folioles ovales-oblongues, élargies au sommet, la terminale souvent échancrée, parsemées de points glanduleux qui exhalent une odeur forte : fleurs jaunes, pédonculées, en panicule terminale ; les fleurs terminales ont 10 étamines, les autres 8 qui s'approchent alternativement du pistil : capsule à lobes obtus. *v.* Eté. Terrains secs du Midi, jardins.

2. R. DE MONTAGNE. — *R. montana.* DC.

Tige moins élevée, plus verte, plus rameuse : folioles linéaires, très-aiguës : fleurs d'un jaune verdâtre , en corymbe divariqué. *v.* Eté. Lieux élevés, stériles.

228. MONOTROPE, *Monotropa.* L. Calice persistant à 4-5 sépales colorés : corolle de 4-5 pétales

alternant avec les sépales, gibbeux et nectarifères à la base : 8-10 étamines : 1 style : capsule sillonnée, à 5 valves, 5 loges : graines nombreuses.

1. M. SUCE-PIN. — *M. hypopithys*. L.

Plante parasite sur les racines des hêtres et des sapins, d'un blanc-jaunâtre : racine munie d'écailles épaisses : tige de 3-8 pouces, sans feuilles, garnie d'écailles ovales, serrées : fleurs d'un jaune clair, peu pédonculées, munies de bractées, disposées en grappe terminale d'abord penchée, puis se redressant; la fleur terminale a 10 étamines, les autres n'en ont que 8. *v*. Eté. Forêts, lieux ombragés.

229. ONAGRE, *Œnothera*. L. Calice à tube allongé, à limbe à 4 lobes caducs après la fleuraison : 4 pétales obtus, échancrés en cœur : 8 étamines : 1 style : stigmate à 4 lobes : capsule infère, linéaire, oblongue, un peu à 4 angles, à 4 valves, à 4 loges : graines nombreuses, nues, fixées à un réceptacle central anguleux.

1. O. BISANNUELLE. — *OE. biennis*. L.

Racine en fuseau : tige dressée, haute de 1-3 pieds, anguleuse, velue, presque rude : feuilles alternes, ovales-lancéolées, rétrécies en pétiole, surtout les radicales, un peu velues et munies de dents longues et peu profondes : fleurs axillaires, grandes, solitaires, jaunes, odorantes, formant une sorte d'épi feuillé, terminal : capsule sessile, velue. *a*. Eté. Marais. Bords des rivières.

230. ÉPILOBE, *Epilobium*. L. Calice à tube très-long, adhérent à l'ovaire, à 4 angles : limbe à 4 divisions caduques : 4 pétales : style filiforme à 4 stigmates en croix ou soudés en massue : capsule infère, linéaire, à 4 angles obtus, à 4 loges, 4 valves : graines nombreuses, couronnées de poils simples.

* *Fleurs irrégulières à pétales entiers : étamines*
*penchées.*

1. E. EN EPI. — *E. spicatum.* Lam.

Racine rameuse, jaunâtre, stolonifère : tige dressée, rougeâtre, haute de 2-5 pieds, souvent simple .
cylindrique, très-feuillée : feuilles éparses, presque
sessiles, lancéolées. entières , longues, glabres , veinées : fleurs grandes , d'un rose pourpre , en épi ou
grappe terminale, lâche, feuillée dans le bas, à feuilles
dégénérant peu à peu en bractées : stigmate à 4 lobes. *v.* Eté. Bois taillis, haies.

Feuilles linéaires, denticulées, non veinées : fleurs
purpurines ayant une bractée vers le milieu du pédoncule : *E. angustifolium.* MERAT.

** *Fleurs régulières , étamines dressées: pétales*
*échancrés.*

2. E. VELU. — *E. hirsutum.* L.

Racine à rejets : tige rameuse, haute de 2-4 pieds,
ronde, velue : feuilles inférieures opposées, les supérieures alternes, toutes oblongues-lancéolées , grandes, demi-embrassantes, velues, à dentelures aiguës
et irrégulières, souvent recourbées : fleurs grandes,
purpurines, terminales : stigmates à 4 lobes étalés.
*v.* Eté. Lieux frais, bords des eaux.

Plante plus grêle : fleurs petites, roses, peu ouvertes : *Parviflorum.* GAUD.

231. RENOUÉE, *Polygonum.* L. Périanthe à 4-5
divisions profondes ordinairement colorées en dedans:
5-9 étamines, ordinairement 8 sur 2 rangs : style
court, à 2-3 stigmates, fendu quelquefois jusqu'à la
base : fruit monosperme, nu, ovoïde, comprimé s'il
y à 2 stigmates, triangulaire s'il y en a 3, renfermé
dans le périanthe persistant.

** Epi terminal unique : graine triangulaire :  tige simple, droite.*

**1. R. BISTORTE. — *P. bistorta*. L.**

Racine épaisse, allongée, tortueuse : tige simple, dressée, striée, glabre, haute de 1 à 3 pieds : feuilles radicales longuement pétiolées, ovales-lancéolées, obtuses, un peu en cœur à la base et décurrentes sur le pétiole, glauques en-dessous, entières, finement ciliées-denticulées sur les bords, les caulinaires sessiles, aiguës, à gaîne allongée : fleurs roses en épi fourni, cylindrique ou ovoïde-oblong : 3 stigmates : graine brune, lisse, à 3 angles. *v.* Eté. Prés humides des montagnes.

**2. R. VIVIPARE. — *P. viviparum.* L.**

Plante plus petite et plus grêle que la précédente dont elle diffère par sa tige haute de 5-6 pouces ; ses feuilles non décurrentes sur le pétiole ; ses fleurs blanchâtres, petites, en épi grêle, lâche dans le bas, rarement vivipare, c'est-à-dire, à fleurs entremêlées de bulbilles. *v.* Eté. Pâturages des hautes montagnes.

*** Tige rameuse: plusieurs épis terminaux : stigmates épais, en tête.*

*§ Epis fournis-serrés, cylindriques.*

**3. R. AMPHIBIE. — *P. amphibium.* L.**

Racine rampante : tige nageante, longue de 1-3 pieds, flexueuse, peu rameuse, se redressant pour fleurir, et munie de radicelles aux articulations : feuilles pétiolées ovales-lancéolées, entières, arrondies ou presque en cœur à la base, ciliées-rudes sur les bords, pointues, les supérieures nageantes : gaîne courte : fleurs roses, en épis terminaux courts, quelquefois 2 à 2, oblongs : 5 étamines : 2 stigmates : graine noire, ovoïde, comprimée. *v.* Eté. Fossés, étangs, dans l'eau ou au bord de l'eau.

Tige fleurissant rarement : feuilles rudes, un peu velues : *Terrestre*. DC. Prés inondés l'hiver.

4. R. Persicaire.—*P. Persicaria.* L.

Tige rameuse, glabre, couchée à la base, puis redressée, longue de 1 à 2 pieds, à nœuds un peu renflés : feuilles lancéolées atténuées à la base en court pétiole, ciliées-rudes sur les bords , ordinairement marquées en-dessus d'une tache noirâtre en croissant: gaînes munies de longs cils : fleurs blanchâtres ou rougeâtres, en épis dressés, obtus, terminaux et axillaires: 6 étamines : graine pointue, comprimée ou un peu trigone. Plante à saveur poivrée. *a.* Eté. Fossés et lieux humides.

5. R. orientale. — *P. orientale.* L.

Tige dressée, haute de 3-6 pieds, articulée, rameuse du haut : feuilles pétiolées , grandes, ovales-acuminées , pubescentes : gaîne foliacée : fleurs grosses, d'un rouge vif, en épis penchés ou pendants : graines brunes, arrondies, comprimées. *a.* Eté. Jardins.

§§ *Epis grêles, interrompus, à fleurs lâches.*

6. R. poivre d'eau. — *P. hydropiper.* L.

Tige de 1-2 pieds, glabre, dressée ou ascendante, souvent rougeâtre, un peu renflée sur les nœuds : feuilles lancéolées, pointues, courtement pétiolées , glabres , ciliées-rudes sur les bords , non tachées : gaîne tronquée, ciliée : fleurs d'un blanc verdâtre ou roses, ponctuées-résineuses , en épis filiformes, penchés, interrompus, portés par des pédoncules glabres: périanthe à 4 divisions : 6 étamines : style bifide : graines comprimées , trigones ou ovoïdes, finement ponctuées. Plante à saveur âcre et poivrée. *a.* Lieux humides. fossés.

*** *Tige rameuse : fleurs axillaires : 3 styles libres:
graine à 3 angles.*

7. R. TRAINASSE. — *P. aviculare.* L.

Tiges couchées ou ascendantes, rameuses, diffuses, rondes, glabres, striées, feuillées et longues d'un
pied et plus : feuilles d'un vert pâle, lancéolées, entières, presque planes, obtuses, rétrécies en court
pétiole et munies d'une grande gaîne à 2 lobes, blanche, scarieuse, ciliée, à la fin déchirée : fleurs petites,
blanches, mêlées de vert et de rouge, 2-4 dans chaque
gaîne : graine striée. *a.* Eté. Chemins, champs après
la moisson. Varie à feuilles ovales, lancéolées, ou
linéaires sur le même pied.

**** *Tige volubile : fleurs axillaires en petits
faisceaux : 1 style à 3 stigmates.*

8. R. LISERON. — *P. convolvulus.* L.

Plante de 1 à 2 pieds, rameuse à la base, anguleuse, grimpante : feuilles pétiolées, en cœur, sagittées à la base, acuminées : gaînes courtes : fleurs
petites, 3-4 en grappes axillaires blanchâtres : graine
noire, à 3 angles. *a.* Eté. Champs surtout après la
moisson.

9. R. DES BUISSONS. — *P. dumetorum.* L.

Tige grimpante, arrondie, striée, s'élevant de 3-6
pieds : feuilles en cœur, triangulaires-hastées, acuminées, entières, glabres, pétiolées : fleurs blanchâtres en grappes axillaires et terminales, pendantes, à
3 divisions du périanthe accrues et prolongées en ailes
membraneuses : graine noire, à 3 angles, lisses. *a.*
Eté. Haies, buissons.

***** *Tige dressée, rameuse : fleurs en corymbe :
3 styles : 8 étamines : graine à 3 angles et dépassant le périanthe.*

10. R. SARRAZIN. — *P. fagopyrum.* L.

Tige haute de 1 à 2 pieds, rougeâtre, branchue :

feuilles pétiolées, en cœur et sagittées à la base, entières, acuminées, les supérieures sessiles : gaîne très-courte, entière : fleurs rosées ou blanches ramassées en grappes axillaires, pédonculées, disposées en corymbe au sommet : graine médiocre, triangulaire. *a*. Été. Cultivé dans les terres maigres.

11. R. SARRAZIN DE TARTARIE. — *P. Tataricum*. L.

Plus grand que le précédent, à feuilles vertes des deux côtés : stipules aiguës, fendues sur le côté : fleurs d'un blanc verdâtre, en épis lâches, axillaires, interrompus : graine grosse, rude près du sommet aigu. *a*. Été. Cultivé.

232. GNAVELLE, *Scleranthus*. L. Calice ovoïde, rétréci à l'orifice, adhérent, à 5 dents aiguës, un peu membraneuses sur les bords : corolle nulle : 5-8-10 étamines insérées sur le calice : 2 styles : fruit infère ne s'ouvrant pas, à 1 graine, renfermé dans le tube du calice.

1. G. ANNUELLE. — *S. annuus*. L.

Tige de 2-4 pouces, rameuse, diffuse, étalée, redressée, à nœuds gonflés, velus-écailleux : feuilles opposées, membraneuses et presque confluentes à la base, très-déliées, longues et tordues : fleurs en grappes courtes, latérales et terminales, verdâtres. *a*. Été. Champs.

Racine vivace : plante plus glauque : calice fermé, bordé de blanc : *S. perennis*. L.

233. DORINE, *Chrysosplenium*. L. Calice adhérent à l'ovaire, coloré, à 4-5 divisions : corolle nulle : 8-10 étamines : 2 styles : capsule à 2 valves, 2 becs, à 1 loge : graines nombreuses.

1. D. A FEUILLES ALTERNES. — *C. alternifolium*. L.

Tige de 3-5 pouces, faible, glabre, peu rameuse : feuilles alternes, pétiolées, arrondies et en rein, glabres ou poilues, à grandes crénelures, les supérieures rapprochées et presque opposées : fleurs jaunes, aggrégées, presque sessiles, la terminale presque seule à 10 étamines, les autres à 8 : feuilles florales jaunâtres. *v.* Printemps. Lieux ombragés et humides.

2. D. a feuilles opposées. — *C. oppositifolium.* L.

Diffère de la précédente par sa taille plus petite, par ses feuilles opposées, arrondies en coin, atténuées en pétiole, à dents sinueuses, par ses fleurs plus nombreuses et n'ayant ordinairement que 8 étamines. *v.* Printemps. Lieux ombragés et humides.

234. ADOXE, *Adoxa*, L. Périanthe à 4-5 divisions, muni extérieurement de 2-4 écailles : 8-10 étamines : 4-5 styles : capsule ou baie infère, adhérente au calice, à 4-5 loges, à 1 graine solitaire, membraneuse au bord.

1. A. moscatelline. — *A. moschatellina.* L.

Racine blanche, écailleuse, rampante : tige simple, haute de 3-5 pouces, glabre : feuilles glabres, les radicales 1-2, longuement pétiolées, 1-2 fois ternées, à folioles arrondies, incisées en grosses dents inégales, ovales, un peu pointues, les caulinaires opposées, à pétioles courts, une fois ternées : fleurs 4-5, verdâtres, en tête solitaire, la fleur terminale à 10 étamines, cinq divisions, toutes ont une odeur de musc. *v.* Printemps. Mai. Lieux couverts, haies.

235. PARISETTE, *Paris.* L. Périanthe divisé jusqu'à la base en 8 lanières étalées, dont 4 extérieures plus larges, les 4 intérieures très-étroites : 8 étamines ayant l'anthère fixée au milieu du filet : 4 styles : baie à 4 loges renfermant chacune 4-8 graines.

1. P. a quatre feuilles. — *P. quadrifolia.* L.

Tige simple, dressée, haute de 6-12 pouces, portant à son sommet 4 feuilles, quelquefois 3-5-6-7, disposées en croix, ovales, larges, pointues, glabres, entières, à 3-5 nervures : fleur solitaire, terminale, herbacée, pédonculée, dressée au milieu du verticille : styles noirs : baie noire, globuleuse, grosse comme une petite cerise. *v*. Eté. Bois humides, haies.

236. PHYTOLAQUE, *Phytolacca*. L. Périanthe à 5 divisions : 8-20 étamines, ordinairement 10 : 5-10 styles : ovaire supère à 5-10 stries : baie à 5-10 l ges, à 10 graines.

1. P. A DIX ÉTAMINES. — P. *decandra*. L.

Tige herbacée de 6-15 pieds, droite, rameuse, souvent rougeâtre : feuilles glabres, ovales-lancéolées, entières : fleurs vertes ou rosées, en grappes droites, opposées aux feuilles : 10 étamines : 5 styles : baie d'un rouge noir, à 10 sillons. *v*. Eté. Landes et rochers du Midi.

237. CALLE, *Calla*. L. Spathe plane, d'une seule pièce : spadice oblong, entièrement recouvert de fleurs, le plus souvent à 8 étamines, quelquefois 6 ou 7 : périanthe nul : 1 ovaire gros, ovoïde, mêlé avec les fleurs à étamines : 1 stigmate : baie à plusieurs graines.

1. C. DES MARAIS. — C. *palustris*. L.

Racine en souche épaisse, rampante, fibreuse aux nœuds : hampe de 4-8 pouces, dressée ou ascendante, nue, épaisse, cylindrique : feuilles radicales. dressées, en cœur, à longs pétioles écailleux à la base : spathe ovale, un peu épaisse, pointue, verte en dehors, blanchâtre en dedans, à la base du spadice couvert de fleurs blanchâtres : baies rouges. *v*. Eté. Etangs, fossés des Vosges.

# Neuvième Classe.

—

## NEUF ÉTAMINES PAR FLEUR.

### ENNÉANDRIE.

—

## PREMIER ORDRE.

### UN PISTIL PAR FLEUR. — MONOGYNIE.

#### * Arbre.

Feuilles persistantes, coriaces,
luisantes : drupe. . . . . . . 238. LAURIER.
Feuilles caduques, minces : cap-
sule ailée. . . . . . . . . . 219. ERABLE.

#### ** Herbe.

Anthères presque soudées en
tube autour du pistil. . . . . 91. MORELLE.

—

## II ORDRE.

### DEUX OU TROIS PISTILS PAR FLEUR.—DI-TRIGYNIE.

Périanthe à 4-5 divisions : 2-3
styles simples. . . . . . . . 231. RENOUÉE.
Périanthe à 3 divisions grandes
et 3 petites : 3 stigmates plu-
meux. . . . . . . . . . . . . 239. RHUBARBE.

—

## III ORDRE.

### SIX PISTILS PAR FLEUR OU PLUS. — HEXAGYNIE.

Feuilles radicales : fleurs blanches ou rosées, en ombelle. 240. BUTOME.

**238. LAURIER,** *Laurus.* L. Périanthe à 4-6 divisions : 6-9-12 étamines sur 2 rangs, 6 extérieures fertiles, les intérieures souvent stériles et glanduleuses : stigmate en tête : drupe charnue à noyau se séparant en 2 graines.

1. L. FRANC. — *L. nobilis.* L.

Arbre toujours vert, haut de 3-30 pieds, à rameaux redressés, à écorce lisse : feuilles alternes, pétiolées. luisantes, d'un vert foncé, odorantes, coriaces, lancéolées, presque ondulées sur les bords, persistantes : fleurs jaunâtres, en petites ombelles pédonculées, axillaires, munies d'écailles caduques à la base du pédoncule : les fleurs sont dioïques, monoïques, ou à étamines et pistils : fruit gros, oblong, d'un bleu foncé ou noirâtre, peu charnu. *l.* Printemps. Jardins. Midi.

**239. RHUBARBE,** *Rheum.* L. Périanthe persistant, rétréci à sa base, à 6 divisions inégales : 9 étamines : 3 stigmates plumeux, réfléchis : capsule triangulaire, aiguë, membraneuse sur les angles, à 1 graine : tige grande : feuilles larges, palmées ou en cœur, ovales : fleurs jaunâtres en panicules. Cultivée rarement.

**240. BUTOME,** *Butomus.* L. 2 ou 3 petites bractées servant d'involucre ou de calice : 6 pétales dont les 3 extérieurs plus épais et plus petits : 6 ovaires portant chacun un style à bec courbé : 6 capsules soudées à la base, à 1 loge, à 1 valve, s'ouvrant en dedans : graines linéaires-oblongues, droites.

1. B. EN OMBELLE. — *B. umbellatus.* L.

Racine rampante : hampes rapprochées, nues, simples, hautes de 3-4 pieds, terminées par une ombelle simple, de 15-20 fleurs à longs pédoncules inégaux munis à leur base d'une collerette de 2-3 folioles inégales, membraneuses : feuilles radicales, un peu moins grandes que les hampes, droites, à 3 angles à la base, linéaires, planes au sommet : fleurs rosées ou purpurines. *v.* Eté. Bords des eaux stagnantes.

# Dixième Classe.

—

## DIX ÉTAMINES LIBRES PAR FLEUR.
### DÉCANDRIE.

—

## PREMIER ORDRE.
### UN PISTIL PAR FLEUR. — MONOGYNIE.

—

### § 1. Corolle monopétale.

#### * *Grands arbres.*

Drupe arrondie, coriace : fleurs
   blanches. . . . . . . . . . 241. ALIBOUFIER.
Baie grosse : fleurs purpurines. 220. PLAQUEMINIER.

#### ** *Arbrisseaux ou arbustes ne dépassant pas 6 pieds.*

##### ⸗ *Ovaire supère.*

Corolle en entonnoir : capsule
   à 5 loges . . . . . . . . . 245. ROSAGE.
Corolle en grelot : baie à 5
   loges . . . . . . . . . . . 246. ARBOUSIER.
Corolle *id.* : capsule à 5 loges. 247. ANDROMÈDE.

##### ⸗⸗ *Ovaire infère.*

Baie ombiliquée : fleurs roses
   ou rougeâtres . . . . . . . 221. AIRELLE.

### § 2. Corolle polypétale.

#### * *Arbres ou plantes ligneuses.*

##### ⸗ *Feuilles simples.*

Feuilles en cœur arrondi :
   fleurs léguminacées . . . . 243. GAINIER.
Feuilles très-petites triangu-
   laires allongées, imbriquées :

fleurs à 3-5 pétales : semen-
ces aigrettées . . . . . . . 181. TAMARISQUE.
Feuilles lancéolées, colorées
par des poils en-dessous :
capsule. . . . . . . . . . . 248. LEDON.

§§ *Feuilles composées de plusieurs folioles.*

Fleurs jaunes léguminacées :
feuilles à 3 folioles : légume. 242. ANAGYRE.
Fleurs blanches léguminacées:
feuilles ailées : légume . . . 423. SOPHORA.
Fleurs à pétales inégaux : feuil-
les ailées : 5 capsules en
étoile . . . . . . . . . . . 244. DICTAME.

** *Herbes.*

§ *Fruit formé d'une seule capsule.*
' *Plante munie de feuilles.*

Feuilles simples : capsule entière au sommet. . . . . . 249. PYROLE.
Feuilles ailées: capsule divisée
au sommet. . . . . . . . . 227. RUE.

'' *Plante sans feuilles.*

Herbe parasite, jaunâtre, écailleuse. . . . . . . . . . . . 228. MONOTROPE.

§§ *Fruit formé de plusieurs capsules.*

Chaque capsule suspendue par
une longue arête enroulée à
la fin . . . . . . . . . . . . 386. GÉRANIUM.

———

## II ORDRE.

**DEUX PISTILS PAR FLEUR. — DIGYNIE.**

### § 1. Un périanthe unique.

Feuilles linéaires : capsule à
1 graine. . . . . . . . . . 232. GNAVELLE.

Feuilles larges : capsule à graines nombreuses. . . . . . 233. DORINE.

§ 2. **Un calice et une corolle**.

* *Capsule globuleuse, cylindrique ou ovale, sans pointes ni becs.*

¶ *Calice tubuleux : capsule oblongue.*
Calice muni d'écailles à sa base. 252. OEILLET.
Calice nu à la base : pétales en-
tiers ou bifides. . . . . . 251. SAPONAIRE.

¶¶ *Calice en cloche.*
Capsule globuleuse. . . . . 250. GYPSOPHILE.
** *Capsule à 2 becs ou pointes.*
Ovaire infère ou demi-infère. 261. SAXIFRAGE.

———

## III ORDRE.

**TROIS PISTILS PAR FLEUR. — TRIGYNIE.**
§ 1. **Arbre**.
Feuilles imbriquées. . . . . 181. TAMARISQUE.

§ 2. **Herbe**.
* *Fleurs munies de pétales allongés.*
Pétales munis d'un onglet
très-long. . . . . . . . 255. SILÈNE.
Pétales sans onglet, bifides. . 254. STELLAIRE.
** *Fleurs verdâtres.*
Plantes laiteuses. . . . . . 481. EUPHORBE.

———

## IV ORDRE.

**QUATRE PISTILS PAR FLEUR. — TETRAGYNIE.**
Feuilles 1 ou 2 fois ternées :
fleurs en tête . . . . . . . 234. ADOXE.

# V ORDRE.

**CINQ PISTILS PAR FLEUR. — PENTAGYNIE.**

**§ 1. Feuilles charnues, épaisses.**



**§ 2. Feuilles non charnues, minces.**

** Feuilles simples.*

*♂ Herbe.*



*♂♂ Arbrisseau.*



*** Feuilles ternées.*



—

# VI ORDRE.

**PLUS DE CINQ PISTILS PAR FLEUR. — POLYGYNIE.**



241. ALIBOUFIER, *Styrax*. L. Calice en godet,
entier ou à 5 dents : corolle en entonnoir, insérée au
fond du calice ; tube court, limbe à 3 ou 7 divisions :
6-16 étamines réunies par la base des filets insérés

sur le tube de la corolle : 1 style : drupe coriace, renfermant un noyau à 1-3 graines.

1. A. OFFICINAL. — *S. officinalis*. L.

Arbre d'environ 20 pieds, très-rameux : feuilles alternes, pétiolées, ovales, entières, blanchâtres et cotonneuses en-dessous, vertes en-dessus : fleurs blanches, en petites grappes : fruit blanchâtre, cotonneux, arrondi. *l.* Printemps. Forêts du Midi.

242. ANAGYRE, *Anagyris*. L. Calice en cloche, à 5 dents : corolle léguminacée, à carène droite, 2 fois plus longue que les ailes et s'étalant en cœur : 10 étamines : 1 style : stigmate velu : gousse sèche, oblongue, grande, comprimée : graines nombreuses, l'étendard en rein.

1. A. FÉTIDE. — *A. fœtida*. L.

Arbrisseau droit, rameux, à écorce grisâtre, haut de 4-6 pieds : feuilles à 3 folioles entières, lancéolées, aiguës, pubescentes, blanchâtres : stipules opposées aux feuilles : fleurs jaunes, pédonculées, en grappe. *l.* Printemps. Collines sèches du Midi.

243. GAINIER, *Cercis*. L. Calice en cloche, bossu à la base, à 5 dents obtuses : corolle léguminacée à 5 pétales onguiculés dont deux en ailes longues et 2 rapprochés en carène pour couvrir les 10 étamines et le pistil : étamines inégales : légume sec, comprimé, obliquement acuminé, polysperme.

1. G. ARBRE DE JUDÉE. — *C. siliquastrum*. L.

Arbre peu élevé, à rameaux bruns ou rougeâtres : feuilles simples, pétiolées, en rein ou échancrées en cœur, glabres : fleurs purpurines en paquets sur les branches ou sur le tronc, paraissant avant les feuilles. *l.* Printemps. Rochers et bois du Midi. Jardins.

244. DICTAME, *Dictamnus*. L. Calice caduc, à 5 folioles très-petites : 5 pétales lancéolés, inégaux, à onglet : 10 étamines déjetées, glanduleuses : ovaire pédicellé : 1 style penché : fruit formé de 5 capsules

comprimées, pointues, réunies par leur bord interne
et disposées en étoile, chacune à 2 graines et à 2
valves.

**1. D. FRAXINELLE. — *D. fraxinella*. L.**

Tige dressée, velue, glanduleuse dans le haut :
feuilles grandes, alternes, ailées avec impaire à folioles ovales, luisantes et visqueuses, opposées et
sessiles, dentelées en scie : fleurs purpurines ou blanches, rayées, grandes, en grappe terminale, droite, à
pédoncules et calices pubescents-glanduleux, d'un
rouge brun, visqueux : fruit glanduleux. *v*. Eté. Bois
du Midi. Jardins.

**245. ROSAGE**, *Rhododendron*. L. Calice à 5 divisions : corolle en roue ou en entonnoir, à 5 lobes
étalés, arrondis : 10 étamines insérées à la base de la
corolle : anthères s'ouvrant par 2 trous au sommet :
1 style : capsule ovale, un peu anguleuse, à 5 loges
formées par les bords rentrants des 5 valves. Arbrisseaux.

**1. R. FERRUGINEUX. — *R. ferrugineum*. L.**

Sous-arbrisseau très-rameux, tortueux, diffus,
haut de 1-2 pieds : rameaux ligneux, feuillés seulement au sommet : feuilles alternes, oblongues-lancéolées, entières, un peu roulées en-dessous par les
bords, peu pétiolées, glabres, coriaces, lisses et vertes
en-dessus, ferrugineuses et écailleuses en-dessous :
4-15 fleurs rouges, en grappe courte, presque en
ombelle au sommet des rameaux : dents du calice
ovales, courtes, un peu barbues. *l*. Eté. Hautes montagnes.

**246. ARBOUSIER**, *Arbutus*. L. Calice très-
petit, à 5 dents : corolle en grelot, à 5 dents réfléchies en dehors : anthères penchées, un peu bifides :
1 style : baie arrondie, à 5 loges : plusieurs graines.

* *Etamines glabres : baie lisse : loges à 1 graine.*

### 1. A. DES ALPES. — *A. Alpina.* L.

Plante ligneuse, rameuse, couchée, feuillée, longue de 1-2 pieds : feuilles alternes, rétrécies en pétiole, ovales un peu élargies au sommet, glabres, inégalement dentelées en scie dans la moitié supérieure, ciliées à la base, un peu velues en-dessous : fleurs blanchâtres, petites, en grappes courtes : baie ronde, ombiliquée, d'un noir bleuâtre, d'une saveur un peu âpre. *l.* Eté. Montagnes du Midi.

### 2. A. RAISIN D'OURS. — *A. uva-ursi.* L.

Arbuste de 1-2 pieds, couché, rameux, feuillé : feuilles coriaces, alternes, obovales, persistantes, un peu pétiolées, entières, obtuses : fleurs peu nombreuses, en grappes courtes et recourbées, rosées ou blanches : baie rouge, un peu ombiliquée, acerbe. *l.* Eté. Lieux arides des montagnes.

** *Etamines velues : baie tuberculeuse : loges à plusieurs graines.*

### 3. A. FRAISIER. — *A. unedo.* L.

Arbrisseau de 3-4 pieds, droit, rameux : feuilles ovales-oblongues, dentées, luisantes, glabres : fleurs blanches, en panicule pendante, terminale : fruit rouge, en forme de fraise, globuleux, mangeable. *l.* Automne. Bois du Midi.

**247. ANDROMÈDE,** *Andromeda.* L. Calice coloré très-petit à 5 dents : corolle en grelot, à 5 dents réfléchies : anthères à 2 cornes : 1 style : capsule à 5 loges, 5 valves.

### 1. A. A FEUILLES DE POLIUM. — *A. poliifolia.* L.

Petit arbrisseau grêle, dressé, rameux : feuilles alternes, lancéolées, roulées en-dessous par les bords : fleurs d'un rose pâle, presque globuleuses. *l.* Eté. Marais tourbeux.

**2. A. DE VIRGINIE. — *A. Mariana*. Desf.**

Arbrisseau de 2-4 pieds : feuilles ovales ou lancéolées, d'un vert luisant en-dessus, ponctuées et veinées en-dessous : fleurs en cloche, grandes, blanchâtres, en grappes latérales. *l.* Eté. Jardins.

248. LEDON, *Ledum*. L. Calice très-petit, à 5 dents : 5 pétales étalés : 5 ou 10 étamines insérées au fond du calice : 1 style : capsule arrondie. à 5 loges, s'ouvrant par la base.

**1. L. DES MARAIS. — *L. palustris*. L.**

Arbuste de 10-15 pouces, dressé : feuilles oblongues, linéaires, alternes, roulées en-dessous par les bords, garnies en-dessous d'un duvet roussâtre : fleurs blanches, petites, en corymbe terminal. *l.* Eté. Marais tourbeux du Nord.

249. PYROLE, *Pyrola*. L. Calice petit, à 5 dents : 5 pétales arrondis, concaves : 10 étamines ou 8 : 1 style : capsule anguleuse, à 5 loges, 5 valves, s'ouvrant par les angles vers la base : graines nombreuses.

     ⋆ *Fleurs en grappe, blanches.*

**1. P. A FEUILLES RONDES. — *P. rotundifolia*. L.**

Tige dressée, simple, nue, rougeâtre, haute de 8-10 pouces : feuilles rondes, entières ou à peine crénelées, glabres, pétiolées : 12-15 fleurs en grappe terminale, munies d'une bractée à la base de chaque pédoncule : corolle très-ouverte à long style recourbé. *v.* Eté. Bois.

     ⋆⋆ *Fleurs en ombelle, rosées, rarement blanches.*

**2. P. EN OMBELLE. — *P. umbellata*. L.**

Tige presque ligneuse, droite, dure, haute de 4-6 pouces : feuilles lancéolées, coriaces, persistantes, dentées en scie, verticillées ou éparses, rétrécies à la base : 3-5 fleurs en ombelle, à pédicelles étalés ou penchés. *v.* Printemps. Vosges.

250. GYPSOPHILE, *Gypsophila.* L. Calice en cloche, anguleux, à 5 lobes : 5 pétales obtus ou un peu échancrés, à onglet très-court : 10 étamines : 2 styles : capsule globuleuse, à 1 loge, à 4-5 valves au sommet : graines nombreuses, presque arrondies.

* *Calice muni de 4 écailles à sa base.*

1. G. SAXIFRAGE. — *G. saxifraga.* L.

Racine presque ligneuse : tiges nombreuses, grêles. dures, inclinées, diffuses, très-rameuses, hautes d'un pied : feuilles raides, fines, linéaires en alène, dentelées-ciliées, opposées et connées à la base : fleurs rougeâtres solitaires, axillaires et terminales, en panicule lâche : 4 écailles ovales, pointues, membraneuses sur les bords, disposées en croix. *v.* Été. Lieux secs, rochers.

** *Calice nu à la base.*

2. G. DES MURS. — *G. muralis.* L.

Tige diffuse, rameuse-dichotome, haute de 4-7 pouces : feuilles linéaires, très-fines, glabres : fleurs petites, rougeâtres, axillaires, solitaires, terminales, en panicule lâche, à longs pédoncules : divisions du calice obtuses. *a.* Été. Champs arides.

251. SAPONAIRE, *Saponaria.* L. Calice tubuleux ou conique, à 5 dents : 5 pétales à onglet égalant le tube du calice : 10 étamines : 2 styles : capsule oblongue, s'ouvrant au sommet en 4 dents, à 1 loge : graines nombreuses arrondies en rein.

* *Calice cylindrique: fleurs fasciculées en corymbe.*

1. S. OFFICINALE. — *S. officinalis.* L.

Racine dure, rampante, blanchâtre : tiges dressées, hautes de 1-2 pieds, cylindriques, noueuses. rameuses au sommet : feuilles ovales-lancéolées, entières. sessiles, glabres, opposées, à 3 nervures : fleurs rosées presque sessiles, en faisceaux terminaux, entourées de bractées lancéolées, disposés en corymbe ou pa-

nicule : calice comme tronqué à la base , à dents
aiguës : capsule allongée. *v.* Eté. Champs et fossés.

**** *Calice à 5 angles : fleurs en panicule lâche.***

2. S. DES VACHES. — *S. vaccaria.* L.

Racine en fuseau : tige dressée, ronde, glabre.
lisse, rameuse-dichotome au sommet, haute de 1-2
pieds : feuilles glabres, sessiles, embrassantes, opposées, lancéolées, un peu glauques, pointues : fleurs
rosées ou blanches, en panicule ou corymbe, à longs
pédoncules : calice pyramidal à 5 angles ailés , verdâtres, à 5 dents obtuses : capsule courte, ovoïde.
*a.* Eté. Champs.

252. OEILLET, *Dianthus.* L. Calice tubuleux ,
cylindrique, à 5 dents, entouré à la base de 2 ou 4
écailles opposées : 5 pétales à onglet long, à limbe
denté ou frangé : 10 étamines : 2 styles : capsule
cylindrique, couverte par le calice, à 1 loge, s'ouvrant
au sommet en 4 dents : graines nombreuses, con-
vexes-concaves.

*** *Pétales dentés.***

1. OE. GIROFFLÉE. — *D. caryophyllus.* L.

Tige élevée de 1 à 2 pieds, noueuse, rameuse,
glabre, anguleuse : feuilles glauques, linéaires, aiguës,
pliées en gouttière, rudes sur les bords, opposées et
connées : fleurs grandes, odorantes, rosées, blanches
ou rouges, solitaires à l'extrémité de la tige et des
rameaux : écailles du calice appliquées, larges ,
courtes, glabres, mucronées : pétales glabres. *v.* Eté.
Lieux pierreux. Cultivé.

**** *Pétales frangés, c'est-à-dire découpés en lanières***
***fines.***

2. OE. MIGNARDISE. — *D. plumarius.* L.

Racine vivace, produisant une touffe de tiges
hautes de 5-8 pouces, divisées en 2-3 rameaux uniflores, d'un vert glauque : feuilles linéaires en alène,

à bords rudes, glauques, les radicales en gazon : fleurs d'un rose pâle ou blanches, avec une couronne plus foncée à la gorge, à odeur musquée très-agréable : pétales un peu barbus à la base, finement découpés jusqu'au tiers : écailles calicinales ovales-arrondies, 3-4 fois plus courtes que le tube. *v.* Eté. Pâturages du Midi. Cultivé.

### 3. OE. superbe. — *D. superbus.* L.

Tige droite, ferme, rameuse du haut, un peu couchée à la base, haute de 1 à 2 pieds : feuilles linéaires-lancéolées, les inférieures presque obtuses, à 3 nervures, larges : fleurs grandes, odorantes, lilas, rosées ou blanches, un peu en panicule large : pétales découpés-pinnatifides, munis à la base de poils violâtres : écailles calicinales ovales-mucronées, 3 fois plus courtes que le tube coloré ou panaché. *v.* Eté. Bois, buissons.

253. LYCHNIDE, *Lychnis.* L. Calice tubuleux ou oblong, à 5 lobes ou 5 dents : 5 pétales échancrés ou découpés en lanières, onguiculés et ordinairement munis d'écailles à la gorge : 10 étamines : 5 styles : capsule à 1 ou 5 loges incomplètes, s'ouvrant au sommet en 5 ou 10 dents.

* *Calice cylindrique en massue.*

### 1. L. croix de Malte. — *L. chalcedonica.* L.

Tige dressée, ronde, haute de 2-3 pieds, hérissée : feuilles opposées, ovales-lancéolées, embrassantes, velues, sessiles : fleurs rouges, rarement roses ou blanches, en faisceaux disposés en corymbe serré, terminal : pétales bifides, munis de 2 écailles à la gorge : capsule pédicellée. *v.* Eté. Jardins.

** *Calice ovoïde ou en cloche, à dents courtes.*

### 2. L. dioïque. — *L. dioica.* L.

Tige de 1-2 pieds, velue, rameuse-dichotome : feuilles mollement pubescentes, ovales, pointues, entières, les inférieures rétrécies en pétiole, les supérieures lancéolées, connées : fleurs blanches, rarement rougeâtres, odorantes le soir, en panicule peu fournie, dioïques : pétales à 2 lobes obtus, munis d'écailles découpées. *v.* Eté. Haies, chemins.

Feuilles supérieures ovales : fleurs rouges, inodores : *L. sylvestris.* GAUD.

*** *Calice coriace, tubuleux, à divisions longues.*

3. L. COQUELOURDE. — *L. coronaria.* L.

Plante couverte d'un duvet cotonneux, blanchâtre : tige dressée, haute de 1-2 pieds, rameuse-dichotome : feuilles ovales-lancéolées, opposées-embrassantes : fleurs grandes, d'un pourpre foncé, quelquefois blanches, longuement pédonculées solitaires : calice ovoïde, à côtes saillantes, à 5 dents linéaires dépassées par les pétales. *v.* Eté. Jardins.

4. L. NIELLE. — *L. githago.* L.

Tige dressée, rameuse ou simple, velue, haute de 1-2 pieds : feuilles linéaires-lancéolées, allongées, épaisses, opposées : fleurs terminales solitaires, grandes, à longs pédoncules, d'un rouge bleuâtre ou violet : pétales peu ou point échancrés : calice tubuleux, velu, à 10 côtes saillantes, renflé à la maturité, terminé par 5 lanières foliacées, étroitement lancéolées, dépassant la corolle. *a.* Eté. Champs, moissons.

254. STELLAIRE, *Stellaria.* L. Calice à 5 sépales : 5 pétales bifides : 10 étamines, quelquefois moins : 3-5 styles : capsule à 1 loge, à 6 valves : graines nombreuses.

1. S. MORGELINE. — *S. media.* L.

Tige couchée, longue de 6-12 pouces, faible, redressée, rameuse, glabre, avec une ligne de poils alternant d'une articulation à l'autre : feuilles opposées, les inférieures rétrécies en pétiole, les supérieures sessiles, toutes ovales, ou ovales lan-

céolées, entières, pointues : fleurs terminales, solitaires, petites, blanches, à la fin réfléchies : pétales ne
dépassant pas le calice. *a.* Toute l'année. Partout. *Mouron des oiseaux.*

**255. SILÈNE**, *Silene.* L. Calice tubuleux ou
ovoïde, à 5 dents : 5 pétales onguiculés , bifides souvent, et parfois munis de 2 dents au sommet de l'onglet : 10 étamines : 3 styles : capsule à 3 loges à sa
base, s'ouvrant par 3 valves bifides : graines nombreuses, en rein.

1. S. ENFLÉ. — *S. inflata.* Smith.

Tige rameuse , haute de 1 à 2 pieds, glabre et
glauque ainsi que toute la plante : feuilles sessiles,
opposées, lancéolées, entières, les radicales en spatule : fleurs blanches , penchées, en panicule dichotome, souvent monoïques : calice vésiculeux, ovoïde,·
glabre, veiné, à 5 dents courtes : pétales linéaires, bifides : capsule un peu pédicellée. *v.* Eté.
Prés secs, champs.

**256. SPARGOUTE**, *Spergula.* L. 5 sépales
obtus, ovales : 5 pétales ovales, entiers : 5-10 étamines : 5 styles : capsule ovale, à 5 valves, à 1 loge :
graines nombreuses.

1. S. DES CHAMPS. — *S. arvensis.* L.

Tiges longues de 8-12 pouces, rameuses, étalées,
inclinées, velues : feuilles verticillées par 8-10, en
alène, velues, courbées, accompagnées de stipules
très-petites : fleurs blanches en panicule terminale,
irrégulière, à la fin réfléchies : graines rondes. *a.* Eté.
Lieux sablonneux.

**257. OXALIDE**, *Oxalis.* L. Sépales 5 : 5 pétales souvent soudés par la base : 10 étamines légèrement soudées par la base des filets dont les 5 extérieurs plus courts : 5 styles : capsule oblongue , à 5
angles, à 5 valves élastiques, à 5 loges polyspermes :
graines munies d'un arille.

### * *Fleurs blanches.*

#### 1. O. OSEILLE. — *O. acetosella.* L.

Plante sans tige, à saveur acide : racine rampante.
écailleuse, renflée à la naissance des pétioles : feuilles
à long pétiole, composées de 3 folioles en large cœur
renversé, un peu velues : pédoncule radical long de
2-4 pouces, uniflore : fleurs blanches rayées de pourpre, grandes , quelquefois violettes. *v.* Printemps.
Lieux ombragés un peu humides, bois de sapins.

### ** *Fleurs jaunes.*

#### 2. O. CORNUE. — *O. corniculata.* L.

Tige rameuse, diffuse, couchée, pubescente, longue de 4-6 pouces : feuilles pubescentes, pétiolées, à
3 folioles en cœur renversé, très-échancrées, munies
de stipules : fleurs en ombelle à 2-4 rayons réfléchis:
pétales échancrés. *a.* Eté. Lieux cultivés.

#### 3. O. DRESSÉ. — *O. stricta.* L.

Diffère de la précédente par sa tige simple, stolonifère, dressée, un peu rameuse du haut, par ses feuilles sans stipules, ses ombelles à rayons dressés, et ses
pétales entiers. *v.* Eté. Lieux cultivés.

258. COTYLÉDON, *Cotyledum.* L. Calice petit,
à 5 divisions : corolle monopétale en cloche, à 5 lobes : 10 étamines dans le tube : 5 styles : 5 ovaires
munis chacun d'une écaille à sa base : 5 capsules
en alène, à 1 valve, s'ouvrant du côté intérieur.

#### 1. C. OMBILIC. — *C. umbilicus.* L.

Racine tubéreuse : tige droite, simple ou un peu
rameuse, haute d'un pied : feuilles radicales pétiolées, lisses, succulentes, arrondies , ombiliquées-
crénelées ; celles de la tige plus petites, arrondies,
presque en coin et un peu lobées : fleurs d'un
blanc verdâtre, pédonculées, pendantes , peti-

tes, en grappe. ʊ. Eté. Murs et rochers ombragés ou humides du Midi.

**259. ORPIN**, *Sedum*. L. Calice à 5 divisions, rarement 4, 6, 7 : pétales et ovaires en nombre égal à celui des divisions du calice : étamines en nombre double : une écaille ovale à la base extérieure de chaque ovaire qui devient une capsule acuminée, comprimée, s'ouvrant en dedans par une fente longitudinale : graines nombreuses.

§ 1. *Fleurs dioïques : sépales, pétales, ovaires 4 :*
*8 étamines.*

1. O. A ODEUR DE ROSE. — *S. rhodiola*, L.

Racine noire en dehors, odorante : tiges simples, tendres, d'un vert jaunâtre, hautes de 6-8 pouces : feuilles nombreuses, éparses, petites, oblongues, pointues, un peu élargies et dentées vers leur sommet, glabres, sessiles et glauques : fleurs rougeâtres en espèce d'ombelle terminale, serrée. ʊ. Eté. Rochers et lieux couverts des montagnes.

§ 2. *Fleurs à étamines et à pistils : pétales, sépales,*
*ovaires 5 ou 6-7.*

* *Fleurs rougeâtres ou blanches.*

¶ *Feuilles cylindriques.*

2. O. BLANC. — *S. album*. L.

Plante souvent rougeâtre : tiges glabres, cylindriques, rameuses, d'abord rampantes, redressées pour fleurir : hautes de 6-10 pouces : feuilles éparses, étalées, épaisses-cylindriques, oblongues, obtuses, un peu rétrécies à la base, caduques après la floraison : fleurs blanches ou roses, pédicellées, en corymbe étalé, irrégulier : pétales obtus : anthères d'un pourpre brun. ʊ. Eté. Vieux murs, rochers, toits.

¶¶ *Feuilles planes.*

3. O. ANACAMPSEROS. — *S. anacampseros.* L.

Tiges hautes de 8-10 pouces, un peu couchées à la base, simples, cylindriques, feuillées sur toute leur longueur : feuilles petites, charnues, arrondies, en coin à leur base, glauques, entières, serrées en rosette au sommet des tiges stériles : fleurs petites, rougeâtres, en corymbe foliacé serré. *v.* Eté. Chemins, rochers et coteaux arides.

4. O. REPRISE. — *S. telephium.* L.

Tige haute de 1-2 pieds, grosse, dressée, ronde, tendre, feuillée : racine tubéreuse : feuilles éparses ou opposées, quelquefois ternées, sessiles, en cœur ou ovales, épaisses, lisses, succulentes, d'un vert tendre souvent piquetées de rouge, à dents inégales : fleurs nombreuses, en corymbe serré, nu, terminal, blanc ou rougeâtre. *v.* Eté. Vignes, haies, murs.

** *Fleurs jaunes ou jaunâtres.*

¶ *Feuilles ovoïdes, courtes, très-obtuses.*

5. O. BRULANT. — S. *acre.* L.

Racine fibreuse produisant des rameaux stériles couchés, ascendants, et des tiges fertiles dressées, feuillées, hautes de 2-5 pouces : feuilles éparses, rapprochées, épaisses, ventrues, ovoïdes, d'un vert jaunâtre et devenant à la fin rougeâtres : fleurs d'un jaune vif en cîme feuillée, à 3 branches inégales : fleurs sessiles dans les bifurcations : pétales aigus. *v.* Eté. Murs, Rochers, lieux arides.

¶¶ *Feuilles cylindriques ou en alène.*

6. O. RÉFLÉCHI. — S. *reflexum.* L.

Tige redressée, haute de 8-10 pouces, glabre, simple ou munie à la base de quelques rameaux stériles, réfléchis : feuilles cylindriques, filiformes en alène, longues, mucronées, caduques à la floraison, ce qui laisse la tige demi-nue : fleurs pédonculées, en espèce de corymbe rameux formé par les 4-6 bifurcations de la tige, penchées pendant la fleuraison, redressées ensuite : pétales étroits, aigus, de 6-9. *v.* Eté. Lieux secs, murs, rochers.

7. O. DES ROCHERS. — *S. saxatile.* L.

Tige rameuse, rougeâtre ainsi que les rameaux : feuilles éparses, cylindriques, un peu déprimées, obtuses, appendiculées à la base : fleurs presque sessiles le long des rameaux, à pétales acuminés, étalés en étoile. *v.* Eté. Rochers, murs.

260. CORROYÈRE, *Coriaria.* L. Périanthe à 5 divisions profondes : 10 étamines dont 5 plus petites placées devant les pétales : anthères presque sessiles : 5 pistils : 5 ovaires soudés par la base : 5 glandes saillantes placées entre les ovaires : 5 capsules monospermes recouvertes par les glandes accrues. Fleurs quelquefois monoïques ou dioïques par avortement.

1. C. A FEUILLES DE MYRTE. — *C. myrtifolia.* L.

Arbrisseau de 4-5 pieds, à rameaux flexibles : feuilles opposées ovales-lancéolées, pointues, entières, brièvement pétiolées et à 3 nervures : fleurs verdâtres, munies de bractées, en petites grappes terminales : capsules recouvertes et imitant presque une baie noire, luisante, succulente. *v.* Eté. Haies, bois.

261. SAXIFRAGE, *Saxifraga.* L. Calice de 5 sépales, ou à 5 divisions et adhérent plus ou moins à l'ovaire : 5 pétales étalés : 10 étamines : 2 styles persistants : capsule à moitié infère à 2 becs, à 2 loges, s'ouvrant entre les styles : graines nombreuses.

* *Ovaire libre.*

1. S. A FEUILLES RONDES. — *S. rotundifolia.* L.

Tige dressée, paniculée au sommet, haute de 1 à 2 pieds, fistuleuse, hérissée : feuilles alternes, arron-

dies en rein, à grosses dents, les inférieures longuement pétiolées, velues en-dessous, les supérieures presque sessiles, peu ou point échancrées
à la base, presque incisées : fleurs petites, blanches,
en panicule lâche, rameuse : calices, pédicelles et
rameaux pubescents-glanduleux : pétales lancéolés,
aigus, agréablement ponctués de jaune et de pourpre.
*v*. Eté. Lieux ombragés et un peu humides des
montagnes.

**** *Ovaire adhérent totalement ou en partie.***

§ *Feuilles dentées ou crénelées : tige de 6-20 pouces.*

### 2. S. COTYLÉDON. — *S. cotyledon*. **L.**

Plante stolonifère souvent pubescente-glanduleuse
dans le haut : tige dressée, rameuse : feuilles des rosettes étalées, oblongues, en spatule, obtuses, très-
longues, à dents cartilagineuses : pédoncules multiflores : fleurs grandes, blanches, souvent ponctuées
de rouge, en panicule : *v*. Eté. Hautes montagnes.

### 3. S. GRANULEE. — *S. granulata*. **L.**

Racine garnie au collet de petits tubercules arrondis, rougeâtres : tige dressée, haute de 10-15 pouces,
peu rameuse, légèrement velue-visqueuse : feuilles
inférieures à long pétiole, crénelées, en rein; feuilles
supérieures en coin, à 3-5 lobes étalés : fleurs blanches, grandes, en panicule : pétales en ovale renversé.
*v*. Printemps. Bords des bois, prairies de montagnes.

§§ *Feuilles la plupart à 3-5 lobes palmés : tige de*
*2-5 pouces.*

### 4. S. A TROIS DOIGTS. — *S. tridactylites*. **L.**

Plante pubescente glanduleuse, souvent rougeâtre : tige de 2-3 pouces, grêle, rameuse dès la base :

feuilles radicales peu nombreuses, rétrécies en pétiole et comme spatulées, épaisses, entières, les inférieures en coin ou à 3-5 lobes profonds, oblongs, souvent lobés, obtus, les supérieures lancéolées entières
ou lobées : fleurs petites, blanches, axillaires et terminales.

# Onzième Classe.

—

## PLUS DE DIX ÉTAMINES

**Insérées sur le Réceptacle, c'est-à-dire
sous le Pistil qui est simple ou multiple.**

### POLYANDRIE.

—

## PREMIER ORDRE.

**UN PISTIL PAR FLEUR. — MONOGYNIE.**

§ 1. *Arbres ou plantes ligneuses.*

* *4 pétales.*

Plante à rameaux couchés ,
　épineux : grandes fleurs. 262. Caprier.

** *5 pétales.*

§ *Arbre de plus de 5 pieds.*

Grand arbre : capsule : fleur
　pédicellée sur le milieu d'une
　bractée . . . . . . . . . . 269. Tilleul.
Petit arbre : grosse baie très-
　succulente : fleurs axillaires. 424. Citronnier.

‡‡ *Plante ligneuse, basse ou peu élevée.*

5 sépales presque égaux : cap-
    sule à 5-10 valves. . . . . 270. Ciste.
3 sépales égaux, ou 5 inégaux :
    capsule à 3 valves. . . . . 271. Hélianthème.

§ 2. *Herbes.*

* *Fleur à 4 pétales.*

‡ *Calice de 4 sépales.*

Feuilles découpées : baie. . . 263. Actée.

‡‡ *Calice de 2 sépales.*

Capsule cloisonnée, s'ouvrant
    par des trous sous le stig-
    mate . . . . . . . . . . . 266. Pavot.
Silique lisse à 1 loge. . . . . 264. Chélidoine.
Silique rude à 2 loges. . . . . 265. Glaucienne.

** *Fleur ayant au moins 5 pétales.*

*Plante croissant dans l'eau.*

Pétales blancs sur plusieurs
    rangs . . . . . . . . . . . 267. Nenuphar.
Pétales jaunes sur un seul rang. 268. Nuphar.

—

## II ORDRE.

**DEUX, TROIS, QUATRE, CINQ PISTILS PAR FLEUR.**

* *Divisions de la fleur* (sépales ou pétales) *égales
entre elles.*

‡ *Pétales en cornet, ou tubuleux, lobés et petits.*

Pétales grands, en cornet épe-
    ronné : étamines par pa-
    quets : 3-5 pistils . . . . . 275. Ancolie.
Pétales 5-8, bilabiés, plus
    courts que les sépales grands

et à onglet : feuilles à décou-
pures linéaires. . . . . . . 276. NIGELLE.
*Pétales 5-8, tubuleux, lobés en 2 lèvres, petits.*
Fleur jaune sur un involucre
découpé. . . . . . . . . . 284. ERANTHE.
Fleur blanche : stipules à la
base des pétioles. . . . . . 283. ISOPYRE.
Fleur blanche ou verdâtre : pas
de stipules. . . . . . . . . 285. HELLÉBORE.
§§ *Pétales ni en cornet, ni tubuleux.*
Grandes fleurs rouges : stig-
mates épais. . . . . . . . 272. PIVOINE.
Plante à suc laiteux : petites
fleurs verdâtres . . . . . . 481. EUPHORBE.
Fleurs jaunes : étamines en
plusieurs paquets. . . . . . 426. MILLEPERTUIS.
** *Divisions de la fleur inégales.*
§ *Calice coloré.*
Sépale supérieur terminé en
éperon. . . . . . . . . . .273. PIED-D'ALOUETTE
Sépale supérieur en forme de
casque. . . . . . . . . . .274. ACONIT.
§§ *Calice vert.*
Pétales petits, frangés. . . . . 289. RÉSÉDA.

—

# III ORDRE.

**PISTILS NOMBREUX. — POLYGYNIE.**

§ 1. *Chaque pistil devenant une capsule monosperme*
*qui ne s'ouvre pas.*

† *Fleur munie d'un calice et d'une corolle.*

* *Calice de 3 sépales.*

Feuilles simples : calice caduc :
8 pétales ordinairement. . 287. FICAIRE.

Feuilles à 3 lobes : calice persistant : 6 pétales . . . . . . 288. HÉPATIQUE.

** *Calice de 4 ou 5 sépales.*

§ *Plante ligneuse, grimpante.*

Graines terminées par une lon-
gue arête plumeuse . . . . 278. CLEMATITE.

§§ *Herbe : graine sans arête plumeuse.*

Pétales munis d'une écaille sur
la base interne : réceptacle
ne grandissant pas . . . . 281. RENONCULE.
Pétales nus à la base : récep-
tacle s'allongeant à la fin. . 280. ADONIDE.

†† *Fleur dépourvue de calice, ou de corolle.*

* *Plantes ligneuses.*

Graines munies d'une longue
arête plumeuse . . . . . . 278. CLEMATITE.

** *Herbes.*

Fleur munie d'un involucre
parfois éloigné de la fleur. . 277. ANEMONE.
Fleur sans involucre : graines
sans arête. . . . . . . . . 279. PIGAMON.

§ 2. *Chaque pistil devenant une capsule polysperme
qui s'ouvre.*

* *Calice grand, souvent coloré : pétales très-petits,
tubuleux : feuilles découpées.*

§ *Fleur (sépale) jaune.*

Fleur à 6-8 sépales sur un involucre multifide. . . . . . 284. ERANTHE.
Fleur à 1-5 sépales, globuleuse. 282. TROLLE.

§§ *Fleur blanche.*

Feuilles stipulées. . . . . . 283. ISOPYRE.

**¶¶¶** *Fleur verte, ou blanche, ou rosée.*

; Pas de stipules. . . . . . . . 285. Hellébore.

** *Calice grand, coloré : pétales nuls.*

;Feuilles simples. . . . . . . . 286. Populage.

262. CAPRIER, *Capparis.* L. Calice de 4 sépales ovales : 4 pétales, grands et ouverts : étamines nombreuses : baie pédicellée, un peu charnue, à 1 loge, à graines nombreuses.

1. C. épineux. — *C. spinosa.* L.

Racine grosse et ligneuse : tige ligneuse, à rameaux nombreux, sarmenteux, épineux : feuilles alternes, pétiolées, arrondies, obtuses, lisses, vertes , souvent un peu rougeâtres : fleurs grandes, d'un blanc-purpurin, axillaires, pédonculées : fruit médiocre, ovale. *l.* Eté. Fentes des rochers du Midi.

263. ACTÉE, *Actæa.* L. Sépales 4, colorés, arrondis, caducs : 4 pétales lancéolés, caducs : 1 stigmate : baie oblongue, à 1 loge, à graines nombreuses.

1. A. en épi. — *A. spicata.* L.

Tige haute de 1 à 2 pieds, glabre, rameuse, droite : feuilles triangulaires, pétiolées, 2-3 fois ailées, à folioles ovales-lancéolées, acuminées, lobées, dentées-incisées : fleurs blanches en grappes ovoïdes, pédonculées, terminales : baies noires. *v.* Eté. Bois, haies.

264. CHÉLIDOINE, *Chelidonium.* L. Sépales 2, caducs : 4 pétales : stigmate bifide : capsule allongée, en forme de silique comprimée, lisse, linéaire, à 2 valves s'ouvrant de la base au sommet, à 1 loge : graines nombreuses, surmontées d'une crête glanduleuse.

1. C. éclaire. — *C. majus.* L.

Plante à suc jaune : tige haute de 1 à 2 pieds , rameuse, dressée, faible : feuilles minces, glabres, une ailées, profondément pinnatifides, à folioles ovales, sinuées-lobées, crénelées : fleurs jaunes, axil-

laires ou terminales portées sur un pédoncule commun
qui se divise ensuite en ombelle simple à 4-8 rayons:
silique grêle, longue de 6-12 lignes. *v.* Juin. Vieux
murs, lieux humides et ombragés.

265. **GLAUCIENNE**, *Glaucium*. T. Sépales 2,
caducs : 4 pétales : stigmate à 2-4 lobes : silique à 2
loges, rude, linéaire, arrondie, à 2 valves s'ouvrant
du sommet à la base : cloison spongieuse portant les
graines ovales en rein.

1. G. JAUNE. — *G. luteum*. L. Scop.

Tige haute de 10-15 pouces, dressée, rameuse,
grosse, glauque, lisse : rameaux ouverts : feuilles
épaisses, glauques-pulvérulentes des deux côtés, glabres à la fin ; les radicales pétiolées, pinnatifides, obtuses et élargies au sommet, à lobes ovales, incisés ;
les supérieures embrassantes, sessiles, sinuées-lobées :
fleurs grandes, jaunes, siliques rudes, presque épineuses, longues de 3-6 pouces. *a.* Eté. Lieux sablonneux, murs.

2. G. CORNUE. — *G. corniculatum*. Curt.

Plante hérissée de poils blancs : tige droite, rameuse : feuilles de la tige sessiles embrassantes, ailées :
fleurs rouges, noires sur l'onglet : siliques poilues. *v.*
Eté. Midi, dans les moissons.

266. **PAVOT**, *Papaver*. L. Sépales 2, caducs : 4
pétales : stigmates 4-20, rayonnants en lignes sur un
disque qui ferme l'ovaire : capsule à plusieurs loges
incomplètes s'ouvrant par un petit trou sous chaque
stigmate : graines nombreuses.

* *Capsule globuleuse.*

1. P. COQUELICOT. — *P. rhoeas*. L.

Tige haute de 1 à 2 pieds, rameuse, dres-
sée, hispide, à poils un peu ouverts : feuilles pinnatifides à pétiole hispide, à lobes allongés, oblongs-li-
néaires, incisés-dentés, écartés, presque glabres,

terminés par un poil, le lobe terminal est plus grand, lancéolé : fleurs terminales, solitaires, penchées avant la fleuraison, portées sur de longs pédoncules souvent hérissés de poils écartés : calice hispide : pétales grands, d'un rouge vif, ayant souvent une tache noirâtre à la base : capsule obovale-arrondie, glabre, surmontée d'un stigmate à 8-10 rayons. *a*. Eté. Moissons.

2. P. SOMNIFÈRE. — *P. somniferum.* L.

Tige grosse, haute de 2-4 pieds, dressée, rameuse, glabre, lisse et glauque ainsi que toute la plante : feuilles larges, sessiles embrassantes, oblongues, sinuées-incisées, inégalement dentées : fleurs grandes, terminales, solitaires, penchées avant la fleuraison, portées sur de longs pédoncules un peu hispides : calice glabre : pétales tachés de noir à la base : capsule ovoïde ou globuleuse, couronnée par le stigmate à 10-12 rayons : fleurs d'un rouge pâle, lilas, blanches. *a*. Eté. Cultivé.

** *Capsule allongée en massue.*

3. P. DOUTEUX. — P. *dubium.* L.

Tige haute de 2 pieds, dressée, rameuse, hérissée de poils étalés à sa partie inférieure, et de poils appliqués sur les pédoncules : feuilles pinnatifides, un peu poilues, à lobes oblongs, incisés-dentés, à dents terminées par un poil : fleurs d'un rouge clair, petites, solitaires au bout de très-longs (1 pied) pédoncules terminaux : calice velu : capsule glabre. *a*. Eté. Terres légères et maigres.

4. P. ARGEMONE. — P. *argemone.* L.

Tige dressée de 8-10 pouces, rameuse, un peu velue, ainsi que toute la plante : feuilles 2-3 fois pinnatifides à lobes linéaires, aigus, terminés par un poil : fleurs petites, rouges, tachées de noir à la base : pédoncules dressés et longs : capsule

grêle, hérissée de poils raides, dressés. *a*. Eté.
Champs.

**267. NÉNUPHAR**, *Nymphaea*. Smith. Calice de
4-5 sépales : pétales nombreux, disposés sur plusieurs rangs, de la grandeur du calice, insérés ainsi
que les étamines sur le réceptacle qui recouvre en
partie l'ovaire : fruit en baie sèche, ovoïde-globuleuse,
à 1 loge, demi-infère et couronnée par le stigmate
rayonnant : graines nombreuses logées dans la pulpe.
Plante aquatique.

1. N. blanc. — N. alba. L.

Tige ou souche grosse, longue, écailleuse : pétioles
et pédoncules cylindriques, glabres, spongieux, atteignant la surface de l'eau : feuilles épaisses, grandes,
planes, presque arrondies, sans dents, fendues à la
base jusqu'au pétiole : fleurs grandes, blanches, odorantes, à sépales verdâtres, en forme de rose, flottant
sur l'eau. *v*. Eté. Rivières et étangs.

**268. NUPHAR**, *Nuphar*. Smith. Calice de 5 sépales colorés : pétales 10, sur un seul rang, plus
courts que le calice, munis d'une fossette nectarifère
sur le dos, insérés ainsi que les étamines à la base du
réceptacle : fruit charnu, conique, lisse, rétréci au-
dessous du stigmate rayonnant en forme de disque
rayé et ombiliqué.

1. N. jaune. — N. lutea. L.

Racine en souche allongée, écailleuse, grosse, horizontale : pédoncules et pétioles atteignant la surface
de l'eau : feuilles flottantes, entières, ovales, en cœur
à la base, grandes : fleurs jaunes, odorantes, s'élevant
de 2-3 pouces au-dessus de l'eau : fruit en bouteille
évasée à la base, lisse. *v*. Eté. Mares, étangs, bords
des rivières peu rapides.

**269. TILLEUL**, *Tilia*. Sépales 5, colorés, caducs : pétales 5, oblongs : 30-40 étamines : 1 style :
capsule globuleuse, dure, à 1 loge par avortement, à

5 valves, à 1-2 graines : ovaire à 5 loges contenant chacune 1-2 ovules. Arbres élevés, à feuilles stipulées.

** Feuilles pubescentes en-dessous.*

**1. T. à larges feuilles. — *T. platyphyllos*. Vent.**

Feuilles alternes, pétiolées, ovales en cœur obli-que, à dents mucronées, un peu pâles en-dessous : fleurs en corymbe, jaunâtres, odorantes, à pédoncule commun sortant du milieu d'une longue bractée li-néaire-lancéolée, obtuse, foliacée, jaune-verdâtre : capsules cotonneuses, à 5 côtes relevées. *l*. Eté. Bois. rochers.

**2. T. de Hollande. — *T. rubra*. DC.**

Jeunes pousses rouges au printemps : feuilles gran-des, presque lobées, à base très-oblique, rougeâtres, sans paquet laineux ni sur le pétiole ni à l'angle des veines en-dessous ; du reste très-semblable au précé-dent. *l*. Eté. Parcs.

*** Feuilles glabres sur les deux faces.*

**3. T. à petites feuilles. — *T. microphylla*. Vent.**

Feuilles petites, fermes, arrondies en cœur et un peu obliques à la base, dentées en scie, portant de petites touffes de poils ferrugineux au sommet du pétiole et à l'angle des veines inférieures. Le reste comme le premier. *l*. Eté. Bois secs et élevés.

**4. T. à feuilles épaisse. — Mérat.**

Diffère du précédent par des feuilles en cœur oblongues, doublement dentées, presque laciniées, sans paquets de poils au sommet du pétiole. Le reste etc. *l*. Eté. Parcs.

**270. CISTE, *Cistus*. T.** Sépales 5, presque égaux : 5 pétales : stigmate en tête : capsule à 5 valves, à 5 loges : cloisons attachées sur le milieu des valves : graines nombreuses : calice souvent à 3 sépales et capsule à 10 valves ou 10 loges : arbris-seaux à feuilles opposées, sans stipules.

**★ 3 *sépales*.**

1. C. LADANIFÈRE. — *C. ladaniferus*. L.

Tige de 4-5 pieds, rameuse, visqueuse au sommet :
jeunes rameaux velus : feuilles presque sessiles, soudées à la base, linéaires-lancéolées, cotonneuses,
blanchâtres en-dessous, glabres et d'un vert foncé en-
dessus, suintant une matière résineuse d'une odeur
désagréable : pédoncules uniflores, munis de bractées : fleurs grandes, blanches à onglet rougeâtre :
capsule à 10 loges ordinairement. *l.* Eté. Provence.

**★★ 5 *sépales*.**

2. C. LÉDON. — *C. ledon*. Lam.

Tige de 2-3 pieds, velue : feuilles sessiles, lancéolées, nervées, ridées, vertes et glabres en-dessus,
velues soyeuses en-dessous, visqueuses : calices et
pédoncules velus : fleurs blanches à onglet jaunâtre,
en corymbe. *l.* Mai, juin. Provence. Lieux stériles.

271. HELIANTHÊME, *Helianthemum*. T. Calice
de 5 sépales dont les 2 extérieurs très-petits : 5 pétales grands, arrondis, fugaces : 1 style : capsule
ovoïde, à 3 valves, à 1 loge ou à 3 demi-loges, rarement 3 loges complètes. Feuilles entières.

1. H. COMMUN. — *H. vulgare*. Gertn.

Tiges ligneuses, diffuses, couchées, rameuses, velues : rameaux fructifères herbacés, redressés : feuilles opposées, pétiolées brièvement, ovales-oblongues,
obtuses, à bords roulés en-dessous, un peu blanchâtres en-dessous où les poils sont étoilés : stipules
opposées, étroites, ciliées, plus longues que le pétiole :
fleurs jaunes, grandes, d'abord penchées, en grappe
terminale, courte. *l.* Eté. Lieux secs, pâturages.

272. PIVOINE, *Paeonia*. L. Calice de 5 sépales
foliacés, inégaux : 5 pétales très-grands, arrondis,
quelquefois plus : 2-5 pistils ou ovaires : stigmates
épais, sessiles : 2-3 capsules à 1 loge, à 1 valve, s'ou-

vrant en long du côté interne : graines lisses, colorées,
sur deux rangs.

1. P. officinale. — *P. officinalis.* Retz.

Racine composée de tubercules en fuseau :
tige haute de 1-2 pieds, épaisse, rameuse : feuilles
grandes, fermes, glabres, un peu pâles en-dessous, 2
fois ternées, à folioles oblongues, lancéolées, souvent
incisées, surtout la terminale : fleurs très-grandes, solitaires, terminales, pédonculées, d'un beau rouge
pourpre : stigmates rouges : capsules dressées, cotonneuses, ventrues, divergentes au sommet. *v.* Juin.
Pâturages et prés des montagnes méridionales. Jardins.

273. **PIED D'ALOUETTE,** *Delphinium.* L. Calice coloré, pétaloïde, de 5 sépales inégaux dont le supérieur prolongé en éperon : pétales 1 ou 2, bifides
en devant, prolongés en arrière en éperon qui pénètre
dans celui du calice : 1, 3 ou 5 pistils devenant autant
de capsules univalves, s'ouvrant en dedans, et polyspermes.

* 1 *Capsule : pétales soudés en un.*

1. P. des champs. — *D. consolida.* L.

Tige d'un pied, rameuse et étalée au sommet,
dressée : feuilles alternes, sessiles, multifides, à divisions linéaires, pubescentes: fleurs 3-5, ayant l'éperon
long et un peu redressé, formant sur chaque rameau
une grappe ou panicule lâche, étalée : fleurs bleues
ou blanches : capsules glabres ou à peu près. *a.* Été.
Moissons.

2. P. d'Ajax. — *D. Ajacis.* L.

Diffère par une tige de 1 à 2 pieds, plus simple,
très-feuillée, par ses feuilles à divisions plus nombreuses, plus longues et plus étroites, par ses fleurs
plus nombreuses dont l'éperon est plus court, par ses
pétales rayés de noir. *a.* Été. Jardins.

** 3 *Capsules : éperon intérieur de 2 pièces.*

3. P. STAPHISAIGRE. — *D. staphisagria.* L.

Tige de 2-3 pieds, droite, souvent simple, hérissée de poils mous : feuilles pétiolées, larges, pubescentes, divisées en 5-7 lobes lancéolés, divergents, entiers et trifides : fleurs bleues, grandes, à éperon très-court, en grappe simple ou rameuse : pédicelles munis de 3 bractées à la base. *a.* Eté. Midi. Décombres et lieux ombragés.

274. ACONIT, *Aconitum.* L. Calice irrégulier, à 5 sépales colorés pétaloïdes, le supérieur dressé, concave en casque : pétales 5, les 2 supérieurs à onglet très-long, linéaire, terminé au sommet par un éperon souvent roulé en crosse, les autres très-petits, linéaires ou nuls : 3-5 capsules oblongues, pointues, à une valve s'ouvrant en-dedans: graines nombreuses.

§ 1. *Fleurs jaunâtres.*

* *Calice persistant : racine tuberculeuse.*

1. A. ANTHORE. — *A. anthora.* L.

Racine composée de 1-4 tubercules allongés, charnus : tige simple ou peu rameuse, feuillée, haute de 1 à 2 pieds, dressée: feuilles glabres, à forme arrondie, à 5-7 divisions découpées en lanières linéaires, aiguës, divergentes : fleurs d'un vert jaunâtre, pubescentes, en grappes courtes : casque arrondi, terminé par une pointe. *v.* Septembre. Hautes montagnes, dans les rochers.

** *Calice caduc : racine rameuse : 3 capsules.*

2. A. TUE-LOUP. — *A. lycoctonum.* L.

Racine en fuseau, brune : tige de 2-3 pieds, dressée, peu feuillée, lisse : feuilles pétiolées, presque glabres, presque arrondies, ciliées, à 3-5 lobes profonds, larges, en coin à la base, trifides, lancéolés, incisés-dentés : fleurs d'un jaune pâle, en grappes terminales, paniculées : casque tubuleux, obtus, dressé. *v*. Eté. Bois et buissons.

### 3. A. DES PYRÉNÉES. — *A. Pyrenaicum*. L.

Diffère du précédent par ses feuilles inférieures plus grandes, à 7-11 lobes n'allant pas jusqu'au pétiole et chacun divisé en 3 ou 5 découpures étroites, palmées, incisées ; par ses fleurs plus grandes, en grappe paniculée et plus fournie : casque à sommet prolongé en bec aigu. *v*. Eté. Pyrénées.

§. 2. *Fleurs bleues, violettes ou blanches.*

### 4. A. NAPEL. — *A. napellus*. L.

Tige de 2-4 pieds, dressée, simple ou rameuse : feuilles pétiolées, grandes, arrondies, d'un vert sombre, palmées, à 3-5 divisions découpées en lanières divergentes, linéaires, luisantes, sillonnées : fleurs grandes, en grappe allongée, solitaires sur leur pédoncule, pubescentes: casque hémisphérique, un peu déprimé, à bec pointu : sépales latéraux velus en dedans : capsules 2-3, glabres. *v*. Eté. Lieux humides, bords des ruisseaux et des torrents dans les montagnes.

### 5. A. CAMMARUM. — *A. cammarum*. L.

Ressemble au précédent par la racine en navet, par la tige élevée à rameaux plus divergents : feuilles oblongues, à 5-7 lobes divisés en lanières lancéolées, en coin à la base, incisées et dentées : fleurs d'un bleu violet, à casque allongé et conique, en panicules terminales : 3-5 capsules dressées. *v*. Eté. Bois pierreux. Varie beaucoup.

275. ANCOLIE, *Aquilegia*. L. Calice caduc de 5 sépales colorés: 5 pétales alternes avec les sépales, en forme de cornet ouvert prolongé en-dessous en éperon creux, recourbé : étamines en paquets : 5 capsules réunies par la base, s'ouvrant en long du côté interne: graines nombreuses, ovales.

1. A. COMMUNE. — *A. vulgaris*. L.

Tige haute de 1-3 pieds, dressée, rameuse: feuilles glauques en-dessous et un peu pubescentes, les radicales 2-3 fois ternées, à folioles arrondies, à 2-3 lobes incisés, les caulinaires 1-2 fois ternées, à folioles trifides, les supérieures à 3 folioles ovales-lancéolées : fleurs penchées, bleues, blanches ou violettes, nombreuses, terminales: capsules velues. *v.* Eté. Bois des montagnes, lieux incultes.

276. NIGELLE, *Nigella*. L. Calice grand, coloré, à 5 sépales caducs pédicellés : pétales 5-10 petits, nectarifères, à 2 lèvres : capsules 5-10, ordinairement soudées plus ou moins en une, à plusieurs loges surmontées par autant de longs styles : graines nombreuses.

* 1 *involucre foliacé, multifide, sous la fleur.*

1. N. DE DAMAS. — *N. Damascena*. L.

Tige dressée, haute d'un pied, striée, rameuse du haut : feuilles alternes, sessiles, très-finement découpées à lanières étroites : fleurs d'un bleu d'azur, grandes, terminales, rarement blanches, entourées d'une collerette multifide : 5 capsules soudées en un fruit presque globuleux. *a.* Eté. Moissons du Midi.

** *Pas d'involucre multifide sous la fleur.*

2. N. DES CHAMPS. — *N. arvensis*. L.

Tige haute de 8-10 pouces, glabre, simple ou rameuse : feuilles sessiles, à découpures capillaires, glabres: fleurs veinées, d'un bleu pâle ou blanchâtres, terminales, solitaires sur chaque rameau : capsules 3-6, lisses, soudées en fruit rétréci à la base : styles roulés. *a.* Eté. Champs.

3. N. CULTIVÉE. — *N. sativa*. L.

Diffère par sa tige et ses pétioles pubescents, par sa capsule rude, arrondie à la base. *a.* Eté. Champs du Midi.

**277. ANÉMONE,** *Anemone.* L. Involucre à 3 folioles incisées, foliacées, ordinairement éloigné de la
fleur : 5-9 pétales : calice nul : pistils nombreux :
graines nombreuses en tête arrondie ou oblongue,
terminées par le style persistant en pointe ou s'allongeant en longue arête plumeuse. Feuilles radicales
pétiolées, découpées.

§ 1. *Graines terminées par une simple pointe.*

* *Fleurs blanches ou rosées.*

1. A. SYLVIE. — *A. nemorosa.* L.

Racine horizontale, noirâtre : 1 ou 2 feuilles radicales, à 3 folioles ovales, découpées, incisées : hampe
munie de poils blancs étalés, haute de 4-6 pouces,
portant une collerette de 3 feuilles pédonculées à 3
folioles lancéolées, incisées-lobées, dentées, un peu
velues sur les bords : fleur terminale, solitaire, penchée avant la fleuraison, à 6-8 pétales oblongs-ellip-
tiques, blancs, un peu rosés en dehors : graines velues. *v.* Printemps. Bois, haies.

2. A. SAUVAGE. — *A. sylvestris.* L.

Feuilles radicales à pédoncules velus, à 3-5 folioles
en coin trifides, incisées, dentées, pubescentes : hampe
haute d'un pied, velue : collerette de 3-5 feuilles pédonculées à 3-5 folioles trifides, incisées, dentées,
pubescentes : fleurs 1-2 grandes, blanches, à 5-8 pétales velus : graines arrondies, entourées d'un duvet
laineux. *v.* Printemps. Juin. Bois, haies.

** *Fleurs jaunes.*

3. A. RENONCULE. — *A. ranunculoides.* L

Feuilles radicales à 3-7 lobes digités, incisés, dentés : hampe glabre, haute de 6-10 pouces : collerette
de 3 feuilles presque sessiles, à folioles divisées jusqu'à la base en 3 lobes en coin, allongés, incisés : 1-2
fleurs terminales, jaunes, à 5-6 sépales ovales, obtus :

graines aiguës, pubescentes. *v.* Printemps. Taillis et prés couverts. Rare.

§ 2. *Graines terminées par une longue arête soyeuse*

4. A. PULSATILLE. — *A. pulsatilla.* L.

Racine longue, épaisse : feuilles radicales, 2-3 fois pinnatifides, à divisions très-étroites, presque glabres : pétiole commun laineux ainsi que les hampes qui ont 4-8 pouces de haut : collerette très-découpée, placée à 1 pouce de la fleur pendant la fleuraison : fleur violette, penchée avant son développement, terminale, grande, velue en dehors : graines en tête très-éloignée de la collerette. *v.* Mai. Lieux secs.

5. A. DES PRÉS. — *A. pratensis.* L.

Diffère de la précédente par ses feuilles plus longuement pédonculées, par sa fleur petite, pendante, à pétales réfléchis. *v.* Eté. Pâturages et lieux arides des hautes montagnes.

278. CLÉMATITE, *Clematis.* L. Calice nul : 4 pétales : étamines et pistils nombreux : graines terminées par une longue arête plumeuse.

* *Fleurs blanches à pétales velus même en dedans.*

1. C. DES HAIES. — *C. vitalba.* L.

Tige ligneuse, volubile, s'élevant de 6-12 pieds : feuilles glabres, excepté sur les nervures, ailées, à pétioles se roulant et s'accrochant aux corps voisins : folioles 5, pétiolées, tronquées ou en cœur à la base, entières ou dentées : fleurs blanches, en grappes latérales, à pédoncule rameux, pubescent, plusieurs fois trichotome : graines à très-longue aigrette argentée, mêlée de rouge. *v.* Eté. Haies, buissons.

** *Fleurs blanches à pétales glabres en dedans.*

2. C. FLAMMULE. — *C. flammula.* L.

Tiges rampantes ou grimpantes, longues de 2-3 pieds, sarmenteuses : feuilles pétiolées, ailées, à folioles petites, pétiolulées, ovales, arrondies à la base, entières ou lobées : fleurs blanches, en panicule, très-odorantes. *l.* Eté. Haies et bois du Midi.

3. C. DROITE. — *C. erecta.* L.

Tiges dressées, herbacées, hautes de 3-4 pieds : feuilles ailées, presque à trois paires de folioles entières, pétiolées, ovales lancéolées, veinées en-dessous : fleurs blanches, serrées en panicule terminale, à pédoncules droits, 2-3 fois ternés : pétales pubescents seulement sur le bord. *l.* Eté. Lieux secs du Midi.

*** *Fleurs bleues : feuilles simples.*

4. C. A FEUILLES ENTIÈRES. — *C. integrifolia.* L.

Tiges droites, simples, anguleuses et presque glabres : feuilles opposées, sessiles, entières, ovales-lancéolées : fleurs grandes, bleues, terminales, penchées : pédoncules solitaires. *v.* Eté. Pyrénées. Jardins.

279. PIGAMON, *Thalictrum.* L. Calice nul : corolle à 4-5 pétales, caducs : graines en forme de capsules monospermes et indéhiscentes, sessiles ou pédicellées, sans queue, striées, pointues, à 3 angles ailés.

1. P. JAUNE. — *T. flavum.* L.

Racine composée de grosses fibres jaunâtres : tige dressée, haute de 2-3 pieds, sillonnée, fistuleuse : feuilles 2 fois ailées, à folioles oblongues, ovales, en coin à la base, entières et trilobées : pétioles munis de stipules à la base : fleurs jaunâtres, en panicule dressée, un peu resserrée, rameuse en corymbe : graines ovales, à stigmate courbé. *v.* Eté. Haies, prés humides.

280. ADONIDE, *Adonis.* L. Calice de 5 sépales caducs : 5-15 pétales à onglet nu : graines nues, anguleuses, mucronées, réunies sur un réceptacle qui s'allonge en forme d'épi ovale-oblong : feuilles découpées en lanières très-fines.

1. A. ANNUELLE. — *A. annua.* MILL.

Tige d'un pied, dressée, simple ou rameuse : feuilles

pinnatifides, à divisions capillaires, très-fines, les inférieures pétiolées, les autres sessiles : fleurs axillaires
rouges ou jaunes, à 3-8 pétales : style court. *a*. Eté.
Champs, moissons. Varie pour la grandeur des fleurs
et la direction du style.

2. A. DES PYRÉNÉES. — *A. Pyrenaica*. DC.

Diffère par sa tige plus forte et plus élevée, par ses
feuilles à lanières moins étroites, par ses pétioles plus
longs, par ses fleurs plus grandes, terminales, d'un
beau jaune, à pédoncule nu et strié : capsules glabres
en tête ovale.

281. RENONCULE, *Ranunculus*. L. Calice à 5
sépales un peu colorés, caducs : 5 pétales luisants,
rarement moins ou plus, munis sur l'onglet d'une
écaille ou d'une fossette : étamines et pistils nombreux : graines nombreuses, comprimées, indéhiscentes, lisses ou hérissées, terminées en pointe par le
style persistant.

§. 1. *Fleurs jaunes.*

★ *Feuilles simples.*

¶ *Feuilles étroites, lancéolées, entières ou denticulées.*

1. R. GRAMINÉE. — *R. gramineus.*

Racine bulbeuse, couronnée par des fibres dessé-
chées : tige d'un pied, dressée, glabre comme toute
la plante, nue dans le bas, à 1-2 fleurs : feuilles pétiolées, lancéolées-linéaires, nervées, entières, munies
de quelques poils, presque toutes radicales : fleurs
grandes, terminales : graines ovales, ridées. *v*. Eté.
Lieux stériles et secs, prés humides.

2. R. FLAMMETTE — *R. flammula*. L.

Tige d'un pied, glabre ainsi que toute la plante,
fléchie et souvent radicante, striée : feuilles radicales
pétiolées, ovales, entières, nervées, les supérieures
lancéolées, longues, à pétiole court, engaînant à la
base, les supérieures linéaires : fleurs petites, termi-

nales : graines ovoïdes, lisses. *v.* Eté. Lieux marécageux et tourbeux. Varie à feuilles étroites.

### 3. R. LANGUE. — *R. lingua.* L.

Tige dressée, fistuleuse, épaisse, haute de 1 à 3
pieds, un peu rameuse : feuilles très-longues , lancéolées-linéaires, sessiles, embrassantes , entières ou
denticulées, munies de quelques poils : fleurs très-
grandes, terminales, en panicule : calice velu : graines
lisses à style crochu. *v.* Eté. Fossés, marais.

¶¶ *Feuilles en rein, crénelées ou à peine lobées.*

### 4. R. THORA. — *R. thora.* L.

Plante glabre : racine en tubercules oblongs, fasciculés : tige haute de 3-6 pouces, dressée, à 1-2 fleurs :
feuilles radicales pétiolées, en rein, crénelées, souvent nulles, les 2-3 caulinaires sessiles ou à peu près,
l'une en rein, l'autre ovale en coin, incisée , les 2-3
supérieures lancéolées : fleurs jaunes, médiocres, à
pédoncule cylindrique : graines en tête globuleuse :
style en crochet. *v.* Eté. Hautes montagnes.

** *Feuilles lobées, découpées.*

* *Graines hérissées de tubercules ou d'aiguillons.*

### 5. R. DES CHAMPS. — *R. arvensis.* L.

Tige haute de 8-10 pouces, dressée, rameuse, velue ou presque glabre : feuilles primitives entières,
lancéolées, les inférieures à 3 folioles, presque pinnatifides, à divisions étroites, l'impaire foliole découpée
en lanières linéaires : fleurs petites d'un jaune soufre,
à calice ouvert, à pédoncules finement striés et opposés aux feuilles : graines 5-8, grosses, comprimées,
tuberculeuses et chargées sur les côtés de pointes
épineuses. *a.* Eté. Champs.

### 6. R. DES MARES. — *R. philonotis.* L.

Plante d'un vert jaunâtre, velue : tige dressée, rameuse, fistuleuse, haute de 5-12 pouces : feuilles inférieures pétiolées, à 3 divisions incisées, trilobées.

obtuses, la moyenne pétiolée, les supérieures à divisions linéaires : fleurs médiocres, terminales, d'un jaune pâle, à pédoncules sillonnés : calice réfléchi : graines comprimées, bordées de 2 nervures vertes, tuberculeuses et terminées par le style court et courbé. *a.* Eté. Bord des étangs et des mares.

*§§ Graines lisses ou à peu près.*
*' Pédoncule sillonné.*
*Feuilles à 3 divisions dont la médiane pétiolée.*

7. R. RAMPANTE. — *R. repens.* L.

Racine fibreuse : tige dressée, haute d'un pied, un peu poilue, à rejets rampants à la base, s'allongeant beaucoup et s'enracinant : feuilles à divisions trifides, incisées, lobées, dentées, un peu poilues et quelquefois tachées de blanc, les supérieures à divisions lancéolées : fleurs terminales, grandes, à pétales vernissés : calice étalé, à quelques poils jaunâtres : graines en tête globuleuse. *v.* Eté. Champs, prés. Partout.

8. R. BULBEUSE. — *R. bulbosus.* L.

Plante velue : tige haute d'un pied, dressée, rameuse, renflée en bulbe à la base : feuilles radicales longuement pétiolées, une ou deux fois ternées, à folioles trifides, incisées, dentées, un peu obtuses, les supérieures à divisions plus étroites, parfois marquées de lignes blanchâtres : fleurs jaunes, terminales, peu nombreuses : calices velus, réfléchis à l'épanouissement des fleurs : pédoncules velus : graines à une nervure, en tête globuleuse. *v.* Juin. Prés.

*Feuilles n'ayant pas le lobe médian pétiolé.*

9. R. SCÉLÉRATE. — *R. sceleratus.* L.

Plante glabre : tige haute de 1 à 2 pieds, dressée, très-rameuse, grosse : feuilles radicales lisses, arrondies, à 3-5 lobes trifides, incisés, arrondis, les supérieures à divisions allongées, pinnatifides, dont les lanières sont linéaires, entières : fleurs nombreuses, en panicule foliacée, jaunes, petites, opposées aux feuilles et terminales : calice glabre : graines très-petites, en tête oblongue, un peu conique. *a*. Été. Mares, fossés, marais.

" *Pédoncules non sillonnés.*

10. R. ACRE. — *R. acris*. L.

Racine épaisse : tige de 1 à 2 pieds, dressée, fistuleuse, peu rameuse : feuilles radicales à 5 lobes principaux, divisés en 2-3 lobes incisés-dentés, à poils couchés, les supérieures sessiles, à 3-6 divisions lancéolées ou linéaires, souvent entières : fleurs nombreuses, d'un jaune orangé, luisant : sépales velus, ouverts. *v*. Été. Prés humides.

Feuilles velues-luisantes en-dessous : *Sylvaticus*. Dans les lieux secs.

11. R. LAINEUSE. — *R. lanuginosus*. L.

Tige d'un pied, velue, pleine, rameuse : feuilles grandes, à 3-5 divisions principales, en coin, trifides, lobées, incisées, dentées, très-velues surtout en-dessous, ainsi que les pétioles, les supérieures à divisions plus étroites : fleurs jaunes, médiocres, nombreuses, paniculées, à calice velu, étalé : graines glabres, lisses, à pointe en crochet. *v*. Été. Bois montueux.

12. R. TÊTE D'OR. — *R. auricomus*. L.

Tige de 6-8 pouces, dressée, rameuse, presque glabre : feuilles radicales en rein, crénelées ou divisées en 3 lobes crénelés, les caulinaires digitées, et celles du sommet multifides à divisions linéaires, entières, glabres : fleurs terminales, dont les pétales avortent souvent ou ne se développent que les uns après les autres. *v*. Printemps. Haies, bois couverts.

§. 2. *Fleurs blanches.*

* *Feuilles à divisions palmées : graines lisses.*

13. R. A FEUILLES D'ACONIT. — *R. aconitifolius*. L.

Racine à fibres épaisses : tige dressée, haute de 1

à 3 pieds et plus, lisse, fistuleuse, à rameaux ouverts : feuilles radicales à 3-5-7 divisions incisées-dentées, les supérieures sessiles, à 3-5 divisions lancéolées-linéaires, aiguës, incisées-dentées : pédoncules pubescents : fleurs nombreuses, terminales : calice souvent rouge à son extrémité : une écaille sur l'onglet du pétale. Plante glabre. *v.* Eté. Prés et lieux frais ou un peu humides des montagnes.

Elle varie beaucoup pour la taille et la découpure des feuilles.

** *Graines striées-ridées en travers : feuilles ordinairement à divisions capillaires : plantes aquatiques.*

14. R. AQUATIQUE. — *R. aquatilis.* L.

Tige radicante aux articulations : feuilles glabres, de deux formes, les submergées très-divisées à divisions capillaires, celles qui sont hors de l'eau, pétiolées, à 3-5 lobes en coin, dentés : fleurs solitaires, grandes ou petites, à pétales en cœur, à onglet jaune : pédoncules opposés aux feuilles : graines glabres ou velues, en tête arrondie. *v.* Eté. Eaux stagnantes, ruisseaux.

Tige droite, à feuilles submergées découpées : *Hederaceus.*

Tige flottante : fleurs grandes : *Fluitans.*

282. TROLLE, *Trollius.* L. Calice à 5-15 sépapales colorés, pétaloïdes, caducs : 5-20 pétales petits, linéaires, recourbés : capsules nombreuses, sessiles, oblongues, à graines nombreuses.

1. T. D'EUROPE.— *T. Europæus.* L.

Tige dressée, peu rameuse, souvent simple, à 1-2 fleurs, haute de 1 à 2 pieds, glabre ainsi que la plante : feuilles inférieures longuement pétiolées, à 5-7 divisions trifides, incisées-dentées : feuilles supérieures peu ou point pétiolées : fleurs jaunes, grosses, globuleuses, à pédoncules striés : sépales concaves, arrondis, rapprochés. *v.* Eté. Prés des montagnes.

283. ISOPYRE, *Isopyrum*. L. Sépales 5, colorés, pétaloïdes, caducs : 5 pétales petits, en cornet prolongé d'un côté : 15-20 étamines : 1-5 pistils devenant autant de capsules sessiles, oblongues, comprimées, mucronées, polyspermes, à une loge.

1. I. PIGAMON. — I. thalictroïdes. L.

Racine rampante en faisceau fibreux : tige grêle, glabre et glauque ainsi que toute la plante, haute de 6-10 pouces, peu rameuse : feuilles radicales longuement pétiolées, les supérieures sessiles, une ou deux fois ternées, tendres, à folioles partagées en 2-3 lobes obtus et en coin : stipules ovales, soudées à la tige et à la base du pétiole : fleurs blanches, peu nombreuses, petites, pédonculées, à sépales obtus. *v.* Printemps. Lieux couverts.

284. ÉRANTHE, *Eranthis*. SALISB. Involucre découpé, persistant, placé sous la fleur : 5-8 sépales colorés, oblongs, pélaloïdes, caducs : 5-8 pétales tubuleux, très-courts, à 2 lèvres : 5-8 capsules pédicellées, comprimées, à graines nombreuses, rondes, sur un rang.

1. E. D'HIVER. — E. hyemalis. Salisbury.

Racine tubéreuse, noirâtre : hampe dressée, glabre, haute de 3-5 pouces : feuilles radicales, glabres, pétiolées, orbiculaires, divisées jusqu'à la base en 7-9 lobes en coin, obtus, incisés au sommet : collerette foliacée contiguë à la corolle , profondément incisée en 8-10 lanières entières ou lobées : fleur sessile sur cette collerette, jaune, terminale, solitaire et assez grande. *v.* Hiver. Bois humides.

285. HELLÉBORE, *Helleborus*. L. Calice de 5 sépales persistants, coriaces : pétales 5-8 très-petits, tubuleux, à 2 lèvres : 3-5 styles devenant autant de

capsules libres, sessiles, comprimées, à graines nombreuses sur 2 rangs : involucre nul.

*** *Hampe nue, à 1-2 fleurs.***

**1. H. NOIR. — *H. niger*. L.**

Racine noire, charnue, munie de fibres : hampe
droite, haute de 4-8 pouces : feuilles toutes radicales,
pétiolées à 5-9 folioles lancéolées, disposées en pédales, dentées en scie au sommet : fleurs grandes, 1
ou 2, blanches, puis rosées, à sépales ovales. *v.* Hiver.
Lieux frais et pierreux des montagnes.

**** *Tige feuillée : fleurs nombreuses.***

**2. H. VERT. — *H. viridis*. L.**

Racine noire: tige d'un pied, glabre, simple du bas,
un peu dichotome du haut : feuilles radicales glabres,
pétiolées, fermes, à 7-11 folioles lancéolées, incisées-
dentées, en pédales, les caulinaires sessiles, palmées :
fleurs vertes, 2-4, un peu penchées. *v.* Printemps.
Bois et buissons.

**3. H. FÉTIDE. — *H. foetidus*. L.**

Racine noirâtre, un peu charnue : tige haute de
12-18 pouces, ferme, dressée, rameuse, coriace et
glabre ainsi que toute la plante : feuilles pétiolées,
dures, digitées en pédale, à folioles vertes, lancéolées-
linéaires, épaisses, longues, à dents écartées, les supérieures en forme de bractées d'un vert pâle, ovales,
larges, embrassantes, entières ou laciniées au sommet : fleurs terminales d'un vert pâle, à sépales ovales, bordés de rouge : pétales d'un vert jaunâtre :
capsules penchées, grosses, pointues : plante toujours
verte, fétide, triste. *v.* Hiver. Lieux pierreux, près
des bois.

**286. POPULAGE, *Caltha*. L.** Périanthe de 5-7
pétales ovales, caducs : 5-10 capsules comprimées,
aiguës, un peu divergentes, à 1 loge polysperme.

**1. P. DES MARAIS. — *C. palustris* L.**

Tiges dressées, grosses, fermes, glabres, fistuleuses, hautes d'un pied, peu rameuses : feuilles alternes, les inférieures pétiolées, en cœur à la base , grandes, crénelées, arrondies en rein, les supérieures presque sessiles et crénelées tout autour, toutes luisantes : fleurs grandes, pédonculées, d'un jaune doré vernissé. *v*. Eté. Prairies humides, bords des eaux.

**287. FICAIRE, *Ficaria*. HALLER.** Sépales 3, caducs : 8-12 pétales, rarement moins, ayant chacun une écaille sur l'onglet (si le calice prend plus de folioles, c'est aux dépens des pétales) : graines nombreuses, globuleuses, obtuses, en tête.

**1. F. RENONCULE. — *F. ranunculoides*. L.**

Racine composée de tubercules agglomérés : tiges couchées, rampantes, glabres et lisses comme toute la plante : longue de 5 18 pouces : feuilles pétiolées, en cœur , obtuses , crénelées-anguleuses : fleurs d'un jaune d'or, grandes, solitaires, luisantes, plus foncées à la base : pédoncule presque radical : graines un peu pubescentes. *v*. Printemps. Prés un peu humides, haies, aux bords des chemins.

**288. HÉPATIQUE, *Hépatica*. DILLEN.** Sépales 3, persistants : 6 pétales : pistils nombreux devenant autant de graines oblongues, nues, sessiles , un peu pointues.

**1. H. A TROIS LOBES. — *H. triloba*. Vill.**

Plante velue : hampes uniflores , hautes de 3-6 pouces, dressées : feuilles radicales, longuement pétiolées, en cœur à la base, à 3 lobes peu profonds, presque arrondis, épais : sépales ovales : fleurs d'un bleu clair, rouges ou blanches, souvent doubles. *v*. Printemps. Bois des montagnes.

**289. RÉSÉDA , *Reseda*. L.** Calice persistant, à 4 6 sépales : 4-6 pétales inégaux, laciniés : 12-15 étamines libres ou réunies plus ou moins par la base:

styles nuls, 3 à 6 stigmates, rarement moins: capsule anguleuse, ouverte au sommet, presque en grelot, à une loge contenant des graines nombreuses, rugueuses.

    ★ *Sépales et pétales* 6 : *stigmates* 3.

    1. R. ODORANT. — *R. odorata*. **L.**

Tige anguleuse, rameuse, striée, étalée à la base, redressée, longue de 8-16 pouces : feuilles oblongues, obtuses, entières ou à 2-3 lobes, ondulées: fleurs blanchâtres, d'une odeur douce et suave, en grappes terminales qui s'allongent insensiblement après la floraison : capsule à 3 dents : graines en rein, chagrinées. *a*. Cultivé pour son odeur.

    ★★ *Sépales* 4 : *pétales et stigmates* 3.

    2. R. GAUDE. — *R. luteola*. **L.**

Tige dressée, haute de 2-4 pieds, ferme, anguleuse, striée : feuilles simples, lancéolées-linéaires, entières, glabres, ondulées dans la jeunesse : fleurs verdâtres en épis très-longs et terminaux : graines luisantes. *a*. Eté. Routes, lieux arides. Cultivé.

# Douzième Classe.

—

## PLUS DE DIX ÉTAMINES LIBRES
### INSÉRÉES SUR LE CALICE. — CALYCANDRIE.

—

### OVAIRE SUPÈRE OU PARIÉTAL.

—

### PREMIER ORDRE.
#### UN PISTIL PAR FLEUR. — MONOGYNIE.

§ 1. **Arbres ou arbrisseaux.**

* *Fleurs sensiblement pédicellées.*

Noyau lisse, arrondi, à un bord
un peu saillant: drupe charnue. 290. Cerisier.
Noyau lisse, comprimé, sillonné
et anguleux vers les bords :
drupe charnue recouverte
d'une poussière glauque. . . 291. Prunier.

** *Fleurs sessiles ou presque sessiles.*

§ *Feuilles lancéolées, étroites.*

Fruit oblong, peu charnu, amer,
à noyau parsemé de pores
épars . . . . . . . . . . . . 294. Amandier.
Fruit arrondi, sucré, à noyau
creusé de sillons profonds. . 293. Pécher.

§§ *Feuilles larges, ovales ou en cœur.*

Fruit charnu, velouté, à noyau
uni, muni sur les bords de
deux lignes saillantes . . . . 292. Abricotier.

**§ 2. Herbes.**

Calice tubuleux, à 12 dents alternativement inégales : 6 pétales : capsule s'ouvrant en
long. . . . . . . . . . . . . . 296. SALICAIRE.

Calice bifide : 5 pétales : cap-
sule s'ouvrant en travers. . . 295. POURPIER.

—

## II ORDRE.

**DEUX A CINQ PISTILS PAR FLEUR.**

**DI-PENTAGYNIE.**

** Feuilles minces, décomposées, découpées ou au
moins dentées.*

Deux graines dans le calice hérissé en dehors de pointes
crochues : 9 à 12 étamines. 297. AIGREMOINE.

3 à 12 capsules à 1 loge contenant 16 graines : 20 étami-
nes. . . . . . . . . . . . . . 298. SPIRÉE.

*** Feuilles charnues, épaisses, entières.*

Pétales nombreux, linéaires :
fruit charnu, ombiliqué, infère. . . . . . . . . . . . . FICOÏDE.

—

## III ORDRE.

**SIX A DOUZE PISTILS PAR FLEUR.—DODÉCAGYNIE.**

5 pétales : plante à feuilles minces . . . . . . . . . . . . . . 298. SPIRÉE.

6-12 pétales : plantes grasses :
une écaille à la base externe
de chaque ovaire supère. . . 299. JOUBARBE.

Pétales nombreux, linéaires :
fruit infère . . . . . . . . . . FICOÏDE.

# IV ORDRE.

**PLUS DE DOUZE PISTILS PAR FLEUR.— POLYGYNIE.**

**§ 1. Calice à 5 ou 8-5 lobes disposés sur un rang.**

** Feuilles à plusieurs folioles.*

Ovaires nombreux, insérés sur
la paroi du calice qui les enveloppe, devient charnu et
coloré. . . . . . . . . . . . 300. Rosier.

Ovaires nombreux, succulents,
insérés sur un réceptacle conique, en forme de baie. . . 301. Ronce.

*** Feuilles simples.*

Plante charnue : calice adhé-
rent, charnu. . . . . . . . .        Ficoïde.

Plante non charnue : plusieurs
graines, sur un réceptacle arrondi, terminées par un style
devenu plumeux . . . . . . 302. Dryade.

**§ 2. Calice à 8 ou 10 lobes sur 2 rangs, les extérieurs souvent plus petits.**

** Réceptacle sec.*

*§ Graines terminées par un style court.*

Pétales 5 : sépales 10 dont 5
plus grands . . . . . . . . . 304. Potentille.

Pétales 4 : sépales 8 dont 4
plus grands. . . . . . . . . 305. Tormentille.

*§§ Graines terminées par une longue arête.*

Calice à 10 divisions . . . . . 303. Benoîte.

*** Réceptacle grand, mou.*

Réceptacle pulpeux, succulent,
caduc : fleurs blanches : feuil-
les à 3 folioles . . . . . . . 306. Fraisier.

Réceptacle spongieux, persistant : fleurs rouges : feuilles
ailées. . . . . . . . . . . . 307. COMARET.

**290. CERISIER**, *Cerasus*. JUSSIEU. Calice à 5 divisions, caduc : 5 pétales : 1 style : une vingtaine
d'étamines icosandres : fruit en drupe charnue, arrondie, lisse, munie d'un sillon d'un côté : noyau arrondi,
lisse, marqué d'un angle saillant d'un seul côté :
fleurs blanches : stipules à la base du pétiole.

§ 1. *Fleurs géminées ou en ombelle simple et sessile :*
*fruits comestibles.*

* *Fruit sucré, doux.*

1. C. MÉRISIER. — *C. avium.* L.

Arbre de 20 à 40 pieds, à branches étalées ou redressées : feuilles ovales-élargies, 2 fois dentées, acuminées, souvent pubescentes en-dessous : 2 glandes
au sommet du pétiole : fleurs blanches en ombelle
entourée à la base d'écailles colorées : fruit ovale globuleux à chair adhérente à la peau. *l.* Mai. Bois des
montagnes. Cultivé. Varie à fruit petit, noir, ou à
fruit gros, savoureux, noir, rougeâtre ou blanchâtre.

Fruit presque en cœur, à chair ferme, cassante :
*Duracina.* BIGARREAUTIER.

Fruit en cœur, fondant, noirâtre : *Juliana.* GUI-
GNIER.

** *Fruit acide.*

2. C. GRIOTTIER. — *C. caproniana.* DC.

Racine émettant des rejets : arbrisseau s'élevant
rarement à 10-15 pieds, ordinairement peu élevé,
rameux dès la base, à rameaux grêles, étalés, flexibles : feuilles elliptiques, ovales, deux fois dentées,
glabres : fleurs grandes, en ombelles sessiles, réunies
en bouquets : écailles souvent foliacées : fruit à chair
tendre, acide, se séparant facilement du noyau. *l.* Mai.
Cultivé partout.

Fruit rouge ou rougeâtre à suc non coloré : *Acida,* *cerise acide.*

Fruit rouge-noir à suc coloré : *Austera* , *C. aigre.*

Axe de l'ombelle allongé en grappe pendante, feuillée : fruit rouge-clair : fleurs paraissant de mai en septembre : *Semperflorens. C. tardif.*

§ 2. *Fleurs disposées en grappe ou corymbe, mais non en ombelle.*

* *Feuilles caduques en automne.*

### 3. C. Mahaleb. — *C. Mahaleb.* L.

Arbrisseau de 3-6 pieds dans les haies , et de 20 pieds dans les bois : écorce grisâtre : bois dur, odorant : rameaux diffus : feuilles petites, ovales, arrondies, un peu en cœur, à dents obtuses et un peu irrégulières : 4-6-12 fleurs en grappe ou corymbe redressé sur un pédoncule commun feuillé à la base: fruits petits , peu charnus , noirâtres, d'une saveur amère et très-désagréable. *l.* Mai. Bois, haies.

### 4. C. a grappes. — *C. padus.* DC.

Arbrisseau ou arbre de 6-15 pieds et plus, à rameaux étalés, à écorce lisse, d'un brun rougeâtre : feuilles grandes, ovales-élargies, pointues, dentées finement, d'un vert gai, munies, à la base sur le pétiole, de 2 glandes : fleurs petites, pédicellées, en grappes allongées, pendantes : fruits petits, globuleux, peu charnus, d'abord rougeâtres, puis noirs , à saveur astringente un peu amère. *l.* Printemps. Bois, haies.

** *Feuilles persistantes.*

### 5. C. laurier-cerise. — *L. lauro-cerasus.* L.

Arbrisseau s'élevant à 10 pieds, très-rameux, à écorce cendrée : feuilles ovales-oblongues, luisantes, coriaces, dentées, pointues , exhalant par le froissement une odeur d'amandes amères : fleurs petites , blanches, en grappes dressées, axillaires : fruit petit , noir, ovale-aigu. *l.* Avril. Cultivé, naturalisé dans le Midi.

291. PRUNIER, *Prunus.* L. Calice caduc à 5 lobes : 5 pétales : une vingtaine d'étamines icosandres : 1 style : fruit charnu, arrondi ovale, glabre, couvert d'une fine poussière glauque et un peu sillonné d'un côté : noyau comprimé, oblong, ovale, pointu au sommet, un peu raboteux, sillonné et anguleux vers les bords : fleurs blanches : feuilles alternes.

### * *Rameaux épineux.*

##### 1. P. PRUNELLIER. — *P. spinosa.* L.

Arbrisseau de 2-6 pieds, rameux, diffus, à écorce brune : feuilles petites, pétiolées, ovales, dentées, à la fin glabres : fleurs petites, presque solitaires dans des bourgeons rapprochés en forme de grappes paraissant avant les feuilles : fruits petits, globuleux, peu charnus, d'un noir bleuâtre, acerbes, s'adoucissant par la gelée et pouvant alors être mangés. *l.* Printemps. Haies, buissons.

##### 2. P. SAUVAGE. — *P. institia.* L.

Diffère par sa taille plus grande, ses rameaux moins épineux, par ses feuilles plus grandes, pubescentes en dessous, par ses fleurs plus grandes, ordinairement 2 à 2 par bouton, par ses fruits plus gros. noirâtres, du volume d'une cerise. *l.* Printemps. Lieux arides de la plaine.

### ** *Rameaux non épineux.*

##### 3. P. DOMESTIQUE. — *P. domestica.* L.

Arbre de 10-15 pieds, à écorce brune, cendrée : feuilles peu pétiolées, ovales, elliptiques, dentées en scie, un peu pubescentes en-dessous : fleurs paraissant avant les feuilles, 1 ou 2 par bourgeon, à pédoncules pubescents : fruits ovoïdes ou oblongs, à noyau presque rond. *l.* Printemps. Cultivé.

Varie à fruit violet, bleuâtre, verdâtre, jaune, jaunâtre ou orangé.

4. P. DE DAMAS. — **P.** *Damascena.* Reich.

Arbre élevé : feuilles ovales elliptiques, pointues,
dentées en scie, pubescentes en-dessous : pédoncules
souvent solitaires : fleurs blanches ou verdâtres: fruit
ovale ellipsoïde : noyau comprimé ovale, rétréci aux
deux bouts : fruit violet, rouge pourpre , vert, jaune, etc. *l.* Mai, juin.

292. ABRICOTIER, *Armeniaca.* TOUR. Calice
caduc à 5 lobes, portant 5 pétales et une vingtaine
d'étamines icosandres: 1 style : fruit charnu, arrondi,
sillonné d'un côté, couvert d'un duvet fin et court :
noyau ovoïde, comprimé, uni, ayant l'un de ses bords
obtus, l'autre aigu et marqué d'un sillon de chaque
côté. Arbre.

1. A. COMMUN. — *A.* *vulgaris.* Lam.

Arbre de 12 à 20 pieds, à écorce brune : feuilles
alternes, grandes, un peu en cœur, arrondies, glabres, dentées irrégulièrement, acuminées au sommet,
les jeunes feuilles sont rougeâtres: fleurs paraissant
avant les feuilles, blanches ou d'un rose tendre, presque sessiles : fruit gros, très-succulent, jaune ou rougeâtre. *l.* Hiver, printemps. Cultivé dans la plaine.

293. PÊCHER, *Persica.* TOUR. Diffère du précédent par son fruit quelquefois glabre , par son noyau
ovoïde, renflé, creusé de sillons profonds et irréguliers.

1. P. COMMUN. — P. *vulgaris.* Mill.

Arbre de 8-12 pieds, à écorce lisse : feuilles lancéolées-ovales, pointues, atténuées en court pétiole,
glabres, à dents aiguës, régulières, non glanduleuses:
fleurs sessiles, solitaires, d'un rose vif, naissant avant
les feuilles : fruit cotonneux à chair molle, non adhérente au noyau (*pêche*), ou à chair dure , adhérente
au noyau (*pavie*). *l.* Printemps. Cultivé.

2. P. BRUGNON. — *P. lævis.* DC.

Diffère par ses fruits glabres et son noyau moins crevassé. *l.* Printemps. Cultivé.

294. AMANDIER, *Amygdalus.* Tour. L. Diffère par son fruit peu ou point charnu, oblong, pointu, couvert d'un duvet velouté, à chair fibreuse, sans suc, se séparant irrégulièrement à la maturité, renfermant un noyau ovale, comprimé, pointu au sommet, à coque lisse et parsemée de pores.

1. A. COMMUN. — *A. communis.* L.

Arbre de 10-30 pieds : feuilles pétiolées, alternes, lancéolées, longues, arrondies à la base, pointues au sommet, glabres, à dents glanduleuses et un peu inégales : fleurs presque sessiles, blanches sur les bords, roses au centre, paraissant avant les feuilles : fruits à chair dure et amère, contenant une amande douce ou amère suivant les variétés. *l.* Février, avril. Cultivé.

295. POURPIER, *Portulaca.* L. Calice persistant comprimé, fendu en 2 lobes : 5 pétales : 6-12 étamines : style court à 4-5 stigmates : capsule à 1 loge, s'ouvrant en travers : graines nombreuses, en rein.

1. P. CULTIVÉ. — *P. oleracea.* L.

Plante charnue, succulente : tige couchée, rameuse, longue de près d'un pied : feuilles alternes, ovales en coin, entières, épaisses : 2-3 fleurs jaunâtres sessiles, rapprochées en paquets à l'extrémité des tiges et des rameaux. *a.* Été. Lieux cultivés.

296. SALICAIRE, *Lythrum.* L. Calice tubuleux, strié, à 8-12 dents dont 4-6 droites, plus larges, alternes avec les pétales, et 4-6 étalées, très-fines et plus petites : pétales 4-6 insérés au sommet du calice : étamines en nombre égal ou double de celui des pétales : 1 style : capsule à 2 loges polyspermes.

1. S. COMMUNE. — *L. salicaria.* L.

Tige de 2-3 pieds, dressée, peu rameuse, carrée, pubescente dans le haut : feuilles sessiles, opposées (rarement 3 à 3 ou 4 à 4), lancéolées, un peu en cœur à la base, aiguës, entières, pubescentes en-dessous : fleurs grandes, rouges, en verticilles rapprochés, formant de longs épis terminaux : calices et feuilles florales colorés : 12 étamines : 6 pétales ondulés : capsules petites, en forme d'ellipse. *v.* Eté. Lieux humides et bords des ruisseaux, fossés.

297. AIGREMOINE, *Agrimonia*. L. Calice en toupie, à 5 lobes, hérissé en dehors de pointes crochues : 5 pétales : 5-15 étamines : 2 styles : 2 graines ou seulement une, pariétales, renfermées dans le calice accru, endurci et muni près de la base de 2 petites bractées.

1. A. Eupatoire. — *A. Eupatoria*. L.

Tige dressée, simple ordinairement, velue ainsi que toute la plante, haute de 1-3 pieds : feuilles longues, ailées avec impaire, pétiolées, alternes, à folioles ovales ou lancéolées, dentées-incisées et entre-mêlées d'autres folioles très-petites, ayant à la base des stipules en croissant, incisées : fleurs distantes en long épi terminal et simple, un peu pédicellées et munies d'une bractée trifide à la base de chaque pédicelle : fleurs jaunes. *v.* Eté. Bois, haies, lieux secs.

Plante plus grande et plus forte : folioles lancéolées, presque glabres : fleurs odorantes : *Odorata*.

298. SPIRÉE, *Spiraea*. L. Calice à 5 divisions ouvertes : 5 pétales : 10-50 étamines icosandres : 3-12 styles devenant autant de capsules à 1 loge contenant 1 à 3 graines.

§ 1. *Plantes herbacées.*

* *Feuilles dépourvues de stipules.*

1. S Barbe de chèvre. — *S. aruncus*. L.

Racine presque ligneuse : tige droite, ferme, glabre, haute de 3-4 pieds, peu rameuse : feuilles alternes. pétiolées, 3 fois ailées, à folioles grandes, ovales, pointues, dentées en scie : fleurs petites, très-nombreuses, blanches, devenant jaunâtres en séchant. souvent dioïques, en épis grêles, cylindriques, formant une vaste panicule terminale : 3-4 graines. *v.* Eté. Lieux humides et ombragés.

** *Feuilles munies de stipules : fleurs hermaphrodites.*

2. S. ULMAIRE. — *S. ulmaria.* **L.**

Racine noirâtre : tige dressée, haute de 2-3 pieds, rameuse, souvent rougeâtre, anguleuse : feuilles alternes, grandes, ailées avec impaire, à 3-5 paires de folioles ovales, doublement dentées, séparées par d'autres plus petites, inégales et arrondies: foliole terminale à 3 lobes : fleurs blanches, petites, formant des panicules terminales, rameuses, odorantes : 6-8 capsules tordues. *v.* Lieux humides, fossés, bords des ruisseaux.

3. S. FILIPENDULE. — *S. filipendula.* **L.**

Racine dont les fibres portent de petits tubercules: tige simple, haute d'un pied, dressée, cylindrique. nue vers le sommet: feuilles ailées, étroites, peu pétiolées, à folioles sessiles, rapprochées, uniformes, une ou deux fois pinnatifides, incisées, glabres, la terminale trilobée ; elles sont séparées par de très-petites folioles embrassantes et dentées: stipules soudées au pétiole : fleurs médiocres, blanches ou rosées, odorantes. en corymbe : calice réfléchi. *v.* Prés arides et bois secs.

§ 2. *Plantes ligneuses.*

4. S. A FEUILLES DE SAULE. — *S. salicifolia.* **L.**

Arbrisseau de 3-4 pieds, à rameaux nombreux, grêles, jaunâtres, cylindriques : feuilles simples, alternes, lancéolées, minces, dentées en scie : fleurs petites, couleur de chair, en grappes paniculées, terminales. *l.* Eté. Montagnes, jardins. On en cultive plusieurs autres espèces.

**5. S. A FEUILLES LISSES.** — *S. laevigata.* **L.**

Arbrisseau peu élevé, à feuilles lisses, entières, lancéolées, rétrécies à leur base, obtuses au sommet, d'un vert glauque : fleurs blanches, odorantes , en grappes. *l.* Eté. Jardins.

299. JOUBARBE, *Sempervivum.* L. Calice à 6-12 divisions : autant de pétales , d'ovaires et de pistils : étamines en nombre double des pistils : une écaille bifide placée à la base de chaque ovaire : chaque pistil devenant une capsule à une loge et à plusieurs graines.

**1. J. DES TOITS.** — *S. tectorum.* **L.**

Tige d'un pied, dressée, branchue du haut, un peu velue, munie à la base de rejets terminés par une rosette de feuilles ovales, lancéolées , succulentes, épaisses, souvent couvertes d'une poussière blanche et rougeâtres au sommet : feuilles de la tige plus étroites et plus pointues, éparses, sessiles , tombant promptement après la floraison: fleurs grandes, nombreuses, purpurines, presque sessiles et unilatérales sur des rameaux étalés, disposées en corymbe terminal : calice velu : pétales ciliés et un peu velus. *v.* Eté. Vieux murs, rochers.

300. ROSIER, *Rosa.* L. Calice ovoïde ou globuleux, resserré à la gorge, devenant charnu à la maturité, divisé en 5 folioles simples ou foliacées pinnatifides: 5 pétales insérés avec les étamines nombreuses au sommet du calice : ovaires pariétaux, nombreux, portant chacun un style saillant : styles distincts ou réunis en colonne: graines osseuses, hérissées, fixées à la paroi intérieure du calice accru en forme de baie un peu pulpeuse, souvent couronnée par les lobes du calice. Feuilles ailées avec impaire, munies de stipules soudées à la base du pétiole : folioles dentées ou bidentées : rameaux munis d'aiguillons.

### § 1. *Styles soudés en colonne.*

**1. R. MUSQUÉ. — *R. moschata*. Ait.**

Arbrisseau grimpant jusqu'au haut des arbres : aiguillons des rameaux recourbés et inclinés : pétioles souvent lisses : folioles grandes, ovales-oblongues ou ovales à dents un peu ouvertes : pédoncules hérissés, glanduleux : fleurs blanches à odeur de musc, en corymbe : sépales entiers : fruit ovale, hérissé glanduleux. *l.* Eté. Haies du Midi. Cultivé.

**2. R. TOUJOURS VERT. — *R. sempervirens*. L.**

Tiges très-longues, rampantes ou grimpantes : aiguillons presque égaux, crochus : pétioles munis d'aiguillons : folioles lancéolées ou elliptiques, à dents presque appliquées : pédoncules hérissés glanduleux : fleurs blanches, grandes, en ombelle : sépales entiers, ovales : fruit globuleux, hérissé glanduleux. *l.* Eté. Bois du Midi.

### § 2. *Styles libres, rapprochés en tête.*

*** *Fleurs blanches.***

**3. R. BLANC. — *R. alba*. L.**

Arbrisseau très-rameux, à branches vertes, haut de 4-6 pieds : aiguillons grêles, crochus, à peine élargis à la base : pétioles pubescents et aiguillonnés : 5-7 folioles ovales-arrondies, glabres en-dessus, un peu poilues en-dessous, dentées : fleurs odorantes, grandes, 1-3 ensemble : sépales pinnatifides, persistants : fruit ovoïde, glabre excepté à la base hérissée de même que le pédoncule. *l.* Eté. Haies. Cultivé.

**** *Fleurs roses ou rouges.***

**¶ *Fruit ovoïde, ou oblong, ou en poire.***

**' *Fleurs simplement dentées en scie.***

**4. R. DE CHIEN. — *R. canina*. L.**

Tiges rameuses, lisses, dressées, s'élevant à 7-15 pieds, à rameaux étalés-arqués, armés d'aiguillons

épars, forts , courbes , plats : stipules larges, denticulées : folioles 5-7, glabres, aiguës, ovales ou oblongues, à dents rarement doubles ou glanduleuses : sépales pinnatifides , caducs : pédoncule lisse ou hérissé : fleurs d'un rose pâle, presque blanches : fruit
oblong, d'un beau rouge. *l*. Eté. Haies, bois, partout.

5. R. A CENT FEUILLES. — *R. centifolia*. L.

Arbrisseau de 3-6 pieds à rameaux verdâtres : aiguillons inégaux, presque droits, à peine dilatés à la
base : folioles ovales, poilues sur les bords et sur le
pétiole un peu glanduleux : fleurs roses, grandes,
très-doubles, très-odorantes : 3 sépales pinnatifides :
fruit hérissé, ainsi que le pédoncule, de soies visqueuses, glanduleuses et odorantes. *l*. Eté. Cultivé partout
sous une foule de variétés.

" *Feuilles doublement dentées en scie.*

6. R. A FEUILLES ODORANTES. — *R. rubiginosa*. L.

Tige de 3-4 pieds, dressée, à aiguillons courbés ,
comprimés : pétioles velus ou cotonneux, munis
d'aiguillons et de soies glanduleuses : folioles arrondies, à dents doubles, pubescentes en-dessous et garnies de petites glandes résineuses qui leur donnent
une teinte rouillée et une odeur de *pomme reinette :*
sépales ciliés-glanduleux, pinnatifides et caducs : fleurs
petites, odorantes, rosées ou purpurines : fruit ovoïde.
*l*. Eté. Haies. Cultivé.

§§ *Fruit globuleux ordinairement.*

7. R. VELUE. — *R. villosa*. L.

Arbrisseau s'élevant de 3-5 pieds , à aiguillons
épars, droits, en alène, courts : pétioles cotonneux
munis de soies glanduleuses : folioles 5-7, velues sur
les deux faces, grandes, ovales, elliptiques, grisâtres
en-dessous : pédoncules courts, hérissés, portant 1-3
fleurs d'un rose gai : fruit gros , très-pulpeux , pu-

bescent, penché, couronné par les sépales persistants, d'un rouge de sang, noirâtre à la maturité. *l.* Eté. Buissons des montagnes.

8. R. de Provins. — *R. gallica.* L.

Racine rampante : tiges dressées, peu élevées, à aiguillons inégaux, droits, arrondis , entremêlés de soies glanduleuses : stipules étroites : folioles un peu fermes, ovales, en cœur ou oblongues, grandes, dentées, à nervures glanduleuses : sépales entiers ou pinnatifides : fleurs 1-3 en bouquets, grandes, odorantes, d'un rouge foncé, quelquefois noirâtre : pédoncules, calices et ovaires finement glanduleux: fruit d'un rouge écarlate, globuleux un peu en poire. *l.* Eté. Buissons, bois. Cultivé.

301. RONCE. *Rubus.* L. Calice plan , à 5 dents entières, aiguës : 5 pétales : étamines 20 et plus, icosandres : pistils nombreux, insérés sur un réceptacle hémisphérique ou conique, devenant autant de petites baies à 1 graine, agglomérées en 1 baie mamelonnée, caduque, convexe en-dessus et concave en-dessous.

★ *Fruit rouge ou jaunâtre.*

ʒ *Feuilles inférieures ailées, à 5-7 folioles.*

1. R. framboisier. — *R. idæus.* L.

Arbuste dressé, haut de 2-6 pieds, un peu blanchâtre, portant des aiguillons droits et fins : feuilles inférieures ailées à 5-7 folioles ovales, aiguës, irrégulièrement dentées en scie, blanches-cotonneuses en-dessous, les supérieures ternées : pétiole commun canaliculé en-dessus : calice étalé : fleurs blanches en grappes terminales dont les pédoncules sont velus, rameux : fruits rouges ou jaunâtres, globuleux, succulents, d'une odeur et d'une saveur agréables. *l.* Mai. Haies, bois taillis, jardins.

§§ *Feuilles toutes ternées.*

### 2. R. DES ROCHERS. — *R. saxatilis.* L.

Racine ligneuse, brune : tige dressée, haute de 6-15 pouces, presque herbacée, pubescente et rude : feuilles à 3 folioles ovales, élargies au sommet, incisées-dentées, les 2 latérales sessiles : jets stériles, rampants : fleurs blanches, 3-6 en corymbe, à courts pédoncules pubescents : pétales un peu plus longs que le calice : fruit composé de 2-6-8 graines ou baies monospermes, assez grosses, succulentes, étalées, rouges, un peu aigrelettes. *l. v.* Bois et lieux pierreux des montagnes.

** *Fruit noir ou bleuâtre.*

### 3. R. A FRUITS BLEUATRES. — *R. caesius.* L.

Tiges couchées, faibles, cylindriques, glauques, munies de beaucoup d'aiguillons fins, les uns droits, les autres courbés : feuilles à long pétiole, à 3 folioles ovales, dentées-incisées, pubescentes en-dessous, les latérales souvent à 2 lobes : fleurs blanches, en grappes terminales : fruits bleuâtres couverts d'une poussière glauque, à grains gros, peu nombreux, un peu acides. *l.* Eté. Buissons, champs, bois.

### 4. R. COMMUNE. — *R. fruticosus.* L.

Tiges dressées, ligneuses, anguleuses, longues, decombantes ou couchées à aiguillons forts et crochus : feuilles pétiolées, à 3-5 folioles ovales, inégalement dentées : fleurs blanches ou rougeâtres, en grappes terminales : fruits noirs à la maturité. *l.* Eté. Bois et buissons.

Folioles blanches en-dessous : *Fruticosus.* L.

Feuilles d'une seule couleur, velues : *Tomentosus.* WILLD.

Feuilles à 3 folioles velues blanchâtres des 2 côtés : *Collinus.* DC.

Folioles grandes, glabres et d'une seule couleur : *Corylifolius.* SMITH.

Folioles glabres et d'une seule couleur : pétiole et pédoncules glanduleux : *Glandulosus*. BELL.

Folioles laciniées : *Laciniatus*. MERAT.

Tiges et rameaux sans aiguillons : *Inermis*, etc.

Très-variable par ses pétales, par les angles des tiges et la pubescence des rameaux, etc.

302. DRYADE, *Dryas*. L. Calice à 8 divisions égales, sur un rang : 8 pétales : une vingtaine d'étamines icosandres : réceptacle un peu arrondi portant des graines nombreuses, comprimées, terminées par un style latéral changé en longue queue plumeuse ; le calice varie à 6-10 divisions, et alors pétales en même nombre.

1. D. A HUIT PÉTALES. — *D. octopetala*. L.

Très-petite plante ligneuse, couchée, rameuse, gazonnante : feuilles ovales, crénelées, cotonneuses-blanchâtres en-dessous : pédoncule long de 1-3 pouces, portant une grande fleur blanche. *l*. Été. Hautes montagnes.

303. BENOITE, *Geum*. L. Calice à 10 divisions dont 5 extérieures plus petites, alternes avec les 5 intérieures : 5 pétales : une vingtaine d'étamines icosandres, à anthère contournée : styles nombreux : graines nombreuses, terminées chacune par 1 style prolongé en arête glabre ou velue, réunies en tête sur un réceptacle sec, poilu, cylindrique. Diffère du précédent par le calice à sépales inégaux sur 2 rangs : feuilles stipulées et velues.

§ 1. *Tige à plusieurs fleurs : arête crochue au sommet et terminée par un appendice articulé plus court et caduc.*

* *Calice à la fin réfléchi.*

1. B. COMMUNE. — *G. urbanum*. L.

Racine brune, épaisse : tige dressée, haute de 1 à 2 pieds, un peu poilue, peu rameuse : feuilles poilues, ciliées sur les bords, les radicales pinnées à folioles inégales, incisées-dentées, la terminale très-grande, ovale, lobée, confluente : feuilles supérieures ternées ou trilobées, ou simples : fleurs jaunes, petites, dressées : graines hérissées, ayant l'arête glabre, rougeâtre. *v.* Eté. Lieux ombragés un peu humides, au bord des chemins. La racine sent le gérofle.

Fleurs un peu penchées, à calice étalé: *Intermedium*.

**** *Calice dressé ou étalé.***

2. B. DES RUISSEAUX. — *G. rivale*. L.

Tige redressée, haute de 1 à 2 pieds, un peu velue, souvent colorée ou d'un vert noirâtre : feuilles radicales pétiolées, ailées, à folioles ovales, incisées dentées, séparées par d'autres folioles bien plus petites, la terminale très-grande, arrondie, lobée, dentée : feuilles supérieures plus petites, ternées ou simplement trilobées : fleurs terminales, penchées, d'un jaune rougeâtre : graines hérissées, terminées en arête articulée et munie d'un appendice plumeux et allongé. *v.* Eté. Prés et bois humides.

§ **2.** *Tige uniflore: longue arête plumeuse, ni crochue, ni articulée.*

3. B. DE MONTAGNE. — *G. montanum*. L.

Tige dressée, velue, simple, ordinairement uniflore, haute de 6-12 pouces: feuilles radicales pétiolées, à folioles très-inégales séparées par d'autres plus petites, diminuant de grandeur depuis la terminale très-grande, incisée, lobée, jusques vers la base du pétiole, les caulinaires petites, ternées ou simples: fleur jaune, très-grande, ordinairement à 6 pétales étalés en cœur renversé : graines velues: bractées entières. *v.* Eté. Paturages des hautes montagnes.

304. POTENTILLE, *Potentilla*. L. Calice à 10 divisions sur 2 rangs, les 5 extérieures plus petites et

plus étalés : 5 pétales : étamines 20 et plus, icosandres : styles nombreux : graines lisses, un peu tordues, souvent ridées, nues, placées sur un réceptacle sec et persistant : feuilles ailées ou digitées, munies de stipules.

### § 1. *Fleurs blanches.*

1. P. FRAISIER. — *P. fragaria.* Poiret.

Tiges rampantes, devenant très-longues, ligneuses, grêles, rougeâtres, feuilles pétiolées à 3 folioles ovales-arrondies, un peu en coin à la base, dentées dans la moitié supérieure, velues, comme tronquées au sommet parce que la dent terminale est plus courte : 1 ou 2 feuilles sur la tige : pédoncules velus, à 1 ou 2 fleurs petites ayant les pétales échancrés légèrement en cœur. *v.* Mai, juin. Bois et lieux stériles.

### § 2. *Fleurs jaunes.*

* *Feuilles digitées, au moins les radicales à 5-7 folioles.*

*§ Plante d'un vert grisâtre.*

2. P. RAMPANTE. — *P. reptans.* L.

Tiges longues, atteignant jusqu'à 2-3 pieds, rampantes, grêles : feuilles naissant plusieurs ensemble de chaque articulation, à 5 folioles ovales un peu en coin, oblongues, dentées, ciliées sur les nervures en dessous, pubescentes : fleurs axillaires solitaires sur de longs pédoncules : fruits un peu chagrinés. *v.* Eté. Bord des chemins et des fossés.

3. P. DORÉE. — *P. aurea.* L.

Tiges arquées-ascendantes à poils couchés : feuilles radicales et inférieures longuement pétiolées, à 5 folioles oblongues en coin, bordées d'un liseré de poils soyeux et argentés, presque glabres sur la surface, munies vers le sommet de 5-7 dents dont les 3 supérieures rapprochées aiguës : feuilles caulinaires ternées, presque sessiles, peu dentées : fleurs grandes d'un jaune doré, à onglet taché de jaune plus foncé : pédoncules solitaires, longs : calice plus court que les pétales obcordés. *v*. Eté. Pâturages des hautes montagnes.

4. P. du printemps. — *P. verna.* L.

Tiges couchées, rameuses, velues, longues de 2-10 pouces, à poils demi-ouverts : feuilles inférieures à 5 folioles, les supérieures à 3 : folioles ovales en coin, dentées en scie, à dent terminale plus courte, à longs pétioles velus ainsi qu'elles : stipules linéaires : feuilles caulinaires plus petites et les supérieures sessiles entre les stipules ovales : fleurs petites, peu nombreuses, en forme de panicule terminale : pétales en cœur renversé, plus longs que le calice , sans tache jaune foncée ou rarement avec une tache sur l'onglet. *v*. Printemps. Lieux chauds et arides.

§§ *Feuilles blanches, cotonneuses en-dessous.*

5. P. argentée. — *P. argentea.* L.

Tige dressée, rameuse, étalée, velue, cotonneuse, haute de 1 à 2 pieds : feuilles à 5 folioles petites, écartées, incisées ou pinnatifides, en coin, velues et très-blanches cotonneuses en-dessous, les supérieures à 3 folioles dentées : stipules linéaires : fleurs petites, à pédoncules cotonneux et rameux, en corymbe terminal : pétales entiers. *v*. Eté. Lieux secs et sablonneux.

** *Feuilles ailées avec impaire.*

6. P. argentine. — *P. anserina.* L.

Tiges grêles, rampantes, un peu velues, radicantes, s'allongeant beaucoup : feuilles ailées à 15-17 folioles ovales-oblongues, dentées-incisées, velues et vertes en-dessus, blanches et soyeuses en-dessous, séparées par de très-petites folioles incisées : stipules engainantes, découpées : pédoncules axillaires, solitaires, uniflores, égalant les feuilles et dressés: fleurs jaunes, assez grandes. *v.* Eté. Bord des chemins un peu humides et des rivières.

305. TORMENTILLE, *Tormentilla*. L. Diffère du genre précédent, parce qu'il n'a que 8 sépales sur 2 rangs et 4 pétales.

** Stipules incisées.*

1. T. DRESSÉE. — *T. erecta.* L.

Tiges étalées ou un peu redressées, filiformes : feuilles radicales ternées et pétiolées, les caulinaires sessiles entre des stipules foliacées : fleurs jaunes. petites, solitaires à l'aisselle des feuilles et dans les bifurcations. *v.* Eté. Bois et prairies un peu humides.

*** Stipules entières ou à peu près.*

2. T. RAMPANTE. — *T. reptans.* L.

Tige très-couchée, radicante aux aisselles des feuilles qui sont toutes ternées et pétiolées : feuilles inférieures ayant les 2 folioles latérales un peu pétiolées et partagées en deux de manière à imiter une feuille à 5 folioles : fleurs grandes, à 4-5 pétales dorés. *v.* Eté. Bords des forêts un peu humides.

306. FRAISIER, *Fragaria*. L. Calice à 10 divisions sur 2 rangs, dont 5 plus petites : pétales 5 : une vingtaine d'étamines icosandres : styles nombreux : graines nombreuses, dures, fixées sur un réceptacle ovoïde qui devient charnu, succulent et caduc à la maturité (*fraise*) : feuilles ternées et fleurs blanches.

1. F. COMMUN. — *F. vesca.* L.

Racine fibreuse, noirâtre, émettant des rejets filiformes, rampants et des tiges grêles, dressées, velues, presque nues, hautes de 2-10 pouces : feuilles la plupart radicales, pétiolées, à 3 folioles ovales, profondément dentées en scie, presque soyeuses en-dessous, à nervures divergentes et parallèles qui font que la feuille parait plissée : fleurs blanches presque en corymbe terminal, à pétales arrondis : fruit pendant, charnu.

d'une odeur suave et d'un goût exquis. Toute l'année. Bois, haies, taillis. Varie beaucoup par le fruit et la pubescence. Cultivé.

**307. COMARET**, *Comarum*. L. Diffère du fraisier par le réceptacle spongieux et persistant : feuilles ailées : fleurs d'un pourpre noir.

1. C. DES MARAIS. — *C. palustre*. L.

Tige couchée à la base, redressée, colorée, pubescente dans le haut : feuilles ailées, à 5-7 folioles ovales-allongées, dentées, blanchâtres en-dessous : grandes stipules : fleurs presque en panicule : pétales étroits, d'un pourpre foncé ainsi que le calice qui les dépasse : réceptacle poilu. *v.* Eté. Tourbières, prés marécageux.

# Treizième Classe.

—

## PLUS DE DIX ÉTAMINES LIBRES
### Insérées sur l'ovaire infère ou adhérent au calice.

—

### HYSTÉRANDRIE.

—

## PREMIER ORDRE.
### UN PISTIL PAR FLEUR. — MONOGYNIE.

§ 1. *Herbes.*

Pétales nombreux : plante charnue, grasse. . . . . . . . . . 308. CIERGE.
Périanthe à 3 divisions : feuilles pétiolées . . . . . . . . . . 309. ASARET.

§ 2. *Arbres ou arbrisseaux.*

* *Fruit en capsule sèche.*

Stigmate divisé : feuilles oppo-
sées. . . . . . . . . . . . . . 310. SERINGAT.

** *Fruit en baie.*

Baie petite : fleurs blanches. . 311. MYRTE.
Baie très-grosse, à écorce coria-
ce, pleine de graines enveloppées d'une pulpe acide :
fleurs rouges . . . . . . . . 312. GRENADIER.

*** *Fruit charnu , à pepins.*

Graines osseuses . . . . . . . 320. AUBÉPINE.

—

## II ORDRE.

**DEUX PISTILS OU PLUS PAR FLEUR.—DI-POLYGYNIE.**

* *Fruit contenant* 1-5 *graines osseuses.*

Fruit fermé par les dents du
calice. . . . . . . . . . . . 320. AUBÉPINE.
Fruit en toupie, ouvert au som-
met couronné par les 5 lobes
du calice qui sont très-grands. 319. NÉFLIER.

** *Fruit contenant des graines cartilagineuses et non*
*osseuses.*

§ *Loges du fruit* 2 à 5 , *à parois cartilagineuses.*

*Fruit glabre, à loge contenant* 1 ou 2 *graines.*

Pomme globuleuse, ombiliquée
à la base et au sommet: styles
soudés à la base. . . . . . . 316. POMMIER.
Poire ombiliquée seulement au
sommet : styles libres. . . . 317. POIRIER.

*Fruit cotonneux, à loges contenant plusieurs graines.*

*Fruit* odorant, ombiliqué au
   sommet, à 5 loges visqueuses. 318. Cognassier.

§§ *Loges du fruit 2 à 5, à parois minces et molles.*

*Ovaire à 5 loges entières renfermant 2 ovules.*

Feuilles ailées : fruits rouges ou
   jaunes . . . . . . . . . . . . 314. Sorbier.
Feuilles simples : fruits rouges
   ou jaunes. . . . . . . . . . . 313. Alisier.

*Ovaire à 5 loges divisées en 2 parties : fruits
   noirâtres.*

Pétales blancs, dressés : 3-5
   graines. . . . . . . . . . . . 315. Amelanchier.

   308. CIERGE, *Cactus*. L. Calice adhérent à divisions nombreuses, imbriquées : pétales nombreux,
sur plusieurs rangs, insérés, ainsi que les étamines
nombreuses, sur la gorge du calice : 1 style divisé au
sommet en plusieurs stigmates : baie ombiliquée, à
une loge, à plusieurs graines.

1. C. raquette. — *C. opuntia.* L.

   Tiges articulées, sans feuilles ; elles sont composées d'articulations charnues, épaisses, ovales, comprimées, divergentes, munies d'aiguillons très-aigus,
réunis en paquets : fleurs grandes, jaunes, sessiles au
sommet des articulations : baie ovoïde, pulpeuse,
rouge, comestible. v. Expositions chaudes de la Provence. Cultivé.

   309. ASARET, *Asarum*. L. Périanthe en cloche,
à 3 lobes épais : 12 étamines dont l'anthère est placée au milieu du filet : 1 style court à stigmate ayant
6 parties : capsule coriace, infère, à 6-8 loges, à 3-4
graines.

1. A. d'Europe. — *A. Europœum.* L.

   Racine rameuse, rampante, aromatique : tige

presque nulle, terminée par 2 feuilles longuement pétiolées, obtuses, en rein, entières, luisantes en-dessus, un peu pubescentes en-dessous et sur le pétiole qui est muni à sa base de stipules engainantes : fleur solitaire, presque sessile dans l'intervalle des pédoncules, penchée après la floraison, d'un rouge noir en dedans, verte et pubescente en dehors : capsule coriace, couronnée par les lobes du périanthe. *v.* Printemps. Bois pierreux, ombragés.

310. **SERINGAT**, *Philadelphus*. **L.** Calice en toupie, à limbe à 4-5 divisions, adhérent à l'ovaire : 4-5 pétales : 1 style à 4-5 divisions : capsule demi-adhérente au calice, à 4-5 valves, à 4-5 loges polyspermes: plus de 20 étamines insérées sur le calice à la gorge.

1. S. ODORANT. — *P. coronarius.* **L.**

Arbrisseau de 3-6 pieds, à tiges grêles, fragiles : feuilles opposées, ovales-acuminées, dentées, un peu velues surtout sur les nervures : fleurs blanches, odorantes, grandes, à pédoncules courts, en bouquets ou grappes terminales feuillées à la base: pétales ovales. *l.* Eté. Haies du Midi et çà et là, jardins.

311. **MYRTE**, *Myrtus*. **L.** Calice à tube presque globuleux, adhérent, à 4-5 divisions : 5 pétales : étamines nombreuses insérées sur le calice : 1 style : baie couronnée par les lobes du calice, à 2-3 loges contenant plusieurs graines en rein.

1. M. COMMUN. — *M. communis.* **L.**

Arbrisseau de 4-8 pieds, à rameaux nombreux et flexibles: feuilles nombreuses, ovales ou lancéolées, aiguës, entières, opposées, fermes, persistantes et d'un beau vert : fleurs blanches, solitaires dans l'aisselle des feuilles : 2 bractées à la base du calice : baie ovoïde, d'un pourpre noirâtre, ombiliquée. *l.* Eté. Collines arides de Provence.

On distingue plusieurs variétés suivant que les

feuilles sont ovales, entières ou dentées, lancéolées
ou linéaires-lancéolées.

**312. GRENADIER**, *Punica*. L. Calice tubuleux,
adhérent, à 5-7 lobes colorés, épais et coriaces : 5-7
pétales : étamines nombreuses insérées à la gorge du
calice : 1 style : fruit gros, arrondi, à écorce dure et
épaisse, couronné par les lobes du calice, divisé en
deux par une cloison horizontale, la partie inférieure
contient 3 loges, la supérieure 5-7, toutes pleines de
graines rouges, entourées d'une pulpe succulente.

1. G. COMMUN. — P. *granatum* L.

Arbrisseau de 3-8 pieds, un peu épineux au bout
des rameaux : feuilles opposées, petites, luisantes,
glabres, lancéolées, entières, rougeâtres dans la jeunesse ainsi que les jeunes pousses : fleurs sessiles,
solitaires ou 2-4 à l'extrémité des rameaux, d'un
rouge écarlate, rarement blanches : fruit d'un brun
rougeâtre. *l.* Eté. Haies et bords des chemins du
Midi. Jardins.

**313. ALISIER**, *Aria*. PERS. Calice à 5 lobes persistants sur le fruit : 5 pétales arrondis, insérés ainsi
que les nombreuses étamines à la gorge du calice :
2 ou 3 styles libres : fruit infère, globuleux ou ovale,
à 2-5 loges à parois molles, contenant chacune 2
graines cartilagineuses : feuilles simples.

★ *Feuilles blanches en-dessous.*

1. A. ALLOUCHIER. — *A. nivea*. Host.

Arbre de 10-30 pieds, à bois blanc, à écorce bru-
ne-grisâtre, à jeunes rameaux un peu cotonneux :
feuilles alternes, petiolées, ovales-oblongues, doublement dentées en scie, vertes et glabres en-dessus,
très-blanches, cotonneuses en-dessous : stipules caduques : fleurs blanches, odorantes, en corymbes
plans à pédoncules rameux, cotonneux ainsi que le
calice : pétales ovales, concaves : fruits ovoïdes,

écarlates, comestibles. *l.* Mai. Bois des montagnes, haies.

Feuilles incisées-lobées, à lobes inférieurs plus grands, cotonneuses, grisâtres en-dessous : fruit globuleux, orangé, sucré à la maturité. *l.* Juin. Mêmes lieux : *Scandica.* L.

** *Feuilles non blanches en dessous.*

2. A. DES BOIS. — *A. torminalis.* Crantz.

Arbre de moyenne grandeur, à écorce grise sur le tronc, brune sur les rameaux : feuilles alternes, pétiolées, ovales, un peu échancrées en cœur à la base, anguleuses, à 7 lobes pointus dont les premiers sont plus écartés, dentées, un peu velues en-dessous, souvent très-glabres à la fin : fleurs blanches, petites, en corymbe, à pédoncules rameux, velus ainsi que les calices : fruits ovales, d'un jaune brun ou rougeâtre, un peu âpres, mangeables après les gelées. *l.* Mai. Rochers et bois.

Feuilles ovales, sinuées presque lobées, cotonneuses-jaunâtres en-dessous, à lobes arrondis: fruit gros, orangé, amer : *Latifolia.* PERS.

314. SORBIER, *Sorbus.* L. Mêmes caractères que le genre précédent : 3-5 styles : feuilles ailées avec impaire.

1. S. DES OISELEURS. — *S. aucuparia.* L.

Arbre de grandeur médiocre, à écorce, brune ou grisâtre : feuilles alternes, pétiolées, à 11-15 folioles ovales-oblongues, dentées dans la moitié supérieure, vertes et à la fin glabres ou à peu près des deux côtés: fleurs blanches, odorantes, en corymbe terminal, plan, à pédoncules rameux : fruits de la grosseur d'un pois, d'un rouge vif, ovoïdes. *l.* Mai. Bois, taillis. Feuilles lancéolées rétrécies: *Americana.*

2. S. CORMIER. — *S. domestica.* L.

Arbre de 30 à 40 pieds, à écorce grisâtre, à bourgeons glabres et visqueux : feuilles comme dans le précédent, mais plus blanches, cotonneuses en-dessous, et restant un peu velues : fleurs semblables : fruits plus gros, en poire, jaunâtres ou rougeâtres, acerbes et à la fin mangeables. *l.* Mai. Bois montagneux, haies.

**315. AMÉLANCHIER,** *Amelanchier.* MEDIK. Calice à 5 divisions persistantes, réfléchies sur le fruit qu'elles couronnent : 5 pétales dressés : étamines nombreuses, courtes : 2-5 styles : ovaire infère à 5 loges divisées en 2 parties par une cloison incomplète, 1 ovule solitaire dans chaque demi-loge : baie à 3-5 graines par l'avortement des ovules : loges à parois minces et molles.

* *Fruit noirâtre : fleurs blanches.*

1. A. COMMUN. — *A. vulgaris.* Moench.

Arbrisseau de 3-5 pieds, rameux, à écorce brune : feuilles pétiolées, ovales-arrondies, obtuses, dentées en scie, blanchâtres, cotonneuses en-dessous dans la jeunesse, à la fin glabres des deux côtés, fermes, et munies de stipules linéaires : fleurs blanches, assez longuement pédonculées en grappes latérales lâches et munies de bractées : calice glabre ainsi que le fruit d'un bleu noirâtre, et gros comme un pois : pétales en coin. *l.* Mai. Rochers.

** *Fruit rouge orangé : fleurs rosées.*

2. A. PETIT NÉFLIER. — *A. chamaemespilus.* Crantz.

Arbrisseau de 2-3 pieds, tortueux, très-rameux, à écorce brune : feuilles lancéolées-ovales, luisantes, fermes, irrégulièrement dentées en scie, peu pétiolées, rapprochées vers le bout des rameaux : fleurs roses en corymbe, brièvement pédicellées : calices et pédoncules laineux : pétales lancéolés-ovales : fruit presque globuleux, cotonneux, comestible. *l.* Été. Rochers très-élevés.

13

**316. POMMIER**, *Malus*. **T.** Calice à 5 lobes : 5 pétales velus, arrondis : une vingtaine d'étamines à la gorge du calice : 5 styles soudés à la base : pomme globuleuse, glabre, déprimée et ombiliquée à la base et au sommet : 5 loges à parois cartilagineuses contenant 1-2 graines.

1. P. COMMUN. — M. communis. DC.

Arbre de 15 à 30 pieds : rameaux épineux à l'état sauvage : feuilles pétiolées ovales-aiguës, presque en cœur, dentées en scie, plus ou moins pubescentes en dessous : fleurs grandes, blanches, mêlées de rose en dehors, odorantes, réunies en bouquets ou petite ombelle simple sessile. *l.* Mai. Bois, haies. On cultive plus de 200 variétés de Pommiers.

Feuilles très-glabres dans la jeunesse et ovales-lancéolées : *Acerba*.

**317. POIRIER**, *Pyrus*. **Tour.** Calice à 5 lobes : 5 pétales arrondis, glabres : étamines nombreuses : 5 styles libres à la base : fruit glabre, en poire, ombiliqué d'un seul bout, à 5 loges ayant les parois moins cartilagineuses que le pommier : 2 graines par loge.

1. P. COMMUN. — P. communis. L.

Arbre de 20-30 pieds, à bois dur et rougeâtre, à écorce fendillée : rameaux épineux à l'état sauvage : feuilles pétiolées, alternes, ovales, oblongues, glabres à la fin, finement dentées, luisantes en-dessus : fleurs blanches, réunies 6-12 en ombelles simples, axillaires: fruit en toupie (poire), un peu allongé, petit, glabre, acerbe sur la plante sauvage, sucré sur la plante cultivée. *l.* Mai. Bois, haies.

On en cultive une foule de variétés.

**318. COGNASSIER**, *Cydonia*. **T.** Calice supère à 5 divisions foliacées, dentées, réfléchies sur le fruit: 5 pétales grands, arrondis : une vingtaine d'étamines dressées : 5 styles : pomme grosse, cotonneuse, glo-

buleuse, ombiliquée au sommet, à 5 loges cartilagineuses, contenant des graines nombreuses sur 2 rangs
et entourées d'une substance mucilagineuse.

1. C. COMMUN. — *C. vulgaris*. Pers.

Arbre peu élevé, tortu, à écorce brune, cotonneuse
sur les jeunes pousses : feuilles ovales-arrondies, entières, blanches, cotonneuses en-dessous, courtement
pétiolées : fleurs grandes, blanches, un peu rosées,
solitaires : calice et pédoncule cotonneux : fruit gros,
lanugineux, odorant, d'un jaune citron, acerbe. *l.* Mai.
Cultivé et naturalisé.

319. NÉFLIER, *Mespilus*. L. Calice à 5 divisions
foliacées, persistantes, droites : 5 pétales arrondis :
une vingtaine d'étamines : 2-5 styles : fruit en pomme charnue, pulpeuse à la maturité, en toupie, surmontée par un disque large, ouvert : 5 loges contenant chacune 1 ou 2 noyaux osseux.

1. N. D'ALLEMAGNE. — *M. Germanica*. L.

Arbrisseau de 5-8 pieds, tortueux, rameux et épineux : feuilles peu pétiolées, alternes, ovales-lancéolées, entières ou dentées dans leur moitié supérieure, pubescentes : fleurs blanches, solitaires,
presque sessiles, terminales : calice laineux : fruit
assez gros (nèfle), ouvert au sommet, roux ainsi
que la chair, devenant mangeable à la fin de l'automne. *l.* Haies, cultivé.

320. AUBÉPINE, *Crataegus*. L. Calice à 5 dents :
5 pétales arrondis, étalés : 1-5 styles : une vingtaine
d'étamines : fruit infère, charnu ou pulpeux, à 1-5 loges, fermé par un disque resserré et couronné par
les dents du calice : 1-5 graines osseuses par fruit.
Arbres ou arbrisseaux épineux.

* *Feuilles lobées ou incisées.*

1. A. NOBLE ÉPINE. — *C. oxyacantha*. L.

Arbrisseau s'élevant jusqu'à 12 pieds, à bois très-dur, à rameaux très-épineux : feuilles alternes, pétiolées, un peu pâles en-dessous, luisantes en-dessus, obovales, incisées en coin, à 3-7 ou ordinairement 5 lobes dentés au sommet : fleurs blanches odorantes, en bouquets étalés, à pédoncules glabres : fruits rouges, globuleux, à chair un peu farineuse, presque fade. *l.* Mai. Haies, bois, partout.

Un seul style : fruit à une graine : pédoncules et calices velus : *Monogyna.* WILLD.

Petit arbre : fleurs rougeâtres : *Rosea.* PERS.

2. A. AZÉROLIER. — C. azarolus. L.

Diffère du précédent par sa taille plus élevée, 20 à 30 pieds; par ses épines rares, ses rameaux à écorce brunâtre et ses jeunes pousses cotonneuses; par ses fleurs à pédoncules pubescents, ainsi que le calice : fruits gros, globuleux, rouges ou jaunâtres, d'une saveur agréable. *l.* Mai. Midi. Cultivé.

** Feuilles seulement dentées.

3. A. BUISSON-ARDENT. — C. pyracantha. L.

Arbrisseau toujours vert : feuilles ovales-lancéolées : fleurs blanches à 5 styles : fruits petits d'un beau rouge écarlate. *l.* Mai. Haies. Cultivé.

# Quatorzième Classe.

—

## QUATRE ÉTAMINES
**Dont deux plus courtes que les deux autres. — DIDYNAMIE.**

—

### FLEURS LABIÉES OU PERSONNÉES.

—

### PREMIER ORDRE.

**Ovaire partagé en quatre lobes : fruit formé de quatre graines nues et distinctes au fond du calice. — TOMOGYNIE.**

Le style nait entre les lobes de l'ovaire, losquels se séparent à la maturité.

**I.** *Corolle à 2 lèvres bien marquées.*

**A.** *Etamines* à anthère en rein et à une loge, *couchées sur la lèvre inférieure.*

Fleurs blanches ou un peu rougeâtres : lèvre supérieure à 4 lobes. . . . . . . . . . . 321. Basilic.

Fleurs bleues ou bleuâtres : lèvre supérieure bifide, l'inférieure trifide . . . . . . . . 322. Lavande.

**B.** *Etamines* à anthère à deux loges, *dirigées vers la lèvre supérieure.*

**§ 1.** *Etamines écartées, distantes.*

* *Etamines renfermées, ainsi que le style, dans le tube de la corolle.*

Fleurs bleues : feuilles étroites : plante ligneuse. . . . . . . 322. Lavande.

Fleurs blanches : feuilles ovales
ou arrondies : herbe : graine
ayant le sommet plan-trian-
gulaire . . . . . . . . . . . 340. MARRUBE.

**** *Etamines saillantes, divergentes au sommet.***

*§ Calice à 2 lèvres.*

Plante ligneuse, au moins à la
base : calice ovoïde-tubuleux. 325. THYM.
Plante herbacée : calice plan
en-dessus : étamines diver-
gentes ou conniventes. . . . 330. MELISSE.

*§§ Calice à 5 dents ou 5 divisions, ou fendu*
*obliquement.*

Larges bractées plus longues
que le calice : fleurs en paquets
disposés en forme de corymbe. 324. ORIGAN.
Bractées linéaires : fleurs verticillées en épi unilatéral, ayant
la lèvre inférieure de la co-
rolle à 3 lobes très-inégaux. 331. HYSOPE.
Lèvre inférieure de la corolle à
3 lobes égaux. . . . . . . . 326. SARRIETTE.

***** *Etamines saillantes, écartées, rapprochées en arc***
*par les anthères, sous la lèvre supérieure de la*
*corolle : les 2 étamines supérieures plus courtes.*

*§ Calice à 2 lèvres, strié.*

† *Bractées très-petites ou nulles sous les verticilles*
*de fleurs.*

Calice tubuleux, droit, ayant
les dents du calice égales. . . 328. CALAMENT.
Calice tubuleux, bossu à la base :
graines adhérentes . . . . . 327. ACINOS.
Calice tubuleux, à lèvre supé-

rieure plane, à divisions rapprochées et élargies. . . . . 330. MELISSE.

†† *Bractées en alène très-nombreuses.*

Bractées figurant un involucre
sous les verticilles de fleurs. 329. CLINOPODE.

§§ *Calice tubuleux à 5 lobes égaux.*

Corolle à gorge nue. . . . . . 326. SARRIETTE.

§ 2. *Etamines parallèles, rapprochées par paire sous
la lèvre supérieure de la corolle.*

* *Calice à 5 divisions, non à 2 lèvres.*

a. *Loges des anthères s'ouvrant par une valve.*

Lèvre inférieure de la corolle
munie à la base de deux ren-
flements en forme de dents
creuses et coniques . . . . . 337. GALÉOPE.

b. *Loges des anthères s'ouvrant par une fente.*

§ *Tube de la corolle muni, à l'insertion des étamines,
d'un anneau de poils (en dedans).*

† *Lèvre inférieure de la corolle à 3 lobes obtus.*

' *Etamines déjetées en dehors après la fécondation.*

Graines arrondies au sommet :
lobes latéraux de la lèvre inférieure de la corolle plus pe-
tits et réfléchis. . . . . . . . 338. EPIAIRE.

Graines tronquées au sommet
plan, barbu et triangulaire :
lèvre inférieure de la corolle
réfléchie, à 3 lobes presque
égaux. . . . . . . . . . . . 342. AGRIPAUME.

" *Etamines droites même après la fécondation.*

Graines arrondies au sommet :
calice strié . . . . . . . . . 341. BALLOTTE.

†† *Lèvre inférieure de la corolle à 3 lobes aigus.*

Fleurs jaunes : calice à 5 dents
    épineuses. . . . . . . . . . 336. GALEOBDOLON.

††† *Lèvre inférieure de la corolle à 2 lobes.*

Gorge de la corolle enflée, den-
    tée des 2 côtés sur les bords. 335. LAMIER.

§§ *Tube de la corolle nu intérieurement, c'est-à-dire*
    *sans anneau de poils.*

† *Etamines inférieures plus longues.*

Lèvre inférieure de la corolle à
    2 lobes et munie ordinaire-
    ment de chaque côté d'une
    petite dent . . . . . . . . 335. LAMIER.
Lèvre inférieure de la corolle
    à 3 lobes étalés. . . . . . 339. BÉTOINE.

†† *Etamines inférieures plus courtes.*

Anthères rapprochées 2 à 2 en
    forme de croix : lèvre infé-
    rieure de la corolle plane. . . 333. GLÉCOME.
Anthères parallèles, arquées en
    dehors à la fin : lèvre infé-
    rieure de la corolle à lobe du
    milieu concave , les latéraux
    réfléchis . . . . . . . . . . 332. CHATAIRE.

** *Calice à 2 lèvres dentées ou entières.*

§ *Etamines supérieures plus longues.*

Calice tubuleux , à lèvre supé-
    rieure à 1-3 dents, l'inférieure
    à 2-4 dents : corolle à gorge
    très-renflée . . . . . . . . . 343. DRACOCÉPHALE

**¶¶** *Etamines supérieures plus courtes.*

**'** *Calice à 2 lèvres dentées ou divisées.*

Calice fructifère fermé-compri-
mé: lèvre supérieure presque
tronquée à 3 dents : filets des
étamines bifurqués, dont une
branche porte l'anthère. . . 345. BRUNELLE.

Calice très-ample, lobé et labié : anthères rapprochées en
croix. . . . . . . . . . . . 334. MÉLITTE.

**"** *Calice à 2 lèvres entières.*

Calice à lèvre supérieure éperonnée et fermant l'ouverture
du calice après la chute de la
corolle . . . . . . . . . . . 344. TOQUE.

**II.** *Corolle à lèvre supérieure nulle ou très-peu*
*apparente.*

Tube de la corolle muni intérieurement de poils en anneau :
graines réticulées : lèvre supérieure de la corolle à 2
dents. . . . . . . . . . . . 346. BUGLE.

Tube sans poils en anneau : lèvre supérieure de la corolle
fendue profondément en 2 lobes réfléchis sur les bords de
la lèvre inférieure qui paraît
avoir 5 lobes : graines non
réticulées. . . . . . . . . . 347. GERMANDRÉE.

**III.** *Corolle en entonnoir ou en cloche à 4 lobes*
*presque égaux.*

Etamines distantes, saillantes. 323. MENTHE.

## II ORDRE.

**Ovaire simple devenant une capsule à plusieurs graines. — ATOMOGYNIE.**

Le style nait du sommet de l'ovaire.

A. *Plantes munies de feuilles.*

§ 1. *Calice à 4 divisions.*

* *Lèvre supérieure de la corolle saillante : anthères épineuses à la base.*

Capsule à 2 loges, à graines
nombreuses munies de côtes. 348. EUPHRAISE.

Capsule à 2 loges contenant 1-2
graines lisses , sans côtes. . 351. MÉLAMPYRE.

Capsule comprimée à 2 loges :
graines nombreuses entou-
rées d'une aile . . . . . . . 349. CRÊTE DE COQ.

** *Lèvre supérieure nulle, corolle à gorge poilue : anthères velues en devant.*

Capsule à 2 loges, à 1 graine. . 352. ACANTHE.

§ 2. *Calice à 5 divisions.*

* *Corolle prolongée en éperon , ou bossue à la base inférieure.*

Corolle bossue à la base : capsule s'ouvrant au sommet par
2 ou 3 trous : graines nues. . 354. MUFLIER.

Corolle éperonnée à la base :
capsule s'ouvrant par des espèces de dents ou de valves :
graines ordinairement membraneuses. . . . . . . . . . 353. LINAIRE.

** *Corolle ni bossuée, ni éperonnée à la base.*

ᔕ *Corolle globuleuse à 5 divisions inégales.*

Feuilles opposées : capsule acu-
minée, globuleuse. . . . . .356. SCROPHULAIRE.

**✓** *Corolle non globuleuse, tube plus ou moins long.*
     *' Feuilles simples.*

Corolle tubuleuse à la base, di-
    latée en cloche à limbe obli-
    que à 4 lobes : feuilles alter-
    nes. . . . . . . . . . . . . 355. Digitale.

     *" Feuilles découpées, ailées ou palmées.*

Corolle tubuleuse, à 2 lèvres ,
    la supérieure comprimée, en
    casque : feuilles pinnatifides :
    herbes . . . . . . . . . . . 356. Pédiculaire.
Corolle à tube grêle, à limbe
    plan presque à 2 lèvres, à
    5-6 lobes inégaux: arbrisseau
    à feuilles digitées . . . . . . 357. Gatilier.

B. *Plantes colorées, munies d'écailles au lieu de*
                    *feuilles.*

Fleurs dressées à calice unilaté-
    ral, à corolle se séparant, à la
    fin, de la base persistante. . 358. Orobanche.
Fleurs penchées, sans odeur ,
    à calice en cloche, à 4 lobes,
    disposées toutes du même
    côté . . . . . . . . . . . . 359. Clandestine.

321. BASILIC, *Ocymum*. L. Calice en cloche, à
2 lèvres, la supérieure plus large, arrondie, entière,
l'inférieure à 4 dents : corolle à 2 lèvres, la supérieure
à 4 lobes presque égaux, l'inférieure plus étroite,
plus longue, entière, crénelée : étamines couchées sur
la lèvre inférieure, les 2 extérieures munies de dents
ou de poils à la base du filet : anthères en rein et à
une loge s'ouvrant par une fente en demi-cercle :
stigmate à 2 lobes égaux : 4 graines ovales. On peut
regarder la corolle comme renversée.

### * *Herbes.*

**1. B. COMMUN. — *O. basilicum.* L.**

Tige dressée, rameuse : feuilles pétiolées ovales ou oblongues, entières ou à peine dentées : fleurs blanches ou rougeâtres, verticillées, en grappes. *a.* Eté. Cultivé.

Feuilles grandes, boursoufflées, ridées : *Bullatum.*

**2. B. NAIN. — *O. minimum.* L.**

Tige très-rameuse, finement pubescente : feuilles ovales , entières , à longs pétioles glabres : fleurs blanches, en grappes courtes. *a.* Cultivé.

### ** *Arbuste.*

**3. B. DE CEYLAN. — *O. gratissimum.* L.**

Arbuste de 2-3 pieds, à rameaux droits, velus, tétragones : feuilles opposées , pétiolées, ovales, pointues, crénelées, vertes en-dessus, blanchâtres et cotonneuses en-dessous : fleurs petites, blanchâtres, en grappes terminales, munies de bractées en cœur, pointues, colorées, caduques. *l.* Eté. Cultivé.

**322. LAVANDE,** *Lavandula.* L. Calice oblong, strié, à 4 dents peu marquées et une cinquième plus longue appendiculée au sommet : corolle à tube saillant, cylindrique, à 2 lèvres, la supérieure à 2 , l'inférieure à 3 lobes, tous presque égaux : étamines et style inclus : stigmate plan : anthère en rein et à une loge s'ouvrant par une fente en demi-cercle. Plantes ligneuses.

### * *Fleurs en épi surmonté d'un bouquet de feuilles colorées.*

**1. L. STÉCHAS. — *L. Staechas.* L.**

Arbuste très-rameux, haut de 1-2 pieds : feuilles sessiles, étroites, linéaires, veloutées, blanchâtres, roulées en-dessous par les bords : fleurs petites, d'un pourpre noirâtre en épis terminaux, ovales, surmontés d'une touffe de feuilles larges, ovales, bleuâtres :

graines veinées en réseau. *l.* Mai, juin. Collines pierreuses du Midi.

** *Fleurs en épi non surmonté d'un bouquet de
feuilles.*

2. L. COMMUNE. — *L. vera.* DC. — *L. spica*, variété. L.

Arbuste de 1-2 pieds, à rameaux nombreux,
feuillés à la base et presque nus au sommet : feuilles
entières, étroites, linéaires-lancéolées, obtuses, d'un
vert cendré, roulées en-dessous par les bords, pubescentes à poils étoilés : fleurs d'un bleu violet en
épi simple, grêle, terminal, interrompu à la base : calice ovale, bleu-cotonneux : graines sans nervure.
*l.* Juin, été. Terrains pierreux du Midi, jardins.

3. La L. A ÉPI. —*L. spica.* DC., diffère par ses bractées linéaires
et ses feuilles un peu spatulées.

**323. MENTHE**, *Mentha.* L. Calice tubuleux, à 5
dents égales : corolle en entonnoir, à tube ne dépassant
pas le calice, à 4 lobes presque égaux, le supérieur
un peu plus large, souvent échancré : étamines écartées, divergentes au sommet : stigmate bifide : anthères à loges parallèles : 4 graines.

§ 1. *Calice velu à la gorge en-dedans : lobe supérieur
de la corolle entier.*

* *Feuilles pétiolées, ovales.*

1. M. POULIOT. — *M. pulegium.* L.

Tiges étalées, ascendantes, arrondies, un peu pubescentes, rameuses, longues d'un pied et plus : feuilles petites, ovales, obtuses, souvent entières, presque
glabres, courtement pétiolées : fleurs roses en verticilles axillaires, nombreux, globuleux : calice ayant
les 2 dents supérieures un peu recourbées. *l.* Eté.
Lieux humides, bords des eaux.

** *Feuilles linéaires, sessiles.*

2. M. DES CERFS. — *M. cervina.* L.

Tiges de 10 pouces, couchées, radicantes à la base,

redressées, glabres : feuilles glabres, étroites, linéaires, sessiles, entières, ponctuées en-dessous : fleurs
rosées ou blanches, en verticilles très-serrés, munis
de bractées palmées : calice à 5 dents droites. *v.* Eté.
Marais du Midi.

§ 2. *Calice nu en-dedans, sans poils : corolle à lobe*
*supérieur échancré.*

* *Fleurs en verticilles axillaires, écartés, diminuant*
*de grosseur jusqu'au sommet de la tige.*

¶ *Corolle dépassant à peine le calice.*

3. M. DES JARDINS. — *M. gentilis.* L.

Tige ferme, dressée, rougeâtre, rameuse, glabre,
haute d'un pied : feuilles ovales, glabres, dentées en
scie, courtement pétiolées, un peu pubescentes en-
dessous : fleurs roses, en verticilles petits, à pédicelles
glabres : calice en cloche glabre, à dents ciliées :
étamines incluses. *v.* Eté. Lieux humides.

Varie à feuilles tachées de jaune.

¶¶ *Corolle double du calice qui est velu.*

4. M. CULTIVÉE. — *M. sativa.* L.

Tige dressée, faible, rameuse, carrée, velue ou
pubescente, haute de 10-15 pouces : feuilles ovales
ou elliptiques, dentées en scie, peu velues, dégénérant
en pétiole : fleurs rouges en verticilles formés de 2
faisceaux axillaires pédonculés, séparés jusqu'après
la floraison : bractées linéaires, ciliées : calice court,
tubuleux. *v.* Eté. Fossés, lieux humides.

Varie à feuilles ovales, ovales-oblongues et lancéolées.

5. M. DES CHAMPS. — *M. arvensis.* L.

Tige ferme, couchée, velue ou hérissée, rameuse,
étalée, carrée, longue de 5-9 pouces : feuilles ovales,
obtuses, dentées, un peu arrondies : fleurs roses ou
blanches en verticilles globuleux, très-fournis : calice

court, en cloche, à 5 dents triangulaires. *v*. Champs un peu humides, après la moisson.

** *Fleurs en verticilles égaux, rapprochés en tête.*

### 6. M. AQUATIQUE. — *M. aquatica*. L.

Racine rampante : tige carrée, dressée, rameuse, velue, à poils réfléchis, haute de 1 à 2 pieds et plus : feuilles pétiolées ovales-oblongues, arrondies ou presque en cœur à la base, inégalement dentées en scie. velues surtout en-dessous où elles sont un peu blanchâtres, souvent presque glabres en-dessus ; les florales en forme de bractées lancéolées souvent réfléchies : fleurs rougeâtres, en 2-3 verticilles, formant un épi gros, court, en tête oblongue : calice tubuleux, velu ainsi que les pédicelles. *v*. Eté. Bords des fossés et des eaux, partout.

Plante très-velue : feuilles plus larges et plus arrondies à la base : *Hirsuta*. L.

*** *Fleurs en verticilles rapprochés en épi terminal.*

§ *Feuilles glabres , excepté quelquefois sur les nervures, vertes des 2 côtés.*

### 7. M. VERTE. — *M. viridis*. L.

Tige droite, carrée, pubescente au sommet, haute de 1-3 pieds : feuilles opposées, sessiles, vertes, glabres, inégalement dentées en scie, lancéolées-ovales. pointues : fleurs rougeâtres, en épis grêles , allongés, plus ou moins interrompus : bractées en alène, ciliées : calice glabre. *v*. Eté. Lieux frais.

### 8. M. POIVRÉE. — *M. piperita*. L.

Plante à odeur forte et à saveur piquante. Elle ne diffère guère de la précédente que par ses feuilles pétiolées, ovales-oblongues, ou ovales-lancéolées, arrondies à la base, par ses fleurs en épis courts et oblongs, et par ses calices parsemés de points glanduleux brillants. *v*. Eté. Cultivée pour son odeur.

§§ *Plantes plus ou moins velues.*

9. M. A FEUILLES RONDES. — *M. rotundifolia.* L.

Tige dressée, carrée, velue, rameuse au sommet, haute de 1 à 2 pieds : feuilles sessiles, un peu embrassantes, ovales-arrondies, ou un peu en cœur à la base, crénelées-dentées en scie, épaisses, obtuses, ridées-crépues, velues surtout en-dessous où elles sont blanches : fleurs d'un blanc rosé, en verticilles disposés en épis terminaux, divariqués, allongés : bractées lancéolées, courtes, ciliées : calice hérissé. *v.* Eté. Lieux humides.

10. M. SAUVAGE. — *M. sylvestris.* L.

Plante blanchâtre-cotonneuse : tige dressée, carrée, rameuse, haute de 1 à 2 pieds : feuilles sessiles, planes, ovales-lancéolées, inégalement dentées en scie, aiguës : fleurs rougeâtres en épis pédonculés, terminaux, presque ovoïdes, disposés en panicule : calice et pédicelle velus : bractées en alène, longues, molles. *v.* Eté. Lieux humides, le long des fossés, des routes, etc.

Feuilles planes, ovales ou arrondies, ou en cœur : *Nemorosa.*

Feuilles crispées, arrondies ou en cœur : *Undulata.*

324. ORIGAN, *Origanum.* L. Calice à 5 dents ou à 2 lèvres, fermé par des poils, ou fendu presque jusqu'à la base d'un seul côté, en 2 lobes, sans poils : corolle à tube nu intérieurement, à lèvre supérieure dressée, échancrée, l'inférieure à 3 lobes presque égaux : étamines écartées, divergentes : loges des anthères obliques : style à stigmate bilobé : graines arrondies, lisses.

* *Calice tubuleux à 5 dents presque égales, poilu à la gorge.*

1. O. COMMUN. — *O. vulgare.* L.

Tige à angles arrondis, rougeâtre, dressée, rameu-

se, velue, haute de 1 à 2 pieds : feuilles pétiolées,
ovales-arrondies, presque entières, pubescentes surtout en-dessous : fleurs blanches ou rouges, munies
chacune d'une grande bractée ovale, souvent colorée
en rouge violet, ramassées en épis un peu carrés, qui
sont disposés en panicule terminale feuillée. *v.* Eté.
Lieux secs et pierreux.

2. O. DE CRÈTE.— *O. Creticum.* L.

Tige d'un pied, un peu rameuse et rougeâtre : feuilles ovales, arrondies, quelquefois pointues, entières :
fleurs rougeâtres en épis grêles, allongés, colorés, ramassés en panicule terminale : bractées bien plus
longues que le calice. *v.* Eté. Midi.

** *Calice fendu jusqu'à la base.*

3. O. MARJOLAINE. — *O. majorana.* L.

Tige pubescente, haute de 15-20 pouces, grêle, ligneuse, rameuse: feuilles pétiolées ovales-oblongues,
obtuses, entières, blanchâtres, velues : fleurs blanches
ou rougeâtres en épis courts, serrés, pubescents, terminaux : bractées imbriquées avec les calices. *l.* Eté.
Cultivée, ainsi qu'une autre espèce presque glabre et
annuelle.

325. THYM, *Thymus.* L. Calice court, en cloche,
strié, à gorge fermée par des poils après la floraison,
à 2 lèvres peu prononcées, la supérieure à 3 dents
larges, l'inférieure à 2 dents en alène, ascendantes :
corolle à tube nu en-dedans, peu saillant, à lèvre supérieure dressée, plane, échancrée, l'inférieure étalée
à 3 lobes dont celui du milieu entier : étamines écartées, divergentes : anthères à loges obliques : stigmate à 2 lobes : graines ovoïdes, lisses.

* *Feuilles étroites, linéaires ou lancéolées.*

1. T. COMMUN. — *T. vulgaris.* L.

Sous-arbrisseau dressé ou ascendant . rameux,

souvent cendré ou rougeâtre, à rameaux pubescents, haut d'un pied : feuilles petites, obtuses, étroites, roulées en-dessous par les bords et pubescentes-blanchâtres en-dessous : fleurs petites, rosées ou blanches, rapprochées en tête, ou en verticilles lâches. *l.* Eté. Lieux secs et arides du Midi.

**** *Feuilles ovales ou oblongues.***

2. T. SERPOLET.— *T. serpyllum.* L.

Tiges rondes ou un peu carrées, rampantes, pubescentes, ligneuses, grêles, longues de 4-8 pouces : feuilles entières, ovales, petites, à bords un peu roulés, obtuses, planes, légèrement ciliées à la base et sur le pétiole, nervées en-dessous, ponctuées-glanduleuses : fleurs en tête ou en verticilles écartés, purpurines, quelquefois blanches : calice rouge à la fin et fermé par des poils blancs. *v. l.* Eté. Lieux secs et arides.

Velu : feuilles ovales-arrondies : *Lanuginosus.*

Poils réunis en 2 lignes opposées sur les tiges et les rameaux : *Chamaedrys.* FRIES.

326. SARRIETTE, *Satureia.* L. Calice tubuleux en cloche, strié, à 5 dents égales : corolle à 2 lèvres, la supérieure presque dressée, plane, échancrée, l'inférieure étalée à 3 lobes obtus, presque égaux : 4 étamines écartées, quelquefois rapprochées 2 à 2 sous la lèvre supérieure de la corolle : anthères à loges obliques : style à 2 stigmates : graines arrondies.

*** *Gorge du calice sans anneau de poils.***

1. S. DES JARDINS. — *S. hortensis.* L.

Tige rameuse, dressée, haute de 6-10 pouces, pubescente, un peu rude : feuilles linéaires-lancéolées, entières, sessiles, ponctuées, ciliées : fleurs petites, rougeâtres, 2-4 par pédoncules axillaires, un peu disposées d'un côté : dents du calice ciliées, acuminées. *a.* Eté. Rochers du Midi, jardins potagers.

** *Quelques poils entre les dents du calice.*

**2. S. DE MONTAGNE. — *S. montana*. L.**

Tige ligneuse, à rameaux dressés, cylindriques, haute d'un pied : feuilles lancéolées étroites, très-aiguës, entières, ponctuées, presque chagrinées : fleurs blanches, quelquefois ponctuées de rouge, pédicellées en petits corymbes axillaires, opposés, rapprochés en grappe unilatérale. *l*. Eté. Lieux arides du Midi. Jardins.

*** *Gorge du calice munie d'un anneau de poils.*

**3. S. DE SAINT-JULIEN. — *S. Juliana*. L.**

Tige grêle, peu élevée, presque ligneuse, à rameaux raides, cendrés : feuilles entières, linéaires-lancéolées, les inférieures plus larges : fleurs 3-6 en corymbes axillaires, pédonculés, disposés en épi : corolle rougeâtre, à tube plus court que le calice. *l*. Eté. Lieux arides du Midi, jardins.

**327. ACINOS,** *Acinos*. MOENCH. Calice tubuleux, hispide, strié, tors, *bossu à la base*, poilu à la gorge, à 2 lèvres, la supérieure à dents sétacées, l'inférieure à 2 dents semblables : corolle à 2 lèvres, la supérieure droite, échancrée, l'inférieure à 3 lobes dont le moyen échancré, concave : graines adhérentes presque toujours avortées : étamines écartées, rapprochées en arc par les anthères sous la lèvre supérieure de la corolle, les 2 supérieures plus courtes : loges des anthères obliques.

* *Feuilles florales dépassant les fleurs.*

**1. A. DES CHAMPS. — *A. vulgaris*. PERS.**

Tige couchée à la base, un peu carrée, longue de 6-12 pouces, pubescente ainsi que toute la plante : feuilles petites, ovales, aiguës, un peu roulées en-dessous par les bords, celles du sommet ovales-lancéolées, toutes presque entières ou dentées seulement vers leur sommet, rétrécies en court pétiole : fleurs 4-6 par

verticilles, violettes ou purpurines, à pédoncules uniflores : bractées très-petites. *a.* Eté. Champs, lieux
secs.

**⁎⁎ *Feuilles florales dépassées par les fleurs.***

2. A. DES ALPES. — *A. Alpina.* L.

Tige vivace, courte : feuilles ovales, larges, presque obtuses, souvent arrondies et obtuses dans le
bas : fleurs grandes, violettes ou blanches, 4-6 par
verticille, renflées à la gorge. Cette espèce diffère de
la précédente surtout par ses fleurs plus grandes et sa
tige vivace. *v.* Eté. Hautes montagnes.

328. CALAMENT, *Calamintha.* MOENCH. Ce
genre diffère du précédent par son calice tubuleux,
droit et non bossu à la base : pédoncules rameux, dichotomes.

⁎ *Fleurs d'un rouge-clair-bleuâtre : feuilles plus ou
moins obtuses.*

1. C. OFFICINALE. — *C. officinalis.* Moench.

Tige hérissée, dressée, souvent flexueuse, haute
d'un pied : feuilles ovales, pétiolées, médiocres, à
dents aiguës, d'un vert pâle des 2 côtés : fleurs 3-5
par pédoncule axillaire, dichotome, disposées en
grappe terminale, lâche, feuillée : calice à poils inclus,
à dents ciliées, les inférieures plus longues et recourbées. Odeur forte, assez agréable. *v.* Eté et automne.
Collines sèches.

2. C. CHATAIRE. — *C. nepeta.* L.

Plante mollement velue, grisâtre : tige ascendante
ou tombante : feuilles pétiolées, ovales, arrondies, petites, blanchâtres en-dessous, à dents à peine marquées : fleurs petites, d'un blanc bleuâtre ou rosé,
15-20 par pédoncule, en panicules dépassant les feuilles : calice à dents égales, à poils saillants : graines
oblongues. *v.* Eté. Bois et champs secs.

*Fleurs purpurines : feuilles aiguës.*

3. C **à grande fleur.** —C. *grandiflorus.* Moench.

Tige droite, pubescente, haute d'un pied et plus : feuilles ovales, allongées, pétiolées, un peu pointues, à grosses dents, vertes des deux côtés, presque glabres et grandes : fleurs grandes, renflées à la gorge, longues d'un pouce, peu nombreuses, en paquets axillaires tournés du même côté. *v.* Eté. Lieux montueux et ombragés du Midi.

**329. CLINOPODE,** *Clinopodium.* L. Calice tubuleux, strié, un peu tors, nu après la floraison, à 2 lèvres, la supérieure à 3 dents en alène, l'inférieure à 2 : corolle à tube court, portant sur la gorge évasée, 2 lignes de poils, à lèvre supérieure dressée, échancrée, l'inférieure étalée, à 3 lobes dont le moyen plus grand et échancré : étamines écartées, rapprochées sous la lèvre supérieure : stigmate à 2 lobes dont le plus grand entoure le petit. Un involucre de folioles en alène autour des fleurs.

1. C. **commun.** — C. *vulgare.* L.

Tige simple, dressée, velue, haute de 1 à 2 pieds : feuilles molles, pétiolées, velues, ovales, ou ovales-lancéolées, un peu en cœur à la base, dentées : fleurs rouges ou blanches en gros verticilles fournis, arrondis, le supérieur en tête, tous munis d'une espèce d'involucre composé de folioles nombreuses, rondes, en alène, ciliées ainsi que les dents du calice. *v.* Eté. Bois, haies, buissons, lieux secs.

**330. MÉLISSE,** *Melissa.* L. Calice presque tubuleux, strié, évasé au sommet, à gorge fermée par des poils, à 2 lèvres, la supérieure plane, à 3 dents dont les latérales pliées en carène sont décurrentes sur le tube, l'inférieure à 2 lobes : corolle nue dans le tube, à gorge enflée, à lèvre supérieure échancrée, dressée, presque voûtée, l'inférieure étalée, à 3 lobes dont celui du milieu plus grand : étamines écartées, rapprochées en arc sous la lèvre supérieure : stigmate à 2 lobes inégaux : graines ovoïdes.

1. M. OFFICINALE. — *M. officinalis.* L.

Plante plus ou moins pubescente : tige dressée, raide, carrée, rameuse, haute de 1-2 pieds : feuilles pétiolées, ovales, un peu obtuses, molles, crénelées, les inférieures presque en cœur, les florales bien plus longues que les fleurs qui sont blanches ou rosées, en grappes simples, longues, grêles, axillaires, souvent unilatérales, 3-4 par verticille : bractées ovales. Odeur de citron. *v.* Eté. Jardins, haies.

331. HYSOPE, *Hyssopus.* L. Calice strié, tubuleux, à 5 dents, à gorge nue : corolle à tube nu intérieurement, à lèvre supérieure courte, dressée, échancrée, l'inférieure étalée, à 3 lobes, dont celui du milieu plus grand, crénelé, en cœur : étamines écartées, divergentes au sommet : stigmate bifide.

1. H. OFFICINALE. — *H. officinalis.* L.

Tige dressée, ligneuse, rameuse, velue, arrondie, haute de 6-20 pouces : feuilles sessiles, linéaires-lancéolées, entières, un peu épaisses : fleurs bleues, rarement rouges ou blanches, axillaires, rapprochées en épis terminaux et unilatéraux. *l.* Eté. Lieux secs au pied des montagnes, jardins.

332. CHATAIRE, *Nepeta.* L. Calice strié, tubuleux, à 5 dents ouvertes, à gorge nue : corolle à tube saillant, courbé, à gorge dilatée, à lèvre supérieure dressée, plane, échancrée, l'inférieure à 3 lobes dont celui du milieu concave, crénelé, arrondi, les latéraux petits et réfléchis : étamines parallèles, rapprochées 2 à 2 sous la lèvre supérieure, déjetées en dehors après la floraison, les supérieures plus longues : graines ovoïdes, lisses.

1. C. COMMUNE. — *N. cataria.* L.

Plante blanchâtre : tige dressée, rameuse, carrée, pubescente, haute de 1 à 2 pieds : feuilles pétiolées, ovales en cœur, pointues, crénelées-dentées, pubescentes, blanchâtres surtout en-dessous : fleurs blanches ou purpurines, en paquets axillaires un peu pédicellés, les supérieurs rapprochés en épi : calice à dents aiguës. *v.* Eté. Septembre. Le long des chemins et des fossés.

**333. GLECOME,** *Glechoma.* **L.** Calice strié, tubuleux, à 5 dents inégales, acuminées, à gorge nue : corolle à tube nu en-dedans, renflé à la gorge, à lèvre supérieure dressée, presque plane, bifide, l'inférieure étalée, à 4 lobes, celui du milieu plus grand, échancré en cœur ordinairement : étamines parallèles, rapprochées 2 à 2, sous la lèvre supérieure, par les anthères réunies en forme de croix, les 2 supérieures plus grandes : graines ovoïdes.

1. G. LIERRE-TERRESTRE. — *G. hederacea.* L.

Tiges couchées à la base, rampantes, rameuses, à rameaux florifères redressés, longues d'un pied et plus : feuilles longuement pétiolées, en cœur à la base, arrondies en rein, crénelées : fleurs axillaires, 2-6 par verticille, bleues ou violettes, rarement rouges ou blanches, tournées du même côté. *v.* Lieux couverts et humides, haies.

Plante plus grande : feuilles plus lobées : fleurs plus grandes : *Magna.*

**334. MELITTE,** *Melittis.* **L.** Calice en cloche, très-large, presque à 2 lèvres, nu en-dedans, à lèvre supérieure entière ou à 2-3 lobes, l'inférieure à 2 lobes larges, arrondis : corolle nue en-dedans, grande, à lèvre supérieure droite, presque plane, l'inférieure étalée, à 3 lobes arrondis, celui du milieu un peu plus grand : étamines parallèles rapprochées 2 à 2, sous la lèvre supérieure, par les anthères en croix, les inférieures plus longues: graines adhérentes, à 3 angles, ovales.

### 1. M. MÉLISSE DES BOIS. — *M. melissophyllum*. L.

Tige dressée, carrée, hérissée, haute de 1 à 2 pieds: feuilles grandes, ovales, crénelées, pétiolées, molles, pubescentes, les inférieures presque en cœur : fleurs blanches, rougeâtres ou purpurines, 1 ou 2 ensemble, axillaires, sans bractées, presque unilatérales, très-grandes : calice membraneux très grand, variable. *v*. Eté. Bois, rochers.

335. LAMIER, *Lamium*. L. Calice tubuleux en cloche, nu en-dedans, à 5 dents acuminées, presque égales : corolle à tube dilaté à la gorge, à lèvre supérieure grande, voûtée, entière, l'inférieure à 2 lobes, souvent munie de chaque côté, vers la gorge, d'une dent très-fine : étamines parallèles rapprochées sous la lèvre supérieure : anthères barbues : graines tronquées au sommet.

** Tube de la corolle courbé, ascendant.*

### 1. L. BLANC. — *L. album*. L.

Tige dressée, carrée, pubescente, haute de 1 à 2 pieds : feuilles pétiolées, ovales en cœur, acuminées, pubescentes, à grosses dents : fleurs blanches, tachées de jaune, grandes, 12-20 par verticilles axillaires : calice court, taché de noir à la base, à dents très-longues, ciliées. *v*. Eté. Haies, murs.

### 2. L. TACHÉ. — *L. maculatum*. L.

Tige souvent couchée et radicante à la base, carrée, velue : feuilles pétiolées, souvent tachées de blanc, velues, ovales, en cœur, à grosses dents : fleurs purpurines, 8-10 par verticilles axillaires, écartés dans le bas : calice oblique à 5 dents en arête, ciliées. *v*. Avril, automne. Chemins, haies, fossés.

*** Tube de la corolle droit.*

### 3 L. POURPRE. — *L. purpureum*. L.

Tige rameuse et couchée à la base où elle est plus grêle, carrée, presque nue au milieu, terminée par un épi court, pyramidal, très-feuillé, composé de fleurs axillaires au nombre de 8-10 par verticille : feuilles pétiolées, ovales en cœur, ridées, crénelées, obtuses, presque lobées, pubescentes , les inférieures plus petites, arrondies : fleurs pourpres, velues, petites. *v.* Toute l'année dans les lieux cultivés.

**336. GALEOBDOLON**, *Galeobdolon.* HUDSON. Calice en cloche à 5 dents presque égales, épineuses: corolle à tube muni d'un anneau de poils à la base en dedans, à lèvre supérieure voûtée, entière, l'inférieure à 3 lobes aigus, celui du milieu plus grand, les latéraux réfléchis : étamines parallèles sous la lèvre supérieure , les inférieures plus longues : graines à 3 angles, lisses, tronquées.

1. G. JAUNE. — *G. luteum* Huds.

Tige dressée, carrée, velue, émettant souvent des rejets rampants, stériles : feuilles pétiolées, ovales, un peu en cœur à la base, à dents un peu inégales, les inférieures plus petites, un peu arrondies, les supérieures ovales-lancéolées : fleurs jaunes, 6-10 par verticilles axillaires, écartés : bractées en alène. *v.* Mai, juin. Haies, buissons, bois des montagnes.

**337. GALÉOPE**, *Galeopsis.* L. Calice tubuleux en cloche, à 5 dents presque égales, épineuses : corolle à tube renflé à la gorge, à lèvre supérieure en voûte crénelée, l'inférieure munie à la base de 2 dents creuses et coniques, étalée à 3 lobes, dont les latéraux petits, celui du milieu plus grand, échancré ou crénelé : étamines parallèles sous la lèvre supérieure: anthères velues à la base et s'ouvrant par une valve ou un opercule : graines ovoïdes, lisses, à 3 angles à la base.

1. G. TÉTRAHIT. — *G. tetrahit.* L.

Tige épaisse, dressée, rameuse, renflée sous les nœuds, ordinairement hérissée de longs poils raides, réfléchis ou étalés, souvent glanduleux, haute de 1 à

2 pieds : feuilles pétiolées-ovales, pointues, crénelées-dentées, presque glabres : fleurs rouges ou blanches, souvent tachées de jaune à la gorge, en verticilles axillaires multiflores, rapprochés dans le haut et munis de bractées lancéolées-épineuses : calice laineux, à dents très-épineuses. *a.* Eté. Lieux cultivés, bois, chemins.

2. G. des champs. — G. ladanum. L.

Diffère surtout par sa tige moins élevée ; peu ou point renflée sous les nœuds ; par ses feuilles lancéolées très-allongées, à quelques dents écartées ; par ses bractées linéaires épineuses. *a.* Eté. Partout après la moisson et dans les lieux cultivés. Variable.

338. ÉPIAIRE, *Stachys.* L. Calice tubuleux en cloche, à 5 angles, à 5 dents inégales, mucronées : corolle à tube court, muni en-dedans d'un anneau de poils, à lèvre supérieure concave, l'inférieure à 3 lobes, les latéraux réfléchis, celui du milieu plus grand, échancré : étamines parallèles sous la lèvre supérieure, puis rejetées en dehors de la gorge, après l'émission du pollen : graines ovoïdes.

§ 1. Fleurs rouges ou purpurines.

★ Bractées de la longueur du calice, ou un peu plus<br>courtes : verticilles multiflores.

1. E. d'Allemagne. — S. Germanica. L.

Plante couverte d'un duvet laineux, blanc et épais : tige dressée, carrée, haute de 1 à 3 pieds : feuilles épaisses, les inférieures pétiolées, en cœur, ovales, allongées, crénelées, les supérieures sessiles, lancéolées ; les florales très-cotonneuses : fleurs rouges à tube inclus, en verticilles de 10-12, rapprochés au sommet en épi terminal épais et soyeux. *a.* Eté. Chemins, haies.

2. E. des Alpes. — R. Alpina. L.

Odeur fétide : tige dressée, simple, très-velue, à

poils étalés souvent glanduleux, haute de 1 à 2 pieds:
feuilles molles, velues-pubescentes, un peu sombres,
les inférieures ovales en cœur, oblongues, à grosses
dents, les supérieures ovales-lancéolées, moins pétiolées, les florales sessiles plus étroites : fleurs d'un
rouge ferrugineux en verticilles de 10-15 accompagnées de bractées lancéolées-acuminées : tube de la
corolle plus court que le calice, et panaché à la gorge.
v. Eté. Lieux couverts, bois montueux.

** *Bractées très-petites ou nulles : verticilles de 2-6*

*fleurs.*

### 3. E. DES BOIS. — *S. sylvatica.* L.

Plante à odeur fétide : tige dressée, presque simple, haute de 2-3 pieds, carrée, velue : feuilles pétiolées, en cœur, ovales-acuminées, larges, velues,
crénelées-dentées : fleurs d'un pourpre taché de
blanc, en verticilles axillaires, rapprochés dans le
haut en épi terminal et munis de bractées linéaires,
très-courtes : calice velu à dents ciliées-glandulenses.
v. Eté. Buissons, haies, bois ombragés.

### 4. E. DES MARAIS. — *S. palustris.* L.

Plante à odeur désagréable : tige dressée, carrée,
rameuse du haut, fistuleuse, velue, à poils réfléchis,
haute de 2-3 pieds : feuilles étroites, peu ou point pétiolées, un peu en cœur à la base, pubescentes, oblongues-lancéolées, crénelées, ou linéaires-lancéolées,
allongées, les supérieures demi-embrassantes, celles
du sommet presque plus courtes que les fleurs : fleurs
purpurines marquées de blanc et de jaune, 5-6 en
verticilles axillaires disposés en épi terminal, lâche
dans le bas : corolle un peu plus longue que le calice hérissé-glandulenx. v. Eté. Lieux humides,
bords des chemins et des fossés.

**§ 2.** *Fleurs d'un blanc jaunâtre : bractées très-petites.*

5. E. DRESSÉE. — *S. recta.* L.

Racine presque ligneuse produisant plusieurs tiges ascendantes ou dressées, velues, carrées, presque
simples , longues de 1 à 2 pieds : feuilles velues,
oblongues-lancéolées , crénelées-dentées , ridées, la
plupart sessiles : bractées linéaires : fleurs d'un blanc
jaunâtre, marqué de lignes pourpres, 6-10 en verticilles, écartés dans le bas et rapprochés dans le haut
en épis droits, terminaux : lèvres de la corolle très-ouvertes. *v.* Eté. Lieux arides, chemins.

339. BÉTOINE , *Betonica.* L. Calice tubuleux,
à 5 dents : corolle à tube cylindrique, saillant, nu
en dedans, à lèvre supérieure dressée, presque plane ,
entière ou échancrée, l'inférieure à 3 lobes étalés,
celui du milieu plus large : étamines parallèles sous la
lèvre supérieure, jamais déjetées : graines oblongues.

1. B. OFFICINALE. — *B. officinalis.* L.

Tige souvent simple, dressée, carrée, raide, peu
feuillée, un peu hérissée, haute de 1 à 2 pieds : feuilles en cœur à la base, ovales ou ovales-oblongues,
obtuses, crénelées, pubescentes, pétiolées, les supérieures sessiles, étroites : fleurs rouges en verticilles
terminaux formant un épi interrompu à la base et
feuillé : calice à dents acuminées : lèvre inférieure de
la corolle à lobe moyen échancré. *v.* Eté. Haies, au
bord des bois et dans les prés secs.

340. MARRUBE , *Marrubium.* L. Calice tubuleux, à 10 stries, à 5 ou 10 dents raides, étalées, en
arête crochue au sommet : corolle à tube grêle,
muni en-dedans d'un anneau de poils interrompu , à
lèvre supérieure dressée, linéaire, presque plane, bifide, l'inférieure à 3 lobes dont celui du milieu plus
grand, échancré : étamines incluses : style inclus :
stigmate à 2 lobes inégaux : graines à 3 angles, tron-

quées au sommet plan - triangulaire et duveté.

1. M. BLANC. — *M. vulgare*. L.

Plante amère, aromatique : tige dure, droite, carrée, rameuse , blanche-cotonneuse surtout au sommet, haute de 15 à 20 pouces : feuilles molles, épaisses , ridées , pétiolées , ovales-arrondies , crépues , crénelées, velues, blanches en-dessous : fleurs blanches, petites, nombreuses , en verticilles très-serrés et axillaires : calice très-velu, à 10 dents épineuses. *v*. Eté. Chemins, lieux rocailleux vers la plaine.

341. BALLOTE , *Ballota*. L. Calice à 5 angles, évasé au sommet, à 10 stries, à 5 dents larges, mucronées : corolle munie en dedans d'un anneau de poils, à lèvre supérieure concave, crénelée, l'inférieure à 3 lobes dont le moyen plus grand, en cœur : étamines parallèles , droites même après la floraison : graines ovoïdes.

1. B. FÉTIDE. — *B. nigra*. L.

Tige dressée, rameuse, pubescente , anguleuse, haute de 2-3 pieds : feuilles pétiolées, ovales, un peu en cœur à la base, pubescentes, d'un vert obscur en-dessus , à grosses crénelures irrégulières , ridées : fleurs rouges ou blanches, nombreuses, en verticilles axillaires, écartés, comme en grappes latérales un peu pédonculées : bractées filiformes. Odeur fétide. *v*. Eté. Lieux incultes , haies, chemins. La variété à fleurs blanches est nommée *B. alba*.

342. AGRIPAUME , *Leonurus*. L. Calice à 5 angles, à 5 dents égales, mucronées-épineuses : corolle à tube muni en dedans d'un anneau de poils, à lèvre supérieure entière, concave, barbue en dehors, rétrécie à la base : lèvre inférieure réfléchie, à 3 lobes presque égaux : étamines parallèles, contournées et rejetées en dehors après la floraison : anthères parsemées de points brillants : graines tronquées, à 3 angles aigus , à sommet plan, barbu, triangulaire.

**1. A. cardiaque. — *L. cardiaca.* L.**

Tige dressée, carrée, un peu rameuse du haut, haute de 2-3 pieds : feuilles pétiolées, larges, presque palmées, à 3-5 lobes principaux laciniés dans les inférieures, entiers dans les supérieures, celles du sommet souvent entières ou dentées, elles sont toutes d'un vert foncé en-dessus, cendrées-pubescentes en-dessous : fleurs petites, d'un rouge clair mêlé de blanc, en verticilles épais, axillaires, distincts, formant un épi feuillé, grêle. *v.* Eté. Haies, chemins, décombres.

**343. DRACOCÉPHALE , *Dracocéphalum.* L.** Calice tubuleux, nu à la gorge, strié, à lèvre supérieure à 1-3 dents, l'inférieure à 2-4 dents : corolle à tube nu en-dedans et dilaté en gorge très-renflée, à lèvre supérieure dressée, voûtée, entière ou échancrée, l'inférieure à 3 lobes, les latéraux courts, redressés , le moyen plus grand, allongé, échancré : étamines parallèles, les supérieures plus longues, graines oblongues.

**1. D. de Moldavie. — *D. Moldavicum.* L.**

Tige carrée, rougeâtre, rameuse, haute de 15-20 pouces : feuilles pétiolées, ovales, lancéolées, crénelées, verdâtres, ponctuées en-dessous : fleurs bleues, purpurines ou blanches, en verticilles axillaires rapprochés en épis. *v.* Eté. Jardins.

**2. D. d'Autriche. — *D. Austriacum.* L.**

Tige rameuse, velue, haute d'un pied : feuilles sessiles, découpées en 3-5 lobes linéaires, mucronés ou simples : bractées à 3 divisions en arête : fleurs d'un bleu violet, très-grandes, verticillées en épi interrompu. Odeur agréable. *v.* Eté. Montagnes du Midi. Dauphiné.

**344. TOQUE , *Scutellaria.* L. Calice très-court, en cloche à 2 lèvres entières, la supérieure munie d'un appendice concave, qui s'applique sur l'inférieure après la chute de la corolle pour fermer le calice : corolle à tube saillant, nu en-dedans, à gorge comprimée, à lèvre supérieure concave, munie de 2 dents à la base, l'inférieure large, échancrée : stigmate simple : étamines parallèles, courbées en-dedans au sommet, les inférieures plus longues : graines arrondies, raboteuses.

** Fleurs axillaires, tournées du même côté.*

1. TERTIANAIRE. — *S. galericulata.* L.

Racine rampante : tige dressée, carrée, glabre, haute de 10-15 pouces : feuilles glabres, presque sessiles, ovales-lancéolées, un peu en cœur à la base, lisses, à dents écartées : fleurs presque sessiles, brièvement pétiolées, axillaires, solitaires ou 2 à 2, souvent penchées et tournées du même côté, bleues ou violettes, pubescentes. Odeur d'ail. *v.* Eté. Fossés, marais, lieux humides.

*** Fleurs en épi terminal.*

2. T. DES ALPES. — *S. Alpina.* L.

Odeur d'ail : plante pubescente : tige couchée à la base, redressée, carrée, à rameaux étalés : feuilles pétiolées, ovales en cœur, crénelées, les inférieures un peu arrondies, les supérieures plus allongées, sessiles, presque embrassantes : fleurs bleues variées de blanc, grandes, en épi anguleux, terminal, muni de bractées ovales et entières, plus courtes que les fleurs. *v.* Eté. Rochers arides.

345. BRUNELLE, *Prunella.* L. Calice à 2 lèvres fermées à la maturité, la supérieure plane, large, presque tronquée, à 3 dents courtes, l'inférieure à 2 lobes étroits : corolle à tube garni en dedans de poils en anneau, à 2 lèvres, la supérieure voûtée, entière, l'inférieure pendante, à 3 lobes, le moyen plus grand, échancré, dentelé : étamines parallèles à filets terminés par 2 pointes dont l'une porte l'anthère : graines ovoïdes.

1. B. commune. — *P. vulgaris*. L.

Tige couchée à la base, carrée, peu ou pas velue, longue de 5-12 pouces : feuilles pétiolées, ovales-oblongues, entières ou un peu dentées à la base, obtuses, les supérieures plus grandes : fleurs bleues ou violettes, rarement blanches, en verticilles serrés, réunis en épi terminal obtus et court, feuillé à la base : bractées larges, arrondies, mucronées, ciliées, souvent colorées, embrassantes. *v.* Eté. Prés, lieux frais, bois.

Tige arrondie, courte : feuilles à longs pétioles : corolle triple en longueur du calice : *Grandiflora.* Jacq.

Feuilles supérieures allongées, pinnatifides, à divisions linéaires : fleurs d'un blanc-jaunâtre, rarement bleues ou purpurines : *Laciniata.* Vaill.

346. BUGLE, *Ajuga*. L. Calice ovoïde, à 5 lobes presque égaux : corolle à tube muni en dedans de poils en anneau, à lèvre supérieure très-courte, à 2 dents dressées, l'inférieure allongée, étalée, à 3 lobes, celui du milieu grand, en cœur renversé : étamines parallèles, plus longues que la lèvre supérieure : graines ridées en réseau.

* *Fleurs en verticilles multiflores, rapprochés en épi.*

1. B. rampante. — *A. reptans*. L.

Tige simple, carrée, dressée, haute de 5-6 pouces, poussant de sa racine de longs rejets rampants dont 2 faces sont alternativement glabres et 2 poilues : feuilles ovales oblongues, légèrement crénelées ou sinuées sur les bords ; les radicales en spatule, les caulinaires sessiles, les florales un peu colorées : fleurs bleues, rarement blanches ou roses, 6-10 par verticilles axillaires serrés en épi. *v.* Eté. Prés un peu humides, bois.

2. B. pyramidale. — *A. pyramidalis*. L.

Tige simple, dressée, carrée, velue sur les côtés,

dépourvue de rejets rampants, haute de 5-6 pouces : feuilles ovales-oblongues, obtuses, dentées, pubescentes, les radicales grandes, les florales diminuant graduellement et colorées ordinairement, en forme de bractées crénelées, une fois plus longues que les fleurs qui sont 6-10 par verticilles disposés en épi terminal, pyramidal à 4 angles : corolle bleue ou purpurine. *v.* Eté. Lieux arides, bois, prairies.

Feuilles radicales plus petites, feuilles florales inférieures profondément dentées, presque trilobées : fleurs roses : *Genevensis.*



3. B. faux-pin. — *A. chamaepitys.* Schreb.

Tige arrondie, rameuse, velue, haute de 3-4 pouces : feuilles radicales ovales, rétrécies en pétiole, les inférieures entières ou trilobées, les plus hautes divisées jusqu'au milieu en 3 lanières linéaires, entiéres, velues : fleurs sessiles, jaunes, marquées de points noirs, plus courtes que les feuilles : calice enflé. *v.* Eté. Champs sablonneux.

4. B. ivette. — *A. iva.* Schreb.

Diffère de la précédente par ses feuilles simples, linéaires, entières ou dentées au sommet ; par ses fleurs rouges odorantes, ou jaunes sans odeur. *a.* Midi.

347. GERMANDRÉE, *Teucrium.* L. Calice à 5 dents ou à 2 lèvres dont la supérieure entière, l'inférieure à 4 dents : corolle à tube court, nu en dedans, à lèvre supérieure presque nulle, fendue en 2 lobes réfléchis par côté, de sorte que la lèvre inférieure parait à 5 lobes dont le moyen est plus grand : étamines rapprochées par paires, saillantes dans la fente de la lèvre supérieure.

§ 1. *Calice tubuleux en cloche, à 5 dents presque égales.*

* *Feuilles découpées-pinnatifides : fleurs axillaires ou en grappe.*

1. G. BOTRIDE. — *T. botrys.* L.

Tige dressée, haute de 4-10 pouces, très-rameuse, carrée, velue : feuilles pétiolées, pubescentes, découpées à lobes oblongs : fleurs rouges ou purpurines, axillaires 3-4 ensemble, à pédicelles courts, insérés un peu de côté : calice devenant grand. Odeur aromatique très-forte. *v.* Eté. Terres légères, champs arides, graviers au bord des torrents.

** *Feuilles simples, indivises.*

† *Fleurs axillaires ou en grappe allongée.*

§ *Feuilles très-blanches cotonneuses en-dessous.*

2. G. MARUM. — *T. marum.* L.

Tiges d'un pied, droites, grêles, rameuses, cotonneuses-blanchâtres : feuilles petites, ovales, pointues, entières, pétiolées, grisâtres en-dessus, très-blanches en-dessous, un peu roulées en-dessous par les bords : fleurs rougeâtres, axillaires, en grappes presque unilatérales, à court pédicelle : calice cotonneux ainsi que la corolle : graines glabres. *v.* Eté. Lieux maritimes du Midi.

§§ *Feuilles vertes ou grisâtres en-dessous.*

3. G. PETIT-CHÊNE. — *T. chamaedrys.* L.

Tige presque cylindrique, ligneuse et rameuse dans le bas, droite ou redressée, longue de 5-8 pouces, pubescente : feuilles petites, ovales, un peu en coin à la base rétrécie en court pétiole, crénelées presque incisées, dures, un peu velues, pâles en-dessous : fleurs rouges, rarement blanches, axillaires 1-3 ensemble, rapprochées en grappes feuillées presque unilatérales : calice coloré, pointillé. *v.* Eté. Lieux chauds et arides, rochers des montagnes.

4. G. AQUATIQUE. — *T. scordium.* L.

Tige carrée, faible, couchée, coudée, redressée, un peu velue, blanchâtre comme toute la plante, longue 6-12 pouces : feuilles molles, ovales, oblongues, obtuses, dentées en scie, sessiles, les inférieures arrondies à la base : fleurs axillaires, ordinairement 2 à 2, rouges, blanches, bleuâtres : herbe souvent teinte de violet, exhalant une odeur forte, alliacée. *v.* Eté. Fossés, terrains humides.

†† *Fleurs en tête ou en corymbe.*

§ *Feuilles vertes et glabres en-dessus.*

5. G. DE MONTAGNE. — *T. montanum.* L.

Tiges grêles, ligneuses à la base, couchées, diffuses, rondes, pubescentes, longues de 3-6 pouces : feuilles linéaires-lancéolées, un peu obtuses, entières, à bords roulés en-dessous où elles sont blanchâtres-cotonneuses : fleurs blanches ou jaunâtres, réunies en têtes aplaties, terminales, accompagnées de quelques feuilles formant involucre. *v.* Eté. Collines pierreuses et lieux arides exposés au Midi.

§§ *Feuilles cotonneuses-blanchâtres des deux côtés.*

6. G. POLIUM. — *T. polium.* L.

Tiges ligneuses, couchées à la base, rameuses, rondes, blanches-cotonneuses : feuilles sessiles, oblongues ou linéaires, crénelées à bords roulés en-dessous : fleurs blanches à gorge jaune ou purpurines, en têtes arrondies ou ovales, pédonculées : calice très-blanc. *l.* Eté. Collines arides du Midi.

Tiges toujours dressées, fortes, hautes d'un pied : feuilles lancéolées ou linéaires : fleurs très-petites : *Capitatum.* G. EN TÊTE. L.

§ 2. *Calice à 2 lèvres, la supérieure entière, ovale, l'inférieure à 4 dents.*

7. G. SAUGE DES BOIS. — *T. scorodonia.* L.

Tige dressée, carrée, velue, rameuse, haute de 1-2

p'eds : feuilles pétiolées brièvement, ovales en cœur, crénelées, ridées, pubescentes, plus pâles en-dessous : fleurs d'un blanc-jaunâtre, en longues grappes simples, 2-2, tournées du même côté et munies chacune d'une petite bractée : étamines purpurines. *v.* Eté. Bois, lieux incultes.

348. EUPHRAISE, *Euphrasia*. L. Calice tubuleux à 4 lobes : corolle tubuleuse, à lèvre supérieure échancrée, l'inférieure plus large, étalée , à 3 lobes égaux : 2 ou 4 anthères à 2 lobes mucronés : 1 stigmate en tête : capsule ovale, obtuse, comprimée, à 2 loges, à 2 valves : graines nombreuses, striées.

1. E. officinale. — *E. officinalis.* L.

Tige dressée, rameuse, velue, presque ronde, souvent colorée, haute de 2-10 pouces : feuilles sessiles, ovales, opposées la plupart , ridées, obtuses, crénelées en bas, dentées profondément en scie dans les supérieures : fleurs axillaires, presque sessiles, solitaires, rapprochées en sortes d'épis terminaux : calice velu-glanduleux : corolle blanche, rayée de violet et de jaune, parfois la corolle est toute violette tachée de jaune. *a.* Eté, automne. Prés secs, coteaux arides.

2. E. dentée. — *E. odontites.* L.

Tige rameuse, étalée à la base, haute de 2-10 pouces , dressée : feuilles sessiles, linéaires-lancéolées, dentées : fleurs rougeâtres en longs épis terminaux et unilatéraux, entremêlées de bractées lancéolées : étamines saillantes. *a.* Eté. Lieux humides, champs après la moisson.

L'E. jaune , *E. lutea.* Willd., a les feuilles linéaires et les fleurs unilatérales.

349. CRÈTE DE COQ , *Rhinanthus.* L. Calice comprimé, membraneux-gonflé, resserré à la gorge, à 2 divisions arrondies, bifides : corolle tubuleuse, à lèvre supérieure en casque, comprimée-échancrée, l'inférieure plane, à 3 lobes : anthères mucronées :

capsule comprimée, obtuse, à 2 loges : graines nombreuses, entourées d'un large rebord.

1. C. COMMUN. — *R. crista-galli*. L.

Tige dressée, simple ou rameuse, glabre, souvent tachée, haute de 6-15 pouces : feuilles lancéolées, épaisses, sessiles, dentées, rudes : fleurs jaunes tachées de violet, axillaires, en épi lâche terminal : bractées larges, profondément dentées. *a.* Eté. Champs et prés. Varie pour la pubescence et la grandeur.

350. PÉDICULAIRE, *Pedicularis*. L. Calice ordinairement ventru, à 5 dents, la supérieure plus petite : corolle tubuleuse, à lèvre supérieure allongée, comprimée en casque recourbé, l'inférieure plane, à 3 lobes : 1 style : anthères mucronées : capsule comprimée, arrondie, souvent oblique, acuminée, à 2 loges : graines nombreuses, ponctuées.

1. P. DES MARAIS. — *P. palustris*. L.

Tige dressée, feuillée, glabre, colorée, haute de 6-18 pouces : feuilles alternes, profondément pinnatifides, à lobes oblongs, presque pinnatifides, dentés, obtus, à bords blanchâtres, les inférieures pétiolées, les supérieures sessiles : fleurs axillaires, grandes, purpurines, rarement blanches, en épi terminal feuillé, un peu lâche : calice un peu velu, rugueux, enflé après la floraison, comme à 2 lèvres frangées : corolle double du calice, à lèvre supérieure grande, tronquée, bidentée et portant, de chaque côté vers le milieu, 2 dents aiguës. *a. v.* Eté. Marais, bois et prés humides.

2. P. DES BOIS. — *P. sylvatica*. L.

Odeur fétide : tige de 3-5 pouces, dressée, ou souvent étalée à la base, à rameaux nombreux, étalés, courbés-ascendants : feuilles alternes, profondément pinnatifides, à lobes ovales, confluents au sommet, glabres, à dents comme cartilagineuses, aiguës : fleurs d'un rouge pâle, ou blanches, axillaires, presque sessiles : calice glabre, à la fin renflé, fendu d'un côté à 5 lobes irréguliers, dont les 4 plus grands dentés : corolle grêle, triple en longueur du calice, à lèvre supérieure tronquée, à 2 dents aiguës, non dentée vers le milieu. *v. a.* Eté. Bois et prés humides.

351. MÉLAMPYRE, *Melampyrum.* L. Calice tubuleux, à 4 divisions très-aiguës : corolle tubuleuse, à gorge renflée, à lèvre supérieure en casque, comprimée, à bord replié en dehors, l'inférieure sillonnée, à 3 lobes : anthères mucronées : 1 style : capsule ovale-oblongue, comprimée, oblique, acuminée, à 2 loges renfermant 1 ou 2 graines oblongues, lisses. Feuilles opposées.

** Fleurs en épi conique ou à 4 angles.*

1. M. DES CHAMPS. — M. *arvense.* L.

Tige dressée, carrée, pubescente, simple ou rameuse, haute de 8-12 pouces : feuilles sessiles, rudes-pubescentes, linéaires-lancéolées, entières, les supérieures et florales pinnatifides à la base ou dentées profondément : fleurs rouges, à gorge jaune, en épis oblongs, terminaux, un peu lâches, entremêlés de bractées rouges ou violettes, pubescentes, ovales, bordées de dents longues et étroites : calice rougeâtre : corolle velue en-dedans de la lèvre supérieure presque fermée. *a.* Eté. Champs.

2. M. A CRÊTE. — M. *cristatum.* L.

Tige d'un pied, rameuse, pubescente : feuilles linéaires-lancéolées, entières, les supérieures élargies et presque pinnatifides à la base : fleurs jaunes mélangées de rose, en épi compacte, court, à 4 angles : bractées en cœur, verdâtres, pliées en carène, bordées de dents longues et étroites en peigne. *a.* Eté. Bords des champs et dans les taillis.

*** Fleurs axillaires 2 à 2, unilatérales.*

3. M. DES FORÊTS. — M. *nemorosum.* L.

Tige d'un pied, souvent colorée : feuilles ovales-lancéolées, pointues : bractées ou feuilles florales en cœur, allongées, dentées, les supérieures violettes : fleurs jaunes un peu ouvertes, à gorge orangée. *a.* Eté. Bois des montagnes.

4. M. DES PRÉS. — *M. pratense.* L.

Tige de plus d'un pied, carrée, pubescente sur 2 lignes, rameuse : feuilles lancéolées, entières, pointues, les supérieures souvent dentées et en flèche à la base : fleurs jaunes, blanches sur le tube, presque fermées, 2 fois plus longues que le calice, et en grappes terminales. *a.* Eté. Bois taillis, buissons et prés.

5. M. DES BOIS. — *M. sylvaticum.* L.

Diffère du précédent par sa taille plus petite, sa tige presque simple, ses feuilles toutes linéaires-lancéolées, entières ou à peu près, et par ses fleurs moitié plus petites, ouvertes, et entièrement jaunes. *a.* Eté. Bois élevés.

352. ACANTHE , *Acanthus.* L. Calice à 4 divisions inégales : corolle labiée, à lèvre supérieure nulle ou cachée dans le calice, l'inférieure très-grande. à 3 lobes : gorge velue : anthères pubescentes : 1 style : capsule à 2 loges monospermes, à 2 valves.

1. A. ÉPINEUSE. — *A. spinosus.* L.

Tige de 2 pieds, droite, simple : feuilles presque toutes radicales, larges, pinnatifides, lisses, luisantes. épineuses au bord : fleurs blanches ou rougeâtres en épi terminal. *v.* Eté. Terrains humides et ombragés du Midi.

2. A. BRANC-URSINE. — *A. Mollis.* L.

Racine épaisse : tige simple, droite, haute de 2 pieds, garnie dans la moitié supérieure de fleurs grandes, d'un blanc jaunâtre en épi terminal : feuilles amples, sinuées-pinnatifides. lisses, molles, sans épines, embrassant la base de la tige. *v.* Eté. Lieux humides et ombragés du Midi.

353. LINAIRE, *Linaria.* L. Calice à 5 divisions,

les 2 inférieures écartées : corolle labiée, munie d'un éperon à la base, à tube renflé, la lèvre supérieure à 2 lobes réfléchis, l'inférieure à 3 lobes, renflée et saillante au milieu, en palais proéminent et fermant la gorge : 1 style à 1 stigmate : capsule ovale ou globuleuse, s'ouvrant au sommet par 1 ou 2 trous bordés de dents ou petites valves : graines ordinairement bordées d'une aile membraneuse.

** Feuilles larges, anguleuses, pétiolées : tige couchée; fleurs axillaires.*

§ *Eperon obtus, court.*

1. L. CYMBALAIRE. — *L. cymbalaria.* L.

Plante glabre : tige grêle, d'un pied, rameuse, rampante, gazonnante : feuilles arrondies en rein, en cœur à la base, à 5-7 lobes arrondis peu profonds, rougeâtres surtout en-dessous, longuement pétiolées: fleurs axillaires, petites, solitaires, d'un bleu clair à palais jaune, portées sur de longs pédoncules : graines ridées. *v.* Eté. Fentes des rochers et sur les murs.

§§ *Eperon aigu, égalant presque la corolle.*

2. L. ELATINE. — *L. elatine.* L.

Plante velue : tiges d'un pied, rameuses, filiformes, couchées : feuilles à court pétiole, les inférieures ovales, arrondies, opposées, un peu dentées, les supérieures alternes, hastées, entières : fleurs jaunâtres à lèvre supérieure bleue, solitaires sur de longs pédoncules capillaires et glabres : calice à lobes aigus. *a.* Eté. Champs.

3. L. VELVOTE. — *L. spuria.* L.

Plante velue : tiges d'un pied, couchées : feuilles toutes ovales-arrondies, ou en cœur : fleurs solitaires sur des pédoncules velus, jaunes, à lèvre supérieure d'un pourpre noirâtre : calice à divisions un peu obtuses, ovales-lancéolées, un peu en cœur à la base. *a.* Eté. Lieux cultivés.

** *Feuilles étroites, non anguleuses, sessiles: tige
droite : fleurs en épi.*

4. L. COMMUNE. — *L. vulgaris.* L.

Plante glabre, légèrement pubescente-glanduleuse
au sommet : tige dressée, haute de 1 à 2 pieds :
feuilles nombreuses, éparses, serrées, linéaires-lancéolées, entières, glauques : fleurs jaunes à palais
orangé, velu, grandes, en épis terminaux fournis :
éperon très-long, aigu : graines noires, bordées d'une
membrane. *v.* Été. Lieux pierreux, chemins.

354. MUFLIER, *Antirrhinum.* L. Diffère du
genre précédent par la corolle bossue à la base et
non éperonnée, par la capsule oblique à la base, s'ouvrant au sommet par 3 trous ou 2 larges ouvertures.

* *Corolle plus longue que le calice.*

1. M. A GRANDES FLEURS. — *A. majus.* L.

Tige dressée, rameuse, ronde, lisse, pubescente-
glanduleuse au sommet, haute de 1 à 2 pieds : feuilles
lancéolées ou linéaires-lancéolées, obtuses, entières :
fleurs grandes, rouges, blanches, roses ou jaunes, à
palais ordinairement jaune, en grappe terminale : lobes du calice ovales-arrondis : capsules glabres. *v.*
Été. Murs, rochers.

** *Corolle plus courte que le calice.*

2. M. ROUGEATRE. — *A. orontium.* L.

Tige d'un pied, presque simple, pubescente du
haut, souvent couchée à la base : feuilles lancéolées-
linéaires, étroites, rétrécies en court pétiole, glabres :
fleurs axillaires, solitaires, écartées, presque sessiles,
d'un rose clair, parfois blanches : divisions du calice
foliacées, linéaires, très-longues : capsules velues. *a.*
Été. Lieux cultivés, moissons.

355. DIGITALE, *Digitalis.* L. Calice à 5 divisions inégales : corolle tubuleuse en cloche, ventrue,
à limbe oblique, à 4 lobes inégaux, le supérieur

échancré : anthères à lobes divergents : 1 style : capsule ovoïde, aiguë, à 2 loges formées par les bords rentrants des 2 valves, s'ouvrant en bec d'oiseau, à cloison double : graines nombreuses. Feuilles alternes.

** Fleurs rouges ou purpurines, rarement blanches.*

**1. D. POURPRÉE. —** *D. purpurea.* **L.**

Plante pubescente : tige de 2-4 pieds, dressée, simple, ronde : feuilles ovales-lancéolées, molles, grisâtres en-dessous, crénelées-dentées, finissant en un large pétiole un peu décurrent : fleurs grandes, penchées, en grappe ou épi terminal unilatéral, allongé, entremêlé de bractées foliacées : corolle ponctuée en-dedans. *v.* Eté. Bois des montagnes.

*** Fleurs jaunes ou jaunâtres.*

**2. D. A GRANDES FLEURS. —** *D. grandiflora.* **Lam.**

Tige de 2 pieds, simple, dressée, ronde : feuilles alternes, lancéolées, aiguës, demi-embrassantes, velues en-dessous, les inférieures rétrécies en pétiole : fleurs grandes, penchées, jaunâtres, veinées de brun, en cloche ventrue en avant, à lobes obtus, disposées en grappe terminale un peu lâche et unilatérale, courbée au sommet, pubescente-glanduleuse. *v.* Eté. Pâturages et bois des montagnes.

**3. D. JAUNE. —** *D. lutea.* **L.**

Tige simple, dressée, glabre ainsi que toute la plante, ronde, haute de 1 à 2 pieds : feuilles lancéolées, oblongues, aiguës, denticulées, presque embrassantes : fleurs d'un jaune pâle, étroites, longues, ordinairement glabres en-dehors, à lobes aigus, disposées en épi terminal très-long, unilatéral et penché au sommet : calice à lobes aigus. *v.* Eté. Bois des montagnes.

Ces trois plantes varient beaucoup.

**356. SCROPHULAIRE,** *Scrophularia.* **L.** Calice court, à 5 lobes arrondis : corolle presque globuleuse, à 5 divisions un peu labiées, les 2 supérieures plus grandes, munies d'une écaille en-dedans, les 3 inférieures plus petites, dont la moyenne est réfléchie : 1 style : capsule globuleuse, acuminée, à 2 valves, à 2 loges, à cloison double : graines striées. Feuilles opposées.

### * *Feuilles simples.*

#### 1. S. NOUEUSE. — *S. nodosa*. L.

Plante glabre : racine noueuse-tuberculeuse : tige de 2-3 pieds, dressée, carrée, rameuse-paniculée au sommet : feuilles grandes, d'un vert foncé, en cœur à la base, ovales ou oblongues, aiguës, inégalement dentées en scie, les inférieures opposées, pétiolées, les supérieures lancéolées : fleurs petites d'un pourpre noirâtre, souvent verdâtres à la base, en panicule terminale allongée. *v.* Eté. Lieux couverts, buissons.

#### 2. S. AQUATIQUE. — *S. aquatica*. L.

Plante glabre : racine fibreuse : tige de 2-4 pieds, simple, carrée, à 4 angles ailés, rameuse-paniculée au sommet : feuilles d'un vert gai, un peu obtuses, ovales, un peu en cœur à la base, dentées en scie, à pétiole ailé un peu prolongé sur la tige : fleurs d'un pourpre noirâtre, en panicule terminale, dressée, nue, composée de grappes latérales, opposées, écartées, courtes : calice largement scarieux. *v.* Eté. Ruisseaux, lieux humides.

### ** *Feuilles découpées profondément.*

#### 3. S. CANINE. — *S. canina*. L.

Tige dressée, rameuse, arrondie, glabre, souvent colorée, haute de 1 à 2 pieds : feuilles glabres, ailées, à folioles pinnatifides, ou incisées-dentées, à lobes supérieurs confluents : fleurs d'un pourpre noir mêlé de blanc, petites, en grappe terminale paniculée, presque nue : bractées linéaires petites : étamines saillantes. *v.* Eté. Lieux graveleux, incultes.

**357. GATILIER**, *Vitex.* L. Calice court, à 5

dents : corolle à tube grêle courbé, à 2 lèvres peu marquées formées par 5 ou 6 lobes inégaux, étalés : stigmate bifide : drupe molle à 4 loges contenant chacune 1 graine.

1. G. commun. — V. agnus-castus. L.

Arbrisseau de 8-12 pieds, à rameaux carrés, faibles, flexibles et blanchâtres : feuilles opposées, pétiolées, composées de 5-7 folioles digitées, lancéolées, pointues, vertes en-dessus, blanches-cotonneuses en-dessous : fleurs purpurines ou violettes, rarement blanches, en épis verticillés terminaux. v. Eté. Lieux humides du Midi.

358. OROBANCHE, Orobanche. L. Calice nul ou à 4-5 divisions, entourées de 3 bractées, les latérales opposées, entières ou bifides : corolle à tube ventru, à lèvre supérieure crénelée, l'inférieure à 3 lobes inégaux, réfléchis : étamines incluses : stigmate en tête ou à 2 lobes : ovaire entouré d'un rebord à sa base : capsule ovoïde, allongée, à 1 loge, à 2 valves portant les graines sur 2 rangs. Plantes tendres, parasites, jamais vertes, munies d'écailles au lieu de feuilles et souvent pubescentes-glanduleuses : fleurs en épi. Plantes très-variables.

1. O. majeure. — O. major. L.

Racine tubéreuse, écailleuse : tige droite, anguleuse, haute de 2 pieds, simple, recouverte d'écailles écartées, ovales-lancéolées : fleurs grandes, renflées, courtes, à 4 lobes obtus, disposées en long épi couleur de rouille : étamines glabres, ainsi que le style dont le stigmate est bilobé : 3 larges bractées sous chaque fleur dont les 2 latérales bifides, courtes. v. Mai, été. Dans les pâturages et les bruyères, sur la racine du genêt à balais.

2. O. vulgaire. — O. vulgaris. Lam.

Tige simple arrondie, violette, haute d'un pied au plus, munie d'écailles ovales-lancéolées : fleurs gran-

des, jaunes en-dehors, purpurines ou violettes en-
dedans, peu nombreuses, en épi oblong : corolle allongée, courbée, à 4 lobes souvent crépus. *v.* Mai.
Pelouses sèches, bois, sur les racines d'Aubépine, de
Rosier, etc.

Varie à racine bulbeuse.

**359. CLANDESTINE**, *Lathraea*. L. Calice en
cloche, à 4 lobes : corolle persistante, tubuleuse, à
lèvre supérieure en casque, l'inférieure réfléchie, à 3
lobes : anthères velues sans pointe : stigmate tronqué : ovaire glanduleux à la base : capsule à 1 loge.
à 2 valves, polysperme.

1. C. ÉCAILLEUSE. — *S. squamaria*. L.

Tige dressée, succulente, écailleuse à la base,
simple, glabre, noirâtre ainsi que toute la plante,
haute de 5-8 pouces, couverte d'écailles ovales, sessiles, serrées surtout vers la racine qui est rameuse :
fleurs pédonculées, penchées, en épi terminal, blanches, noirâtres, ou purpurines : calice velu. *v.*
Printemps. Bois ombragés, humides.

2. C. COMMUNE. — *L. clandestina*. L.

Tige rameuse, longue de 2-6 pouces, couchée dans
la terre ou au moins sous la mousse, garnie d'écailles
charnues, serrées et blanchâtres : fleurs bleuâtres ou
d'un pourpre violet, dressées, à pédoncules solitaires
dans les aisselles des écailles supérieures rapprochées:
calice glabre. *v.* Printemps. Lieux ombragés, au bord
des ruisseaux.

# Quinzième Classe.

—

## SIX ÉTAMINES
### Dont quatre égales et deux plus courtes.
### QUATRE PÉTALES EN CROIX. — TÉTRADYNAMIE.

—

## PREMIER ORDRE.
### SILIQUEUSES.

La Silique est une capsule au moins *trois fois plus longue que large*, à 2 valves linéaires, ou linéaires-lancéolées, séparées par une cloison qui porte les graines sur ses bords ordinairement.

§ 1. *Graines comprimées, quelquefois munies d'un rebord membraneux.*

(PLEURORHIZÉES : Radicule réfléchie sur la fente qui sépare les cotylédons).

    * *Calice à sépales dressés ou fermés.*

    ¶ *Calice ayant 2 sépales bossus à la base.*

Graines sur un rang : stigmate
   à 2 lobes profonds . . . . . 360. GIROFLÉE.

¶¶ *Calice non bossu à la base : graines sur 1 rang.*

Fleurs jaunes : silique à valves
   convexes, à une nervure. . . 362. BARBARÉE.
Fleurs blanches ou rougeâtres :
   silique à valves comprimées
   ou à peine convexes. . . . . 363. ARABETTE.

    ** *Calice à sépales ouverts, étalés.*

Silique linéaire, comprimée ,

sans nervure : graines sur 1
 rang . . . . . . . . . . . . . 364. CARDAMINE.
Silique linéaire ou elliptique à
 valves convexes : graines sur
 2 rangs irréguliers par loge. . 361. CRESSON.

### § 2. *Graines ovoïdes, oblongues.*

(NOTORHIZÉES : Radicule appliquée sur le dos de
l'un des cotylédons plans).

*Calice dressé: fleurs purpurines, lilas ou rougeâtres.*

Stigmate à 2 lames dressées,
 planes, rapprochées ; graines
 anguleuses . . . . . . . . . 365. JULIENNE.
Stigmate entier, conique : grai-
 nes non anguleuses . . . . . 366. MALCOMIE.

*Calice égal à la base : valves de la silique convexes,*
*à 1-3 nervures.*

Graines lisses . . . . . . . . . 367. SISYMBRE.
Graines striées en long : silique
 anguleuse : fleurs blanches. . 368. ALLIAIRE.

### § 3. *Graines globuleuses.*

(ORTHOPLACÉES : Radicule appliquée dans la
gouttière formé par les cotylédons pliés en long).

* *Graines sur 2 rangs dans chaque loge.*

Graines globuleuses-allongées,
 un peu comprimées, brunes :
 silique sans long bec plat. . . 371. DIPLOTAXE.
Graines globuleuses, pâles : si-
 lique terminée par un long
 bec aplati. . . . . . . . . . 372. ROQUETTE.

** *Graines sur 1 rang par loge.*

Calice ordinairement étalé : valves de la silique convexes, à

3-5 nervures droites et fortes. 370. Moutarde.
Calice souvent fermé ou dressé:
valves à une seule nervure. . 369. Chou.

—

## II ORDRE.

### LATISEPTÉES.

Silicule (capsule bivalve, courte, *plus large que
longue* ou dont la longueur n'excède pas 3 fois la
largeur) à 2 valves planes ou convexes, de forme
oblongue ou ovoïde, non carénées : cloison large,
parallèle aux valves, c'est-à-dire placée dans le plus
grand diamètre de la silicule.

** Fleurs purpurines ou violettes.*

Silicules très-larges, plates. . . 373. Lunaire.

*** Fleurs blanches ou jaunes.*

Silicule comprimée, ovale ou
   elliptique: calice presque dres-
   sé. . . . . . . . . . . . . . . . . . 374. Drave.
Silicule globuleuse, sans pointe:
   style court . . . . . . . . . . . 375. Cochlearia.
Silicule globuleuse, terminée
   par le style persistant en pointe : valves ayant une nervure
   sur le dos, et fendant le style
   en s'ouvrant. . . . . . . . . . 376. Cameline.

—

## III ORDRE.

### ANGUSTISEPTÉES.

Silicule à valves creusées en carène ou ailées sur
le dos ; *à cloison très-étroite*, linéaire ou lancéolée,
perpendiculaire aux valves, c'est-à-dire de la largeur du plus petit diamètre de la silicule.

* *Loges de la silicule à 1 graine.*

ꟻ *Silicule déhiscente.*

Les 4 pétales égaux. . . . . . . 379. PASSERAGE.
Les 2 pétales extérieurs plus
   grands que les 2 intérieurs. . 378. IBÉRIDE.

ꟻꟻ *Silicule indéhiscente.*

Silicule presque en rein, à valves
   dentées en crête ou ridées. .381. CORNE DE CERF.

** *Loges à 2 ou plusieurs graines.*

Silicule ovale, plus ou moins
   échancrée à valves ailées ou
   en carène aiguë. . . . . . . 377. TABOURET.
Silicule triangulaire, tronquée au
   sommet, à valves non ailées. 380. CAPSELLE.

—

## IV ORDRE.

### NUCAMENTÉES.

Silicule ne s'ouvrant pas et devenant parfois
uniloculaire par l'avortement de la cloison.
Silicule plane-comprimée, à une
   loge monosperme. . . . . . 382. PASTEL.
Silicule à 4 angles, ou ovoïde,
   renflée, à 4 loges, à 1 graine. 383. BUNIAS.

—

## V ORDRE.

### ARTICULÉES.

Silique ou silicule se séparant transversalement
en articles monospermes, ou au moins divisée
transversalement en plusieurs loges monospermes.
Calice dressé, bossu à la base :
   plante nullement charnue :

silique oblongue , acuminée,
bosselée . . . . . . . . . . 384. Raifort.
Calice étalé, presque égal à la
base : plante un peu charnue : silique ovale : filets des
étamines à 2 branches dont
l'une porte l'anthère . . . . 385. Crambé.

360. GIROFLÉE , *Cheiranthus.* L. Calice de 4
sépales dressés, dont les 2 extérieurs bossus à la
base : 4 pétales à onglet : silique allongée, linéaire,
cylindrique-comprimée, à 2 loges, 2 valves, terminée
par 1 stigmate à 2 lobes profonds, à la fin un peu recourbés : graines nombreuses, comprimées, ovoïdes,
souvent bordées d'une membrane étroite , et sur 1
rang.

⋆ *Fleurs jaunes ou jaunâtres.*

1. G. violier. — *C. cheiri.* L.

Tige dure, presque ligneuse à la base, dressée, rameuse, haute de 1 à 2 pieds, glabre ou à poils appliqués : rameaux anguleux : feuilles lancéolées, pointues, entières ou à peine denticulées, rétrécies en
pétiole : fleurs médiocres , odorantes, en corymbe
s'allongeant en grappe jaune : calice violacé : siliques
dressées, longues, grosses, linéaires, à 4 angles, blanchâtres, recouvertes de poils appliqués. *v.* Juin, été.
Rochers, vieux murs.

Cultivé à fleurs doubles, ou à fleurs plus grandes.

⋆⋆ *Fleurs blanches, rouges ou purpurines.*

2. G. blanchatre. — *C. incanus.* L.

Tige de 1 à 2 pieds, un peu ligneuse, rameuse :
feuilles molles, blanchâtres, lancéolées, obtuses, entières : fleurs rouges, blanches ou violettes, à pétales
entiers : silique comprimée , tronquée au sommet.
*l.* Eté. Midi. Jardins.

Plante annuelle : tige herbacée : **pétales un** peu

échancrés au sommet : siliques presque cylindriques, aiguës. *a*. Eté. Midi. *Quarantin. C. annuus.*

**361. CRESSON,** *Nasturtium.* RBr. Calice étalé, égal à la base : pétales entiers : silique courte, linéaire ou elliptique, à 2 valves convexes ou presque planes, sans nervure dorsale saillante : graines petites, comprimées, non bordées, sur 2 rangs irréguliers par loge. Fleurs blanches ou jaunes.

1. **C. OFFICINAL.** — *N. officinale.* RBr.

Tige faible, couchée à la base, radicante ou nageante, fistuleuse, redressée, rameuse, glabre : feuilles pétiolées, ailées à 2-4 paires de folioles diminuant de grandeur du sommet à la base, ovales ou arrondies, obtuses, quelquefois un peu en cœur, anguleuses : fleurs blanches, petites, en corymbe: siliques linéaires, courbées, courtes. *v*. Eté. Bords des ruisseaux.

**362. BARBARÉE,** *Barbarea.* RBr. Calice dressé, presque égal à la base : pétales entiers : stigmate obtus, entier ou échancré : silique linéaire, anguleuse, comprimée, à valves convexes, munies d'une nervure dorsale saillante : graines comprimées, sur 1 rang. Fleurs jaunes.

1. **B. COMMUNE.** — *B. vulgaris.* RBr.

Racine en fuseau : tige de 1-2 pieds, dressée, ferme, sillonnée, feuillée, rameuse du haut, glabre : feuilles glabres, les radicales et les inférieures pétiolées, lyrées, à lobes oblongs ou ovales, sinués, le terminal très-grand, arrondi, sinué-denté, les supérieures embrassantes, ovales, anguleuses-dentées : fleurs d'un jaune foncé, petites, en grappes allongées : siliques grêles, glabres, courbes, anguleuses, écartées de la tige, terminées par 1 style long. *v*. Eté. Chemins , lieux humides, fossés.

2. **B. PRÉCOCE.** — *B. praecox.* RBr.

Plante moins âcre que la précédente : tige moins rameuse : feuilles radicales ailées à folioles plus petites à la base, les supérieures ailées-pinnatifides à lobes étroits, entiers : fleurs petites, d'un jaune pâle : siliques glabres, longues, à style court. *v.* Mai. Prés, fossés.

363. **ARABETTE**, *Arabis*. L. Calice de 4 sépales : pétales entiers : silique linéaire à valves planes ou un peu convexes, portant sur le dos une nervure longitudinale : graines nombreuses sur 1 ou 2 rangs par loge : siliques dressées ou pendantes d'un côté. Plantes nombreuses très-variables.

364. **CARDAMINE**, *Cardamine*. L. Calice ouvert, égal à la base : pétales entiers, à onglet : stigmate entier : silique sessile, linéaire, comprimée, à 2 valves planes, sans nervure dorsale, s'ouvrant avec élasticité de la base au sommet : graines ovales, comprimées, sur 1 seul rang dans chaque loge.

★ *Pétiole muni d'une oreillette à la base.*

1. **C. IMPATIENTE.** — *C. impatiens.* L.

Tige dressée, rameuse, anguleuse, haute d'un pied : feuilles toutes ailées, les inférieures à folioles ovales, pétiolulées, dentées, les supérieures à folioles oblongues-lancéolées, sessiles, la terminale plus grande ; base du pétiole munie de 2 oreillettes en flèche, ciliées : fleurs blanches, petites, en grappes terminales s'allongeant : pétales très-petits, souvent nuls : siliques grêles, dressées. *v.* Mai. Bois humides, ruisseaux.

★★ *Pétiole sans oreillettes.*

§ *Pétales violets ou lilas, 3 fois plus longs que le calice.*

2. **C. DES PRÉS.** — *C. pratensis.* L.

Tige d'un pied, dressée, sans rejets stériles, un peu glauque, glabre : feuilles ailées, les radicales à folioles arrondies, anguleuses, la terminale plus grande, un peu en cœur, les supérieures à folioles lancéolées ou linéaires, entières, obtuses : fleurs lilas pâle,

en corymbe s'allongeant en grappe : stigmate en tête:
siliques linéaires, glabres. *v.* Avril. Prés et bois humides.

§§ *Pétales blancs, 2 fois plus longs que le calice.*

### 3. C. AMÈRE. — C. *amara.* L.

Tige d'un pied, glabre, ascendante, poussant à la
base des jets stériles : feuilles ailées, glabres, à foliole
terminale grande, les inférieures à folioles grandes,
ovales, les supérieures à folioles étroites, anguleuses-
dentées : fleurs en corymbe s'allongeant en grappe :
siliques linéaires, glabres , terminées par un style à
stigmate aigu. *v.* Mai. Ruisseaux, fossés, lieux humides.

### 4. C. VELUE. — C. *hirsuta.* L.

Tige de 4-6 pouces, dressée, presque simple, anguleuse, plus ou moins velue : feuilles ailées , quelquefois velues, à pétiole commun velu, les radicales
en rosette à folioles petites, arrondies, pétiolulées, un
peu anguleuses, les supérieures à folioles plus étroites, plus longues, anguleuses-dentées, lancéolées ou
oblongues : fleurs petites, rapprochées, souvent à 4
étamines : siliques linéaires, dressées, glabres : stigmate déprimé. *a.* Mai. Vignes, lieux cultivés.

Siliques écartées, dépassant les fleurs du sommet :
6 étamines : plante plus grande : *C. sylvatica. C. des
bois.* Eté. Dans les bois.

365. JULIENNE , *Hesperis.* L. Calice fermé à 2
sépales bossus à la base : pétales presque entiers :
stigmate à 2 lobes profonds, droits, rapprochés : silique linéaire, un peu cylindrique ou comprimée :
graines ovales, comprimées.

### 1. J. DES DAMES. — H. *matronalis.* L.

Tige de 1 à 2 pieds, dressée, presque simple, velue :
feuilles un peu velues, sessiles, lancéolées ou ovales-
lancéolées, acuminées, denticulées, souvent échan-

crées en cœur à la base : fleurs purpurines, lilas ou blanches, en grappe oblongue, odorantes dans certaines variétés : siliques glabres, bosselées-cylindriques. *v.* Juin. Bois des montagnes. On cultive des variétés à fleurs doubles, sous le nom de *Girarde.*

**366. MALCOMIE,** *Malcomia.* RBr. Diffère du genre précédent surtout par son stigmate conique, aigu, et ses graines ovales, non anguleuses.

**1. M. maritime. —** *M. maritima.* RBr.

Tige de 6-12 pouces, dure, diffuse, velue au sommet : feuilles spatulées, obtuses, elliptiques, dentées ou entières, velues : fleurs d'un rouge violet, à pétales échancrés : siliques pubescentes. *a.* Juin. Cultivée en bordure.

**367. SISYMBE,** *Sisymbrium.* L. Calice égal à la base : pétales entiers : silique sessile, cylindrique, à valves convexes portant 3 nervures longitudinales dont les 2 latérales peu apparentes, stigmate en tête ou échancré : graines ovales ou oblongues sur **1** rang par loge. Fleurs ordinairement jaunes.

★ *Siliques en alène, serrées contre l'axe de la grappe.*

**1. S. officinal. —** *S. officinale.* Scop.

Tige redressée, rameuse, pubescente, dure, grisâtre ainsi que toute la plante, haute d'un pied, à rameaux étalés à angles droits, effilés : feuilles velues, roncinées, à lobes sinués-anguleux ou dentés, le terminal très-grand, les radicales pétiolées, en rosette, les supérieures à lobe terminal oblong, celles du sommet souvent en fer de lance, lancéolées, entières ou dentées : fleurs petites, d'un jaune pâle, presque sessiles, en épis grêles : siliques distantes, pubescentes, appliquées avec le pédicelle contre l'axe de l'épi. *a.* Eté. Routes, chemins, fossés.

** *Siliques cylindriques, dressées.*

2. S. SAGESSE. — *S. sophia.* L.

Tige de 1 à 2 pieds, dressée, rameuse, pubescente: feuilles nombreuses, pubescentes, 2-3 fois ailées à lobes étroits, lancéolés ou linéaires, incisés : fleurs jaunes, très-petites, souvent sans pétales, à longs pédicelles, en corymbe s'allongeant en grappe : siliques glabres, grêles, longues, dressées, un peu bosselées. Été. Lieux incultes, murs, chemins.

368. ALLIAIRE, *Alliaria.* ANDR. Calice lâche, égal à la base : silique cylindrique, striée, presque à 4 angles à cause de la nervure dorsale des valves qui est saillante : style très-court : graine striée en long.

1. A. OFFICINALE. — *A. officinalis.* Andr.

Tige de 2 pieds, dressée, simple ordinairement, un peu hérissée : feuilles pétiolées, larges, en cœur à la base, crénelées ou dentées, les supérieures presque triangulaires, toutes à odeur d'ail quand on les froisse: fleurs blanches, petites, à la fin en grappe : siliques longues. *a.* Mai. Haies, fossés.

369. CHOU, *Brassica.* L. Calice dressé ou étalé, à sépales plus ou moins adhérents et un peu bossus à la base : pétales obovales : silique linéaire ou oblongue, comprimée ou cylindrique, à valves convexes, munies d'une nervure dorsale droite, et dépassées par la cloison terminant la silique en languette : graines globuleuses, sur 1 rang par loge, rarement ovales ou oblongues.

* *Style de la silique contenant* 1 *ou* 2 *graines à sa base, au-delà des valves.*

1. C. CULTIVÉ. — *B. oleracea.* L.

Plante tout-à-fait glabre et glauque : racine dure, rameuse, charnue, en forme de tige, dressée, garnie de feuilles épaisses, larges, sinueuses, bullées, du milieu desquelles s'élève une tige de 2-4 pieds, rameuse : feuilles radicales pétiolées, les supérieures oblongues, embrassantes, entières : fleurs jaunes ou blanches, en grappe : siliques dressées et écartées de la tige, renflées-bosselées, courbées. *a.* Avril, juin. Potagers.

*Chou-vert* : tige élevée : feuilles bullées, jamais en tête.

*Chou-frisé* : tige peu élevée : feuilles bullées étalées.

*Chou-pommé* : tige courte : feuilles concaves, lisses, serrées en tête, souvent colorées.

*Chou-rave* : racine renflée en boule à l'origine des feuilles qui sont étalées.

*Chou-fleur* : feuilles ouvertes : grappes de fleurs à pédoncules serrés avant la fleuraison, courts, très-charnus : fleurs souvent avortées.

2. C. ROQUETTE SAUVAGE. — *B. erucastrum.* **L.**

Tige ferme, dressée, haute de 2-4 pieds, rameuse, hispide à la base : feuilles allongées, un peu épaisses, pinnatifides ou lyrées, à lobes oblongs, anguleux, obtus, les radicales et les inférieures pétiolées, les supérieures sessiles, munies de 2 oreillettes embrassantes : fleurs d'un jaune pâle, assez grandes : calice à la fin étalé : siliques lâches, bosselées, lisses, à style court, conique : graines ovoïdes. *a. v.* Eté. Murs, décombres.

** *Style de la silique en bec conique, vide à sa base.*

¶ *Toutes les feuilles glabres et lisses.*

3. C. NAVET. — *B. napus.* **L.**

Plante glabre et couverte d'une fine poussière glauque : racine en fuseau : tige dressée, rameuse, haute de 1 à 2 pieds : feuilles radicales lyrées-dentées, pétiolées, les moyennes pinnatifides, les supérieures embrassantes, en cœur, lancéolées : fleurs jaunes en grappes : siliques longues, à pédoncule glabre, un peu comprimées, divergentes. *a.* Mai. Lieux cultivés, moissons.

Racine grê'e, annuelle : *Praecox.*

Racine en fuseau , charnue au collet , blanche, jaune ou noirâtre : *Navet.*

§§ *Feuilles radicales hérissées, scabres.*

4. C. RAVE. — *B. rapa.* L.

Tige de 2-3 pieds, dressée, rameuse : feuilles très-vertes, hispides, les radicales pétiolées, lyrées, à lobes arrondis, dentés, les moyennes incisées, les supé-rieures ovales, pointues, en cœur et embrassantes : fleurs d'un jaune pâle : calice étalé : siliques à pédon-cule hispide, longues, comprimées, étalées-redres-sées. *a.* Mai. Lieux cultivés.

Racine globuleuse-déprimée, terminée en-dessous par une racine chevelue : *Rave plate.*

Racine oblongue, en fuseau : *Rave oblongue.*

Racine grêle , bisannuelle : *Navette.*

5. C. DES CHAMPS. — *B. campestris.* L.

Tige rameuse : feuilles glauques-poudreuses , un peu charnues, les radicales primitives hispides ou ci-liées, lyrées, les caulinaires pointues, embrassantes, en cœur : fleurs jaunes : siliques étalées-ascendantes. *a.* Juin. Cultivé.

Racine grêle : tige élevée : *Colzat.*

Racine grêle : tige courte : *Chou à faucher.*

Racine renflée, charnue. 1° Rouge : *Navet rouge.* — 2° Blanche : *Navet blanc.* — 3° Jaunâtre : *Ruta-baga.*

6. C. NOIR. — *B. nigra.* Koch.

Racine en fuseau: tige dressée, haute de 2-4 pieds, rameuse : feuilles scabres, pétiolées, les radicales lyrées-pinnatifides , les supérieures lancéolées, pres-que glabres et souvent entières: fleurs jaunes, petites, en grappes terminales nues : calice étalé : siliques glabres, anguleuses, un peu gonflées, serrées contre l'axe de la grappe, et se terminant par un bec gros et anguleux à la base. *a.* Eté. Champs, moissons.

**370. MOUTARDE**, *Sinapis*. L. Diffère du genre précédent par son calice à folioles libres et surtout par ses siliques à valves convexes portant 3-5 nervures droites et fortes sur chaque valve, la cloison dépasse les valves en bec mucroné ou aplati en épée. Fleurs jaunes, ayant l'onglet des pétales droit.

⋆ *Siliques velues.*

1. M. BLANCHE. — *S. alba.* L.

Tige de 1 à 2 pieds, dressée, rameuse, striée, hispide : feuilles pétiolées, lyrées-pinnatifides, dentées, rudes : fleurs médiocres : siliques étalées, redressées, hérissées de poils blanchâtres, cylindriques, bosselées, terminées par une longue corne verte, aplatie en forme d'épée, pubescente, aiguë : pédoncules glabres : graines d'un blanc-jaunâtre. *a.* Eté. Champs, moissons.

⋆ *Siliques glabres.*

2. M. DES CHAMPS. — *S. arvensis.* L.

Tige de 1 à 2 pieds, dressée, rameuse, un peu nue dans le haut, hérissée surtout à la base : feuilles étalées, un peu rudes et hérissées, ovales, inégalement dentées ou incisées, les inférieures auriculées à la base, presque lyrées, anguleuses-dentées, les supérieures dentées : fleurs grandes, en grappes s'allongeant : calice étalé : siliques cylindriques, anguleuses, bosselées, écartées de la tige, terminées par une corne élargie, ventrue à la base et très-longue : graines brunes. *a.* Eté. Automne. Champs, vignes, partout.

Siliques velues : *Orientalis.* GAUD.

3. M. GIROFLÉE. — *S. cheiranthus.* Koch.

Tige de 1 à 2 pieds, dressée, cylindrique, un peu hérissée surtout dans le bas et sur les jeunes feuilles de poils raides, blanchâtres : feuilles pétiolées, hispides, pinnatifides ou ailées, les radicales étalées, lyrées, à folioles anguleuses, irrégulières, les caulinaires à lobes oblongs, étroits : fleurs en grappes s'allongeant: calice dressé : siliques presque sessiles, bosselées, dressées-étalées, terminées par un bec plan, un peu conique, court, contenant une graine à son origine. *v.* Eté. Lieux arides, sablonneux.

**371. DIPLOTAXE**, *Diplotaxis*. DC. Calice lâche, égal à la base : pétales entiers : silique linéaire, comprimée, amincie au sommet, à valves peu convexes, munies d'une nervure dorsale: graines ovales, sur 2 rangs dans chaque loge. Fleurs jaunes.

1. D. A FEUILLES MENUES. — *D. tenuifolia*. DC.

Plante fétide : tige de 1 à 2 pieds, rameuse, dressée, lisse et glabre, quelquefois à quelques poils rares: feuilles glabres, âcres au goût, un peu épaisses, pinnatifides, les inférieures à lobes étroits, élargis, confluents dans les feuilles supérieures : fleurs grandes, odorantes, en grappe s'allongeant : siliques longues et grêles, un peu bosselées, presque dressées sur un pédoncule oblique, court : graines brunes. *v.* Eté, automne. Murs, lieux incultes.

**372. ROQUETTE**, *Eruca*. DC. Calice fermé, presque égal à la base : pétales veinés en réseau : silique oblongue, à peine plus longue que le style en forme d'épée et dépourvu de graine à la base : valves convexes : graines globuleuses sur 1 ou 2 rangs par loge.

1. R. CULTIVÉE. — *E. sativa*. Lam.

Plante fétide un peu hérissée, d'une saveur âcre : tige de 1 à 2 pieds, rameuse : feuilles pétiolées, oblongues, pinnatifides ou lyrées, à lobes peu nombreux, oblongs, entiers ou dentés : fleurs grandes, blanches ou jaunâtres, veinées de violet : siliques dressées, glabres ou hérissées, un peu comprimées, à bec glabre long de 3-4 lignes : graines pâles. *a.* Mai. Eté. Décombres, champs. Cultivée.

**373. LUNAIRE**, *Lunaria*. L. Calice fermé, à 2 sépales bossus à la base : pétales obovales : silicule pédicellée sur le réceptacle, très-grande, comprimée-plane, oblongue ou presque orbiculaire, mince, à 2 loges, à graines nombreuses munies de longs cordons soudés à la cloison.

1. L. VIVACE. — *L. rediviva*. L.

Racine vivace : tige de 1 à 3 pieds, dressée, fistuleuse, striée, rameuse, velue dans le haut : feuilles toutes pétiolées, grandes, ovales en cœur, pointues, dentées, pubescentes, les inférieures opposées, les supérieures alternes : fleurs grandes, odorantes, violettes ou lilas, en corymbe s'allongeant en panicule lâche : silicules elliptiques-lancéolées, aiguës aux 2 bouts : graines en rein, plus larges que longues. ⚥. Juin, été. Bois et rochers des montagnes.

2. L. BISANNUELLE. —'*L. biennis*. Mœnch.

Racine bisannuelle, épaisse : tige de 2-3 pieds, raide, ronde, rameuse, hérissée : feuilles inférieures en cœur, pointues, pétiolées, opposées, les supérieures alternes, sessiles, ovales-acuminées, toutes dentées-crénelées : fleurs inodores, violettes ou blanches, en bouquets axillaires et terminaux : silicules presque ovales, obtuses aux 2 bouts, argentées-transparentes en séchant. ⚥. Mai. Bois montueux, jardins.

**374. DRAVE**, *Draba*. L. Calice égal à la base : pétales entiers ou bifides : silicule entière, ovale, oblongue ou elliptique, comprimée, à 2 loges : graines nombreuses sur 2 rangs par loge.

1. D. DU PRINTEMPS. — *D. verna*. L.

Tiges nues, grêles, un peu velues, hautes de 1 à 8 pouces, rameuses : feuilles toutes radicales, petites, étalées en rosette, ovales-lancéolées, rétrécies en pétiole, velues, dentées au sommet, ou entières : fleurs petites, blanches, pédonculées, en panicule : pétales bifides ou échancrés, calice lâche : silicule oblongue, comprimée, glabre. *a.* Printemps. Murs, gazons, champs secs.

Feuilles lancéolées, carénées, ciliées : pétales jaunes, très-longs : *D. aizoïdes,* WILLD. *v.* Alpes.

375. COCHLÉARIA, *Cochlearia.* L. Calice étalé, égal à la base : pétales obovales : style court : silicule globuleuse, ovoïde ou oblongue, entière, sans pointe, à 2 valves ventrues ; 2 loges à graines nombreuses ou 2 à 2 par loge : fleurs blanches.

* *Silicule ovale-globuleuse, à valves minces : stigmate en disque plan.*

1. C. DE BRETAGNE. — C. *Armorica.* L.

Racine grosse, longue, blanche, d'une saveur âcre : tige de 2-3 pieds, dressée, anguleuse, rameuse du haut, glabre : feuilles glabres, les radicales grandes, pétiolées, ovales-oblongues, ondulées-crenelées, celles de la tige pinnatifides, les supérieures sessiles, lancéolées-linéaires, crenelées-dentées : fleurs odorantes, en longues grappes formant une panicule : silicules petites. *v.* Eté. Prairies humides. Cultivée.

** *Silicule globuleuse à valves un peu charnues : stigmate en tête.*

2. C. OFFICINAL. — C. *officinalis.* L.

Racine épaisse, blanchâtre, allongée : tiges épaisses, ascendantes, hautes de 6-12 pouces, tendres, rameuses, anguleuses : feuilles radicales longuement pétiolées, ovales-arrondies, un peu sinuées, souvent un peu concaves ou creusées en cuillère : les caulinaires ovales ou oblongues, sinuées-anguleuses ; les supérieures sessiles, embrassantes, à oreillettes aiguës : fleurs odorantes, en corymbe : silicules ridées, en grappe, de moitié plus courtes que le pédoncule. *v.* Juin. Rochers surtout au bord de la mer.

**376. CAMELINE**, *Camelina*. **Crantz.** Calice lâche, presque égal à la base : silicule globuleuse, en poire, terminée par le style persistant, à 2 valves très-convexes, ayant une nervure sur le dos et fendant le style en s'ouvrant : 2 loges à graines ovoïdes nombreuses.

1. C. CULTIVÉE. — *C. sativa*. Crantz.

Tige de 1 à 2 pieds, simple ou rameuse au sommet, dressée : feuilles radicales un peu obtuses, rétrécies en pétiole ; les caulinaires inférieures oblongues, les supérieures lancéolées-sagittées, embrassantes, à oreillettes aiguës, toutes entières ou à peine dentelées : fleurs petites, d'un jaune pâle, en corymbes s'allongeant en grappes longues : silicules bordées par la cloison qui dépasse les valves. *a.* **Juin.** Moissons, champs sablonneux. Cultivée.

2. C. DENTÉE. — *C. dentata*. Pers.

Plante à odeur désagréable, différant de la précédente par ses feuilles plus étroites, embrassantes, linéaires, sinuées-dentées ou pinnatifides , sagittées, à longues oreillettes. *a.* Eté. Champs cultivés, les lins.

**377. TABOURET**, *Thlaspi*. **L.** Calice ordinairement égal à la base : pétales égaux ou presque égaux : silicule comprimée, ovale ou obovale, échancrée au sommet, à valves en carène aiguë ou ailée, à cloison étroite, à 2 loges renfermant chacune 2 ou plusieurs graines ovoïdes : herbes glabres.

* *Silicule ailée tout autour sur la carène.*

1. T. DES CHAMPS. — *T. arvense*. L.

Tige d'un pied, dressée, rameuse : feuilles inférieures pétiolées, les caulinaires sessiles, embrassantes, toutes oblongues, sinuées-dentées : fleurs blanches, en corymbe s'allongeant en grappe fructifère : silicules larges, planes , arrondies , profondément échancrées au sommet, et bordées d'une large aile :

graines brunes, striées. *a*. Eté. Moissons et lieux cultivés, partout.

2. T. ALLIACÉ. — *T. alliaceum*. L.

Tige de 10-15 pouces, dressée, anguleuse : feuilles à odeur d'ail, dentées, obtuses, les radicales pétiolées, obovales, les caulinaires sessiles embrassantes, à oreillettes aiguës : silicules étroites, ovales, renflées, à rebord étroit : graines ponctuées. *v*. Eté. Champs.

** *Silicule ailée principalement au sommet*.

3. T. ENFILÉ. — *T. perfoliatum*. L.

Tige de 3-4 pouces, rameuse à la base, un peu glauque, dressée : feuilles glauques, les radicales ovales, pétiolées, denticulées, celles de la tige sessiles, en cœur à la base, embrassantes, à oreillettes obtuses, souvent entières : fleurs blanches, petites, en corymbes terminaux, s'allongeant en grappes de silicules petites, en cœur renversé, ailées au sommet, à 6-8 graines ovoïdes : style persistant très-court. *a*. Printemps, lieux cultivés.

4. T. DE MONTAGNE. — *T. montanum*. L.

Tige droite, simple, haute de 6-8 pouces : feuilles un peu épaisses, les radicales pétiolées, obovales, obtuses, entières ou à peine dentées, disposées en rosette d'où partent souvent des rejets, celles de la tige dressées, oblongues, sessiles, embrassantes, à oreillettes arrondies : fleurs blanches, grandes, en corymbe s'allongeant en grappe de silicules arrondies en cœur renversé, peu échancrées, contenant 1-2 graines arrondies par loge : style dépassant l'échancrure. *v*. Printemps. Lieux arides, pierreux.

378. IBÉRIDE, *Iberis*. L. Calice ouvert, égal à la base : pétales inégaux, les 2 extérieurs plus grands : silicule ovoïde ou obovoïde, comprimée par les côtés, presque plane, échancrée au sommet, à 2 valves en

carène ailée, chacune terminée par une corne : une graine pendante par loge.

* *Herbe : silicule à cloison simple : graines sans rebord.*

ʃ *Silicules en corymbe.*

1. I. EN OMBELLE. — *I. umbellata.* L.

Plante glabre : tige d'un pied, droite, rameuse ou simple, striée : feuilles un peu épaisses, lancéolées, aiguës, les inférieures dentelées en scie, les supérieures entières : fleurs blanches ou purpurines, grandes, en corymbe : silicules ovales à la base, terminées par 2 lobes triangulaires aigus, plus longs que le style. *a.* Eté. Midi. Jardins.

ʃʃ *Silicules en grappes.*

2. I. AMÈRE. — *I. amara.* L.

Tige rameuse, étalée à la base, dressée, glabre, anguleuse, haute de 6-8 pouces : feuilles lancéolées, obtuses, rétrécies en pétiole, glabres, munies de chaque côté de 2-4 grosses dents écartées : fleurs blanches ou purpurines, en corymbe s'allongeant en grappe courte de silicules planes, orbiculaires, à échancrure étroite, terminées par 2 lobes courts à peine dépassés par le style. *a.* Eté. Lieux cultivés.

** *Plante ligneuse.*

ʃ *Silicule à cloison simple : graines sans rebord.*

3. I. TOUJOURS VERTE. — *I. sempervirens.* L.

Tige très-rameuse : feuilles glabres, obtuses, oblongues, entières, rétrécies à la base : fleurs blanches, en grappes : silicules ovales arrondies, à échancrure profonde et étroite, à lobes aigus égalant le style. *l.* Eté. Midi. Cultivée.

ʃʃ *Silicules à cloison double : graines un peu bordées.*

4. I. DE TOUS MOIS. — *I. semperflorens.* L.

Tige ligneuse de 1 à 2 pieds, rameuse : feuilles un

peu épaisses, glabres, oblongues, en spatule, obtuses,
entières : fleurs blanches, odorantes , en corymbe
s'allongeant en grappe courte de silicules plus larges
que longues , tronquées-échancrées  au  sommet :
style très-court. *l.* Toute l'année. Cultivé.

379. PASSERAGE , *Lepidium*. L. Calice égal à
la base : pétales égaux : silicule comprimée par les
côtés, ovale, à 2 valves creusées en carène aiguë ou
ailée, à 2 loges contenant chacune une graine. Fleurs
petites, blanches.

   * *Silicule échancrée à  valves en carène ailée.*

   § *Feuilles divisées.*

     1. P. CULTIVÉE. — *L. sativum.* L.

Plante glauque, glabre : tige d'un pied, dressée,
rameuse du haut : feuilles oblongues, alternes, une
ou deux fois pinnatifides, à lobes entiers ou dentés,
linéaires, obtus, les supérieures presque simples, ou
linéaires entières: fleurs en corymbes s'allongeant en
longues grappes de silicules arrondies, planes, glabres, ailées. *a*. Eté.  Potagers et lieux environnants.

   §§ *Feuilles indivises.*

     2. P. DES CHAMPS. — *L. campestre.* L.

Tige d'un pied, feuillée . pubescente, dressée :
feuilles pubescentes , oblongues, obtuses, d'un vert
cendré, les radicales rétrécies en pétiole, dentées, et
parfois incisées ou lyrées, celles de la tige sessiles, embrassantes, sagittées à la base, lancéolées, dentelées
ou entières : silicules ovales, bombées, creusées en
cuillère d'un côté, poudreuses, ailées au sommet. *a*.
Eté. Lieux secs.

   ** *Silicule à valves en carène  jamais ailée.*

   § *Feuilles petites, entières ou pinnatifides.*

     3. P. DES DÉCOMBRES. — *L. ruderale.* L.

Tige de 4-8 pouces. dressée, rameuse : feuilles

glabres, les inférieures pétiolées, pinnatifides, à lobes
alternes, linéaires, dentés ou pinnatifides, les supérieures sessiles, linéaires, entières : fleurs en grappes
paniculées, souvent sans pétales et à 2 étamines : silicules ovales-arrondies, à peine échancrées, petites.
*a*. Mai. Lieux stériles et bords des chemins.

4. P. iberide. — L. iberis. L.

Tige de 1 à 2 pieds, dure, raide, lisse, très-rameuse, diffuse, glabre : feuilles lancéolées, glabres,
les inférieures dentées, pétiolées, les supérieures
étroites, entières : fleurs souvent à 2 étamines, paniculées : silicules ovales, aiguës, entières, terminées
par un stigmate presque sessile, glabres. *v*. Eté.
Lieux arides.

¶¶ Feuilles larges, indivises.

5. P. a larges feuilles. — L. latifolium. L.

Tige de 2-3 pieds, rameuse, dressée, glabre comme
toute la plante, souvent glauque : feuilles ovales-lancéolées, denticulées, finissant en court pétiole : fleurs
petites, en panicule feuillée : silicules ovales-arrondies, planes, pubescentes, entières, terminées par le
stigmate sessile. *v*. Eté. Lieux humides et ombragés.

380. CAPSELLE, *Capsella*. Med. Calice fermé,
égal à la base : pétales entiers : silicule comprimée
par les côtés, en coin à la base, triangulaire, tronquée
au sommet à peine échancré, à 2 valves en carène
non ailée, à loges polyspermes. Fleurs blanches.

1. C. bourse a pasteur. — C. bursa pastoris. Mœnch.

Tige de 4-15 pouces, dressée, rameuse, poilue ou
glabre : feuilles à poils rudes épars, ou un peu ciliées,
les radicales oblongues, rétrécies en pétiole, étalées
en rosette, entières, dentées ou roncinées, à lobes
aigus, dentés, les supérieures dentées ou incisées,
embrassantes par 2 oreilles courtes, arrondies :
fleurs petites en corymbe s'allongeant en longue

grappe de silicules triangulaires en cœur renversé ? glabres. *a.* Toute l'année, partout.

Nota. — Très-variable pour les feuilles.

**381. CORNE DE CERF**, *Senebiera*. Pers. Calice étalé, égal à la base : silicule comprimée par les côtés, orbiculaire presque en rein, et presque didyme, indéhiscente, à 2 loges monospermes, à 2 valves ridées ou dentées en crête.

1. C. vulgaire. — *S. vulgaris.* DC.

Tiges de 2-5 pouces étalées, diffuses, rameuses, glabres et feuillées : feuilles oblongues, glabres, une ou deux fois pinnatifides, à lobes étroits, obtus et incisés : fleurs blanches, petites, en grappes axillaires, courtes, presque opposées aux feuilles : silicules entières, tuberculées-dentées, un peu en rein à la base, plus larges que longues, veinées en réseau. *a.* Eté. Chemins, rues.

2. C. didyme. — *S. didyma.* Pers.

Tige couchée, rameuse, poilue : feuilles pinnatifides, glabres, à lobes linéaires, aigus : fleurs blanches, très-petites, en grappes, souvent à 2 étamines : silicules didymes, ridées en réseau : stigmate sessile. *a.* Eté. Rues, jardins.

**382. PASTEL**, *Isatis*. L. Calice ouvert, égal à la base : silicule comprimée-aplanie par les côtés, ovale-oblongue, à 1 loge, à 1 graine, à 2 valves presque indéhiscentes, un peu fongueuses, en carène presque ailée.

1. P. des teinturiers. — *I. tinctoria.* L.

Tige de 2-3 pieds, dressée, rameuse, glabre : feuilles lancéolées, sagittées à la base, embrassantes, entières, glauques, glabres, les inférieures obtuses et crénelées : fleurs jaunes, petites, très-nombreuses, en grappes paniculées : silicules pendantes, presque en spatule, très-obtuses au sommet, pointues à la base, longues, à pédoncules filiformes. *a.* Juin. Lieux cultivés. Cultivé.

383. BUNIAS, *Bunias.* L. Calice égal à la base : pétales onguiculés, à limbe un peu en cœur renversé: silicule enflée, ovoïde, arrondie, ou presque à 4 angles à 2 crêtes, dure, rugueuse, à 4 loges monospermes, superposées 2 à 2. Fleurs jaunes.

1. B. FAUSSE ROQUETTE. — *B. Erucago.* L.

Plante très-velue : tige de 1 à 2 pieds, dressée, rameuse, glanduleuse: feuilles inférieures oblongues, découpées jusqu'à la côte en lobes larges, triangulaires et dentés, les supérieures lancéolées, dentées ou même pinnatifides : fleurs jaunes, en grappes terminales : silicule carrée, dentée en crête, terminée par un style conique et long. *a.* Eté. Moissons.

384. RAIFORT, *Raphanus.* L. Calice dressé, fermé, à 2 sépales bossus à la base : pétales à long onglet, à limbe obovale ou en cœur renversé: silique oblongue, pointue, spongieuse, indéhiscente, se séparant transversalement en articles monospermes, ou à 2 loges continues : graines globuleuses.

1. R. CULTIVÉ. — *R. sativus.* L.

Racine en fuseau, charnue, de couleur variée : tige dressée, rameuse, haute de 2-3 pieds, munie, ainsi que les feuilles, de quelques poils épars et rudes : feuilles inférieures pinnatifides ou lyrées, à lobes arrondis, le terminal plus grand, presque entier, les supérieures ovales ou lancéolées-dentées : fleurs blanches, violettes ou rougeâtres, veinées, en grappes : siliques grosses, ventrues, peu ou point noueuses, terminées par un bec court. *a.* Eté. Cultivé.

Racine charnue, blanche, rose ou rouge, ronde, globuleuse, etc. *Radis*, petite rave : *Radicula.*

Racine grêle à peine charnue. *Oleifera.* DC.

Racine charnue, dure, oblongue, blanche, noire ou

grise, d'une saveur piquante. Feuilles à lobes aigus.
*Radis noir. R. niger.*

2. R. SAUVAGE. — *R. raphanistrum.* L.

Tige d'un pied et plus, dressée, peu rameuse, hérissée : feuilles inférieures lyrées à lobes écartés, inégaux, dentés-sinueux, un peu hérissés, le terminal très-grand, les supérieures ordinairement indivises, à grosses dents : fleurs blanches ou jaunes, veinées de violet, grandes, en grappes lâches : siliques glabres, striées, noueuses, en anneaux, terminées par une pointe conique, droite, aiguë et aussi longue qu'elle. *u.* Eté. Moissons.

385. CRAMBÉ, *Crambé.* L. Calice étalé, presque égal à la base : pétales entiers : les quatre grandes étamines ayant le filet bifurqué, dont une pointe porte l'anthère : silicule indéhiscente, coriace, globuleuse, à 2 articles, l'inférieur en forme de pédicelle, le terminal globuleux contenant une graine.

1. C. MARITIME. — *C. maritima.* L.

Plante glauque : tige de 2-3 pieds, rameuse : feuilles grandes, épaisses, ovales, sinuées, ondulées, crépues, anguleuses, les supérieures lancéolées, aiguës : fleurs blanches, en panicule : silicules globuleuses, lisses, un peu charnues. *v.* Juin. Sables des deux mers.

2. C. PINNATIFIDE. — *C. pinnatifida.* Jacq.

Plante peu glauque : feuilles grandes, ailées, à folioles oblongues, pointues, à dents aiguës, les supérieures simples, étroites, en spatule : silicules ovales : fleurs blanches. *v.* Eté. Aigues-mortes.

# Seizième Classe.

—

## TOUTES LES ÉTAMINES réunies EN UN SEUL CORPS par la soudure des filets. — MONADELPHIE.

—

## PREMIER ORDRE.

### LES CINQ ÉTAMINES RÉUNIES PAR LES FILETS.
### PENTANDRIE.

* 5 *filets portant anthère.*

1 style à 1 seul stigmate . . .   73. LYSIMACHIE.
5 styles : capsule: graines lisses. 186. LIN.

** 10 *filets dont 5 sans anthère, et 5 portant anthère.*

5 capsules terminées chacune
  par une arête glabre en-dedans et contournée en cercle à
  la maturité. . . . . . . . . 386. GÉRANION.
5 capsules terminées chacune
  par une arête velue en-dedans et contournée en spirale
  à la maturité. . . . . . . . 387. ERODIE.

—

## II ORDRE.

### LES HUIT ÉTAMINES RÉUNIES PAR LES FILETS.
### OCTANDRIE.

8 anthères réunies 4 à 4 en 2
  corps soudés en 1 à la base. 394. POLYGALA.

# III ORDRE.

**DIX ÉTAMINES PAR FLEUR. — DÉCANDRIE.**

**§ 1. *Etamines réunies par la base seule des filets.***

**** Arbres ou arbrisseaux.***

Graines terminées par une aigrette : 3-5 pétales : feuilles
  petites . . . . . . . . . . . 181. TAMARISQUE.
Drupe sèche, à 1 noyau : corolle
  à 3-7 lobes : feuilles arron-
  dies. . . . . . . . . . . . 241. ALIBOUFIER.

***** Herbes.***

Feuilles à 3 folioles en cœur
  renversé : capsule à 5 loges. 257. OXALIDE.
Feuilles non à 3 folioles en cœur :
  5 capsules à 1 graine, réunies
  en une capsule. . . . . . . 386. GÉRANION.

**§ 1. *Etamines ayant les filets soudés en un long tube
renfermant le style.***

(Voyez *Légumineuses monadelphes*, CLASSE XVII.)

—

# IV ORDRE.

**ÉTAMINES NOMBREUSES PAR FLEUR.**

**POLYANDRIE.**

**** 1 capsule à 5 loges.***

Capsule à 5 loges, 5 valves :
  1 style à 5 stigmates . . . . 388. HIBISQUE.
***** Plusieurs ovaires ou capsules à une graine,
verticillées autour d'un axe.***
Calice extérieur à 3 folioles distinctes, étroites. . . . . . . 389. MAUVE.
Calice extérieur à 3 divisions

larges et divisées : graines
recouvertes plus ou moins
par le disque central dilaté. . 391. LAVATÈRE.
Calice extérieur à 6-9 lobes. . 390. GUIMAUVE.

386. GÉRANION, *Geranium*. L. Sépales 5 :
pétales 5 : étamines 10, fertiles, un peu soudées ensemble par la base des filets, les 5 alternes plus
grandes : 1 style à 5 stigmates : stigmates ou arêtes
des capsules glabres du côté interne, se séparant, à la
fin, de la base au sommet, en se courbant en dehors :
capsules 5, à 1 graine.

    * *Pédoncules uniflores : plantes vivaces.*

      1. G. SANGUIN. — *G. sanguineum*. L.

Tiges ascendantes ou dressées, diffuses, articulées,
souvent rougeâtres, rameuses-dichotomes, hautes
d'un pied, hérissées de longs poils étalés : feuilles
opposées, pétiolées, arrondies, profondément découpées en 5-7 divisions entières ou incisées-trifides, en
coin : stipules triangulaires : fleurs grandes, d'un rouge
de sang ou violettes, solitaires sur de longs pédoncules axillaires, munis de 2 petites bractées : sépales à
3 nervures et terminés en arête : graines presque
lisses. *v.* Eté. Lieux chauds et pierreux.

    * *Pédoncules à 2 fleurs : plantes annuelles.*

      2. G. HERBE A ROBERT. — *G. Robertianum*. L.

Plante fétide et un peu velue: tige dressée, rameuse, tendre, souvent rougeâtre, renflée aux nœuds.
haute d'un pied : feuilles ailées, un peu triangulaires,
à 3-5 folioles pétiolées, pinnatifides ou incisées : pédoncules axillaires, à 2 fleurs rouges plus grandes
que le calice anguleux à sépales terminés en arête :
capsules glabres, ridées. *a.* Eté. Les bois et les murs
frais.

Varie à fleurs blanches.

387. ERODIE, *Erodium*. L'HÉR. Diffère du

genre précédent, par les fleurs un peu irrégulières, qui n'ont que 5 étamines fertiles pourvues chacune d'une écaille à la base, et par la pointe ou arête des capsules qui est velue sur la face interne et se roule en spirale.

1. E. MUSQUÉ. — *E. moschatum*. Willd.

Plante à odeur de musc : tige rameuse, faible, couchée, à poils glanduleux, quelquefois glabre, haute d'un pied : feuilles ailées à folioles ovales ou oblongues, grandes, incisées-dentées, la terminale souvent trilobée : 2 stipules à la base : fleurs purpurines, musquées, 7 ou 8 sur un pédoncule plus long que les feuilles : pétales dépassant peu le calice et rayés. *a.* Toute l'année. Vieux murs, terrains sablonneux.

388. HIBISQUE, *Hibiscus*. L. Calice double, l'extérieur à folioles nombreuses, l'intérieur à 5 divisions : 1 style à 5 stigmates : 1 capsule à 5 valves, à 5 loges, à graines nombreuses.

1. H. DE SYRIE. — *H. Syriacus*. L.

Arbrisseau de 4-6 pieds : feuilles ovales en coin, à 3 lobes dentés : fleurs grandes, violettes ou blanches, axillaires : graines en rein, munies sur le dos d'une ligne de poils. *l.* Eté. Midi, jardins.

389. MAUVE, *Malva*. L. Calice double, l'extérieur à 3 divisions ou folioles distinctes, l'intérieur à 5 lobes : 5 pétales : étamines nombreuses, à filets soudés en tube contenant les styles nombreux et soudés à la base : capsules nombreuses, à 1 graine, disposées en cercle autour d'un axe.

§ 1. *Fleurs axillaires, solitaires, au moins les inférieures : feuilles profondément divisées ou lobées.*

* *Capsules glabres : sépales extérieurs ovales.*

1. M. ALCÉE. — *M. alcea*. L.

Plante munie de poils étoilés : tige dressée, de 2-3 pieds, ferme, ronde, rameuse : feuilles alternes, pétiolées, rudes, les inférieures arrondies, crénelées, presque à 5 lobes , les supérieures palmées, à 5 ou 3 lobes profonds, incisés-dentés : fleurs roses, grandes: calice cotonneux : capsules striées. *v.* Eté. Bords des chemins et des champs.

** *Capsules pubescentes : sépales extérieurs li-néaires.*

2. M. MUSQUÉE. — *M. moschata.* L.

Plante hérissée de poils simples, tuberculeux à la base : tige de 2-4 pieds, dressée, ronde, rameuse : feuilles radicales en rein , pétiolées, un peu en cœur à la base, crénelées ou à 3-5 lobes incisés , celles de la tige plus grandes, à 5 divisions un peu en coin, ai-lées-multifides : fleurs roses, inodores : calice jamais tomenteux. *v.* Eté. Bords des bois, des champs , et des chemins. Varie à feuilles toutes multifides.

§ 2. *Fleurs axillaires 2 à 2, ou plusieurs ensemble: feuilles anguleuses ou lobées.*

* *Feuilles crispées.*

3. M. FRISÉE. — *M. crispa.* L.

Tige de 3-4 pieds, droite, presque glabre, à ra-meaux courts : feuilles grandes, à longs pétioles, à 5-7 lobes ondulés , très-finement dentelés-crépus : fleurs petites, presque sessiles, purpurines, agglomé-rées aux aisselles des feuilles : calice velu : capsules glabres, ridées en travers. *a.* Eté. Jardins.

** *Pas de feuilles crispées.*

4. M. SAUVAGE. — *M. sylvestris.* L.

Tige de 2-3 pieds , dressée, rameuse, velue dans le haut, à poils étalés : feuilles grandes, alternes, pé-tiolées, glabres, arrondies, à 5-7 lobes crénelés, souvent tachées de brun à la naissance du pétiole : fleurs grandes, purpurines, pédonculées, à pétales 3 fois plus longs que le calice dont les folioles extérieures sont lancéolées : fruits glabres, chagrinés, réticulés. *a.* Eté. Champs, buissons.

5. M. A FEUILLES RONDES. — *M. rotundifolia.* L.

Tiges couchées, rameuses, longues de 1 à 2 pieds, plus ou moins glabres : feuilles petites, longuement pétiolées, arrondies, en cœur à la base, les supérieures à 5-7 lobes peu marqués, doublement dentés, crénelés : pédoncules uniflores, réunis 2-3 dans chaque aisselle : fleurs petites, d'un blanc rosé, à corolle double du calice, dont l'extérieur est à folioles linéaires : fruits pubescents, lisses. *a.* Eté. Chemins, décombres, lieux incultes.

390. GUIMAUVE, *Althaea.* L. Calice double, l'extérieur à 6-9 divisions, l'intérieur à 5 lobes : 5 pétales : étamines nombreuses à filets soudés en tube, contenant les styles nombreux : capsules nombreuses, à 1 graine, disposées en cercle autour d'un axe.

* *Capsules munies d'un rebord : calice extérieur à 6-7 divisions.*

1. G. PASSE-ROSE. — *A. rosea.* Cav.

Tige de 3-6 pieds, droite, ferme, rude, velue, ronde : feuilles alternes, velues, pétiolées, en cœur à la base, grandes, à 5-7 lobes arrondis, crénelés : fleurs très-grandes, simples ou doubles, de couleurs variées, axillaires, presque sessiles, en épi allongé. *a.* Eté. Jardins.

** *Capsules sans rebord : calice extérieur à 7-9 lobes.*

2. G. OFFICINALE. — *A. officinalis.* L.

Plante couverte d'un duvet cotonneux blanc : racine épaisse, blanche et visqueuse intérieurement : tiges dressées, rondes, presque simples, hautes de 2-4 pieds, dures : feuilles alternes, pétiolées, douces au toucher, en cœur ou ovales, inégalement crénelées, ou anguleuses à 5 et 3 lobes peu marqués : fleurs grandes, presque sessiles, axillaires, agrégées en pa-

quets disposés en épi ou grappe allongée et feuillée :
pétales blancs ou un peu roses : calice intérieur à 5
lobes souvent divisés. ☉. Eté. Lieux humides, jardins.

391. LAVATÈRE, *Lavatera*. L. Calice double.
l'extérieur à 3 divisions larges, sinuées ou découpées.
l'intérieur à 5 divisions : 5 pétales : étamines nombreuses à filets soudés en tube contenant plusieurs
styles soudés à la base : capsules à 1 graine, disposées
en cercle autour d'un axe plus ou moins dilaté au
sommet.

1. L. TRÉMIÈRE. — *L. trimestris*. L.

Tige herbacée, velue, rude, dressée, rameuse,
ronde, haute de 1 à 2 pieds : feuilles alternes, pétiolées, velues, les inférieures en cœur à la base, à peine
lobées, crénelées, les supérieures très-anguleuses, à
lobe moyen lancéolé : fleurs grandes, rosées ou blanches sur des pédoncules solitaires, axillaires, uniflores, velus : capsules glabres, ridées, recouvertes par
le sommet de l'axe dilaté en large disque. *a*. Eté.
Midi. Jardins.

# Dix-septième Classe.

—

## TOUTES LES ÉTAMINES
## Réunies EN DEUX CORPS par la soudure
## de plusieurs filets. — DIADELPHIE.

—

## PREMIER ORDRE.

### SIX ANTHÈRES DISPOSÉES TROIS A TROIS.
### HEXANDRIE.

*Feuilles découpées.*

Capsule arrondie, à 1 graine,
   ne s'ouvrant pas. . . . . . . 392. FUMETERRE.
Capsule en forme de silique, à
   2 valves, à plusieurs graines. 393. CORYDALE.

—

## II ORDRE.

### HUIT ANTHÈRES DISPOSÉES QUATRE A QUATRE.
### OCTANDRIE.

Feuilles simples : fleurs irrégulières : capsule en cœur à 2
   loges . . . . . . . . . . . . . 394. POLYGALA.

—

## III ORDRE.

### NEUF ÉTAMINES FERTILES SOUDÉES A LA BASE
### ET UNE STÉRILE. — ENNÉANDRIE.

Gousse oblongue, nervée, s'enfonçant dans la terre pour
   murir : fleurs jaunes, papilionacées . . . . . . . . . . . . 395. ARACHIDE.

## IV ORDRE.

**DIX ÉTAMINES. — DÉCANDRIE.**

LÉGUMINACÉES (*papilionacées*) ou Fleurs à 5 pétales irréguliers, libres ou soudés plusieurs ensemble, l'un entourant le pistil et les étamines.

§ 1. *Étamines ayant les 10 filets soudés en tube.*

† *Feuilles simples ou à 3 folioles.*

* *Calice fendu profondément en 2 ou 5 lanières.*

Calice à 2 folioles concaves :
arbrisseau épineux à fleurs
jaunes . . . . . . . . . . . 396. AJONC.
Calice en cloche à 5 lanières :
étendard rayé : gousse renflée. 399. BUGRANE.

** *Calice à 1 ou 2 lèvres à 5 dents.*

Carène droite cachant les étamines : gousse comprimée et
amincie à la base : toutes
les feuilles à 3 folioles . . . 398. CYTISE.
Carène défléchie ne cachant pas
les étamines : feuilles à 1 ou
3 folioles. . . . . . . . . . 397. GENÊT.

†† *Feuilles ailées.*

Gousse renfermée dans le calice fermé : filets dilatés au
sommet. . . . . . . . . . . 400. ANTHYLLIDE.
Gousse raide, dressée : calice
ouvert : filets en alène. . . . 406. GALÉGA.
Gousse bosselée : calice à 2
lèvres. . . . . . . . . . . . 395. ARACHIDE.

††† *Feuilles digitées.*

Gousse bosselée : 5 anthères
plus petites. . . . . . . . . 421. LUPIN.

§ 2. *Étamines diadelphes, c'est-à-dire 9 ayant les filets soudés et 1 libre.*

† *Gousse partagée, à la maturité, en loges ou articles placés bout à bout et contenant 1 graine.*

* *Feuilles à 3 folioles.*

**Carène contournée** en spirale :
gousse continue, presque cloisonnée . . . . . . . . . . . 422. Haricot.

** *Feuilles ailées avec une foliole terminale impaire.*

**Fleurs en ombelle** : gousse
droite ou arquée, presque
cylindrique, resserrée aux
articulations . . . . . . . . 411. Coronille.

**Fleurs en grappes** : gousse à 1
seul article ridé, monosper-
me. . . . . . . . . . . . . 412. Esparcette.

**Fleurs en grappes** : gousse à
plusieurs articles aplatis en
lentille . . . . . . . . . . . 413. Sainfoin.

†† *Gousse continue, c'est-à-dire ne se séparant pas en articles.*

**A.** *Feuilles à 3 folioles : style ordinairement glabre.*

* *Gousse droite ou simplement arquée.*

§ *Carène de la fleur terminée en bec.*

**Fleurs assez grandes**, ayant les
ailes rapprochées dans le haut. 404. Lotier.

§§ *Carène non en bec, mais simplement aiguë ou obtuse.*

' *Corolle figurant une fleur à 3 pétales.*

**Carène très-petite** : étendard et
ailes presque égaux. . . . . 405. Trigonelle.

" *Corolle ayant l'étendard et les ailes bien distincts.*

**Gousse renfermée** dans le ca-

lice ou dans la corolle persistante : filets des étamines
soudés aux pétales : les 3 folioles au bout du pétiole. . . 403. TRÈFLE.
Gousse plus longue que le ca-
lice : filets libres : 2 folioles
distantes de la terminale. . 402. MÉLILOT.

** *Gousse arquée ou enroulée en forme d'escargot.*
Carène obtuse, ou échancrée,
s'éloignant de l'étendard. . . 401. LUZERNE.

**B.** *Feuilles ailées avec impaire.*

* *Arbres ou arbrisseaux.*
Gousse très-enflée, en vessie,
aiguë aux 2 bouts : style demi-cylindrique et barbu. . . 409. BAGUENAUDIER.
Gousse non enflée, comprimée,
presque sessile : style cylindrique, barbu en-dessus. . . 408. ROBINIER.

** *Plantes herbacées.*

§ *Gousse à une loge.*

· *Gousse enflée en vessie.*
Plante pubescente : fleurs solitaires, axillaires. . . . . . 414. CHICHE.

·· *Gousse comprimée, non renflée : plante glabre :*
*fleurs en grappe.*
Calice à 2 lèvres, à 5 dents :
étendard droit : gousse ovale
ou oblongue . . . . . . . . . 407. RÉGLISSE.
Calice court, à 5 dents : éten-
dard ovale, à bords réfléchis:
gousse très-longue, acuminée, striée obliquement entre
les graines . . . . . . . . . 406. GALEGA.

§§ *Gousse à 2 loges continues ou presqu'à 2 loges.*

Carène obtuse : gousse à loges
    formées par la suture opposée
    aux graines, rentrée en-de-
    dans . . . . . . . . . . . . . 410. ASTRAGALE.

C. *Feuilles ailées sans impaire, ou terminées par*
*une vrille ou une pointe.*

    * *Style linéaire diversement terminé.*

  § *Pétiole terminé par une vrille ordinairement*
*rameuse.*

Fleurs moyennes: calice court :
    style courbé formant un an-
    gle droit avec l'ovaire . . . . 416. VESCE.
Fleurs petites : calice égalant la
    corolle : style droit à stimate
    en massue . . . . . . . . . . 417. ERS.

  §§ *Pétiole sans vrille ou terminé par une pointe*
*droite.*

Fleur marquée d'une tache noi-
    re : folioles épaisses. . . . . 415. FÈVE.
Fleur sans tache noire : folioles
    minces : gousse coriace. . . 418. OROBE.

  ** *Style aplani, élargi au sommet, velu en-dessus.*

Folioles peu nombreuses, ordi-
    nairement finissant en vrille. 419. GESSE.

  *** *Style triangulaire, creusé en carène du côté*
*interne.*

Stipules plus grandes que les
    folioles : étendard très-grand. 420. POIS.

    § 3. 10 *étamines libres* ($X^{me}$ CLASSE).

Feuilles ailées : fleurs blanches:
    arbre : gousse charnue. . . 423. SOPHORA.
Feuilles à 3 folioles : fleurs jau-

nes : arbrisseau : gousse sè-
che. . . . . . . . . . . . . . 242. **ANAGYRI.**
Feuilles simples en cœur arron-
di : arbre : fleurs purpurines. 243. **GAINIER.**

**392. FUMETERRE.** *Fumaria.* L. Calice à 2 sépales colorés, caducs : 4 pétales irréguliers dont le
supérieur est bossu ou éperonné à la base : 6 étamines partagées en 2 faisceaux portant chacun 3 anthères : style très-long à stigmate en tête : capsule
ovoïde ou globuleuse, ne s'ouvrant pas, à une graine.
Feuilles très-découpées.

1. F. OFFICINALE. — *F. officinalis.* **L.**

Tige de 1 à 2 pieds, tendre, rameuse, diffuse, glabre et un peu glauque ainsi que toute la plante : feuilles alternes, pétiolées, trois fois pinnées, à folioles
élargies en coin : fleurs petites, roses, d'un pourpre
noirâtre au sommet, en grappes simples, lâches, opposées aux feuilles. *a.* Eté. Champs. Jardins. Vignes.

**393. CORYDALE.** *Corydalis.* **VENT.** Calice à 2
sépales caducs : 4 pétales dont 1 terminé en éperon :
6 étamines en 2 faisceaux membraneux portant chacun 3 anthères : 1 style : capsule en forme de silique
comprimée, à 2 valves, à 1 loge polysperme.

1. C. BULBEUSE. — *C. bulbosa.* DC.

Racine bulbeuse, solide, arrondie, produisant 1 ou
2 tiges simples, dressées, glabres, faibles , hautes de
3-6 pouces, munies de 2-3 feuilles alternes, pétiolées,
2 fois ternées à folioles oblongues, bi ou trifides, lobées, obtuses : fleurs purpurines ou blanches , en
grappe simple, terminale : bractées incisées-digitées.
*v.* Avril, juin. Haies, bord des bois.

**394. POLYGALA,** *Polygala.* **L.** Calice de 5 sépales persistants dont 2 latéraux plus grands, membraneux, veinés, colorés, en forme d'ailes : corolle
irrégulière, fendue en 2 lèvres, la supérieure à 2 lo-

bes, l'inférieure concave, bifide, portant dans l'écarte-
ment un corps ayant 2-5 dents à la base et une houpe
colorée au sommet : 8 étamines à filets divisés en 2
faisceaux : ovaire supère : 1 style : capsule comprimée, ovale ou en cœur renversé, à 2 valves et 2 loges
à 1 graine.

*** *Bractées longues : plante annuelle.***

1. P. DE MONTPELLIER. — *P. Monspeliaca*. L.

**Plante glabre** : tige simple, dressée : feuilles toutes
lancéolées, aiguës : fleurs bleues ; les 2 grandes folioles du calice oblongues. à 3 nervures et deux fois
plus grandes que la capsule. *a.* Juin. Midi.

**** *Bractées courtes : plante vivace.***

**§ *Feuilles radicales plus petites que celles de la tige.***

2. A. COMMUN. — *P. vulgaris*. L.

**Tiges étalées**, inclinées, simples, glabres, longues
de 5-10 pouces : feuilles glabres, sessiles, entières, les
inférieures ovales-oblongues, les supérieures lancéolées-linéaires, un peu aiguës : fleurs en grappe terminale, bleues, violettes, roses ou blanches, unilatérales,
munies de bractées inégales, colorées, caduques ; les
2 grandes folioles du calice obtuses, ovales, veinées
en réseau, et égalant les fleurs: graine velue, blanche,
solitaire dans chaque loge. *v.* Juin. Prés secs, lieux
incultes.

**§§ *Feuilles radicales plus grandes que celles de la***
***tige et étalées en rosette.***

3. P. AMER. — *P. amara*. L.

**Tiges diffuses**, rameuses, couchées, redressées,
glabres, longues de 4-6 pouces : feuilles glabres, entières, les inférieures grandes, obovales, arrondies,
obtuses, rétrécies en pétiole, les supérieures linéaires-
lancéolées : fleurs bleues en grappes unilatérales : les
2 grandes folioles du calice ovales, obtuses, veinées :

graines velues : plante amère. *v*. Juin. Eté. Prairies et
coteaux.

4. P. D'AUTRICHE. — *P. Austriaca.* Crantz.

Tiges nombreuses, grêles, étalées, celles du milieu
dressées, courtes : feuilles épaisses, entières, glabres,
les inférieures obovales, grandes, celles de la tige linéaires-lancéolées, obtuses : fleurs petites, blanchâtres ou d'un bleu pâle en grappes unilatérales, grêles :
les 2 grandes folioles du calice ovales, aiguës, étroites, égalant à peine la fleur. *v*. Eté. Prés et prairies.

—

**LÉGUMINACÉES.**

**395. ARACHIDE,** *Arachis*. **L.** Calice à 2 lèvres,
la supérieure à 4 dents inégales, l'inférieure aiguë,
corolle papilionacée renversée, à étendard arrondi,
échancré, large : ailes ovales plus courtes que l'étendard : carène aiguë, courbée, et à peine bifide à sa
base : 10 étamines réunies à la base : gousse oblongue, bosselée, veinée, à 1 loge renfermant 2 ou 3
graines oblongues.

1. A. A QUATRE FEUILLES. — *A. hypogaea.* **L.**

Tige simple, velue, rougeâtre, striée, couchée,
longues de 8-10 pouces : feuilles alternes, ailées sans
impaire, à 4 folioles ovales, bordées d'une nervure :
fleurs jaunes, pédonculées, 3-6 dans l'aisselle des
feuilles, les fleurs inférieures presque seules sont fertiles : gousses s'enfonçant en terre sans se détacher
de leur pédoncule : graines rougeâtres, grosses,
huileuses. *a*. Eté. Terrains sablonneux un peu humides du Midi. Cultivée.

**396. AJONC,** *Ulex*. **L.** Calice fendu jusqu'à la
base en 2 lèvres ou folioles concaves, dentées ; corolle papilionacée : carène de 2 pétales : étamines
toutes réunies à la base sur une espèce de membrane:
gousse oblongue, renflée, droite, à 1 loge, à 2 valves,

dépassant à peine le calice : graines peu nombreuses, arrondies.

1. A. D'EUROPE. — *U. Europœus.* L.

Arbrisseau très-épineux, dressé, haut de 3-6 pieds, à rameaux dressés, velus, striés, hérissés d'épines rameuses, raides, vertes, velues : feuilles petites, sessiles, velues, lancéolées-linéaires, persistantes : fleurs jaunes, pédonculées, axillaires, presque en grappes : calice velu : gousse velue. *l.* Mars, juin. Lieux stériles et chauds.

397. GENÊT, *Genista.* L. Calice irrégulier, fendu en-dessus, ou à 2 lèvres munies de 5 petites dents : étendard réfléchi sur le pistil et les étamines, qui ne sont pas entièrement cachées par la carène : étamines monadelphes, en colonne : gousse oblongue, à une loge, comprimée, à plusieurs graines.

§ 1. *Calice fendu en-dessus, à une seule lèvre à 5 petites dents : étendard en cœur : carène de 2 pétales.* SPARTIUM. L.

• 1. G. D'ESPAGNE. — *G. juncea.* Lam.

Arbrisseau de 5-9 pieds, glabre, à rameaux nombreux, effilés, verts, dressés, flexibles, en forme de joncs nus: feuilles lancéolées, glabres, rares: fleurs jaunes, grandes, odorantes, en grappes lâches, terminales: gousses velues. *l.* Juin. Lieux arides du Midi. Cultivé dans les bosquets.

§ 2. *Calice à 2 lèvres : style roulé en cercle pendant la floraison.* SAROTHAMNE. W.

2. G. À BALAIS. — *G. scoparia.* Lam.

Arbrisseau de 3-5 pieds, dressé, à rameaux anguleux, glabres, luisants, verdâtres, dressés, flexibles : feuilles petites, pétiolées, à 3 folioles ovales, pubescentes, entières, les supérieures simples : fleurs jaunes, grandes, solitaires ou réunies en grappes lâches, terminales : gousse velue sur les sutures. *l.* Juin. Bois secs, sablonneux.

§ 3. *Calice à 2 lèvres : étendard oblong : style ascendant : stigmate oblique , dirigé en-dedans.* GENÊT.

    * *Rameaux bordés de larges ailes.*

    3. G. À TIGE AILÉE. — *G. sagittalis.* L.

Racine ligneuse, presque horizontale : tiges couchées, en touffe, à rameaux simples, dressés, herbacés, comprimés , articulés, bordés d'ailes herbacées interrompues : feuilles ovales-lancéolées , entières. velues, sessiles, obtuses, solitaires sur les articulations : fleurs jaunes, en épi court presque en tête : calice grand, velu, coloré : gousse velue. *l.* Juin. Été. Lieux stériles.

    ** *Rameaux non ailés.*

    § *Arbrisseaux épineux.*

    † *Rameaux à fleurs privés d'épines.*

    4. G. D'ANGLETERRE. — *G. Anglica.* L.

Arbrisseau de 1 à 2 pieds, à tiges dressées, rameuses, diffuses, nues et épineuses à la base : feuilles petites, glabres, linéaires ou lancéolées, très-nombreuses sur les rameaux à fleurs : fleurs jaunes, axillaires. solitaires, disposées en grappes feuillées terminales : calice et corolle glabres. *l.* Avril, juillet. Lieux secs.

    5. G. D'ALLEMAGNE. — *G. Germanica.* L.

Tige, feuilles, fleurs et fruits velus : arbrisseau de 1 à 2 pieds, très-rameux du haut, à tiges striées. souvent nues à la base, à rameaux annuels simples. herbacés : épines étalées, rameuses à la base : feuilles ovales-lancéolées, très-nombreuses dans le haut : fleurs jaunes, petites, en grappes terminales, courtes, lâches, non feuillées. *l.* Juin. Bois, coteaux.

    †† *Rameaux à fleurs munis d'épines.*

    6. G. ÉPINE FLEURIE. — *G. scorpius.* DC.

Arbuste de 10-15 pouces, très-épineux, à rameaux

étalés, striés, alternes : épines rameuses : feuilles soyeuses, molles, oblongues, aiguës : 3-4 fleurs velues, jaunes, axillaires, naissant sur les épines les plus fortes. *l*. Juin. Collines stériles du Midi.

7. G. ÉPINEUX. — *G. horrida*. DC.

Arbuste de 12-15 pouces, ramassé en tête, très-épineux au sommet : rameaux opposés, anguleux : feuilles opposées, à 3 folioles linéaires, soyeuses, repliées : fleurs jaunes, souvent 2 à 2, terminales. *l*. Eté. Montagnes.

§§ *Arbrisseaux non épineux.*

† *Feuilles glabres ou à peu près.*

8. G. DES TEINTURIERS. — *G. tinctoria*. L.

Racine rampante : tiges ligneuses, un peu couchées à la base, striées, à rameaux effilés, à peine pubescents au sommet : feuilles lancéolées-linéaires, sessiles, entières, glabres ou pubescentes sur les bords : fleurs jaunes, assez grandes, axillaires, en grappes serrées, feuillées, terminales : gousse glabre, comprimée. *l*. Eté. Pàturages, prés secs.

†† *Feuilles velues ou pubescentes.*

9. G. PURGATIF. — *G. purgans*. L.

Arbuste de 1 à 2 pieds, d'un vert foncé, à rameaux nombreux, dressés, striés, arrondis, les inférieurs presque nus : feuilles rares, sessiles, velues, lancéolées : fleurs jaunes, glabres, solitaires, axillaires, en grappes terminales : gousses ovales-oblongues, velues, à la fin presque glabres. *l*. Juin. Montagnes arides vers le Midi.

10. G. COUCHÉ. — *G. prostrata*. Lam.

Petit arbuste de 8-10 pouces, déprimé, à rameaux étalés, couchés, striés : feuilles alternes ou fasciculées, oblongues, à peine pétiolées : fleurs jaunes, grandes, 1-3, pédonculées, axillaires, en grappes feuillées, tournées du même côté : fleurs glabres : calice velu : gousse velue, noirâtre, oblongue. *l.* Juin. Coteaux arides.

### 11. G. velu. — *G. pilosa.* L.

Arbuste de 1 à 2 pieds, à tiges couchées, tortueuses, rameuses, rudes-tuberculeuses, étalées : feuilles petites, sessiles, oblongues, élargies au sommet, obtuses, souvent pliées en long, soyeuses en-dessous : fleurs jaunes, pâles, soyeuses, en grappes feuillées, terminales : gousse velue. *l.* Eté. Coteaux sablonneux.

**398. CYTISE,** *Cytisus.* L. Calice court, en cloche ou tubuleux, à 2 lèvres, à 5 dents : corolle papilionacée à étendard ovale, carène fendue à la base, renfermant les étamines réunies en un faisceau (quelquefois en 2) : légume oblong, rétréci à la base, à une loge, à plusieurs graines comprimées, en rein. Fleurs jaunes : feuilles à 3 folioles.

### 1. C. aubours. — *C. laburnum.* L.

Arbre de 10-20 pieds de haut, à écorce lisse, à jeunes rameaux garnis de poils couchés qui les font paraître blanchâtres : feuilles à longs pétioles, à 3 folioles ovales, entières, lancéolées ou elliptiques, vertes en-dessus, soyeuses-blanchâtres en-dessous : fleurs grandes, en grappes lâches, pendantes, nombreuses ; pédicelles, calices et légumes à suture séminifère comprimée, munis de poils soyeux appliqués : graines brunes. *l.* Mai. Bosquets, bois des montagnes.

Légumes glabres, à suture supérieure ailée. Arbrisseau moins velu, à poils étalés, non appliqués. C. des Alpes, *C. Alpinus.* Mil.

**399. BUGRANE,** *Ononis.* L. Calice persistant, à 5 découpures linéaires, acuminées : corolle papilionacée à étendard grand, en cœur, rayé : étamines réunies en un seul faisceau : carène terminée en bec :

légume enflé, obliquement ovale, à une loge, à peu
de graines en rein. Pétioles ailés à la base, embrassant la tige.

    * *Fleurs purpurines, rarement blanches.*

    1. B. ÉPINEUSE. —*O. spinosa*. Wallr. (Var. *b.* L.)

Racine ligneuse, noirâtre, longue : tiges presque
redressées, ligneuses à la base, rameuses, souvent
rougeâtres, velues sur une ou deux lignes, longues
de 1 à 2 pieds, très-épineuses : feuilles à 3 folioles
oblongues, en coin à la base, finement dentées en scie
au sommet, presque glabres, les supérieures simples:
fleurs striées, solitaires, axillaires, grandes , presque
sessiles : légume globuleux, court. *v.* Eté. Champs
secs, incultes.

    2. B. DES CHAMPS. — *O. arvensis*. Lam. (*spinosa*. Var. *a.* L.)

Tiges ligneuses, radicantes à la base, diffuses, couchées, sans épines dans la jeunesse, longues de 1 à 3
pieds, redressées pour fleurir, garnies partout de longs
poils : feuilles pubescentes-glanduleuses , à folioles
ovales, un peu arrondies au sommet, dentées-ron-
gées, les inférieures ternées, les supérieures simples:
légume ovoïde : fleurs solitaires, ou 2 à 2, axillaires.
Plante pubescente-visqueuse, à odeur désagréable.
*v.* Eté. Champs cultivés et lieux incultes.

    * *Fleurs jaunes.*

    3. B. GLUANTE. — *O. natrix*. L

Plante presque ligneuse, velue, visqueuse, à odeur
particulière, à tiges rameuses, ascendantes, hautes de
1 à 2 pieds : feuilles à 3 folioles oblongues-lancéolées, obtuses, distantes, denticulées au sommet :
stipules très-longues, entières , insérées sur la tige :
fleurs grandes, à pédoncules axillaires, longs, terminés par une arête, disposées en grappes feuillées :
légume velu. *v.* Eté. Bord des champs et des chemins dans les lieux chauds de la plaine.

**400. ANTHYLLIDE**, *Anthyllis*. L. Calice persistant, ovale, ventru, à 5 dents : corolle papilionacée : étamines réunies en un seul corps : légume arrondi, petit, à une loge, caché dans le calice : 1-2 graines.

1. A. VULNÉRAIRE. — *A. vulneraria*. L.

Racine presque ligneuse : tiges simples, ascendantes, un peu couchées à la base, longues d'un pied et plus, munies de poils appliqués peu apparents : feuilles d'un vert pâle, ailées, à 7-9 folioles ovales-allongées, entières, épaisses, pubescentes, inégales, les terminales beaucoup plus grandes, les supérieures à folioles plus nombreuses et moins inégales : fleurs sessiles, jaunes, à sommet orangé, formant deux têtes terminales ou latérales, presque globuleuses, munies à la base d'une bractée digitée à lanières étroites : calice vésiculeux, blanchâtre, pubescent. *v*. Eté. Prés secs.

*a*. Fleurs jaunes. — *b*. Fleurs rouges. — *c*. Feuilles inférieures simples.

2. A. DE MONTAGNE. — *A. montana*. L.

Plante velue-soyeuse-blanchâtre : tiges ligneuses à la base, redressées, en gazons : feuilles ailées, à folioles nombreuses, 10-15 paires, égales, ovales-oblongues : fleurs panachées de rose et de pourpre, en têtes solitaires, globuleuses, munies de 2 bractées digitées à lobes linéaires. *v*. *l*. Eté. Hautes montagnes.

**401. LUZERNE**, *Medicago*. L. Calice droit, cylindrique, à 5 divisions égales : corolle papilionacée à étendard ovale : carène obtuse, écartée de l'étendard : étamines diadelphes : légume à 1 loge, à 1 ou plusieurs graines, long, courbé en faucille, ou contourné en escargot : graines en rein. Feuilles pétiolées, à 3 folioles.

* *Légume non épineux.*

1. L. CULTIVÉE. — M. *sativa*. L.

Racine profonde : tige ferme, dressée, anguleuse, haute de 1 à 2 pieds, peu rameuse, et presque glabre : feuilles à folioles oblongues, ovales, ou obovales-oblongues, denticulées au sommet, pubescentes en-dessous : stipules acuminées : fleurs violettes, bleuâtres ou jaunâtres, en grappe sur des pédoncules axillaires et solitaires : légume comprimé, muni de poils appliqués, faisant 1 ou 2 tours de spire complète. *v.* Eté. Prés. Cultivée comme fourrage.

2. L. EN FAUCILLE. — M. *falcata*. L.

Tiges un peu couchées à la base, redressées, glabres, longues d'un pied et plus : feuilles à folioles étroites, en coin, allongées, dentées au sommet, comme tronquées, mucronées, à peine pubescentes : fleurs jaunes ou violacées, en têtes courtes, axillaires, pédonculées : légume veiné en réseau, courbé en faucille, comprimé, muni de poils appliqués. *v.* Eté. Prés secs.

3. L. LUPULINE. — M. *lupulina*. L!

Tiges de 6 pouces et plus, couchées ou ascendantes : folioles glabres, ovales, en coin, élargies et dentées au sommet, la moyenne pétiolulée : fleurs jaunes, très-petites, en petits épis ovoïdes, compactes, axillaires, pédonculés : légume en rein, petit, comprimé, strié, à peine poilu, devenant noir à la maturité : une graine. *a.* Eté. Champs. Cultivée.

** *Légume épineux, en escargot.*

4. L. TACHÉE. — M. *maculata*. Willd.

Tige faible, rameuse, étalée ou couchée, anguleuse, longue d'un pied, glabre ou à peine poilue : stipules incisées-dentées : folioles en cœur renversé, élargies et dentelées au sommet, glabres, souvent marquées d'une tache brune au milieu : fleurs jaunes,

1-5, petites, sur des pédoncules axillaires : légume glabre, comprimé, à 3-5 tours de spire, veiné, muni sur le bord de pointes raides, arquées, entre-croisées : graines rousses. *v*. Eté. Prés humides. Cultivée.

402. MÉLILOT, *Melilotus*. Tour. Calice à 5 dents : corolle papilionacée à carène courte, à pétales libres : étamines diadelphes : légume ovale, à 1-3 graines, ondulé en travers, dépassant le calice et tombant sans s'ouvrir. Herbes odorantes : feuilles à 3 folioles. (Diffère du trèfle par sa gousse plus longue que le calice et par ses fleurs en épis.)

★ *Fleurs jaunes.*

1. M. OFFICINAL. — M. *officinalis*. Willd.

Tige dressée, arrondie dans le bas, anguleuse vers le haut, rameuse, haute de 3 6 pieds : feuilles d'un vert sombre, à folioles un peu tronquées, ovales-élargies, denticulées, les supérieures oblongues-linéaires : stipules en alène, entières : fleurs odorantes, réfléchies, en épis axillaires, linéaires, plus longs que les feuilles : pétales égaux : légume à la fin noir, pubescent, acuminé, à 2 graines en cœur inégal. *a*. Eté. Champs et bois un peu humides.

★★ *Fleurs blanches.*

2. M. BLANC. — M. *alba*. Thuil.

Tige haute de 2-3 pieds, rameuse : folioles grandes, ovales-elliptiques, un peu tronquées au sommet, les supérieures étroites, toutes dentées : stipules sétacées : fleurs petites, en épis très-longs et grêles : légumes réfléchis, ridés et verdâtres, glabres, ovoïdes, à une graine : étendard plus long que les ailes et la carène. *a*. Eté. Champs.

Plante odorante : tige de 6-7 pieds : folioles lancéolées-linéaires : légume acuminé aux deux bouts : fleurs jaunâtres. *a*. M. TRÈS-ÉLEVÉ. *M. altissima*. T. Cultivé.

*** *Fleurs bleues.*

3. M. BLEU. — M. *cærulea*. Willd.

Plante presque glabre : tige dressée, rameuse, haute de 1-3 pieds : stipules lancéolées-acuminées soudées au pétiole : folioles grandes, ovales, obtuses, crénelées-denticulées : longs pédoncules : fleurs bleuâtres ou blanchâtres, munies de veines bleues, en grappes ovales-oblongues : légume ventru, veiné en réseau, mucroné, à 2 graines. Odeur forte. *v*. Eté. Cultivé.

403. TRÈFLE, *Trifolium*. L. Calice tubuleux, persistant, à 5 dents : corolle persistante, souvent monopétale, papilionacée, à carène simple plus courte que les ailes et l'étendard : étamines diadelphes plus ou moins soudées avec les pétales : légume ovoïde, très-court, à 1 loge, à 1-4 graines, renfermé dans le calice et tombant sans s'ouvrir. Herbes à feuilles à 3 folioles.

§ 1. *Etendard persistant réfléchi, strié : légume pédicellé.*

1. T. COUCHÉ. — *T. procumbens*. L.

Tige dressée, rameuse, diffuse, haute d'un pied, souvent couchée : feuilles à folioles obovales-arrondies, échancrées et denticulées au sommet, la moyenne un peu pétiolée : stipules ovales, entières, aiguës, striées, ciliées : fleurs jaunes en tête arrondie, à la fin réfléchies et d'un brun roux : corolle striée : calice à dents inégales. *a*. Eté. Prés, champs.

§ 2. *Corolle monopétale : légume sessile dans le calice.*

A. *Calice enflé en vessie après la floraison.*

2. T. FRAISE. — *T. fragiferum*. L.

Tige couchée, rampante, redressée, longue de 4-12 pouces, presque glabre : stipules entières, scaricuses, aiguës : folioles ovales, obtuses ou un peu échancrées, denticulées, glabres, nervées, à pétiole velu : fleurs d'un blanc rose en têtes arrondies, serrées, munies d'une espèce d'involucre : calice enflé, laineux, rosé, à 2 dents supérieures plus longues, toutes sont droites, réfléchies, glabres. *v.* Eté. Bords des chemins.

3. T. AGGLOMÉRÉ. — T. glomeratum. L.

Plante glabre : tige couchée, diffuse, longue de 4-8 pouces : folioles obovales, denticulées au sommet : stipules scarieuses, nervées, terminées par une longue pointe : fleurs rose-pâle, en têtes axillaires, globuleuses, écartées, sessiles : dents du calice ovales, aiguës, courtes, comme tordues, glabres, égales, étalées, plus courtes que la corolle. *a.* Eté. Terrains pierreux.

**B.** *Calice jamais enflé en vessie après la floraison.*

* *Dents du calice presque égales, très-fines, droites, velues : calice velu.*

4. T. PIED DE LIÈVRE. — T. lagopus. L.

Plante très-velue : tige très-rameuse : stipules courtes, nervées, très-larges : folioles obovales, en coin à la base, denticulées : fleurs blanchâtres, en capitules oblongs, solitaires, sessiles, terminaux : calices sillonnés, poilus, à dents plus courtes que la corolle. *a.* Eté. Midi.

** *Dents du calice très-fines, l'inférieure plus longue : calice velu.*

5. T. DES PRÉS. — A. pratense. L.

Tige ascendante, striée, presque glabre, haute de 12-15 pouces : folioles ovales, obtuses, courtes, élargies, souvent marquées de taches noirâtres, les inférieures un peu échancrées au sommet, les supérieures entières, presque glabres, à peine dentelées : stipules membraneuses, nervées, larges, terminées par une pointe fine : fleurs d'un rouge rose, en têtes arrondies ou ovales, souvent 2 à 2, foliacées à la base au moyen de 2 feuilles opposées et de larges stipules : calice souvent coloré, velu, strié, à dents ciliées. *v.* Eté. Champs. Cultivé.

Folioles ovales, en cœur renversé, ou lancéolées : fleurs en tête pédonculée : *Sativum.* Cultivé.

Feuilles grandes , elliptiques : fleurs blanches : *Albiflorum.*

6. T. INCARNAT. — *T. incarnatum.* L.

Tige simple, dressée, velue , fistuleuse, haute de 10-18 pouces : feuilles inférieures longuement pétiolées, la supérieure presque sessile et éloignée de l'épi : folioles arrondies, obovales, en coin à la base, dentelées au sommet : stipules vertes au sommet, larges : fleurs d'un rouge foncé ou roses, à étendard blanchâtre, en épi oblong, à la fin cylindrique, terminal, velu : calice strié, velu, à dents presque égales, moins longues que l'étendard, et à la fin étalées. *a.* Eté. Bois, prés. Cultivé.

*** *Calice glabre, à dents égales, à la fin dressées.*

7. T. DES ALPES. — *T. Alpinum.* L.

Plante très-glabre, sans tige : folioles linéaires-lancéolées, finement dentelées en scie, mucronulées: long pédoncule radical, dressé : fleurs grandes, allongées, d'un beau rouge, rarement blanches, en tête de 6-10 fleurs, formée ordinairement de 2 verticilles : gousse grosse, pendante, plus longue que le calice, à 1-2 graines. Racine sucrée. *v.* Eté. Pâturages des hautes montagnes.

8. T. DE MONTAGNE. — *T. montanum.* L.

Plante pubescente : tige pleine, dressée, un peu rameuse au sommet, haute d'un pied et plus : stipules engaînantes, entières, terminées par une pointe : folioles lancéolées, à dents de scie, très-nervées : fleurs

blanchâtres, en tête oblongue, dont la plupart se ré-
fléchissent, celles du sommet restant dressées: calice
à dents plus courtes que la corolle, dont l'étendard est
allongé, étroit. *v.* Eté. Prés et lieux un peu arides.
Partout.

**** *Calice glabre, à dents supérieures presque plus*
*longues.*

9. T. RAMPANT. — *T. repens.* L.

Tige rampante, pleine, glabre, longue d'un pied :
stipules étroites : folioles ovales, élargies , glabres .
finement dentées : pédoncules radicaux, très-longs :
fleurs pédonculées, blanches ou rougeâtres, en têtes
nues, presque en ombelles : calice à dents inégales,
élargies, courtes, tachées au sommet : gousse à 3-4
graines. *v.* Eté. Prés, bois, fossés.

404. LOTIER , *Lotus.* L. Calice persistant, tubuleux, à 5 divisions ou dents égales : corolle papilionacée à ailes plus courtes que l'étendard , rapprochées en haut, carène ascendante, terminée en bec :
étamines diadelphes : légume droit ou arqué, à 1
loge, à 2 valves : graines nombreuses, cylindriques.
Feuilles à 3 folioles.

* *Légume à 4 angles ailés.*

1. L. SILIQUEUX. — *L. siliquosus.* L.

Tige couchée à la base, rameuse, velue, anguleuse,
longue d'un pied : stipules foliacées, ovales, obliques,
aiguës : feuilles à 3 folioles sessiles, obovales, entières,
un peu en coin à la base, les latérales un peu obliques, glabres en-dessus, velues à peine en-dessous :
2-3 bractées lancéolées, aiguës à la base du calice
dont les lobes sont ciliés : fleur grande, jaune-pâle,
solitaire sur un long pédoncule axillaire: étendard souvent rayé de pourpre : légume droit, glabre, carré, allongé. *v.* Eté. Prés humides.

Folioles épaisses, charnues, presque glabres : *Ma-*
*ritimus.* Midi.

** *Légume sans ailes sur les angles.*

### 2. L. COMESTIBLE. — *L. edulis.* L.

Tige droite, presque glabre, rameuse : folioles
ovales élargies au sommet, glabres, mucronées : stipules ovales arrondies : fleurs jaunes ayant le sommet de la carène violet, 1-3 par pédoncule axillaire,
long et portant des bractées presque égales au calice : légume épais, arqué, ayant deux rides qui s'ef-
facent à la maturité. *a.* Mai. Terrains stériles maritimes du Midi.

### 3. L. CORNICULÉ. — *L. corniculatus.* L.

Tige anguleuse, faible, couchée à la base, longue
de 8-10 pouces : stipules ovales, entières, presque
pédonculées: folioles entières, ovales en coin, un peu
glauques en-dessous : 1-2 bractées ovales, à la base
du calice : 5-10 fleurs jaunes en tête déprimée :
légume étalé, droit, cylindrique. Plante très-variable,
glabre ou poilue. *v.* Eté. Prairies, champs.

405. TRIGONELLE, *Trigonella.* L. Calice en
cloche, à 5 divisions presque égales : corolle papilionacée dont l'étendard, égal aux ailes, semble former
avec elle une corolle à 3 pétales : carène très-petite:
étamines diadelphes : légume ovale-oblong, comprimé, un peu courbe, à une loge, à plusieurs graines
arrondies. Fleurs jaunes : feuilles à 3 folioles, l'impaire plus longuement pétiolée.

### 1. T. FENU GREC. — *T. fœnum græcum.* L.

Tige droite, presque simple, haute de 12-15 pouces : folioles ovales-oblongues, ou obovales en coin,
dentelées au sommet : stipules lancéolées en faux,
entières : fleurs solitaires ou 2 à 2, sessiles : légume
courbé, strié, très comprimé, terminé par un long

bec et atteignant jusqu'à 6 pouces de long : graines 15-20, odorantes. *a.* Eté. Champs du Midi.

406. GALÉGA, *Galega.* L. Calice court, en cloche, à 5 dents en alène, presque égales : corolle papilionacée : les 10 étamines presque réunies en un seul corps : style glabre : légume droit, linéaire, à une loge, bosselé à chaque graine, strié entre les graines.

1. G. OFFICINAL. — *G. officinalis.* L.

Racine dure, presque ligneuse : tige dressée, striée, fistuleuse, rameuse, glabre, haute de 2-3 pieds : feuilles ailées avec impaire, à 10-19 folioles oblongues, obtuses ou un peu tronquées au sommet, mucronées, glabres : stipules lancéolées en demi-fer de flèche : pédoncules axillaires et terminaux, s'allongeant beaucoup et terminés par un long épi de fleurs blanches ou d'un lilas rosé, grandes: légume linéaire, raide, un peu piquant, contenant 3-6 graines en rein. *v.* Eté. Bois, bosquets.

407. RÉGLISSE, *Glycyrrhiza.* L. Calice tubuleux à 5 dents inégales : corolle papilionacée à étendard ovale, lancéolé, droit : carène aiguë, à 2 pétales : 9 étamines réunies, la dixième libre : style filiforme : légume ovale ou oblong, comprimé, aigu, à 1 loge, à 1 ou 4 graines en rein.

1. R. GLABRE. — *G. glabra.* L.

Racines cylindriques, ligneuses, jaunàtres, traçantes, sucrées : tiges de 3-5 pieds, rameuses : feuilles glabres, ailées avec impaire, à 13-15 folioles ovales, vertes, luisantes, un peu visqueuses : fleurs petites, rougeâtres, en grappes làches, axillaires, sur de courts pédoncules : gousse glabre. *v.* Juin. Midi.

La *G. échinata*, *R. hérissée*, qui a les gousses épineuses, croît en Italie.

408. ROBINIER, *Robinia.* L. Calice petit, en cloche, à 4 dents inégales : corolle papilionacée à étendard arrondi, grand, étalé : carène obtuse : 9 éta-

mines réunies, la dixième libre : style ascendant, filiforme, à stigmate velu en avant : légume grand ,
comprimé, bossu : graines en rein, peu nombreuses.

1. R. FAUX ACACIA. — *R. pseudoacacia.* L.

Arbre s'élevant à 60 pieds, rameux, et muni
d'épines fortes au lieu de stipules : feuilles ailées avec
impaire, à 15-25 folioles glabres, ovales-elliptiques,
entières, d'un beau vert : fleurs blanches, odorantes,
en grappes pendantes. *l.* Mai. Cultivé et spontané
partout.

409. BAGUENAUDIER , *Colutea.* L. Calice en
cloche, à 5 dents courtes et peu marquées : corolle
papilionacée à carène obtuse : 9 étamines réunies, la
dixième libre, ascendantes : stigmate crochu, velu en-
dessous : légume très-grand, renflé en vessie, membraneux, à une loge : plusieurs graines en rein.
Feuilles ailées avec impaire.

1. B. COMMUN. — *C. arborescens.* L.

Arbrisseau de 4-10 pieds de haut, à écorce grise,
à rameaux de l'année pubescents : feuilles à 9-11
folioles ovales-arrondies, échancrées au sommet, entières, glauques, à peine pubescentes en-dessous :
fleurs jaunes, marquées sur l'étendard d'une tache
rouge en cœur, disposées 5-6 en grappes axillaires
pédonculées : gousses fermées au sommet et crevant
avec bruit quand on les comprime. *l.* Eté. Bois et
buissons vers le Midi, parcs.

Fleurs d'un pourpre roussâtre : gousse ouverte au
sommet : *B. cruenta.* AIT.

410. ASTRAGALE, *Astragalus.* L. Calice tubuleux, à 5 dents : corolle papilionacée à étendard
droit, à carène obtuse : 9 étamines soudées par les
filets, la dixième libre : légume à 2 loges ou demi-
loges formées par les bords rentrants des valves sur
la suture inférieure opposée aux graines qui sont en
rein.

* *Stipules libres, non soudées au pétiole.*

1. A. A FEUILLES DE RÉGLISSE. — *A. glycyphyllos.* L.

Racine forte, rameuse, un peu sucrée : tige couchée, étalée, grosse, rameuse, flexueuse, glabre, anguleuse, longue de 2-4 pieds : feuilles ailées avec impaire à 11-13 folioles grandes, ovales, obtuses , à peine pétiolées, glabres, blanchâtres en-dessous où elles sont à peine pubescentes : stipules grandes, entières, distinctes : pédoncules axillaires , plus courts que les feuilles , portant un épi oblong de fleurs d'un jaune verdâtre :  légume à 3 angles, courbé, glabre, sillonné en-dessous, dressé. *v.* Eté. Bord des bois, haies.

2. A. DE BÉOTIE. — *A. Bæticus.* L.

Plante velue pubescente : tige couchée , ascendante, épaisse : feuilles ailées avec impaire à foliole obovales, presque échancrées : stipules membraneuses, ovales, acuminées :  pédoncules courts , portant un épi peu garni de fleurs jaunâtres : légume dressé à 3 angles, un peu courbé au bout. *a.* Eté. Midi. Corse.

** *Stipules soudées au pétiole.*

3. A. SANS TIGE. — *A. exscapus.* L.

Plante sans tige, laineuse : stipules et pétioles radicaux : feuilles ailées avec impaire , longues, à folioles très-nombreuses, 20-40, grandes, ovales : fleurs radicales, presque sessiles, agrégées, 3-8 en épi, dressées, d'un jaune soufre : légume hérissé, ovale-comprimé, enflé. *v.* Eté. Alpes.

411. CORONILLE, *Coronilla.* L. Calice court, à 5 dents courtes, les 2 supérieures à demi soudées : corolle papilionacée à étendard un peu en cœur : carène acuminée : 9 étamines réunies, la dixième libre, toutes à filets courbés en haut : légume allongé, droit ou arqué, presque cylindrique ou anguleux ,

paraissant continu, mais se séparant à la fin en articles oblongs, à une graine. Feuilles ailées avec impaire.

** Légume presque cylindrique, strié.*

**1. C. ÉMÉRUS. — *C. emerus*. L.**

Arbuste dressé, très-rameux, haut de 2-4 pieds, à écorce grise et brune, à rameaux glabres, un peu tortueux, verdâtres et anguleux aux extrémités : folioles 4-6, obovales, en coin, entières, un peu échancrées au sommet, un peu épaisses, glabres : pédoncules axillaires aussi longs que les feuilles, portant 2-3 fleurs jaunes, penchées, ayant l'onglet des pétales beaucoup plus long que le calice : légume grêle, pendant, strié en long, à articles n'étant bien visibles qu'à la maturité. *l*. Eté. Rochers des montagnes.

*** Légume à 4 angles.*

**2. C. BIGARRÉE. — *C. varia*. L.**

Tige herbacée, rameuse, couchée ou redressée, glabre, grêle, longue de 1 à 2 pieds : feuilles à 12-16 folioles oblongues en coin, obtuses, comme tronquées, à peine mucronées, glabres : stipules linéaires, caduques : pédoncules axillaires, dépassant les feuilles, portant 6-20 fleurs en ombelle, panachées de rose, de blanc et de violet : légume redressé, gonflé. *v*. Eté. Le long des chemins, buissons.

**412. ESPARCETTE**, *Onobrychis*. T. Calice à 5 lobes presque égaux, en alène : corolle papilionacée à ailes courtes, à carène obliquement tronquée : 9 étamines réunies, la dixième libre : gousse comprimée, courte, ridée en réseau, dentée et souvent épineuse sur la suture inférieure, ne s'ouvrant pas, et ne contenant qu'une graine.

**1. E. CULTIVÉE. — *O. sativa*. Lam.**

Racines fortes, très-profondes : tiges dressées ou ascendantes, striées, rameuses, hautes de 1 à 2 pieds, nues au sommet, glabres ou velues: feuilles ailées avec impaire, à 11-17 folioles oblongues ou lancéolées, mucronées, un peu ciliées : stipules scarieuses : fleurs rayées, purpurines ou d'un rouge vif, rarement blanches, en grappes longuement pédonculées : gousse arrondie, ridée. *v.* Eté. Montagnes. Cultivée.

**413. SAINFOIN**, *Hedysarum*. **L.** Diffère du genre précédent (*Onobrychis*) par sa gousse formée de plusieurs articles aplatis en lentille, orbiculaires, à une graine.

1. A COURONNE. — *H. coronaria*. L.

Tige diffuse : feuilles ailées avec impaire, à folioles rétrécies des deux bouts ou arrondies, pubescentes en-dessous et sur les bords : fleurs d'un beau rouge ou blanches, en épis ovales, serrés : gousse à 2-5 articles, glabre, et couverte d'aiguillons plus longs sur les bords des articles. *v.* Eté. Jardins.

**414. CHICHE**, *Cicer*. **L.** Calice à 5 divisions presque aussi longues que la corolle, 4 penchées sur l'étendard qui est grand, et la cinquième sous la carène qui est très-courte : 9 étamines réunies, la dixième libre, ascendantes : légume renflé, rhomboïdal, à 2 graines arrondies, bossues. Feuilles ailées avec impaire.

1. C. TÊTE DE BÉLIER. — *C. arietinum*. L.

Tige droite, rameuse, anguleuse, un peu velue, haute d'un pied : feuilles à 15-17 folioles ovales, obtuses, dentées dans la moitié supérieure, pubescentes, un peu glanduleuses comme toute la plante : stipules lancéolées dentées : fleurs blanches ou purpurines, pédonculées, solitaires, axillaires : graines ressemblant presque à une tête de bélier. *a.* Eté. Cultivé dans le Midi surtout.

**415. FÈVE**, *Faba*. **T.** Calice tubuleux, à 5 dents, les 2 supérieures plus courtes : corolle papilionacée à étendard plus grand que les ailes et la carène : ailes marquées d'une tache noire, veloutée : style filiforme, formant un angle marqué avec le légume grand, épais, long, coriace, un peu enflé : graines oblongues, comprimées, à hile terminal.

1. F. COMMUN. — *F. vulgaris*. Mœnch.

Tige carrée et vigoureuse, haute de 2 pieds, glabre, blanchâtre : feuilles ailées sans impaire, à 4 folioles ovales, entières, alternes, d'un vert glacé de blanc : pétiole terminé par une petite languette et non par une vrille : 2-5 fleurs blanches, presque sessiles sur chaque pédoncule axillaire : légume pubescent, bosselé. *a.* Mai. Cultivée.

416. VESCE, *Vicia*. L. Calice tubuleux, à 5 dents, dont les 2 supérieures plus courtes et séparées par une échancrure arrondie : corolle papilionacée à étendard ovale : 9 étamines réunies, la dixième libre : style filiforme, ascendant et faisant un angle droit avec l'ovaire : stigmate filiforme, velu en-dessus et en-dessous vers le sommet : légume comprimé, oblong, coriace, à 2 valves, à 1 loge contenant des graines arrondies à hile latéral, allongé. Feuilles ailées sans impaire, à folioles nombreuses, et finissant ordinairement en vrille rameuse.

* *Légume velu ou pubescent.*

1. V. CULTIVÉE. — *V. sativa*. L

Tige dressée ou ascendante, rameuse, velue, anguleuse, longue de 8-16 pouces : feuilles terminées par une vrille rameuse ; 10-18 folioles larges, presque en cœur renversé, entières, tronquées ou échancrées au sommet mucroné, plus ou moins velues : stipules demi-sagittées, dentées et marquées d'une tache brune enfoncée : 1-2 fleurs grandes, dressées, axillaires presque sessiles, à étendard bleu, à ailes pourpres, à carène noirâtre au sommet : gousse brune : graines tachées. *a*. Eté. Cultivée.

Fleurs blanches ou jaunâtres : *Vesce blanche.*

** *Légume glabre.*

¶ *Fleurs presque sessiles, à pédoncule court.*

2. V. DES HAIES. — *V. sepium*. L.

Tige grimpante, anguleuse, rameuse, haute de 2-4 pieds, glabre : feuilles terminées par une vrille rameuse ; 8-16 folioles ovales et oblongues, diminuant de grandeur vers le sommet, tronquées et mucronées au sommet, molles, velues en-dessous et sur les bords, souvent opposées, les primitives plus rondes : stipules petites, dentées, marquées d'une tache enfoncée : une à 4 fleurs axillaires sur un pédoncule très-court, bleuâtres ou rougeâtres : gousses larges : graines tachées de noir. *v.* L'année. Haies, buissons.

¶¶ *Fleurs à pédoncule très-long.*

3. V. CRACCA. — *V. cracca*. L.

Tige grimpante, grêle, anguleuse, pubescente, haute de 2-3 pieds : stipules petites, entières, à oreillettes divergentes : feuille ailée, terminée par une vrille presque simple ; folioles nombreuses (14-30), ovales-lancéolées, mucronées, pubescentes : pédoncules axillaires portant 20-30 fleurs presque imbriquées, d'un rouge-violet, pendantes d'un côté : calice coloré : gousse courte : graines brunes. *v.* Eté. Prés, haies, moissons.

4. V. ERS. — *V. ervilia.* Willd.

Tige dressée, carrée, rameuse, haute de 6-12 pouces, presque glabre : feuilles ailées, terminées par une pointe ; 10-14 folioles lancéolées, linéaires, tronquées-mucronées au sommet, glabres : stipules à 3-5 dents : pédoncule moins long que la feuille : à 1 ou 2 fleurs blanches à étendard rayé de violet :

gousse pendante, ondulée, noueuse, presque en chapelet, à 3-4 graines anguleuses d'un brun rougeâtre.
*a.* Eté. Moissons. Cultivé.

5. **V.** A UNE FLEUR. — *V. monantha.* DC.

Tige simple, glabre comme toute la plante, anguleuse, haute de 12 pouces : feuilles terminées par
une vrille rameuse, à 10-14 folioles étroites, tronquées et creusées au sommet mucroné : 2 stipules
dont une seule dentée : pédoncule égalant la feuille,
pourvu d'une arête courte, et ne portant qu'une fleur
jaunâtre avec une tache noirâtre au bout : gousse
oblongue bossue. *a.* Eté. Cultivée.

417. ERS, *Ervum.* L. Calice à 5 lobes linéaires,
aigus, presque égaux et égalant presque la corolle
qui est papilionacée : 9 étamines réunies, la dixième
libre : style droit, filiforme, court, à stigmate en tête:
légume oblong, comprimé, court, à une loge, bosselé par la saillie de 2-4 graines comprimées en lentille. Feuilles ailées sans impaire, souvent terminées
par une vrille.

★ *Graine comprimée, en lentille.*

1. **E.** LENTILLE. — *E. lens.* L.

Tige dressée, rameuse, anguleuse, un peu ferme,
pubescente, haute de 8-10 pouces : feuilles inférieures sans vrilles et à 2-6 folioles obovales ou oblongues, les supérieures à vrille simple, et à 6-12 folioles
oblongues ou ovales allongées et lancéolées dans le
haut, entières, obtuses, pubescentes : pédoncules
presque égaux aux feuilles, terminés en arête, portant 1-3 fleurs petites, blanchâtres, à étendard un
peu rayé de bleu : stipules entières, lancéolées, simples : légume glabre, large, court, comprimé, presque
rhomboïdal, à 2 graines orbiculaires, rousses,
fauves, ou brunes. *a.* Eté. Cultivé, dans les champs.

** *Graine globuleuse, bigarrée.*

2. E. VELU. — *E. hirsutum.* L.

Tige grimpante, grêle, anguleuse, rameuse, glabre ou à peu près, haute de 1-3 pieds : feuilles terminées par des vrilles rameuses, fines ; 12-20 folioles linéaires, obtuses ou un peu échancrées, et mucronulées : stipules linéaires, souvent dentées : pédoncule finissant en arête, plus court que la feuille, portant 2-6 fleurs blanchâtres, penchées, à étendard veiné de violet : légume velu, court, oblong, bosselé, brunâtre, à 2 graines rondes, luisantes, d'un brun roux. *a.* Été. Haies, lieux cultivés.

418. OROBE, *Orobus.* L. Calice en cloche, à 5 lobes, dont 2 supérieurs plus courts : corolle papilionacée, à étendard en cœur : 9 étamines réunies, la dixième libre : style linéaire, aplani en-dessus et pubescent vers le sommet : légume presque cylindrique, à une loge, à plusieurs graines arrondies. Feuilles ailées, terminées par une petite pointe et non par une vrille.

* *Tige simple.*

1. O. DU PRINTEMPS. — *O. vernus.* L.

Racine dure, épaisse : tige dressée, anguleuse, glabre, haute de 8-12 pouces : feuilles glabres, à 2-8 folioles grandes, ovales-lancéolées, entières, minces, acuminées, finement ciliées : stipules grandes, ovales, entières, demi-sagittées : pédoncules axillaires, égaux aux feuilles, portant 6-8 fleurs grandes, penchées presque du même côté, purpurines, à la fin bleuâtres : gousse glabre à graines petites. *a.* Avril. Bois, taillis, buissons.

2. O. TUBÉREUX. — *O. tuberosus.* L.

Racine tubéreuse : tige dressée, ordinairement simple, faible, anguleuse, ailée, glabre, un peu nue, haute d'un pied : feuilles marquées de très-petits

points blancs, à pétiole ailé, à 6-8 folioles oblongues-
lancéolées, entières, obtuses, mucronées : stipules
lancéolées, demi-sagittées, parfois dentées à la base :
pédoncules axillaires, plus longs que les feuilles, portant 4-6 fleurs d'un rose pourpre devenant bleuâtre :
calice glabre, souvent violet : gousse glabre, penchée,
à 6-10 graines brunes. *v.* Mai. Bois, lieux ombragés.

** *Tige rameuse.*

3. O. NOIRCISSANT. — *O. niger*. L.

Plante presque glabre : racine épaisse, allongée :
tige anguleuse, dressée, très-rameuse, haute de 1 à 2
pieds : feuilles ailées, un peu glauques, grandes, à
8-12 folioles entières, mucronées, les inférieures lancéolées, longues, les supérieures ovales, petites,
toutes obtuses aux 2 bouts et veinées en réseau : stipules linéaires, entières : pédoncules axillaires, longs,
portant au sommet 4-8 fleurs purpurines, bientôt d'un
bleu livide : gousse glabre : graines grosses ; la plante
noircit en séchant. *v.* Mai. Buissons, bois.

419. GESSE, *Lathyrus*. L. Calice en cloche, à 5
dents, les 2 supérieures plus courtes : corolle papilionacée à étendard grand : 9 étamines réunies, la
dixième libre : style plan, élargi vers le sommet,
velu en devant : légume oblong, comprimé, à
une loge : graines nombreuses, rarement en petit
nombre. Folioles peu nombreuses : stipules demi-
sagittées.

§ 1. *Feuilles nulles.*

1. G. SANS FEUILLES. — *L. aphaca*. L.

Tiges anguleuses, grimpantes : pétioles alternes,
privés de folioles, finissant en vrille, munis à la base
de 2 stipules grandes, foliacées, obovales, sagittées-
tronquées : fleur solitaire, rarement 2, axillaire, jaune.
*a.* Eté. Moissons.

§ 2. *Feuilles à* 1-2 *paires de folioles : pédoncules à*
1-3 *fleurs.*

* *Folioles ovales.*

2. G. ODORANTE. — *L. odoratus.* L.

Plante un peu poilue : tige ailée, anguleuse, rameuse, grimpante, haute de 2-4 pieds : feuilles à 2
folioles ovales, larges, mucronées, à vrille rameuse :
pédoncules longs, portant 2-3 fleurs grandes, odorantes, violettes avec les ailes bleuâtres, ou roses
avec les ailes blanches : légume hérissé, à plusieurs
graines brunes. *a.* Elé. Cultivée.

** *Folioles lancéolées ou linéaires.*

2. G. CULTIVÉE. — *L. sativus.* L.

Tige haute de 1 à 2 pieds, un peu ailée, glabre et
un peu grimpante, rameuse : vrille rameuse : folioles
2 ou 4, lancéolées-linéaires, pointues, entières, à 3-5
nervures : stipules grandes, demi-sagittées : pédoncule axillaire, uniflore, articulé au-dessous de la fleur
qui est bleue, rose ou blanche : légume ovale, court,
large, glabre, enflé, largement canaliculé , comme à
2 ailes sur le dos : graines blanches, anguleuses,
grosses. *a.* Juin. Cultivée.

3. G. CHICHE. — *L. cicera.* L.

Diffère du précédent par la tige de moitié plus petite,
par ses pétioles à 2 folioles seulement; par ses légumes plus allongés, fermes, glabres, sillonnés mais
non ailés sur le dos; par ses fleurs rouges et ses
graines noirâtres, anguleuses. *a.* Eté. Moissons. Cultivée.

§ 3. *Feuilles à une ou plusieurs paires de folioles :*
*fleurs en grappe sur un pédoncule multiflore :*
*racine vivace.*

* *Tige anguleuse, non ailée.*

4. G. TUBÉREUSE. — *L. tuberosus.* L.

Racines portant des tubercules de la grosseur d'une

noisette : tige grêle, nue, grimpante, glabre, rameuse, haute de 1 à 2 pieds : feuilles terminées par une vrille peu rameuse, à 2 folioles ovales, obtuses, acuminées : stipules linéaires, demi-sagittées : pédoncule bien plus long que les feuilles, terminé par une grappe de 4-8 fleurs assez grandes, odorantes, roses, ou d'un rouge-vif : gousse glabre, veinée, à 10-12 graines un peu chagrinées. *v.* Eté. Moissons.

**5. G. DES PRÉS.** — *L. pratensis.* L.

Tige grimpante, faible, glabre, haute de 1 à 2 pieds : feuilles à vrille presque simple, à 2 folioles lancéolées, courtes, acuminées, à peine pubescentes : stipules larges, acuminées : pédoncules très-longs, portant une grappe de 4-10 fleurs jaunes : calice à 5 lignes velues : 6-8 graines lisses, globuleuses, dans un légume comprimé.

Plante velue soyeuse : *Velutinus.*

**⁕⁕** *Tige évidemment ailée.*

**¶** *Feuilles à une seule paire de folioles.*

**6. L. SAUVAGE.** — *L. sylvestris.* L.

Tige grimpante, ailée, haute de 2-4 pieds : pétiole ailé à vrille rameuse, à 2 folioles lancéolées-linéaires, longues, aiguës : pédoncule très-long, à 4-8 fleurs grandes, penchées, roses : légume glabre, à graines brunes, ridées. *v.* Eté. Haies.

**7. L. A LARGES FEUILLES.** — *L. latifolius.* L.

Diffère de la précédente par sa forme plus grande en tout : feuilles elliptiques : stipules dentées à la base : fleurs 5-12, en grappe, à étendard très-large : graines grises, ridées. *v.* Eté. Haies, jardins.

**¶¶** *Feuilles à 2 ou 3 paires de folioles.*

**8. G. HÉTÉROPHYLLE.** — *L. heterophyllus.* L.

Diffère de la G. SAUVAGE, *L. sylvestris,* par ses

feuilles à 4 folioles oblongues, par ses grappes de 6-8 fleurs roses ou purpurines. *v*. Eté. buissons.

9. G. DES MARAIS. — **L. *palustris*. L.**

Tige grêle, grimpante, glabre, haute de 2-3 pieds : stipules lancéolées, demi-sagittées, entières : vrilles presque simples : feuilles à 2-4 paires de folioles, les inférieures ovales, les supérieures lancéolées, entières : longs pédoncules axillaires portant 4-6 fleurs bleues-violettes : légume glabre, veiné en réseau. *v*. Eté. Prés humides.

420. POIS, *Pisum*. L. Calice à 5 lobes foliacés dont 2 supérieurs plus courts : corolle papilionacée à large étendard en cœur : 9 étamines réunies, la dixième libre : style triangulaire, creusé en-dessus, relevé en carène en-dessous, barbu en-dessus vers le haut : légume oblong, à une loge, à plusieurs graines ayant le hile arrondi.

Stipules très-grandes, orbiculaires. Feuilles ailées sans impaire.

1. P. CULTIVÉ. — *P. sativum*. L.

Tige faible, grimpante, glabre, striée, haute de 1 à 2 pieds : feuilles ailées à 4-6 folioles ovales, entières, avec des stipules beaucoup plus grandes, arrondies, dentées à la base : pétiole rond : vrille rameuse : pédoncules courts, axillaires, à 2 fleurs blanches ou rosées : légume glabre, pendant. *a*. Eté. Cultivé.

Tige élevée : légume un peu coriace, presque cylindrique : graines écartées, sucrées : *Saccharatum : Pois sucrés.*

Tige très-élevée : légume large, en faux, comprimé, à valves succulentes, tendres, comestibles : *Macrocarpum : Pois mange-tout.*

Fleurs 4-5 en ombelle : graines brunes : *Umbellatum : Pois à bouquets, Pois-fleur.*

Graines presque carrées : légume comprimé en carène à la suture inférieure : *Quadratum : Pois carrés.*

Tige basse, non grimpante, dressée : légume un peu coriace : *Nanum* : *Pois nains.*

2. P. DES CHAMPS. — *P. arvense.* L.

Diffère de l'espèce précédente en ce qu'elle est plus petite en toutes ses parties; que ses feuilles ovales sont sinuées-crénelées ; que ses pédoncules n'ont qu'une fleur à étendard d'un violet clair, à ailes purpurines, et que ses graines sont d'un vert cendré, ponctué de brun. *a.* Eté. Champs, moissons.

421. LUPIN, *Lupinus.* L. Calice à 2 divisions : corolle papilionacée à étendard réfléchi par les côtés: carène en faux, pointue, à 2 onglets à la base : style ascendant : 10 étamines soudées par les filets : 5 anthères arrondies et 5 oblongues : légume oblong, coriace, comprimé, bosselé, acuminé : feuilles digitées : stipules soudées au pétiole.

* *Fleurs jaunes.*

1. L. JAUNE. — *L. luteus.* L.

Plante couverte de poils soyeux argentés : tige de 6-8 pouces : folioles 7-9 oblongues, en coin : fleurs grandes, odorantes, verticillées. *a.* Juin. Cultivé.

** *Fleurs blanches.*

2. L. BLANC. — *L. albus.* L.

Tige droite, peu rameuse : feuilles à 5-7 folioles obovales en coin, soyeuses en-dessous : fleurs alternes, en grappes terminales. *a.* Eté. Cultivé.

*** *Fleurs bleues ou rouges.*

3. L. BIGARRÉ. — *L. varius.* L.

Tige de 10-18 pouces, grêle, dressée : 5-7 folioles oblongues-lancéolées , velues en-dessous : fleurs bleues ou rouges en demi-verticilles : calice à lèvre inférieure à 3 dents. *a.* Eté. Midi.

4. L. A FEUILLES ÉTROITES. — *L. angustifolius.* L.

Tige droite, haute de 1 à 2 pieds, simple : 5-7 folioles étroites et linéaires, obtuses : fleurs bleues, sessiles, alternes : calice à lèvre inférieure entière. *a.* Eté. Midi.

**422. HARICOT,** *Phaseolus.* **L.** Calice à 2 lèvres, la supérieure à 2, l'inférieure à 3 dents : corolle papilionacée, à étendard réfléchi : carène contournée en spirale avec les étamines et le pistil : 9 étamines réunies, la dixième libre : stigmate velu : légume oblong, comprimé, à une loge, à plusieurs graines presque séparées par un renflement interne et spongieux des valves. Feuilles à 3 folioles, l'impaire munie de petites stipules sur son pétiole particulier.

1. H. COMMUN. — *P. vulgaris.* **L.**

Tige volubile, s'élevant à 3-5 pieds, un peu pubescente, rameuse : feuilles à 3 folioles ovales-obliques, articulées, terminées en languette, entières, pubescentes, un peu rudes : fleurs blanches, jaunâtres avant leur développement, en grappes : bractées étalées plus courtes que le calice : légumes pendants, glabres, droits, à bec naissant de la suture supérieure. *a.* Eté. Cultivé. Graines blanches, rouges, marbrées, etc.

2. H. A FLEURS. — *P. multiflorus.* Willd.

Tige volubile s'élevant à 15 pieds : grappes de fleurs rouges, nombreuses, rarement blanches : bractées appliquées contre le calice : légume arqué, pendant, à graines grosses, d'un rose violet, marbrées de noir ou de blanc. *a.* Eté. Cultivé.

3. H. NAIN. — *P. nanus.* L.

Tige de 6 à 12 pouces, dressée, rameuse, non volubile : bractées plus longues que le calice : légume comprimé, pendant, ridé : fleurs blanches. *a.* Eté. Cultivé.

**423. SOPHORA,** *Sophora.* **L.** Calice en cloche, à 3 dents : corolle papilionacée : 10 étamines libres,

à anthères redressées : 1 style : légume long, grêle,
bosselé par la saillie des graines distinctes.

1. S. DU JAPON. — *S. Japonica.* L.

Arbre de 40-80 pieds, touffu, à rameaux colorés
en rouge : feuilles alternes, ailées avec impaire, à folioles ovales, entières, obtuses, glabres, glauques
en-dessous : fleurs blanches, nombreuses, un peu
odorantes, en grappes terminales : légumes charnus,
pendants. *l.* Mai. Cultivé.

---

# Dix-huitième Classe.

—

## ÉTAMINES EN PLUSIEURS FAISCEAUX
### Par la soudure de plusieurs filets.
### POLYADELPHIE.

—

## ORDRE UNIQUE.
### PLUS DE DIX ÉTAMINES INSÉRÉES SOUS L'OVAIRE.
### POLYANDRIE.

* *Fleurs jaunes.*

Tige ligneuse : fruit en baie :
   feuilles non perforées. . . 425. ANDROSÈME.
Tige ordinairement herbacée:
   fruit en capsule : feuilles
   paraissant criblées de pe-
   tits trous. , . . . . . . . 426. MILLEPERTUIS.

** *Fleurs blanches.*

Petit arbre à feuilles persis-
tantes : fruit en baie . . . 424. Citronnier.

**424. CITRONNIER**, *Citrus.* L. Calice petit, à 5
dents : 5 pétales oblongs, ouverts : ordinairement 20
étamines, à filets comprimés, soudés à la base en
plusieurs faisceaux : 1 style à stigmate globuleux :
baie grosse, à écorce grenue, à 9-18 loges contenant
une pulpe vésiculeuse, juteuse : 1 ou 2 graines par
loge. Arbre cultivé.

* *Pétiole ailé.*

1. C. bigaradier. — *C. bigaradia.* Lois.

Pétiole ailé, articulé : feuilles elliptiques acuminées,
crénelées : baie globuleuse, à écorce mince, rude, à
chair amère, âcre. *l.* Mai, octobre. Cultivé.

2. C. oranger. — *C. aurantium.* Risso.

Pétiole peu ailé : feuilles ovales, oblongues, aiguës : baie grosse, à écorce presque lisse : à chair
douce. *l.* Mai, octobre. Provence.

** *Pétiole peu ailé ou pas du tout ailé.*

3. C. limettier. — *C. limetta.* Risso.

Feuilles ovales-arrondies, dentées, à pétiole peu
ailé : fruit globuleux, terminé par un appendice large,
applati : pulpe douçâtre, fade, ou un peu amère. *l.*
Provence.

4. C. limonier. — *C. limonium.* Risso.

Feuilles ovales aiguës, dentées : fleurs blanches
en-dedans, rougeâtres en-dehors : fruit ovoïde, terminé par un appendice allongé ou circulaire : écorce
lisse : pulpe très-acide. *l.* Bords de la Méditerranée.

5. C. cédratier. — *C. medica.* Risso.

Feuilles ovales, acuminées, un peu dentées, à pétiole non ailé : fleurs d'un blanc rosé ou violâtres,
petites : fruit en forme de poire, terminé par un ap-

pendice conique : écorce épaisse, à pulpe blanche, un peu acide. *L.* Bords de la Méditerranée.

**425. ANDROSÈME**, *Androsæmum*. T. **All.** Calice à 5 lobes inégaux, foliacés, presque arrondis : 5 pétales : 3 styles : étamines en 3-5 faisceaux : baie charnue, colorée, presque à une loge, à graines nombreuses.

1. A. OFFICINAL. — *A. officinalis.* All.

Arbrisseau de 2-3 pieds, glabre, à tiges arrondies, presque dichotomes, parcourues par 2 lignes saillantes et opposées : feuilles grandes, opposées, sessiles, entières, veinées en réseau, parsemées de très-petits points transparents : fleurs d'un jaune d'or, en cimes terminales peu nombreuses : baie d'un noir violet, ovale-arrondie, couronnée par les styles recourbés. *l.* Eté. Lieux humides et bruyères.

**426. MILLEPERTUIS**, *Hypericum*. L. Calice étalé, à 5 divisions ou 5 sépales : 5 pétales : étamines en 3-5 faisceaux : 3 styles (dans nos espèces) : capsule à 3 loges, à 3 valves, à graines nombreuses. Fleurs jaunes.

1. M. PERFORÉ. — *H. perforatum*. L.

Tige dressée, rameuse, cylindrique, haute de 1 à 2 pieds, glabre et souvent ponctuée de noir, ainsi que toute la plante, marquée de 4 lignes peu saillantes et interrompues à chaque feuille, ce qui la fait paraître un peu quadrangulaire : feuilles ovales oblongues, obtuses, sessiles, un peu glauques en-dessous, parsemées de points résineux, transparents, ce qui les fait paraître criblées de petits trous : fleurs terminales en panicule ou en corymbe, pétales ovales et calice marqués de points noirs sur les bords. *v.* Eté. Haies, fossés, lieux herbeux un peu couverts.

Varie à feuilles étroites linéaires.

# Dix-neuvième Classe.

—

## CINQ ÉTAMINES A ANTHÈRES SOUDÉES
### EN TUBE par où passe le pistil. Fleurs composées. — SYNANTHÉRIE.

—

## PREMIER ORDRE.
**Chaque corolle particulière terminée en languette. — CHICORACÉES.**

### § 1. *Réceptacle nu.*

★ *Graine sans aigrette à son sommet.*

Fleurs jaunes : graines cadu-
    ques à la maturité. . . . . . . 427. LAMPSANE.

★★ *Graine surmontée d'une aigrette de poils simples.*
    **a.** *Aigrette sessile sur la graine.*

    § *Graine non amincie en bec sous l'aigrette.*

Graine comprimée, striée : ai-
    grette blanche : calice ventru
    à la base . . . . . . . . . . 428. LAITRON.
Graine cylindrique, tronquée au
    sommet : aigrette grise ou
    rousse . . . . . . . . . . . 429. EPERVIÈRE.

§§ *Graine amincie au sommet en bec plus ou moins
    long.*

Aigrette blanche : calice à 2
    rangs de folioles. . . . . . . 430. CRÉPIDE.

    **b.** *Aigrette pédicellée au sommet de la graine.*
Calice imbriqué: graine compri-

mée, elliptique, pubescente
au sommet . . . . . . . . . 431. LAITUE.
Calice à 2 rangs de folioles, les
extérieures déjetées : graine
oblongue, hérissée de petites
pointes au sommet . . . . . 432. PISSENLIT.

*** *Graine à aigrette formée de poils plumeux ou
velus sur 2 rangs.*

§ *Aigrette sessile.*

Calice à écailles imbriquées :
barbes des poils de l'aigrette
mêlées ou entrelacées. . . . 433. SCORSONÈRE.

§§ *Aigrette pédicellée.*

Calice à 8-12 folioles soudées
à la base, sur un rang. . . . 434. SALSIFIS.
Calice double à folioles exté-
rieures fort larges. . . . . . 435. HELMINTHIE.

§ 2. *Réceptacle velu ou hérissé de paillettes.*

* *Aigrette plumeuse, pédicellée ordinairement.*

Calice imbriqué : graines tuber-
culeuses-denticulées . . . . 436. PORCELLE.

** *Aigrette nulle.*

Calice double, l'intérieur à 8 folioles droites, l'extérieur plus
court à 5 folioles : graine denticulée au sommet . . . . . 437. CHICORÉE.
Calice imbriqué d'écailles épineuses, lâches : graines nues,
dépassées par les paillettes du
réceptacle. . . . . . . . . . . 438. SCOLYME.

## II ORDRE.

**Chaque corolle particulière tubuleuse : RÉCEPTACLE hérissé de soies ou DE PAILLETTES : FEUILLES presque toujours ÉPINEUSES. — CARDUACÉES.**

§ 1. *Aigrette nulle.*

* *Plante sans épines.*

Calice imbriqué d'écailles scarieuses : graine portant des
arêtes. . . . . . . . . . . 452. IMMORTELLE.
Calice imbriqué : graine nue :
plante ligneuse à la base. . . 449. SANTOLINE.
Calice caliculé, entouré de brac-
tées foliacées : graine portant
des arêtes. . . . . . . . . . 473. BIDENT.

** *Plante ordinairement épineuse.*

Fleurs d'un rouge orangé, à corolles égales. . . . . . . . . 439. CARTHAME.
Fleurs jamais d'un rouge-orangé :
corolles du centre plus petites
que celles du bord. . . . . . 441. CENTAURÉE.

§ 2. *Graines du centre munies d'une aigrette, celles du bord sans aigrette ou à aigrette très-courte.*

Fleurs jaunes . . . . . . . . .440. KENTROPHYLLE.

§ 3. *Aigrette sessile à poils simples, souvent dentelés.*

* *Aigrette à poils soudés à la base en anneau.*

Réceptacle garni de paillettes divisées en soies . . . . . . . 446. CHARDON.

Réceptacle creusé en alvéoles
munis d'un rebord membra-
neux denté. . . . . . . . . 445. ONOPORDE.

** *Aigrette à poils libres, non soudés en anneau.*

Corolles du bord ordinairement

§ 4. *Aigrette sessile à poils plumeux.*

* *Calice imbriqué d'écailles épineuses, simples.*



** *Calice à écailles extérieures ailées-épineuses.*



—

## III ORDRE.

Chaque corolle particulière tubuleuse : RÉCEPTACLE NU
ou rarement une paillette accompagnant chaque
fleuron : FEUILLES NON ÉPINEUSES. Style nu au-dessous
de la bifurcation du stigmate. — CORYMBIFÈRES.

§ 1. *Aigrette nulle.*

* *Réceptacle muni de paillettes.*



** *Réceptacle glabre, nu ou velu.*

Graine couronnée par une petite

membrane en forme de cou-
ronne. . . . . . . . . . . . . . 451. TANAISIE.
Graine obovoïde, couronnée par
un rebord très-petit. . . . . 450. ARMOISE.

§ 2. *Aigrette formée de 2-10 arêtes ou paillettes.*
*sans poils.*

Calice à 1 rang d'écailles, muni
à la base d'un rang de très-
petites écailles : aigrette à 2-5
arêtes : réceptacle muni de
paillettes. . . . . . . . . . . 473. BIDENT.
Calice imbriqué d'écailles scarieuses : aigrette à 5-10 arê-
tes . . . . . . . . . . . . . . 452. IMMORTELLE.

§ 3. *Aigrette formée de poils simples ou plumeux.*
*sessiles.*

* *Calice à écailles sur un rang muni d'un calicule*
*à la base.*

Des fleurs sans étamines, d'autres sans pistil, et d'autres à
pistil et à étamines sur le
même pied ou la même fleur. 456. TUSSILAGE.
Toutes les fleurettes à étamines
et à pistils : fleur souvent radiée, à calice ayant ses écail-
les noirâtres au sommet. . . 463. SENEÇON.
Toutes les fleurettes tubuleuses
à étamines et à pistils : calice
oblong ne contenant que peu
de fleurettes. . . . . . . . . 457. CACALIE.

** *Calice formé d'écailles imbriquées.*

ʃ *Fleurettes toutes à 5 dents, à étamines et à pistils.*

Calice hémisphérique : fleurettes

nombreuses, jaunes : graines
velues . . . . . . . . . . . . 455. CHRYSOCOME.
Calice cylindrique, à fleurettes
peu nombreuses, rougeâtres
ou blanchâtres : graines lisses. 458. EUPATOIRE.

§§ *Fleurettes à 3-4-5 dents, les unes à pistil
seulement et situées à la circonférence.*

Calice à folioles extérieures réfléchies : fleurettes du bord à
3 dents : herbe élevée , à
feuilles largement lancéolées. 454. CONYZE.
Calice à folioles intérieures scarieuses : fleurettes à 4-5
dents : herbe peu élevée, à
feuilles linéaires-lancéolées. 353. GNAPHALE.

—

## IV ORDRE.

**Chaque corolle particulière du disque tubuleuse, celles
de la circonférence prolongées en languette. —
RADIÉES.**

§ 1. *Réceptacle nu, sans paillettes.*

a. *Graine nue, sans aigrette de poils.*

* *Calice simple, formé d'écailles sur 1 ou 2 rangs.*

Calice hémisphérique : réceptacle conique : pédoncule radical : graines comprimées,
velues, semblables . . . . . 459. PAQUERETTE.
Calice lâche : tige rameuse :
graines de deux formes, celles
du bord longues, en faux, épineuses . . . . . . . . . . . 462. SOUCI.

* *Calice à écailles imbriquées, un peu scarieuses au sommet.*

Réceptacle conique : fleurs blanches à disque jaune. . . . . 460. MATRICAIRE.
Réceptacle plan ou convexe,
non conique . . . . . . . . .461. CHRYSANTHÈME.

**b.** *Graine couronnée d'une aigrette de poils.*

* *Calice à un seul rang d'écailles, souvent caliculé à la base.*

Hampe paraissant avant les
feuilles . . . . . . . . . . . 456. TUSSILAGE.
Tige rameuse, portant des feuil-
les : calice caliculé et à écailles noirâtres au sommet. . . 463. SENEÇON.

** *Calice à 2 rangs d'écailles égales.*

Fleurs jaunes : graine velue. . 464. ARNIQUE.

*** *Calice imbriqué d'écailles sur plusieurs rangs*

§ *Fleurs d'une seule couleur, jaunes.*

Fleurs ayant au moins 10
rayons : anthères à 2 pointes
à la base . . . . . . . . . . 465. AUNÉE.
Fleurs à rayons peu nombreux,
5 à 8 sur un seul rang : pas
de pointe à la base de l'an-
thère . . . . . . . . . . . . 466. VERGE-D'OR.

§§ *Fleurs de deux couleurs.*

Calice à folioles extérieures ouvertes : fleurettes du bord en
languette lancéolée, n'ayant
qu'un pistil, et sur un rang. . 467. ASTER.
Calice imbriqué : fleurettes du
bord en languette linéaire ou

filiforme , à pistil , sur plu-
sieurs rangs. . . . . . . . . 468. VERGERETTE.

**c.** *Graine à aigrette formée de 5 arêtes inégales.*
Calice tubuleux, à écailles sou-
dées , sur un rang . . . . . 469. TAGÈTE.

§ 2. *Réceptacle hérissé de paillettes.*
*   *Graine sans aigrette ni arête.*
Calice ovale : petite fleur à 5-
10 languettes courtes et ar-
rondies . . . . . . . . . . . 470. ACHILLÉE.
Calice hémisphérique : fleur
assez grande , à languettes
nombreuses , lancéolées ou
ovales : graines souvent couronnées d'une membrane en
godet. . . . . . . . . . . . 471. CAMOMILLE.
Plante d'agrément : calice double , l'interne monophylle à 8 divisions : feuilles ailées : DAHLIA.

**   *Graine couronnée par des arêtes.*
Calice imbriqué, à folioles lâches: graine à 2 arêtes molles
et caduques. . . . . . . . . 472. HÉLIANTHE.
Calice caliculé, à folioles extérieures longues , étalées :
graines à 2-5 arêtes persis-
tantes. . . . . . . . . . . . 473. BIDENT.
Plante d'agrément: calice double, polyphylle: graines
comprimées, échancrées, surmontées de 2 cornes :
COREOPSIS.

**427. LAMPSANE,** *Lapsana.* L. Calice simple,
persistant, formé d'écailles creusées en gouttière,
muni d'écailles à la base ; toutes les corolles en languette : réceptacle nu : graines lisses, striées, caduques, terminées par un rebord très-petit : aigrette
nulle.

**1. L. COMMUNE. — *L. communis*. L.**

Tige dressée, rameuse, haute de 2 pieds, velue, souvent colorée : feuilles pétiolées, presque glabres, les inférieures lyrées à lobe terminal très-grand, ovale, obtus, anguleux, les supérieures ovales ou lancéolées, sinuées ou dentées : calice anguleux, glabre : fleurs nombreuses, petites, jaunes, à pédoncules grêles, disposées en panicule terminale. a. Eté. Lieux cultivés, chemins.

428. LAITRON, *Sonchus*. L. Calice ventru à la base, imbriqué, resserré au sommet : toutes les corolles en languette : réceptacle nu : graines comprimées, finement striées en long : aigrette simple, sessile, à poils souvent dentelés.

§ 1. *Fleurs bleues.*

**1. L. DES ALPES. — *S. Alpinus*. L.**

Tige dressée, haute de 2-4 pieds, épaisse, fistuleuse, striée, souvent glabre : feuilles grandes, un peu glauques en-dessous, lyrées-roncinées à lobes peu nombreux, le terminal très-grand, triangulaire, les supérieures à pétiole ailé à la base, embrassant, à oreillettes pointues : fleurs médiocres, à pédoncules demi-étalés, en grappe presque simple : sommet de la plante hérissé de poils glanduleux. v. Eté. Bois des montagnes.

**2. L. DE PLUMIER. — *S. Plumieri*. L.**

Plante très-glabre, à fleurs plus grandes que dans le *S. alpinus* : feuilles roncinées, embrassantes, à lobe terminal à peine plus grand que les autres; les radicales très-grandes, les autres à oreillettes presque arrondies : fleurs en corymbe-paniculé. v. Eté. Bois des hautes montagnes.

§ 2. *Fleurs jaunes.*

* *Pédoncules et calices hérissés-glanduleux.*

**3. L. DES CHAMPS. — *S. arvensis*. L.**

Tige dressée, haute de 1 à 2 pieds, striée, fistu-

leuse, presque simple, hérissée dans le haut de poils
jaunâtres, étalés, glanduleux: feuilles un peu glauques,
étroites, oblongues, glabres, en cœur à la base, roncinées à lobes obliques, presque parallèles, denticulées à
la base, à lobe terminal court: fleurs terminales, grandes, en corymbe, d'un jaune doré: graine rousse, finement striée-tuberculeuse en travers, plus courte que
l'aigrette. *v.* Été. Champs argileux.

Calice et pédoncule lisses, glabres.

4. L. DES MARAIS. — *S. palustris.* L.

Tige épaisse, dressée, haute de 2-5 pieds, striée,
fistuleuse, branchue dans le haut où elle est hérissée
de poils glanduleux noirâtres: feuilles glauques, nombreuses, embrassantes, à oreillettes allongées, aiguës,
dentelées-épineuses, le lobe terminal allongé ; les inférieures souvent munies de deux lanières recourbées,
les supérieures lancéolées : fleurs jaunes, grandes, en
corymbe : graine d'un blanc-roux, égalant l'aigrette.
*v.* Été. Fossés, marais, lieux humides.

** *Pédoncules et calices peu ou pas hérissés-glanduleux.*

5. L. DES LIEUX CULTIVÉS. — *S. oleraceus.* L.

Plante lisse, glabre, donnant un lait amer quand on
la brise : tige dressée, haute de 1 à 2 pieds, rameuse,
fistuleuse : feuilles de forme variable, entières, ovales,
ou sinuées, ou plus ou moins profondément roncinées-
pinnatifides, embrassantes à oreillettes acuminées et
presque ciliées-épineuses : fleurs en corymbe : graines striées. *a.* Été. Lieux cultivés ou arides.

Feuilles crispées et très-ciliées-épineuses : *Asper.*

6. L. MARITIME. — *S. maritimus.* L.

Tige simple, dressée, lisse, haute de 9-10 pouces,
rameuse au sommet : feuilles embrassantes, un peu
glauques, lancéolées, toutes à dents dirigées vers la
base : pédoncules quelquefois floconneux : graines

d'un brun rouge. *v*. Eté. Lieux humides au bord de la mer.

429. ÉPERVIÈRE, *Hieracium*. L. Calice imbriqué, ovoïde, à écailles étroites, serrées : toutes les corolles en languette : réceptacle nu : graines lisses à 10 stries : aigrette simple, sessile, grise ou roussâtre, fragile. Fleurs jaunes.

** Tige nue, en forme de hampe, poussant de la racine des rejets rampants et feuillés.*

1. E. PILOSELLE. — *H. pilosella*. L.

Racine grêle produisant des jets couchés ordinairement stériles, et une ou plusieurs hampes grêles, dressées, à une seule fleur, hautes de 3-10 pouces, cotonneuses et hérissées de longs poils épars : feuilles radicales ovales-oblongues, obtuses, entières, rétrécies en pétiole à la base, vertes en-dessus, un peu glauques en-dessous où elles sont couvertes d'un duvet cotonneux, hérissées des 2 côtés de longs poils : feuilles des jets stériles alternes, plus petites : fleurs jaunes, purpurines en-dehors, à calice cotonneux, hérissé de soies noirâtres. *v*. Eté, automne. Lieux secs, arides, sablonneux.

Feuilles vertes sur les deux faces.

2. E. AURICULE. — *H. auricula*. L.

Diffère par sa hampe couronnée par un bouquet de 2-6 fleurs jaunes même en-dehors ; par ses feuilles vertes des deux côtés, garnies sur les bords de quelques longs poils ; par ses feuilles radicales lancéolées, un peu spatulées. *v*. Eté. Prés, pâturages un peu humides.

*** Tiges feuillées, sans rejets : toutes les feuilles sessiles.*

3. E. EN OMBELLE. — *H. umbellatum*. L.

Tige haute de 1 à 4 pieds, dressée, raide, lisse, velue vers la base, souvent glabre, anguleuse dans le haut, rameuse, rougeâtre : feuilles radicales nulles à la fleuraison ; les inférieures lancéolées, rétrécies en court pétiole, sessiles, non embrassantes, dentées, presque glabres ; les supérieures linéaires, petites : fleurs en panicule corymbiforme, ou en forme d'ombelle, les pédoncules partant du même point : calice glabre. *v.* Eté. Septembre. Bord des bois.

Varie à feuilles presque entières ou les radicales pinnatifides.

4. E. DE SAVOIE. — *H. Sabaudum.* L.

Diffère peu de la précédente : tige simple, haute de 2-4 pieds : feuilles ovales-oblongues, presque glabres, demi-embrassantes, aiguës, dentées vers leur base, parfois colorées : fleurs en corymbe, à pédoncule cotonneux, à calice presque glabre. *v.* Eté. Bois taillis.

*** *Tiges feuillées, sans rejets : feuilles inférieures pétiolées.*

5. E. DES MURS. — *H. murorum.* L.

Tige dressée, haute de 1 à 2 pieds, presque simple, à peu près nue, striée-anguleuse, plus ou moins velue et rude, munie seulement de 1 à 3 feuilles : feuilles oblongues, ovales, dentées ou dentées-anguleuses, longuement pétiolées, molles, velues, les radicales presque en cœur ou tronquées à la base, à pétiole laineux : fleurs peu nombreuses, médiocres, en corymbe lâche : calices et pédoncules hérissés de poils noirâtres, glanduleux, et munis d'un duvet blanchâtre. *v.* Eté. Vieux murs, rochers, bois.

Varie 1° à feuilles tachées de brun ; 2° à feuilles oblongues ; 3° à feuilles incisées-dentées à la base.

6. E. DES BOIS. — *H. sylvaticum.* Lam.

Tige feuillée : feuilles inférieures ovales : fleurs en panicule : calice brièvement hérissé ; le reste comme dans l'espèce précédente. *v.* Eté. Bois.

**430. CRÉPIDE,** *Crepis.* **L.** Calice ovoïde, double, l'intérieur à écailles linéaires, serrées, l'extérieur court, lâche, à folioles inégales ; toutes les corolles en languette : réceptacle nu : graines cannelées, oblongues, lisses ou tuberculeuses, amincies au sommet de manière à imiter un pédicelle portant l'aigrette qui est simple, blanche, fine, soyeuse ; ce pédicelle manquant souvent, et n'étant que le prolongement de la graine, l'aigrette est réellement sessile. Fleurs jaunes souvent rougeâtres en-dehors.

* *Graines du centre à bec dépassant le calice, celles du bord sans bec ou plus courtes que le calice.*

1. C. FÉTIDE. — *C. fœtida.* **L.**

Plante à odeur d'amandes amères, d'un vert blanchâtre : tige ferme, haute de 10-18 pouces, striée-anguleuse, étalée, rameuse, velue, rude : feuilles rudes-pubescentes, roncinées-pinnatifides, à lobes inégaux, dentés, aigus, anguleux, celles de la tige embrassantes, les supérieures lancéolées, simples, presque entières : fleurs jaunes, rougeâtres en-dehors, penchées avant la fleuraison, à pédoncules écailleux : calice cendré à poils glanduleux, devenant anguleux à la maturité : graines striées rudes, amincies en bec allongé dans celles du centre. *a.* Eté. Lieux arides et incultes.

** *Graines semblables, peu ou pas amincies en bec.*

2. C. BISANNUELLE. — *C. biennis.* **L.**

Tige dressée, haute de 2-4 pieds, grosse, sillonnée fistuleuse, rameuse, hispide ou rude à la base où elle est souvent colorée en rouge : feuilles rudes et hérissées, roncinées, à lobes lancéolés, les radicales étalées, rétrécies en pétiole, les supérieures lancéolées, entières ou dentées : fleurs grandes, jaunes, en panicule : calice d'un vert noirâtre, un peu poilu : graines brunâtres, à côtes lisses. *a.* Mai. Eté. Prés gras.

**431. LAITUE,** *Lactuca.* **L.** Calice imbriqué,

presque cylindrique, à écailles membraneuses sur les bords ; toutes les corolles en languette : réceptacle nu : graine comprimée, elliptique, linement tuberculeuse, pubescente au sommet aminci en bec filiforme : aigrette pédicellée, molle, fugace, à poils simples.

§ 1. *Fleurs jaunes : graine ayant sur chaque face plusieurs nervures saillantes.*

* *Tiges et feuilles sans épines.*

1. L. CULTIVÉE. — *L. sativa.* L.

Tige dressée, haute de 1 à 2 pieds, glauque, glabre, paniculée au sommet : feuilles inférieures ovales-arrondies, ou oblongues, rétrécies à la base, embrassantes, ondulées, presque entières, glabres, les supérieures sessiles, en cœur, denticulées : fleurs petites, dressées, en panicule, d'un jaune pâle. *a.* Eté. Cultivée et dans les lieux cultivés.

Feuilles arrondies, concaves, bosselées, en tête serrée : *Capitata,* L. pommée.

Feuilles radicales sinuées-crénelées, ondulées-crépues : *Crispa,* L. frisée.

Feuilles radicales dressées, oblongues, rétrécies à la base : *longifolia,* L. romaine.

** *Tiges ou feuilles épineuses.*

2. L. VIREUSE. — *L. virosa.* L.

Tige haute de 3-6 pieds, grosse, glabre, rameuse, munie d'aiguillons : feuilles ovales ou oblongues, entières, grandes, dentées-ciliées sur les bords, à côte colorée ordinairement, rétrécies en pétiole, portant des aiguillons dessus et dessous ; les feuilles de la tige sont horizontales, embrassantes : fleurs petites, nombreuses, jaunes, en panicule : graines d'un gris noirâtre. *a.* Eté. Décombres, champs.

3. L. SAUVAGE. — *L. scariola.* L.

Tige dressée blanchâtre : feuilles obliquement

dressées, oblongues, pinnatifides-roncinées, denticu-
lées-ciliées, épineuses en-dessous sur la côte, embrassantes à oreillettes arrondies : fleurs petites,
jaunes, en panicule lâche : graines grises. *a*. Eté.
Lieux incultes.

4. L. A FEUILLES DE SAULE. —*L. saligna*. L.

Tige haute de 1 à 2 pieds, dressée, dure, lisse,
blanchâtre, grêle : feuilles glauques, étroites, à côte
blanchâtre munie en-dessous de quelques cils épineux ; les radicales et inférieures pinnatifides à la base, à lobes terminés par une pointe ; le terminal entier, long et linéaire ; feuilles supérieures linéaires, entières, sessiles, à oreillettes plus longues: fleurs petites,
jaunâtres, presque sessiles le long de la tige et des
rameaux et formant comme une grappe en forme
d'épi lâche : graines brunes. *a*. Eté. Moissons, champs
arides.

§ 2. *Fleurs bleues : graine à 1 nervure sur chaque
face.*

5. L. VIVACE. — *L. perennis*. L.

Plante glauque, glabre : tige de 1 à 3 pieds lisse,
rameuse, dressée, feuillée à la base, nue dans le
haut : feuilles profondément pinnatifides ou presque
deux fois pinnées, à divisions lancéolées-linéaires,
dentées-anguleuses surtout d'un côté : 2 oreillettes
arrondies à la base des pédoncules : fleurs d'un bleu
violacé, délicates, grandes, à pédoncules écailleux,
disposées en corymbe paniculé, lâche, étalé : graines
noirâtres. *v*. Eté. Moissons, rochers.

432. PISSENLIT, *Taraxacum*. HALLER. Calice
double, l'extérieur se déjetant en-dehors : toutes les
corolles en languette : réceptacle nu, ponctué : graine
oblongue, un peu comprimée, striée, hérissée-rude
au sommet : aigrette pédicellée, à poils simples.
Fleurs jaunes, solitaires, sur des pédoncules radicaux.

**1. P. DENT-DE-LION. — *T. dens-leonis*. Lam.**

Racine en fuseau, contenant un lait blanc, amer :
feuilles radicales glabres, étalées, oblongues, rétrécies
en pétiole, roncinées à lobes aigus inégaux, souvent
triangulaires et denticulés, le terminal plus grand :
hampe lisse, fistuleuse, tendre, ordinairement glabre,
rarement un peu laineuse, contenant un suc blanc
amer, haute de 4-12 pouces : fleurs grandes, d'un
jaune doré ; écailles extérieures du calice réfléchies :
graines brunâtres. *v.* Toute l'année. Partout.

Plante plus petite : feuilles à lobes étroits : folioles
du calice munies d'une corne vers le sommet en-
dehors : *Laevigatum*, GAUD.

Feuilles souvent entières ou à peine sinuées-dentelées : folioles extérieures du calice peu ou pas ouvertes : fleur livide en-dehors : *Palustris*, GAUD.

**433. SCORSONÈRE**, *Scorzonera*. L. Calice
oblong, imbriqué d'écailles (environ 15) membraneuses au bord : toutes les corolles en languette : réceptacle nu : graine oblongue, striée, finement tuberculeuse : aigrette plumeuse, sessile ou presque sessile.

**1. S. CULTIVÉE. — *S. Hispanica*. L.**

Racine charnue, grosse, en fuseau, noirâtre en-
dehors, blanche en-dedans : tige dressée, haute de
2-3 pieds, rameuse, glabre, striée : feuilles demi-
embrassantes en haut, sessiles, planes ou ondulées-
lancéolées, les inférieures retrécies en pétiole, entières ou à peine dentelées, glabres : fleurs jaunes,
médiocres, peu nombreuses, à pédoncules uniflores,
velus, rarement renflés : aigrette d'un blanc sale. *v.*
Mai. Cultivé.

**2. S. HUMBLE. — *S. humilis*. L.**

Racine nue, en fuseau : tige d'un pied, simple,
presque nue, velue, dressée, ordinairement à une
seule fleur jaune, rougeâtre en-dehors, médiocre :

feuilles presque de la longueur de la tige, linéaires-lancéolées, planes, un peu laineuses vers le bas, entières, à 5-7 nervures : pédoncule écailleux, velu, renflé au sommet. *v.* Mai, juin. Prés humides.

434. SALSIFIS, *Tragopogon*. L. Calice simple de 8 à 12 folioles soudées à la base, les intérieures alternes : toutes les corolles en languette : réceptacle nu : graines marquées de côtes tuberculeuses-écailleuses : aigrette plumeuse à long pédicelle creux.

** Fleurs jaunes.*

1 S. DES PRÉS. — *T. pratense.* L.

Plante à suc laiteux, doux : racine en fuseau, blanchâtre : tige dressée, fistuleuse, glabre, haute d'un pied, simple ou peu rameuse : feuilles glabres, dressées, largement embrassantes, linéaires ou lancéolées-linéaires, acuminées, souvent ondulées et tortillées au sommet, entières : pédoncules uniflores, non renflés au sommet : calice glabre, à 8 écailles de la longueur des fleurs. *a.* Eté. Prés, champs.

Pédoncules renflés au sommet : calice à 10-12 folioles dépassant les fleurs : feuilles planes, non tortillées : *Majus.* L.

Pédoncules non renflés : calice bien plus long que les fleurs : *Minus.* FRIES.

*** Fleurs bleues ou violettes.*

2. S. A FEUILLES DE POIREAU. — *T. porrifolium.* L.

Tige ferme, haute de 1 à 2 pieds, glabre, dressée : feuilles planes, lancéolées-linéaires, élargies à la base, entières, courtes, glabres, déliées au sommet : pédoncule renflé au sommet, uniflore : calice glabre, à 8 folioles moitié plus longues que les fleurs qui sont violettes, grandes. *a.* Eté. Prés secs élevés.

435. HELMINTHIE, *Helminthia.* JUSSIEU. Calice double, l'intérieur à 8 folioles égales, l'extérieur à 3-5 folioles très-larges : toutes les corolles en lan-

guette : réceptacle nu : graines striées en travers :
aigrette pédicellée, plumeuse.

**1. H. vipérine. —** *H. echioides.* Gœrtn.

Plante hérissée de poils durs, piquants, souvent bifurqués, implantés sur une vésicule arrondie : tige
dressée, rameuse, épaisse, fistuleuse, striée, haute
de 1 à 3 pieds : feuilles oblongues-ovales, embrassantes, entières, ou les inférieures un peu sinuées ou
dentées : folioles extérieures du calice en cœur, presque épineuses, au nombre de cinq : fleurs jaunes, en
corymbe. *v.* Eté. Septembre. Bords des champs, des
chemins, des fossés.

**436. PORCELLE,** *Hypochaeris.* L. Calice oblong,
imbriqué de folioles inégales : toutes les corolles en
languette : réceptacle garni de paillettes : graines
striées-rudes : aigrette plumeuse, pédicellée, souvent
sessile à la circonférence.

**1. P. tachée. —** *H. maculata.* L.

Tige dressée, nue, striée, haute de 12-20 pouces,
divisée en 2-3 rameaux allongés, hérissée, surtout à
la base, de poils raides tuberculeux : feuilles presque
toutes radicales, ovales, oblongues, hérissées, souvent
tachées de pourpre noir, rétrécies en court pétiole,
sinuées-dentées ou entières, à quelques dents; une ou
deux petites feuilles sur la tige : fleurs jaunes, grandes,
terminales, souvent solitaires : calice hérissé de poils
noirâtres : graines brunes. *v.* Eté. Bruyères, bois
tourbeux, collines.

**2. P. a longue racine. —** *H. radicata.* L.

Racine allongée, divisée à son extrémité : tiges
nues, glabres, lisses, striées, dressées, en forme de
jonc, hautes de 1-2 pieds : feuilles radicales, étalées
en rosette, roncinées, hérissées de longs poils en
alène, à découpures obtuses, rarement elles sont simplement sinuées : fleurs jaunes, 2 ou 3, grandes, ter-

minales , à pédoncules un peu écailleux et épaissis sous le calice qui est d'un vert livide, ordinairement glabre. *v.* Été. Prés, bois.

**437. CHICORÉE** , *Cichorium*. L. Calice double, l'extérieur à 5 folioles courtes, ouvertes au sommet, l'intérieur à 8 folioles droites soudées à la base : toutes les corolles en languette : réceptacle nu ou un peu poilu : graine courte, anguleuse, couronnée par 3-5 paillettes très-courtes, en forme de dents.

1. C. SAUVAGE. — C. intybus. L.

Racine épaisse, en fuseau : tige dressée, haute de 1 à 3 pieds, dure, rude, velue, à rameaux étalés : feuilles parsemées de quelques poils, oblongues, rétrécies en pétiole, roncinées, à lobes triangulaires, distants, aigus, dentés ou entiers, ciliés, le terminal plus grand, aigu : fleurs bleues, grandes, 2 à 2 ou solitaires, sessiles et pédonculées brièvement le long des rameaux et de la tige : folioles du calice hérissées, ciliées, les extérieures ayant un renflement durci à la base. *v.* Été. Le long des chemins, bord des champs.

Varie à fleurs blanches ou d'un bleu pâle : *Albiflorum* , GAUD.

Tige raide, très-rameuse, très-élevée, à feuilles peu découpées : *Sativum*, GAUD.

Feuilles entières : *Integrifolium*, MERAT.

2. C. ENDIVE. — C. endiva. L.

Diffère par ses rameaux flexueux; par ses feuilles glabres, entières ou dentées, les florales ovales, en cœur, embrassantes ; par ses fleurs souvent blanches; par ses pédoncules 2 à 2, l'un allongé à une fleur, l'autre très-court à 3-4 fleurs. *a.* Été. Cultivée.

Feuilles larges : *Latifolium*.

Petites feuilles : *Angustifolium*.

Feuilles crépues : fleurs solitaires : *Crispum*, MILL.

**438. SCOLYME**, *Scolymus*. L. Calice ovale, imbriqué de folioles lancéolées, épineuses : toutes les corolles en languette : réceptacle convexe, hérissé de paillettes arrondies, à 3 dents et dépassant les graines qui sont triangulaires, pointues à la base : aigrette nulle ou réduite, à 2-3 poils courts.

1. S. D'ESPAGNE. — *S. hispanicus*. L.

Racine épaisse, ramifiée, succulente : tige grande, pubescente, ailée-épineuse : feuilles décurrentes, grandes, sinuées-pinnatifides, épineuses, pubescentes au moins en-dessous sur les nervures : épines jaunâtres : bractées épineuses : fleurs jaunes, axillaires, solitaires ou 2-4 ensemble : graines couronnées par 2-3 poils courts. *v.* Eté. Bord des champs et des chemins du Midi.

2. Le S. TACHÉ, *S. maculatus*. L.,

Diffère par ses feuilles glabres, veinées de blanc, ses bractées découpées en dents de peigne, et ses graines nues. *v.* Mêmes lieux du Midi.

439. CARTHAME, *Carthamus*. DC. Calice ovale, imbriqué d'écailles cartilagineuses à la base appliquée, ayant le sommet ouvert, foliacé, presque ovale, les intérieures plus étroites, toutes plus ou moins épineuses : toutes les corolles tubuleuses, égales : réceptacle hérissé de paillettes découpées en soies raides : graines sans aigrette.

1. C. DES TEINTURIERS. — *C. tinctorius*. L.

Tige de 1 à 2 pieds, rameuse, glabre : feuilles ovales ou ovales-lancéolées, entières, épineuses, veinées : fleurs grandes, en corymbe, d'un rouge orangé. *v.* Eté. Terrains arides du Midi. Cultivé.

440. KENTROPHYLLE, *Kentrophyllum*. NECK. Calice ventru, imbriqué, à folioles extérieures foliacées, pinnatifides, épineuses, les intérieures lancéolées, terminées en pointe épineuse : toutes les corolles tubuleuses, égales : réceptacle garni de soies

raides : graines à quatre angles : aigrette formée de poils raides sur plusieurs rangs, dont l'intérieur plus court : les graines de la circonférence sans aigrette. Toutes les corolles à étamines et à pistils.

**1. K. LAINEUX. — *K. lanatum.* BG.**

Tige dressée, rameuse et laineuse au sommet, haute de 1 à 2 pieds : feuilles dures, sèches, d'un vert pâle, lancéolées, pinnatifides, à lanières écartées, lancéolées, dentées-épineuses, les inférieures sessiles, les supérieures embrassantes, toutes pubescentes, laineuses en-dessous : fleurs d'un jaune orangé, grandes, terminales, à écailles intérieures du calice jaunâtres, noirâtres au sommet. *a.* Eté. Lieux secs, bords des chemins.

**441. CENTAURÉE, *Centaurea.* L.** Calice globuleux, imbriqué d'écailles souvent scarieuses sur les bords, foliacées, déchirées, ciliées, ou épineuses, diversement terminées : toutes les corolles tubuleuses, celles du centre à étamines et pistil ; celles du bord souvent plus grandes, peu nombreuses, en entonnoir, stériles, rarement nulles : réceptacle hérissé de soies raides : graines lisses, ovoïdes, à ombilic latéral à la base : aigrette simple, sessile, à poils raides, sur plusieurs rangs, ceux de l'avant-dernier rang plus longs, rarement aigrette nulle.

** Calice à écailles foliacées, lisses, sans épines.*

**1. C. COMMUNE. — *C. centaurium.* L.**

Tige droite, rameuse, glabre, haute de 4 à 6 pieds : feuilles décurrentes, grandes, pinnatifides, à lobes oblongs, décurrents et dentés : fleurs purpurines en corymbe irrégulier : calice à folioles ovales, obtuses. *v.* Eté. Midi.

** *Calice à écailles terminées par un appendice scarieux se déchirant.*

2. C. JACÉE. — *C. jacea.* L.

Plante variable : tige dressée ou ascendante, raide, striée, anguleuse, blanchâtre, un peu velue, rude, haute de 1 à 2 pieds : feuilles lancéolées, entières ou un peu dentées, rudes sur les deux faces, glabres ou pubescentes , les radicales sinuées-dentées : fleurs purpurines ou rarement blanches, solitaires, sessiles ou à peu près : calice à écailles luisantes, se déchirant un peu au sommet à la maturité : aigrette nulle ou remplacée par quelques poils courts et fins. *v.* Eté. Champs.

Plante un peu laineuse, rameuse : feuilles étroites, presque lobées : aigrette nulle : *C. amara* , L. C. amère.

*** *Calice à folioles sans épines, ciliées-frangées.*

3. C. BLEUET. — *C. cyanus.* L.

Tige de 1 à 2 pieds, dressée, dure, branchue, anguleuse, cotonneuse comme les feuilles qui sont sessiles, linéaires, entières, longues, les inférieures un peu plus larges, dentées ou à 2 lobes linéaires vers le milieu : calices globuleux à folioles ovales, courtement dentées, ciliées, rousses au bord : fleurs bleues, quelquefois roses, blanches ou mélangées , à corolles du bord très-grandes , rayonnantes, stériles , irrégulières : graines du bord sans aigrettes et avortées, celles du centre à aigrette roussâtre. *a.* Eté. Moissons, champs cultivés.

4. C. DE MONTAGNE. — *C. montana.* L.

Tige dressée, ailée, feuillée, haute de 10-15 pouces, simple : feuilles lancéolées, décurrentes, entières ou dentelées à la base, un peu laineuses en-dessous comme la tige : fleurs grandes, une ou deux par tige, corolles extérieures très-grandes, bleues, celles du centre courtes, d'un bleu violet : calice à folioles vertes, brunes au bord, les extérieures ovales, les intérieures lancéolées. *v.* Eté. Pâturages, bois.

******** *Calice à folioles épineuses, bordées d'épines.*

5. C. CHAUSSE-TRAPE. — C. *calcitrapa*. L.

Tige haute de 1 à 2 pieds, striée, poilue, très-rameuse, à rameaux étalés, divariqués : feuilles molles, sessiles, pinnatifides, à lanières étroites, dentelées, mucronées-épineuses, les supérieures seulement dentées : fleurs terminales, purpurines ou blanches, environnées de bractées : calices glabres, ovoïdes, à écailles ovales terminées par une longue épine blanchâtre, un peu canaliculée à la base, et accompagnée de 4-6 autres épines plus petites : écailles intérieures oblongues en spatule, scarieuses, sans épines : graines blanchâtres sans aigrette. *a.* Eté. Chemins, routes, lieux incultes.

6. C. CHARDON-BÉNIT. — C. *benedicta*. L.

Plante pubescente laineuse : tiges rameuses, couchées, longues de 2-3 pieds : feuilles oblongues, sinuées-dentées, épineuses, embrassantes, demi-décurrentes : fleurs grandes, jaunes, à écailles du calice jaunâtres et à épines rameuses : bractées foliacées, très-grandes, épineuses, figurant les folioles extérieures du calice laineux. *a.* Mai. Eté. Midi.

442. SARRETTE, *Serratula.* L. Calice imbriqué, presque cylindrique, à écailles lancéolées, aiguës ou obtuses, sans épines : toutes les corolles tubuleuses, égales, à 5 dents : réceptacle garni de paillettes : graines lisses, comprimées, ovoïdes : aigrette sessile, persistante, à poils simples, libres, rudes, sur plusieurs rangs, ceux du rang intérieur plus longs.

1. S. DES TEINTURIERS. — S. *tinctoria*. L.

Tige dressée, rameuse au sommet, glabre comme toute la plante, haute de 1 à 2 pieds, striée-anguleuse :

feuilles fermes, de forme variable, oblongues ou lancéolées, entières, dentées, lyrées ou pinnatifides, à
lobes lancéolés, dentés, le terminal fort grand, ovale:
fleurs purpurines, rarement blanches, solitaires ou
en corymbe serré : aigrette jaunâtre de la longueur
de la graine. *v.* Eté. Prés et bois humides.

443. **CARLINE**, *Carlina*. L. Calice imbriqué, à
écailles extérieures lâches, pinnatifides, à lobes épineux, les intérieures linéaires-lancéolées, entières,
scarieuses, colorées, rayonnantes (comme dans une
fleur radiée) : toutes les corolles tubuleuses, égales, à
5 dents : réceptacle garni de paillettes divisées au
sommet : graines oblongues, pubescentes : aigrette
sessile, à poils plumeux, réunis en faisceaux soudés
en anneau à la base. Le calice desséché s'ouvre quand
il fait beau temps, et se ferme quand il pleut.

** Tige nulle ou très-courte.*

1. C. A FEUILLES D'ACANTHE. — C. *Acanthifolia*. L.

Tige nulle : feuilles à long pétiole, étalées en rosette, ovales, cotonneuses, pinnatifides, à lobes dentés, anguleux, épineux, courts : fleur sessile, grande,
blanche ou jaunâtre, un peu rougeâtre en-dessous.
*a.* Eté. Basses montagnes du Centre et du Midi.

2. C. A COURTE TIGE. — C. *acaulis*. L.

Tige très-courte, uniflore, striée : feuilles glabres,
pinnatifides, à lobes anguleux, dentés, incisés, épineux, les inférieures pétiolées : fleur purpurine, très-
grande : écailles intérieures du calice d'un blanc argenté en-dedans, et d'un pourpre noirâtre en-dehors à
la base, étalées-rayonnantes par un temps serein.
*v. a.* Eté. Pâturages des montagnes.

Tige s'élevant à 1 pied: *Caulescens.*

*** Tige plus ou moins élevée.*

3. C. COMMUNE. — C. *vulgaris*. L.

Racine jaunâtre : tige dressée, striée, ordinaire-

ment colorée, rameuse du haut, glabre, un peu laineuse, haute de 10-18 pouces : feuilles lancéolées,
embrassantes, sinuées-dentées, épineuses, glabres
en-dessus, laineuses en-dessous, pliées en deux, les
supérieures lancéolées presque en cœur : fleurs terminales en corymbe, purpurines ou blanchâtres :
écailles intérieures du calice rayonnantes, luisantes,
étalées, d'un jaune doré en-dedans, d'un brun pourpre
en-dehors vers la base. *a.* Eté. Chemins, routes,
lieux arides.

444. BARDANE, *Arctium*. L. Calice globuleux,
imbriqué de folioles nombreuses, linéaires, en alène,
appliquées et recourbées en crochet à l'extrémité :
toutes les corolles égales, tubuleuses, à 5 dents : réceptacle garni de paillettes : graines allongées, noires,
presque rudes : aigrette courte, sessile, à poils simples, raides, sur plusieurs rangs, non soudés en
anneau.

1. B. COMMUNE. — A. lappa. L.

Tige dressée, haute de 2-4 pieds, épaisse, rameuse,
presque glabre, striée : feuilles amples, pétiolées,
ovales en cœur, dentelées, les supérieures plus petites, sessiles, toutes un peu cotonneuses en-dessous :
fleurs purpurines presque en corymbe, ou en grappe.
*a.* Eté. Décombres, routes, bois.

Calice glabre : fleurs grosses, en corymbe : *Majus.* Es. *Grande Bardane.*

Calice glabre : fleurs petites, 2-5 en grappe : *Minus.* ESEN. *Petite Bardane.*

Calice muni de fils en toile d'araignée : fleurs
grosses, en corymbe : *Tomentosum. B. cotonneuse.*

445. ONOPORDE, *Onopordum*. LAM. Calice
ventru, imbriqué de folioles appliquées ou étalées,
terminées par une épine simple : toutes les corolles
tubuleuses, égales, à 5 dents : réceptacle charnu, nu,

alvéolé, à bords des alvéoles membraneux, sinués-dentés : graines ridées en travers , tétragones : aigrette simple, sessile, caduque, à poils soudés en anneau à la base.

1. O. Acanthe. — *O. Acanthium*. L.

Tige épaisse, dressée, rameuse, haute de 2-6 pieds, cotonneuse, blanchâtre, bordée d'ailes dentées-épineuses : feuilles cotonneuses-blanchâtres, larges, décurrentes, ovales-oblongues, sinuées-anguleuses, épineuses, les radicales rétrécies en pétiole, celles de la première année pinnatifides, étalées : fleurs purpurines, rarement blanches, très-grosses, terminales, solitaires : calice à folioles ovales-lancéolées, rétrécies en alène, étalées, verdâtres au sommet terminé par une épine, velues à la base : graine grosse, brune, à aigrette rousse ayant les poils ciliés. *a*. Eté. Chemins, lieux incultes, arides.

446. CHARDON, *Carduus*. L. Calice ventru, imbriqué d'écailles lancéolées , acuminées en épine : toutes les corolles tubuleuses, égales, à 5 dents : réceptacle velu ou à paillettes soyeuses : graines comprimées, ovoïdes, lisses : aigrette sessile, caduque, à poils simples, dentelés, soudés en anneau à la base.

1. C. Marie. — *C. Marianus*. L.

Tige dressée, épaisse, striée, haute de 1 à 2 pieds, non ailée, rameuse au sommet, glabre ainsi que toute la plante : feuilles larges, lisses, sessiles, embrassantes, non décurrentes, oblongues, garnies sur les bords de cils épineux jaunâtres, souvent marbrées de blanc, sinuées ou pinnatifides, les inférieures rétrécies en pétiole : fleurs purpurines grandes, dressées, terminales : calice à folicles ciliées-épineuses à la base : aigrette blanche à poils ciliés. *a*. Eté. Chemins, lieux incultes, décombres.

447. CIRSE, *Cirsium*. T. Diffère du genre précé-

dent par les poils de l'aigrette qui sont plumeux au
lieu d'être simples et dentelés.

### § 1. *Fleurs jaunâtres.*

**1. C. DES LIEUX CULTIVÉS. — C. *oleraceum*. All.**

Plante molle, glabre, peu épineuse : tige de 3-6
pieds, dressée, simple ou à peine rameuse au sommet,
striée : feuilles inférieures grandes, rétrécies en pétiole, pinnatifides, à lobes lancéolés, ciliés-épineux,
dentés, celles de la tige embrassantes en cœur, pinnatifides, à lobe terminal très-grand ; les supérieures
sessiles, ovales-lancéolées, ciliées, indivises : fleurs
grandes, terminales, agglomérées, sessiles ou à peu
près, entourées de bractées foliacées, concaves, ovales ou lancéolées, ciliées, plus longues que les fleurs,
d'un vert-blanchâtre et conniventes : calice à folioles
pointues non épineuses. *v.* Eté. Prés marécageux,
fossés.

Varie à feuilles non pinnatifides, toutes indivises.

### § 2. *Fleurs purpurines ou blanches.*

#### * *Feuilles non décurrentes, sessiles ou embrassantes.*

**2. C. NAIN. — C. *acaule*. All.**

Tige nulle ou très-courte : feuilles radicales, étalées, glabres, à nervure dorsale un peu poilue, lancéolées, sinuées-pinnatifides, ciliées-épineuses, à lobes ovales, anguleux, chacun à 2 ou 3 lobules presque
palmés : fleur grande, solitaire, à pédoncule radical
très-court : calice glabre, à folioles non épineuses,
pointues, appliquées. *v.* Eté. Coteaux secs, prés secs.

Varie à tige s'élevant à 6 pouces, rameuse, multiflore.

**3. C. DES CHAMPS. — C. *arvense*. Scop.**

Tige dressée, glabre, lisse, anguleuse, rameuse-
paniculée au sommet, haute de 1 à 3 pieds : feuilles
sessiles, rarement un peu décurrentes, fermes, oblon-

gues-lancéolées, sinuées-pinnatifides, à lobes anguleux, ondulés, écartés-divariqués, ciliés-épineux,
munis au sommet d'épines plus fortes, plus ou moins
velues en-dessous, quelquefois laineuses : fleurs purpurines, rarement blanches, petites, agglomérées, à
pédoncules inégaux, courts, blanchâtres : calice à folioles pressées, glabres, un peu laineuses au bord, les
extérieures ovales, mucronées, les intérieures
lancéolées, à pointe molle, toutes à pointe étalée :
graine brune : fleurs dioïques. *v.* Été. Champs, vignes,
chemins.

4. C. LAINEUX. — *C. eriophorum.* Scop.

Racine charnue : plante élégante : tige dressée,
épaisse, sillonnée, un peu laineuse, rameuse, haute
de 2-6 pieds : feuilles embrassantes, vertes en-
dessus et hérissées de soies épineuses, blanches et
cotonneuses en-dessous, pinnatifides, à lanières écartées et divisées souvent en 2 lobes inégaux, lancéolés,
entiers, divergents, à nervure forte terminée en épine,
ciliés et roulés en-dessous par les bords : feuilles radicales très-amples, étalées : fleurs purpurines, très-
grosses, terminales, presque solitaires au sommet de
la tige et des rameaux : calice à folioles lancéolées-
linéaires, un peu lâches et recourbées, épineuses au
sommet, les extérieures ciliées, toutes entrelacées par
des fils qui rendent le calice cotonneux : graine brune,
lisse. *a.* Été. Chemins, pâturages élevés.

** *Feuilles décurrentes.*

5. C. LANCÉOLÉ. — *C. lanceolatum.* Scop.

Tige de 2-4 pieds, dressée, rameuse, sillonnée, un
peu velue, munie d'ailes étroites très-épineuses :
feuilles rudes en-dessus, laineuses blanchâtres en-
dessous, souvent presque glabres, oblongues, pinnatifides, à lanières bilobées-divariquées, chaque lobe

muni d'une nervure terminée en épine : fleurs purpurines, rarement blanches, assez grosses, presque agglomérées à l'extrémité de la tige et des rameaux : calice
à folioles épineuses au sommet, lancéolées-acuminées,
dressées-étalées, munies de quelques fils semblables
à des fils d'araignée : graine blanchâtre. *a.* Été. Chemins, lieux incultes.

6. C. DES MARAIS. — C. *palustre.* Scop.

Plante d'un vert triste : tige dressée, simple du bas,
grêle, velue à la base, haute de 3-5 pieds, sillonnée, à ailes crépues, dentées-épineuses : feuilles
écartées, linéaires-lancéolées, sinuées-pinnatifides, à
lobes dentés, ciliés-épineux, plus ou moins blanchâtres et laineuses en-dessous ; les inférieures très-
grandes, à lobes profonds : fleurs purpurines rarement
blanches, petites, nombreuses, presque sessiles, agglomérées en grappe au sommet de la tige et des rameaux : calice à folioles courtes, ovales, appliquées,
cotonneuses à la base comme le pédoncule, à peine
épineuses au sommet souvent purpurin. *a.* Été. Prés
marécageux, bois humides.

448. ARTICHAUT, *Cynara.* L. Calice très-grand,
ventru, imbriqué d'écailles charnues à la base, échancrées et mucronées au sommet : réceptacle charnu,
garni de soies ; toutes les corolles tubuleuses, égales,
à 5 dents : graines comprimées : aigrette sessile, persistante, plumeuse.

1. A. CARDON. — C. *cardunculus.* L.

Tige droite, épaisse, haute de 3-4 pieds, rameuse au
sommet : feuilles grandes, d'un vert blanchâtre en-
dessus, cotonneuses en-dessous, pinnatifides, à lobes
étroits, quelquefois indivises, épineuses : fleurs d'un
bleu violet, grosses : calice à écailles ovales, terminées
par une longue épine. *v.* Été. Champs arides du Midi.
Cultivé.

**2. A. COMMUN. — C. *scolymus*. L.**

Racine épaisse : tige dressée, épaisse, sillonnée, cotonneuse, peu rameuse, haute de 2-3 pieds : feuilles amples, molles, un peu épineuses, dentées ou pinnatifides, à lanières incisées, cotonneuses en-dessous : fleurs très-grosses, dressées, d'un bleu violet : calice à folioles ovales, obtuses, presque échancrées, rarement épineuses. *v*. Eté. Cultivé.

**3. A. NAIN. — C. *acaulis* Willd.**

Tige naine : feuilles lisses, sans épines, pinnatifides : fleurs bleues, odorantes : calice à folioles lancéolées, dentées : racine charnue. *v*. Cultivé.

**449. SANTOLINE, *Santolina*. L.** Calice hémisphérique imbriqué d'écailles ovales-oblongues : toutes les corolles tubuleuses, égales, à tube comprimé, appendiculé à la base : réceptacle plan, hérissé de paillettes : graine oblongue, tétragone : aigrette nulle.

**1. S. FAUX-CYPRÈS. — *S. chamae-cyparissys*. L.**

Plante blanche-cotonneuse : tiges un peu ligneuses à la base, hautes d'un pied, à rameaux nombreux, effilés, cylindriques : feuilles linéaires, presque à 4 angles, munies de petites dentelures disposées sur 4 rangs : fleurs jaunes, solitaires au sommet de longs pédoncules presque nus : calice cotonneux à écailles carénées. *l*. Eté. Rochers, lieux chauds du Midi.

Dents des feuilles longues, écartées, étalées : *Squarrosa*. WILLD. *S. rude*.

**450. ARMOISE, *Artemisia*. L.** Calice ovoïde ou globuleux imbriqué d'écailles ovales arrondies, ou oblongues, obtuses, serrées : corolles du centre tubuleuses, à 5 dents, à étamines et pistils : celles du bord filiformes, un peu dentelées, sur un rang ou nulles, n'ayant ordinairement qu'un pistil sans étamines : réceptacle nu ou velu, plan : graine sans aigrette, comprimée, dépourvue de côtes.

## § 1. *Réceptacle velu.* — ABSINTHE. T.

### * *Feuilles palmées.*

#### 1. A. DES GLACIERS. — *A. glacialis.* L.

Plante aromatique argentée-soyeuse : tige de 2-7 pouces, simple, presque nue : feuilles presque toutes radicales, longuement pétiolées, divisées en 3-5 lobes entiers ou divisés, palmés : fleurs jaunes , grandes, globuleuses, presque sessiles, en bouquets terminaux : calice à écailles obtuses, bordées de noirâtre, contenant 30-40 fleurs. *v.* Eté. Lieux graveleux des plus hautes montagnes.

#### 2. A. DES ROCHERS. — *A. mutellina.* Will.

Plante très-odorante : tige ascendante , simple, feuillée, haute de 2-8 pouces, fleurie dans le milieu : feuilles blanches-soyeuses ; les inférieures pétiolées, les supérieures sessiles , toutes palmées, à 3-5 lobes linéaires, aigus, entiers et divisés : fleurs petites, jaunes, presque ovales, les inférieures pédonculées, axillaires, les supérieures sessiles en tête : calice à 10-5 corolles, à écailles oblongues, peu obtuses. *v.* Eté. Rochers élevés des plus hautes montagnes.

### ** *Feuilles pinnatifides.*

#### 3. A. ABSINTHE. — *A. Absinthium.* L.

Plante aromatique, grisâtre : tige dressée, striée, anguleuse, un peu rameuse, presque pubescente, haute de 1 à 2 pieds : feuilles molles, blanchâtres en-dessous, les inférieures pétiolées, 3 fois pinnatifides, à segmens lancéolés, ovales, obtus, les caulinaires moyennes 2 fois pinnatifides, puis 1 fois pinnatifides, et celles du haut simples et entières, lancéolées : fleurs globuleuses, petites, nombreuses, penchées, pédonculées, jaunes, en petites grappes disposées en panicule longue : calice velu, à écailles linéaires et ovales, largement scarieuses. *v.* Eté. Lieux secs et arides. Cultivée.

**4. A. camphrée.** — *A. camphorata.* Will.

**Plante** à odeur camphrée : tige ligneuse à la base, rameuse, feuillée, haute de 2 pieds, presque glabre : feuilles presque glabres ou blanchâtres, palmées-multifides, à lobes linéaires, filiformes, simples ou bi-trifides : feuilles florales simples : fleurs jaunâtres, globuleuses, un peu penchées et un peu pédonculées, en grappe terminale : calice à écailles ovales, blanchâtres. *v. l.* Eté. Hautes montagnes.

**Feuilles** toutes 1 ou 3 fois pinnatifides, vertes : *A. laciniata.* L.

### § 2. *Réceptacle nu.* — **ARMOISE.** T.

* *Fleurs presque globuleuses.*

¶ *Feuilles entières.*

**5. A. Estragon.**— *A. Dracunculus.* L.

**Plante** à odeur et saveur pénétrante, aromatique : racine ligneuse : tiges grêles, herbacées, dressées, feuillées, rameuses, glabres, hautes de 1 à 2 pieds : feuilles sessiles, d'un vert foncé, glabres, lancéolées-linéaires, les radicales trifides, les autres entières : fleurs petites, rapprochées, d'un jaune rougeâtre, en grappes axillaires, dressées, feuillées, formant une panicule terminale. *v.* Eté. Cultivée au potager.

¶¶ *Feuilles multifides.*

a *Plante ligneuse à la base.*

**6. A. Aurone.** — *A. Abrotanum.* L.

**Arbrisseau** de 2-3 pieds, très-odorant, à rameaux verdâtres : feuilles pétiolées, pubescentes en-dessous, les inférieures 2 fois, les supérieures 1 fois pinnatifides, à lanières très-étroites, capillaires, d'un vert cendré : fleurs jaunes, disposées en grappes terminales, en forme d'épis : calice pubescent contenant 8 à 10 fleurs. *l.* Eté. Bord des vignes du Midi. Cultivée.

**7. A. à feuilles de camomille. —** *A. chamaemelifolia.* Will.

Plante de 1 à 2 pieds, aromatique : tige à rameaux nombreux, dressés, feuillés : feuilles non ponctuées, d'un vert foncé , presque glabres , les caulinaires toutes sessiles, 2 ou 3 fois pinnatifides, à lanières presque filiformes, aiguës : fleurs jaunes, pédicellées, penchées, en petites grappes unilatérales et dressées en panicule étroite, feuillée. *l.* Eté. Alpes du Dauphiné.

♭ *Plante herbacée.*

**8. A. pontique. —** *A. pontica.* **L.**

Tiges dressées, pubescentes, à rameaux en panicule, hautes de 1 à 2 pieds : feuilles très-nombreuses, courtes, pubescentes, grisâtres en-dessus, blanches-cotonneuses en-dessous, 2 fois ailées, à lanières linéaires, rapprochées-parrallèles, entières ou dentées, les inférieures munies d'oreillettes à la base du pétiole, les florales entières, lancéolées-linéaires, sessiles : fleurs d'un jaune d'or, pédicellées, penchées, en grappes latérales, disposées en panicule : écailles du calice cotonneuses, larges, ovales, obtuses, scarieuses au bord. *v.* Eté, automne. Jura, au Locle. Cultivée.

** *Fleurs oblongues ou ovoïdes.*

**9. A. des champs. —** *A. campestris.* **L.**

Plante peu odorante, variable : tiges dures, couchées à la base, puis redressées, hautes de 1 à 2 pieds, très-rameuses : feuilles non ponctuées, pubescentes et blanchâtres dans la jeunesse, à la fin d'un vert gai et glabres, ovales-arrondies dans leur contour, 2 fois ailées, à lobes entiers ou divisés, à lanières linéaires, aiguës, les feuilles supérieures sessiles, moins divisées : fleurs vertes ou rougeâtres, petites, brièvement pédicellées, en petites grappes axillaires formant une panicule pyramidale , à rameaux étalés : calice ovoïde, glabre et luisant. *v.* Eté. Lieux secs et arides.

Tige ligneuse à la base, rougeâtre, visqueuse au sommet : *A. glutinosa.* Per.

### 10. A. commune. — *A. vulgaris.* L.

Racine épaisse, ligneuse : tiges herbacées, dressées. rougeâtres, striées, hautes de 2-3 pieds, rameuses au sommet : feuilles non ponctuées, munies d'oreillettes à la base, vertes en-dessus, blanches-cotonneuses en-dessous, à contour ovale, pinnatifides, à lobes lancéolés, acuminés, incisés, dentés ou entiers : feuilles supérieures sessiles : fleurs vertes, sessiles, à la fin dressées, cotonneuses, en grappes axillaires formant une longue panicule terminale : calice souvent coloré en rouge. *v.* Eté, automne. Ruines, lieux incultes et bords des routes.

### 11. A. maritime. — *A. maritima.* L.

Plante d'un pied et demi, blanche-cotonneuse, à odeur désagréable : tiges herbacées, ascendantes : feuilles blanches-cotonneuses des 2 côtés, 2 fois pinnatifides, à lanières linéaires, obtuses, les inférieures pétiolées, les supérieures sessiles : fleurs jaunâtres, médiocres, presque sessiles, penchées, disposées en panicule lâche, feuillée, à rameaux étalés, arqués et réfléchis au sommet : calice cotonneux : corolle insérée obliquement sur l'ovaire. *v.* Automne. Bords de la mer.

### 12. A. de France. — *A. gallica.* Willd.

Diffère de la précédente par ses fleurs dressées, en panicule fournie, à rameaux étalés-dressés ; par son calice oblong, ne contenant que 2-3 corolles ; par sa tige un peu ligneuse à la base, moins velue. *v.* Automne. Midi de la France.

**451. TANAISIE,** *Tanacetum.* L. Calice hémisphérique, un peu imbriqué : corolles du bord filiformes, à 3 dents souvent nulles, n'ayant qu'un pistil : celles du centre à étamines et pistil, tubuleuses. à 5 dents : graine anguleuse couronnée par un rebord membraneux en forme de couronne entière ou réduite à un seul côté : réceptacle nu : aigrette nulle.

** Graine couronnée par une membrane en couronne entière.*

### 1. T. COMMUNE. — *T. vulgare.* L.

Racine rampante : plante à odeur forte, amère : tige rayée, dressée, rameuse du haut, s'élevant à 2 ou 3 pieds : feuilles 2 fois ailées, à lobes lancéolés ou linéaires, écartés, incisés-dentés, glabres, munis de petites folioles dentées, intermédiaires : fleurs jaunes, en corymbe terminal : calice glabre, à écailles serrées, obtuses, scarieuses au sommet. *v.* Eté, automne. Haies, bord des chemins. Cultivée.

*** Graine couronnée par une membrane incomplète imitant une couronne dentée ou une languette.*

### 2. T. BALSAMITE. — *T. Balsamita.* L.

Odeur pénétrante assez suave : plante d'un vert blanchâtre : tige dressée, striée-anguleuse, presque glabre, rameuse, haute de 2-3 pieds : feuilles ovales, elliptiques, fermes, obtuses, dentelées, les inférieures à long pétiole, les supérieures sessiles souvent munies d'oreillettes à la base : fleurs jaunes, petites, en corymbes partiels formant presque une panicule rameuse : calice lâchement imbriqué ; toutes les corolles tubuleuses à étamines et pistil. *v.* Automne. Midi. Cultivée.

### 3. T. ANNUELLE. — *T. annuum.* L.

Plante cotonneuse à odeur forte : tige droite, striée, rameuse en corymbe, haute de 2-3 pieds : feuilles radicales 2 fois ailées, celles de la tige une fois ailées, réunies en faisceaux, toutes à lanières étroites, aiguës : fleurs jaunes en corymbe fourni ayant le calice lâche et toutes les corolles tubuleuses, à étamines et pistil. *a.* Eté. Terrains sablonneux du Midi.

**452. IMMORTELLE**, *Xeranthemum*. L. Calice imbriqué d'écailles inégales, scarieuses, luisantes, lancéolées, les intérieures plus longues, colorées, rayonnantes, simulant une fleur radiée ; toutes les corolles tubuleuses, celles du centre à 5 dents, à étamines et pistil ; celles du bord souvent à 2 lèvres et ne contenant qu'un pistil : réceptacle hérissé de paillettes trifides : aigrette à 5-10 paillettes en forme de soies.

1. I. ANNUELLE. — *X. annuum*. L.

Tige de 1 à 3 pieds, cotonneuse, rameuse, dressée : feuilles lancéolées, entières, un peu vertes et cotonneuses, entières : fleurs purpurines ou blanches, grandes, à calice hémisphérique, à écailles glabres, obtuses-mucronées, colorées sur la nervure, les intérieures très-longues. *a*. Eté. Cultivée.

**453. GNAPHALE**, *Gnaphalium*. L. Calice presque simple, à peine imbriqué d'écailles dont les intérieures sont scarieuses ; toutes les corolles tubuleuses, à 4-5 dents, celles du bord souvent stériles ou même nulles : réceptacle plan, nu : aigrette sessile à poils simples.

* *Calice entièrement scarieux.*

1. G. DORÉ.— *G. Stoechas*. L.

Tige ligneuse à la base, blanchâtre, cotonneuse, rameuse : feuilles linéaires, entières, cotonneuses-blanchâtres surtout en-dessous : fleurs d'un jaune doré, en corymbe composé, serré, terminal : calice jaune, à écailles ovales, obtuses. *l*. Eté. Terrains secs du Midi et de l'Ouest.

** *Calice ayant au moins les folioles extérieures laineuses.*

2. G. PIED-DE-CHAT. — *G. dioïcum*. L.

Racine grêle, rampante : tige simple, dressée,

blanche-cotonneuse, haute de 3-6 pouces, poussant
de la racine des jets rampants ou couchés, feuillés :
feuilles sessiles, entières, cotonneuses, plus blanches
en-dessous, les radicales spatulées, obtuses, en rosette, celles de la tige dressées, linéaires-lancéolées,
aiguës : fleurs dioïques, 3-6, médiocres, rapprochées
en corymbe terminal : pédicelles courts, cotonneux :
calice à folioles extérieures ovales, laineuses à la
base, les intérieures oblongues, obtuses, presque en
spatule, blanches dans les fleurs stériles, rougeâtres
dans les fleurs fertiles : aigrette blanche à poils
épaissis au sommet. *v.* Mai. Eté. Collines sèches.

3. G. D'ALLEMAGNE.— *G. Germanicum.* Lam.

Tige redressée, dichotome, diffuse, haute de 4-8
pouces, velue, blanche surtout en haut, à rameaux
ouverts : feuilles linéaires-lancéolées, entières, cotonneuses : fleurs petites, sessiles, jaunâtres, terminales et axillaires, les unes nues, les autres feuillées :
calice anguleux, laineux, à folioles scarieuses au
sommet, terminées par une pointe luisante, longue, en
alène. *a.* Eté. Champs, terrains arides.

454. CONYSE, *Conyza.* L. Calice ovoïde, à folioles imbriquées, aiguës, rudes, les extérieures ouvertes, réfléchies : toutes les corolles tubuleuses,
celles du centre à étamines et pistil, à 5 dents, celles
du bord à 3 dents et à pistil sans étamines : anthères
prolongées en queue : réceptacle nu : graine oblongue : aigrette simple, sessile.

1. C. RUDE. — *C. squarrosa.* L.

Tige dressée, grosse, rameuse du haut, striée,
rougeâtre, pubescente, rude, comme cendrée, haute
de 2-3 pieds : feuilles ovales-oblongues, pubescentes
et un peu rudes en-dessus, aiguës, à dentelures écartées, les radicales rétrécies en pétiole, dentées, les
supérieures entières : fleurs jaune-pâle, en corymbes

terminaux : calice pubescent, à folioles intérieures brunes au bout, les extérieures vertes : graine brune, à aigrette courte, d'un blanc sale un peu rougeâtre. v. Eté. Chemins, bords des bois.

455. CHRYSOCOME, *Chrysocoma.* L. Calice hémisphérique, imbriqué d'écailles linéaires : toutes les corolles tubuleuses, égales, à 5 dents, à peine dépassées par le pistil : réceptacle nu, presque alvéolé : graine comprimée, velue, anguleuse : aigrette simple, sessile, à poils souvent ciliés.

1. C. A FEUILLES DE LIN. —C. *linosyris* L.

Tige dressée, ronde, glabre et striée, rameuse, en corymbe au sommet, haute de 10-18 pouces, très-feuillée : feuilles nombreuses, éparses, glabres, linéaires, aiguës, très-étroites, ascendantes, entières : fleurs jaunes, en corymbe terminal, à pédoncules feuillés : calice lâche, à folioles aiguës : aigrette roussâtre. v. Automne, été. Rochers, montagnes arides.

456. TUSSILAGE, *Tussilago.* L. Calice cylindrique, simple, à folioles dressées, égales, étroites, un peu membraneuses, au nombre de 15-20 ; un petit calicule variable à la base : corolles ordinairement tubuleuses, à étamines et à pistil ; quelquefois celles du bord à pistil seulement, filiformes, nombreuses : réceptacle nu : graine oblongue, striée : aigrette simple, sessile ou pédicellée, blanche.

* *Tige à une seule fleur jaune.*

1. T. PAS-D'ANE.— *T. Farfara.* L.

Racine rampante produisant des tiges ou hampes dressées, hautes de 4-12 pouces, velues, simples, garnies dans toute leur longueur d'écailles glabres en dehors, lancéolées, obtuses, distantes : feuilles toutes radicales, naissant après les fleurs, grandes, en cœur, épaisses, lobées anguleuses, à dents inégales, glabres en-dessus, blanches-cotonneuses en-dessous : fleur

solitaire terminale, jaune, à rayons très-nombreux.
♦. Mars. Terres argileuses et lieux un peu humides.

### 2. T. DES ALPES. — *T. Alpina*. L.

Tige à une seule fleur rougeâtre, ayant toutes ses
corolles tubuleuses. *v.* Lieux un peu humides des
hautes montagnes.

**** *Tige à plusieurs fleurs et dépourvue de feuilles.***

### 3. T. ODORANT. — *T. fragrans*. Vill.

Racine noueuse : feuilles toutes radicales, pétiolées, arrondies, échancrées en cœur, grandes, finement dentelées, pubescentes, un peu blanchâtres en-
dessous : tige droite, striée, velue, haute d'un pied,
garnie d'écailles lancéolées, membraneuses, les inférieures terminées en feuille pétiolée, les autres munies d'un appendice foliacé : fleurs purpurines, radiées,
odorantes, rapprochées en grappe lâche à la base. *v.*
Hiver. Midi. Cultivé.

### 4. T. PETASITE. — *T. Petasites*. L.

Racine épaisse, rampante, noirâtre : tige droite,
haute d'un pied, épaisse, cotonneuse, garnie de larges
écailles rougeâtres, souvent terminées par un appendice foliacé : fleurs rougeâtres, à corolles tubuleuses,
disposées en grappe terminale munie de bractées :
feuilles naissant après les fleurs, radicales, pétiolées,
très-amples, ovales en cœur, vertes en-dessus, blanchâtres, pubescentes en-dessous. *v.* Printemps. Bord
des rivières et des ruisseaux, lieux humides.

457. CACALIE, *Cacalia*. L. Calice simple, formé
de 5-10 écailles égales et étroites, muni à la base de
quelques écailles très-courtes : toutes les corolles tubuleuses, peu nombreuses, à étamines et à pistil bifide très-long : réceptacle nu : graine striée : aigrette
sessile à poils simples, longs et dentés.

### 1. C. velu. — *C. albifrons.* L.

Tige de 2-3 pieds, pubescente, striée, rameuse : feuilles glabres en-dessus, blanchâtres et cotonneuses en-dessous ; les radicales très-grandes, pétiolées, en cœur, anguleuses, à dents inégales aiguës ; les supé-rieures sessiles, lancéolées : pétioles souvent munis d'oreillettes à leur base : fleurs rougeâtres, 3-6 co-rolles par calice, en corymbe lâche, rameux. *v.* Eté. Lieux ombragés des montagnes.

**458. EUPATOIRE,** *Eupatorium.* L. Calice cylin-drique, imbriqué d'écailles étroites, inégales, ne con-tenant que 5-6 corolles tubuleuses, à 5 dents égales : réceptacle nu : style bifide, très-long : graines striées: aigrette sessile à poils simples.

### 1. E. a feuilles de chanvre. — *E. cannabinum.* L.

Tige dressée, haute de 3-4 pieds, striée, pubes-cente, rougeâtre, simple à la base : feuilles opposées, brièvement pétiolées, pubescentes, à 3 folioles lan-céolées, dentées, l'intermédiaire plus longue : fleurs purpurines, petites, nombreuses, en corymbe termi-nal compacte, rameux : calice coloré en rose. *v.* Eté. Lieux humides, fossés, ruisseaux.

Varie à feuilles découpées en 5 folioles, ou entiè-res, ou à fleurs blanches, ou à feuilles alternes.

**459. PAQUERETTE,** *Bellis.* L. Calice hémi-sphérique, à un seul rang d'écailles courtes, égales : fleur radiée : réceptacle nu, conique : graine compri-mée, velue, sans aigrette.

### 1. P. vivace. — *B. perennis.* L.

Feuilles toutes radicales, en spatule, rétrécies en pétiole, entières ou crénelées, presque glabres, éta-lées en rosette : pédoncule radical, pubescent, haut de 2-5 pouces, portant une fleur terminale, blanche ou rougeâtre, à disque jaune et conique : calice à folioles ovales, obtuses, un peu noirâtres. *v.* Presque toute l'année. Prairies, champs frais, presque partout.

2. P. sauvage. — *B. sylvestris.* Willd.

Calice à écailles un peu aiguës : feuilles à 3 nervures. *v.* Midi.

3. P. annuelle. — *B. annua.* L.

Tige feuillée, rameuse : feuilles ovales, obtuses. *a.* Midi.

460. MATRICAIRE, *Matricaria.* Calice presque plan, imbriqué d'écailles scarieuses au bord, obtuses : fleur radiée, jaune au centre, à rayons blancs : réceptacle nu, ovoïde : graines fines, oblongues, striées, nues, sans rebord au sommet : aigrette nulle.

1. M. Camomille. — *M. Chamomilla.* L.

Tige droite, striée, anguleuse, à rameaux dressés, haute d'un pied : feuilles 3 fois ailées, à découpures capillaires, cylindriques, glabres ainsi que toute la plante, d'un beau vert : fleurs terminales, nombreuses, grandes, solitaires sur les pédoncules, en corymbe : rayons entiers ou bifides, réfléchis après la fleuraison. Odeur forte de fourmi. *a.* Eté. Champs.

2. M. odorante. — *M. suaveolens.* L.

Odeur agréable, saveur aromatique : tige droite, à rameaux étalés : feuilles 3 fois ailées, à lanières plus grêles : fleurs petites : calice à écailles peu obtuses ou presque aiguës. *a.* Eté. Lieux sablonneux du Midi.

461. CHRYSANTHÈME, *Chrysanthemum.* L. Calice hémisphérique-aplani, imbriqué d'écailles scarieuses au bord : fleur radiée : réceptacle nu, plan ou convexe : graine nue, terminée quelquefois par un rebord membraneux peu marqué, plus ou moins saillant ou formant un godet : aigrette nulle.

★ *Graine sans rebord au sommet.*

1. C. grande marguerite. — *C. leucanthemum.* L.

Tige simple ou rameuse, haute de 1 à 2 pieds, anguleuse : feuilles radicales pétiolées, ovales, renver-

sées, arrondies au sommet, crénelées, les supérieures
étroites, sessiles, embrassantes, dentées en scie, à
dents plus profondes vers la base : fleurs grandes, so
litaires au bout de longs pédoncules nus : rayons
blancs, à 2-3 denticules, entourant un disque jaune :
graine oblongue. *v.* Eté. Prés, bois.

2. C. DES BLÉS. — *C. segetum.* L.

Tige dressée, rameuse, étalée, sillonnée, glabre,
haute de 1 à 2 pieds : feuilles embrassantes, glabres,
les inférieures oblongues élargies au sommet, presque ailées, à lobes inégaux, dilatés, trifides, les su-
périeurès dentées : fleurs tout-à-fait jaunes, terminales, solitaires à l'extrémité des rameaux : rayons
larges, à 2 lobes : graine courte. *a.* Eté. Terrains argileux.

** *Graine couronnée par une membrane en godet.*

3. C. MATRICAIRE. — *C. Parthenium.* Pers.

Tige dressée, rameuse, en panicule au sommet,
sillonnée, s'élevant à 2 pieds : feuilles pubescentes,
pétiolées, les inférieures 2 fois ailées, à folioles profondément pinnatifides, à découpures lancéolées, planes, incisées, mucronées, les supérieures simplement
ailées, puis pinnatifides, les terminales simples : fleurs
blanches à centre jaune, terminales, à pédoncule rameux : calice velu : rayon presque ovale, bifide : réceptacle convexe : graine à 2-4 dents courtes. *v.*
Eté. Champs, ruines.

4. C. DES JARDINS. — *C. coronarium.* L.

Tige rameuse : feuilles 2 fois ailées : fleurs jaunes
à rayons quelquefois un peu blanchâtres au bout. *a.*
Cultivé.

462. SOUCI, *Calendula.* L. Calice à folioles sur
1 ou 2 rangs, presque égales (14-20), écartées :
fleurs radiées : graines de deux formes, celles du

bord membraneuses au sommet, les intérieures nues, sans aigrette, toutes courbées, dentées.

1. S. des champs. — C. arvensis. L.

Tige grêle, striée, rude, rameuse, un peu velue, haute de 10-12 pouces : feuilles oblongues, ovales-lancéolées, simples, à peine dentées, sessiles, presque glabres : fleurs petites, jaunes, terminales : corolles du centre à étamines, celles du bord à pistil : graines intérieures courbées en cercle, creusées en nacelle, hérissées d'aspérités sur le dos, et renfermées dans des espèces de capsules membraneuses ; les extérieures lancéolées, plus longues, nues en dedans, en crête sur le dos, souvent prolongées en 2 pointes au sommet. *a*. Été. Vignes.

2. S. des jardins. — C. officinalis. L.

Diffère du précédent surtout par ses feuilles en spatule ; ses fleurs plus grandes, d'un jaune orangé ou doré ; par ses graines presque égales en longueur, celles du bord plus larges, souvent lisses, les intérieures courbées en arc, hérissées. *a*. Été. Jardins, champs du Midi.

**463. SENEÇON**, *Senecio*. L. Calice caliculé, cylindrique ou conique, à folioles étroites, égales, se touchant par le bord, et noirâtres au sommet ; le calicule petit, couvrant la base : corolles tubuleuses à 5 dents, celles du centre à pistil et étamines ; des corolles en languette au bord, à pistil seulement ; rarement elles sont toutes tubuleuses : réceptacle nu : graines ovales, sillonnées : aigrette molle, sessile, à poils simples, souvent caduque dans les graines du bord.

⋆ *Feuilles pinnatifides, sinuées.*

**a** *Graines un peu hérissées.*

1. S. commun. — S. vulgaris. L.

Tige dressée, rameuse, tendre, glabre ou à peu près, fistuleuse, s'élevant de 3-12 pouces : feuilles

sessiles, embrassantes, molles, un peu épaisses et
succulentes, oblongues, pinnatifides, à lobes anguleux,
dentés ou linéaires, un peu roulés en-dessous par les
bords presque crépus : les inférieures rétrécies en pétiole :  fleurs jaunes, éparses, presque en panicule,
portées sur des pédicelles solitaires : corolles toutes
tubuleuses. *a.* Toute l'année, dans les lieux cultivés.

2. S. Jacobée. — S. Jacobaea. L.

Tige dressée, haute de 1 à 3 pieds, rameuse du
haut, glabre, striée, ferme : feuilles glabres ou un peu
laineuses, les inférieures pétiolées, ovales, rétrécies à
la base, lyrées ou pinnatifides, les supérieures sessiles,
embrassant la tige par deux oreillettes lobées, pinnatifides, à lobes obtus, dentés ou sinués : fleurs jaunes,
radiées, en corymbe terminal, dont les rameaux sont
dressés : rayons de la fleur plans, roulés à la maturité : calice glabre : graines du bord souvent glabres,
à aigrette caduque. *v.* Eté. Prés, bois, chemins.

Varie à fleurs non radiées.

**b** *Graines glabres.*

3. S. blanchâtre. — S. incanus. L.

Tige de 3-6 pouces, cotonneuse, droite : feuilles
blanches-cotonneuses des 2 côtés, les inférieures
ovales, pinnatifides, à lobes incisés, obtus, les supérieures oblongues : fleurs d'un jaune doré, radiées,
en corymbe serré. *v.* Eté. Hautes montagnes.

Varie à feuilles 2 fois ailées.

** *Feuilles indivises.*

4. S. des marais. — S. paludosus. L.

Tige simple, glabre, sillonnée, haute de 2-4 pieds,
un peu laineuse en haut : feuilles très-longues, lancéolées, aiguës, dentées en scie, sessiles, laineuses
en-dessous : fleurs jaunes, peu nombreuses, à 12-15
rayons plans, en corymbe terminal : pédoncules lai-

neux : calice glabre : graines glabres : aigrette d'un blanc sale. *v.* Eté. Lieux marécageux, bords des eaux.

**464. ARNIQUE,** *Arnica.* L. Calice à 2 rangs d'écailles presque égales, lancéolées : fleurs radiées : corolles du centre tubuleuses, à 5 dents, à étamines et pistil ; celles du bord en languette, à 3 dents . à pistil, et à 5 filaments stériles : réceptacle nu : graine striée, oblongue : aigrette sessile, longue, à poils rudes. Fleurs jaunes.

1. A. DES MONTAGNES. — *A. montana.* L.

Racine noirâtre : plante couverte de poils rudes. rares : tige d'un pied, striée, simple, rarement divisée en 2-3 longs pédoncules opposés : feuilles d'un vert pâle, à 3-5 nervures, fermes, épaisses, simples, les radicales entières, obtuses, oblòngues-rétrécies , en pétiole, étalées ; celles de la tige opposées, presque embrassantes, petites, lancéolées, au nombre de 2 ou 4 : fleurs grandes, odorantes, d'un jaune d'or, solitaires à l'extrémité de la tige ou des rameaux : pédoncules et involucres velus : aigrette d'un blanc sale, à poils ciliés : graine velue. *v.* Mai, août. Prairies et prés un peu humides des hautes montagnes.

Varie à feuilles étroites, ou à feuilles caulinaires 3 à 3.

**465. AUNÉE,** *Inula.* L. Calice imbriqué sur 2-3 rangs, à folioles lâches, étalées au sommet : fleur radiée, large : corolles du centre tubuleuses, à 5 dents, celles du bord en languette, de même couleur, dépourvues d'étamines : réceptacle nu, plan : anthères prolongées chacune en 2 soies égalant les filets : graine linéaire, à 4 angles : aigrette sessile, à poils simples, entourée quelquefois d'une membrane entière ou dentée.

* *Ecailles intérieures du calice linéaire, en spatules sur un rang, les extérieures larges, ovales : aigrette sur un rang.* (Corvisartia, MÉRAT).

1. A. OFFICINALE. — *I. Helenium.* L.

Racine grosse, charnue, brune en-dehors, blanche en-dedans, amère : tige ferme, droite, haute de 3-4 pieds, grosse, striée, velue, peu rameuse : feuilles grandes, à dents inégales, cotonneuses en-dessous, vertes et rudes en-dessus, les radicales pétiolées, elliptiques, oblongues, pointues, celles de la tige presque en cœur, ovales, embrassantes, aiguës : fleurs fort grandes, terminales, jaunes, en corymbe peu fourni : calice à folioles extérieures foliacées, velues, les intérieures glabres, colorées : rayons étroits, très-nombreux : graines glabres : aigrette d'un blanc sale. *v.* Eté. Lieux humides.

** *Calice à folioles semblables : aigrette simple : graine glabre.* (Inula, GAERT.)

2. A. DE VAILLANT. — *I. Vaillantii.* Vill.

Tige dressée, pubescente, rameuse, haute de 1 à 2 pieds : feuilles oblongues, lancéolées, entières ou dentelées, cotonneuses-blanchâtres en-dessous, les radicales pétiolées, celles de la tige sessiles : fleurs jaunes, 1-4 presque en corymbe terminal : calice cotonneux. *v.* Eté. Lieux humides.

*** *Calice à folioles semblables : graines hérissées : aigrette double, l'extérieure très-courte, en forme de rebord denté.* (Pulicaria, GAERT).

§ *Tige rameuse.*

3. A. PULICAIRE.— *I. Pulicaria.* L.

Tige dressée, striée, un peu laineuse surtout en haut, rameuse, haute de 10-15 pouces : feuilles oblongues-lancéolées, arrondies à la base, sessiles, un peu embrassantes, entières, ondulées, velues, blanchâtres des deux côtés, les jeunes très-cotonneuses : fleurs jaunes, presque globuleuses, petites, à rayons très-courts, quelquefois nuls, terminales, presque en corymbe : calice laineux, à folioles pressées. *a.* Eté. Terres inondées l'hiver. Chemins.

4. A. DYSENTÉRIQUE. — *I. dysenterica.* **L.**

Racine épaisse, âcre : tige de 1 à 2 pieds, rameuse, paniculée, anguleuse, dressée, blanchâtre, cotonneuse surtout en haut : feuilles inférieures oblongues-lancéolées, les autres embrassantes, oblongues, en cœur, sessiles, à peine dentées, ondulées sur les bords, velues, blanchâtres surtout en-dessous : fleurs jaunes, terminales, en panicule presque en corymbe lâche, à rameaux dépassant souvent la tige : rayons dépassant le calice à folioles très-étroites, en alène. *v.* Fossés, ruisseaux.

5. A. VISQUEUSE. — *I. viscosa.* **Desf.**

Tige de 3-4 pieds, velue-visqueuse, ligneuse à la base : feuilles sessiles, lancéolées, denticulées, visqueuses-pubescentes : fleurs jaunes, solitaires sur des pédoncules feuillés: calice glabre, à folioles linéaires. *l. v.* Automne, Midi.

§§ *Tige simple.*

6. A. ODORANTE. — *I. odora.* **L.**

Racine très-odorante : tige de 2 pieds, velue, souvent uniflore : feuilles velues, les radicales pétiolées, ovales, celles de la tige lancéolées, embrassantes, à bords plans : fleurs jaunes, très-grandes, 1-3. *v.* Eté. Terrains maritimes du Midi.

466. VERGE D'OR, *Solidago.* **L.** Calice oblong, imbriqué d'écailles étroites, droites, acuminées, pressées : fleurs radiées : 5-9 rayons à 3 dents, sans étamines : réceptacle nu : graines pubescentes : aigrette sessile à poils simples.

1. V. **COMMUNE**. — *S. virga aurea*. L.

**Tige** simple, haute de 2-3 pieds, dressée, ferme, anguleuse, souvent rougeâtre, pubescente vers le haut ou glabre : feuilles ovales, lancéolées, pointues, denticulées, rétrécies en pétiole, les supérieures plus étroites, presque entières, ondulées, toutes plus ou moins pubescentes, fermes : fleurs jaunes en long épi ou panicule formée de grappes courtes, axillaires : rayons oblongs ou elliptiques, écartés : aigrette d'un blanc sale. *v.* Eté, automne. Bois.

2. V. **FÉTIDE**. — *S. graveolens*. Fl. fr.

**Tige** rameuse, diffuse, velue, un peu visqueuse au sommet, odorante quand on la touche, haute d'un pied : feuilles lancéolées, longues, entières, un peu glabres : fleurs jaunes, petites, nombreuses, en panicule rameuse, étalée : calice à folioles un peu rudes et un peu étalées. *v.* Automne. Terrains humides du Midi et du Centre.

**467. ASTÈRE**, *Aster*. L. Calice imbriqué de folioles dont les extérieures étalées : fleurs radiées à corolles du centre tubuleuses, d'une couleur différente des corolles du bord qui sont nombreuses, en languette à 3 dents, à pistil seulement : réceptacle nu : graines comprimées : aigrette sessile, à poils simples.

* *Rameaux à plusieurs fleurs : feuilles supérieures entières.*

1. A. **ŒIL DE CHRIST**. — *A. Amellus*. L.

**Plante** velue-rude : tige dressée, haute d'un pied, rameuse, en corymbe au sommet : feuilles ciliées, les radicales en spatule, ovales, obtuses, à 3 nervures, dentées, les supérieures oblongues-lancéolées, sessiles, entières : fleurs bleu-lilas, à centre jaune, en corymbe : calice à écailles obtuses, ciliées, rouges au sommet : graine velue, à aigrette roussâtre. *v.* Automne. Collines sèches exposées au soleil.

**2. A. PANICULÉ. — *A. novi Belgii.* L.**

Tige très-rameuse, paniculée, anguleuse, un peu poilue au sommet : feuilles glabres, lisses, rudes au bord, allongées-lancéolées , presque entières, demi-embrassantes : fleurs bleu-violet à centre jaune : calice à écailles linéaires-lancéolées, aiguës, ciliées sur les bords : graine velue à aigrette rousse. *v.* Automne. Lieux secs. Originaire d'Amérique.

** *Rameaux ne portant qu'une fleur : feuilles dentées.*

**3. A. REINE MARGUERITE. — *A. chinensis.* L.**

Tige d'un pied et plus, velue, rameuse : feuilles pétiolées, ovales, à grosses dents, presque glabres, les supérieures oblongues : rameaux axillaires, longs, à une fleur grande, bleue, rouge, blanche, jaune, etc. : calice à folioles ciliées , foliacées , obtuses : graine presque en coin, velue : aigrette sur 2 rangs, l'extérieure en couronne courte. *a.* Automne. Jardins.

468. VERGERETTE, *Erigeron.* L. Calice imbriqué, oblong, à folioles en alène, étroites : fleur radiée à corolles du centre tubuleuses, d'une couleur différente des corolles du bord sur plusieurs rangs, en languette très-étroite, ou filiformes, à pistil seulement : réceptacle nu : graines oblongues, un peu velues : aigrette sessile, à poils simples, roussâtres.

* *Fleurs d'un jaune pâle, blanchâtres au centre.*

**1. V. DU CANADA. — *E. Canadense.* L.**

Tige dressée, rameuse, en panicule, striée, hérissée, haute de 1 à 3 pieds : feuilles rudes, hérissées de quelques poils rares , ciliées , linéaires-lancéolées , longues, rétrécies aux deux bouts , les inférieures munies de quelques dents profondes : fleurs nombreuses, petites, en panicule occupant plus de la moitié de la tige, entremêlées de folioles linéaires, étroites, entières : calice glabre, ouvert. *a.* Eté. Octobre. Lieux arides, chemins.

** *Fleurs bleuâtres ou purpurines, à centre jaune.*

2. V. ACRE. — *E. acre.* L.

Plante hérissée de poils blanchâtres : tige dressée, striée, rameuse, rougeâtre, feuillée, haute de 1 à 2 pieds : feuilles rudes, entières, les inférieures oblongues, en spatule ou lancéolées, les supérieures plus étroites, seulement lancéolées : fleurs rougeâtres ou bleuâtres, à centre jaune, peu nombreuses, assez grosses, presque solitaires sur des pédoncules alternes étalés en panicule imitant le corymbe : calice velu : aigrette d'un brun rougeâtre. *v.* Eté. Lieux arides, chemins.

469. TAGÉTE, *Tagetes.* L. Calice tubuleux, oblong, à 5 angles, à folioles sur un rang et soudées : fleur radiée à corolles du centre longues, tubuleuses, à 5 dents, celles du bord au nombre de 5, en languette large, obtuse, à pistil seulement : réceptacle nu, petit : graines linéaires, comprimées, un peu plus courtes que le calice : aigrette formée de 5 paillettes dressées, acuminées, inégales.

1. T. ŒILLET D'INDE. — *T. patula.* L.

Tige étalée, rameuse : feuilles ailées à lobes lancéolés, dentés, ciliés : fleurs jaunes à pédoncules uniflores peu renflés sous le calice : involucre cylindrique, lisse. *a.* Eté. Cultivé.

2. T. DRESSÉ. — *T. erecta.* L.

Diffère par sa tige dressée, par ses pédoncules très renflés au sommet, par son involucre anguleux. *a.* Eté, Automne. Cultivé.

470. ACHILLÉE, *Achillea.* L. Calice ovale, ou oblong, imbriqué d'écailles ovales : fleurs radiées à corolles du centre tubuleuses, celles du bord au

nombre de 5-10, à languette courte, presque arrondie, à 2-3 dents : réceptacle presque plan, garni de paillettes lancéolées : graines comprimées : aigrette nulle.

### § 1. *Fleurs jaunes.*

1. A. VISQUEUSE. — *A. Ageratum.* **L.**

Plante glabre, odorante : tige droite, peu rameuse, haute de 2 pieds : feuilles lancéolées-oblongues, obtuses, dentées en scie, vertes, un peu visqueuses, rétrécies en court pétiole, et réunies ordinairement en faisceaux : fleurs petites, en corymbe rameux, terminal et serré. *v.* Eté. Midi.

### § 2. *Fleurs blanches ou rougeâtres.*

* *Feuilles indivises, simplement dentées.*

2. A. STERNUTATOIRE. — *A. Ptarmica.* **L.**

Tige simple, dressée, striée, haute de 1 à 2 pieds, légèrement pubescente au sommet : feuilles linéaires, pointues, longues, glabres, sessiles, à dents de scie très-fines et se touchant : fleurs blanches, grandes, en corymbe terminal, feuillé : calice velu. *v.* Eté. Prés humides.

** *Feuilles radicales 1 ou 2 fois pinnatifides.*

ℐ *Plante cotonneuse blanchâtre.*

3. A. NAINE. — *A. nana.* **L.**

Plante très-odorante : tige de 3-4 pouces, droite, simple : feuilles radicales 2 fois ailées, celle de la tige 1 fois ailées, à lanières linéaires, dentées : fleurs blanches en corymbe : calice à écailles bordées de brun. *v.* Eté. Hautes montagnes.

ℐℐ *Feuilles glabres.*

4. A. NOIRE. — *A. atrata.* **L.**

Tige droite, simple, pubescente, haute de 8-15

pouces : feuilles glabres, presque sessiles, ailées, à folioles linéaires, aiguës, nombreuses, en dents de peigne, entières ou à 3 lobes : côte large, ailée : fleurs blanches, à centre jaune, en corymbe simple, serré, terminal : pédoncules pubescents : calice à écailles entourées d'un large bord noir. *v.* Eté. Hautes montagnes. Odeur aromatique.

5. A. musquée. — A. moschata. L.

Plante à odeur exquise : tiges droites, simples, glabres ou pubescentes, hautes de 10-15 pouces : feuilles ailées en dents de peigne, à lobes linéaires, opposés, entiers, obtus, peu nombreux : fleurs 5-8, blanches, à centre jaune, en corymbe nu, terminal : calice à écailles bordées d'une ligne brune, étroite. *v.* Eté. Rochers des Alpes.

*** Feuilles toutes 2 fois pinnatifides.

6. A. mille-feuille. — M. Millefolium. L.

Plante à odeur forte : tige dure, dressée, peu rameuse, sillonnée, un peu velue, haute de 1 à 2 pieds : feuilles étroites, allongées, d'un gros vert, presque glabres, 2 fois ailées, à lanières linéaires, étroites, dressées, dentées, à dents aiguës : fleurs petites, nombreuses, blanches, rougeâtres ou rouges en corymbes fournis au sommet de la tige et des rameaux : rayons au nombre de 5, presque en cœur renversé : calice à écailles bordées d'une ligne rougeâtre. *v.* Eté. Lieux secs, chemins.

7. A. noble. — A. nobilis. L.

Plante à odeur aromatique, camphrée : tige ronde, pubescente, droite, haute de 12-15 pouces : feuilles ovales-élargies au sommet, étroites à la base, 2 fois ailées, un peu velues, à lobes étroits, écartés, dentés, pointus : côte ailée : fleurs blanches à centre jaune, en corymbes à l'extrémité des rameaux. *v.* Eté, Automne. Terrains secs du Midi.

**8. A. ODORANTE. — *A. odorata*. L.**

Diffère par sa tige de 3-6 pouces, par ses feuilles ovales élargies à la base, à lobes obtus, linéaires, entiers, et par son corymbe serré et simple. Alpes.

**471. CAMOMILLE, *Anthemis*. L.** Calice hémisphérique, imbriqué d'écailles scarieuses au sommet, presque égales, linéaires : fleur radiée, à corolles du centre tubuleuses, à tube comprimé à 2 ailes, celles du bord en languette lancéolée, à pistil seulement, au nombre de 15-20 : réceptacle convexe ou conique, garni de paillettes : graines lisses ou tuberculeuses, anguleuses, nues ou couronnées par un rebord entier ou denté.

§ 1. *Fleur à languettes blanches : centre de la fleur jaune.*

* *Graine nue au sommet, sans rebord ni cavité.*

¶ *Paillettes du réceptacle obtuses, déchirées-dentées au sommet.*

**1. C. ROMAINE. — *A. nobilis*. L.**

Plante velue-grisâtre, odorante : tiges de 4-6 pouces, couchées, rameuses dès la base : feuilles oblongues, 2 fois ailées, à lanières filiformes, simples ou à 2-3 lobes aigus : fleurs solitaires, terminales, portées sur de longs pédoncules nus, à odeur agréable : calice velu, à folioles blanchâtres et obtuses : graines petites, lisses, ovoïdes : réceptacle ovoïde. *v*. Été. Pâturages secs, terrains sablonneux.

*Paillettes du réceptacle terminées en pointe allongée.*

**2. C. ÉLEVÉE. — *A. altissima*. L.**

Plante pubescente, à odeur agréable : tige dressée, rameuse, rougeâtre, haute de 2-4 pieds : feuilles pinnatifides, à lobes lancéolés, aigus, et munis à leur base d'une petite dent recourbée : fleurs solitaires sur

des pédoncules renflés au sommet, disposées en corymbe : paillettes planes, oblongues, brusquement
terminées par une pointe longue, presque épineuse,
dépassant les fleurons. *a*. Eté. Champs et sables maritimes du Midi.

### 3. C. PUANTE. — *A. cotula*. L.

Plante à odeur fétide : tige rameuse, étalée, dressée,
glabre, haute d'un pied et plus : feuilles 2 fois ailées,
à lanières linéaires, en alène, entières ou à 2-3 lobes
aigus : fleurs terminales, à longs pédoncules grêles :
calice à folioles obtuses : réceptacle ovoïde , à paillettes linéaires en soies, plus courtes que les fleurons :
graines tuberculeuses en long. *a*. Eté. Chemins, lieux
cultivés un peu humides.

** *Graine couronnée par une membrane, ou creusée
en godet.*

### 4. C. DES CHAMPS. — *A. arvensis*. L.

Plante velue-grisâtre, à odeur forte, presque fétide :
tige dressée, rameuse, rarement étalée, rougeâtre à
la base, haute de 1 à 2 pieds : feuilles un peu cotonneuses, courtes, 2 fois ailées, à lanières étroites, entières ou à 2-3 lobes aigus : fleurs assez grandes, solitaires sur de longs pédoncules nus : calice un peu
velu, à folioles scarieuses au bord, brunâtres au bout :
rayons souvent réfléchis en-dehors : réceptacle conique, à paillettes en nacelle, lancéolées, en pointe raide
dépassant les fleurons : graines un peu à 4 angles,
lisses, comme tronquées , creusées au sommet. *a*.
Eté. Lieux cultivés.

### 5. C. PYRÈTHRE. — *A. Pyrethrum*. L.

Racine charnue, à saveur brûlante : tiges nombreuses, feuillées, ordinairement simples et à une
fleur, hautes d'un pied : feuilles d'un vert tendre,
2 fois ailées, à lanières un peu charnues : fleurs
grandes, terminales, à rayons blancs en-dessus, rou-

geâtres en-dehors : graine très-petite, plane, bordée sur les angles et au sommet. *a.* Eté. Midi, Levant.

§ 2. *Fleur à languettes et centre jaunes.*

6. C. DES TEINTURIERS. — *A. tinctoria.* L.

Plante velue-cotonneuse : tige dressée, haute de 1 à 2 pieds, dure, striée, rougeâtre à la base, blanchâtre en haut, rameuse en corymbe : feuilles planes, d'un vert pâle, blanchâtres et velues en-dessous, 2-3 fois ailées, à découpures fines, aiguës : fleurs assez grandes, à odeur forte, à longs pédoncules nus, blanchâtres : calice à folioles étroites, velues, brunâtres au sommet : réceptacle convexe, garni de paillettes lancéolées, en alène, pliées en carène : graine lisse, couronnée par une membrane entière. *v.* Eté. Prés secs et arides du Midi et de la plaine.

**472. HÉLIANTHE,** *Helianthus.* L. Calice imbriqué de folioles nombreuses, oblongues, ouvertes ou réfléchies : fleurs radiées, à corolles du centre tubuleuses, ventrues vers la base, à étamines et pistil ; celles du bord en languette, oblongues, entières, sans pistil ni étamines : réceptacle grand, plan, muni de paillettes lancéolées, caduques : graines oblongues, obtuses, à 4 angles, comprimées, couronnées par 2 paillettes lancéolées, molles, aiguës, caduques.

* *Plante annuelle.*

1. H. TOURNESOL. — *H. annuus.* L.

Tige droite, épaisse, feuillée, velue, rude, simple ou rameuse du haut, s'élevant jusqu'à 8-10 pieds : feuilles grandes, pétiolées, ovales, en cœur, pointues, dentées : pédoncules renflés sous les fleurs très-grandes, terminales, penchées, jaunes. *a.* Eté. Originaire du Pérou. Cultivé.

## ** *Plante vivace.*

#### 2. H. TOPINAMBOURG. — *H. tuberosus.* L.

Racine composée de tubercules arrondis ou ovoïdes, charnus, blancs intérieurement, rougeâtres en-dehors : tige droite, épaisse, rude-velue, haute de 6-10 pieds : feuilles rudes, pétiolées, aiguës, les inférieures ovales, en cœur, les supérieures oblongues. un peu décurrentes : fleurs jaunes, médiocres, solitaires à l'extrémité de la tige et des rameaux axillaires. *v.* Automne. Originaire du Brésil. Partout presque spontanée.

#### 3. H. MULTIFLORE. — *H. multiflorus.* L.

Racines fibreuses : tige rameuse, rude : feuilles rudes, pétiolées, à 3 nervures, les inférieures en cœur, les supérieures ovales : fleurs jaunes : calice à folioles un peu ciliées. *v.* Eté. Cultivé.

### 473. BIDENT, *Bidens.* L. Calice imbriqué de

folioles nombreuses, sur 2 rangs, presque égales, oblongues, les extérieures lâches : fleurs radiées, à corolles du centre tubuleuses, à étamines et pistil; celles du bord ordinairement tubuleuses, quelquefois en languette et stériles : réceptacle plan, à paillettes presque planes : graines anguleuses, surmontées de 2-5 arêtes persistantes et hérissées de dents crochues.

#### 1. B. CHANVRE AQUATIQUE. — *B. tripartita.* L.

Tige dressée, rougeâtre, haute de 1 à 2 pieds, glabre, rameuse : feuilles ailées à 3 ou 5 folioles oblongues, dentées en scie, glabres : fleurs jaunes, dressées : calice entouré à la base de 4-5 bractées foliacées, glabres, ciliées, lancéolées : graine brune, hérissée sur les angles, à 2 paillettes hispides. *v.* Eté. Lieux humides, fossés.

#### 2. B. PENCHÉ. — *B. cernua.* L.

Tige velue, dressée, rameuse, haute d'un pied : feuilles glabres, opposées, embrassantes, lancéolées, dentées en scie : fleurs terminales, jaunes, penchées avant la fleuraison, dépassées par les bractées foliacées, lancéolées, entières : calice à folioles glabres, striées, lancéolées, jaunâtres au bord : graine à 4 arêtes. *a.* Eté. Lieux aquatiques, fossés, mares.

Fleurs à corolles toutes tubuleuses.

Fleurs radiées : *Coreopsis bidens*, L. B. Coréopsis.

---

# Vingtième Classe.

—

**ÉTAMINES soudées ensemble au moins par les anthères : FLEURS SIMPLES : Ovaire à plusieurs graines. — SYMPHYSANDRIE.**

—

## ORDRE UNIQUE.

**CINQ ÉTAMINES. — PENTANDRIE.**

**A FLEURS SOLITAIRES.**

§ 1. *Fleur munie d'un éperon.*

* *Calice à 2 sépales.*

Stigmates 5, soudés : capsule grêle, s'ouvrant de la base au sommet. . . . . . . . . . . 124. IMPATIENTE.

Stigmates 5, distincts : capsule ovale, s'ouvrant du sommet à la base . . . . . . . . . . 123. BALSAMINE.

** *Calice à 5 sépales.*

Fleurs penchées à pédoncules solitaires . . . . . . . . . . 125. VIOLETTE.

§ 2. *Fleur sans éperon.*

Corolle en roue, à 5 lobes
   égaux : fruit en baie. . . . .   91. MORELLE.
Corolle à 5 lobes irréguliers,
   linéaires : capsule. . . . . . 117. LOBÉLIE.

**B** FLEURS RÉUNIES DANS UN CALICE COMMUN.

Corolle en roue, à 5 lobes linéaires, profonds. . . . . . . 474. JASIONE.

474. JASIONE, *Jasione.* L. Calice commun (*in-volucre*) à 12-18 folioles placées sur 2-3 rangs : calice particulier, coloré, à 5 dents très-déliées : corolle à 5 lobes linéaires, d'abord soudés, se séparant de la base au sommet : 5 étamines à anthères un peu soudées entre elles : style saillant : capsule infère à 2 valves, à 2 loges, à plusieurs graines, s'ouvrant par un trou au sommet.

1. J. DE MONTAGNE. — *J. montana.* L.

Tiges souvent diffuses, rameuses, longues de 6-10 pouces, nues dans le haut, hérissées : feuilles étroites, nombreuses, linéaires-lancéolées, obtuses, rétrécies à la base, ondulées, rarement dentées, glabres ou hérissées de poils blancs : fleurs d'un beau bleu, ou blanchâtres, pédicellées, réunies en tête solitaire, globuleuse, au bout d'un long pédoncule, et entourée de folioles ovales : capsule pédicellée. *a. a.* Eté. Collines sèches, lieux sablonneux.

2. La J. VIVACE, *J. perennis.* Lam.,

A les feuilles linéaires, presque lisses, planes, un peu obtuses.

# Vingt-unième Classe.

—

## ÉTAMINES SOUDÉES SUR LE PISTIL.
### — GYNANDRIE.

—

## PREMIER ORDRE.
### DEUX (OU UNE) ÉTAMINES.

** Fleur munie d'un éperon.*

Eperon allongé . . . . . . . . . 475. ORCHIS.
Eperon très-court, consistant
   en un renflement. . . . . . 476. SATYRION.

*** Fleur sans éperon ni bosse.*

Labellum très-prononcé, divisé. 477. OPHRYS.
Labellum entier, concave. . . 478. SERAPIAS.
Capsule en forme de silique
   charnue : plante exotique, parasite. . . . . . . . . . . .     VANILLE.

—

## II ORDRE.
### SIX ÉTAMINES OU DAVANTAGE. — POLYANDRIE.

Périanthe coloré, irrégulier, prolongé en languette : étamines
   soudées par les filets . . . . 479. ARISTOLOCHE.
Périanthe coloré en-dedans, ré-
   gulier, à 3 lobes : filets des
   étamines libres. . . . . . . 309. ASARET.
Plante rouge ou jaune, à écailles
   charnues : baie. . . . . . . 480. CYTINET.

475. ORCHIS, *Orchis.* L. Périanthe irrégulier, à
6 divisions profondes, dont 3 intérieures, les 5 supérieures ordinairement rapprochées en casque, l'infé-

rieure nommée *labellum* (tablier) très-prononcée, et ayant en-dessous un éperon allongé : stigmate convexe, situé en avant du style : anthère à 2 loges soudées au sommet du style, contenant 2 masses de pollen pédicellées : ovaire infère, tordu, à 3 valves, à 1 loge : graines nombreuses.

§ 1. *Racine composée de 2 tubercules entiers.*

* *Labellum en languette, entier : éperon plus long que l'ovaire.* — Platanthera. R.

1. O. A DEUX FEUILLES. — *O. bifolia.* L.

Tige dressée, simple, haute de 12-18 pouces : feuilles radicales, ovales, oblongues, obtuses, rétrécies en pétiole engaînant, au nombre de 2 ou 3 ; celles de la tige lancéolées, petites : fleurs blanches, odorantes, alternes, en épi allongé, lâche : labellum linéaire, obtus, verdâtre, plus court que l'éperon qui est courbé et très-long. *v.* Été. Bois.

Fleurs sans odeur, d'un blanc sale : plante plus grande. *a. O. chlorantha* : O. verdâtre.

** *Labellum à 3 lobes, muni de 2 petites cornes à sa base.* — Anacamptis.

2. O. PYRAMIDAL. — *O. pyramidalis.* L.

Tige dressée, simple, haute de 12-18 pouces, feuillée : feuilles lancéolées, aiguës, pliées en gouttière, les supérieures courtes, engaînantes : fleurs serrées, rouges, petites, en épi court, conique, devenant oblong : bractées égalant l'ovaire : labellum à 3 lobes égaux, presque entier, à éperon courbe, grêle, égalant l'ovaire. *v.* Juin. Prés secs.

*** *Labellum à 3 lobes, sans cornes à la base. —* Orchis.

¶ *Divisions supérieures de la corolle plus ou moins soudées, connivenles, formant comme une voûte ou un casque.*

3. O BOUFFON. — *O. morio.* L.

Tige dressée, simple, haute de 4-6 pouces : feuilles linéaires, longues : fleurs rayées de vert, grandes, purpurines, lilas ou blanches, odorantes, en épi court, lâche : bractées égalant l'ovaire : labellum trés-large, ponctué, à 4 lobes courts, obtus, un peu crénelés : éperon presque droit, obtus, un peu plus court que l'ovaire. *v.* Mai. Prés, bois.

4. O. PUNAISE. — *O. coriophora.* L.

Tige dressée, haute de 12-18 pouces, simple : feuilles lancéolées, linéaires, pliées en gouttière : fleurs petites, à odeur de punaise, courtes, presque imbriquées, d'un rouge sale, à labellum un peu verdâtre, à 3 lobes un peu anguleux, celui du milieu plus long, entier, obtus : éperon court, conique, courbé en crochet, moitié moins long que l'ovaire : divisions supérieures de la fleur aiguës, réunies en forme de gouttière : bractées égalant ou dépassant l'ovaire. *v.* Mai, juin. Prés humides.

5. O. MILITAIRE. — *O. militaris.* L.

Tige dressée, haute de 1 à 3 pieds, simple : feuilles larges, ovales-lancéolées, celles de la tige engaînantes : fleurs grandes, d'un rouge pâle ou cendré, en épi gros, oblong, peu serré : divisions supérieures de la corolle demi-soudées, ovales-aiguës, à sommets libres et un peu courbés : labellum ponctué de pourpre, à 3 divisions linéaires, les latérales écartées, la moyenne plus longue, élargie au sommet, divisée en 2 lobes profonds divergents, larges, séparés par une dent : éperon courbe, obtus, n'atteignant que le tiers de la longueur de l'ovaire : bractées fugaces n'étant pas 6 fois plus courtes que l'ovaire. *v.* Mai. Bois des montagnes, lieux ombragés.

### 6. O. BRUN. — *O. fusca.* Jacq.

Diffère du précédent par sa tige moins élevée, par ses fleurs d'un violet brun, ayant le lobe moyen du labellum à divisions taillées obliquement en biseau en-dehors et un peu dentées, et par ses bractées au moins six fois plus courtes que l'ovaire.

§§ *Divisions supérieures de la corolle libres.*

### 7. O. MALE. — *O. mascula.* L.

Tige colorée au sommet, dressée, simple, haute de 1 à 2 pieds : feuilles oblongues-lancéolées, planes, souvent tachées, celles de la tige engaînantes : fleurs purpurines ou blanches, grandes, en long épi lâche : divisions supérieures nervées, les 2 latérales ouvertes : labellum ponctué, à 3 lobes profonds, larges, crénelés, les latéraux comme tronqués, un peu réfléchis. celui du milieu plus long. à 2 lobes profonds, ce qui figure un labellum à 4 lobes : éperon épais, obtus, égalant l'ovaire. *v.* Avril, juin. Prés humides, bois, buissons.

§ 2. *Racine composée de 2 tubercules palmés au sommet.*

* *Divisions supérieures de la corolle libres, étalées.*

### 8. O. MOUCHERON. — *O. conopsea.* L.

Tige grêle, dressée, haute de 12-18 pouces, simple : feuilles lancéolées, longues, pliées en gouttière : fleurs petites, odorantes, purpurines ou blanches, en épi allongé, grêle, un peu lâche : divisions latérales de la corolle très-ouvertes, obtuses : labellum à 3 lobes presque égaux, ovales, obtus, entiers, celui du milieu plus petit : éperon très-grêle, courbé, 2 fois plus long que l'ovaire. *v.* Eté. Prairies des montagnes.

### 9. O. ODORANT. — *O. odoratissima*. L.

Tige grêle, haute de 10-15 pouces, presque nue en haut : feuilles linéaires, longues, aiguës, en gouttière, les supérieures linéaires en alène : fleurs petites, purpurines ou roses, rarement blanches, exhalant une forte odeur de vanille, en épi allongé, grêle, cylindrique, un peu lâche : bractées égalant l'ovaire : labellum à 3 lobes presque égaux, entiers, celui du milieu un peu plus grand : éperon grêle, recourbé, aigu, égalant presque l'ovaire. *v.* Eté. Prairies et bois des montagnes.

*** Divisions supérieures de la corolle conniventes, les 2 latérales ouvertes ou dressées.*

### 10. O. A LARGES FEUILLES. — *O. latifolia*. L.

Tige fistuleuse, épaisse, haute de 1 à 2 pieds : feuilles étalées, d'un vert sombre, parfois tachées de brun, larges surtout à la base, oblongues-lancéolées, les supérieures pointues : fleurs purpurines ou blanches, petites, en long épi serré : labellum rayé, ponctué, à 3 lobes peu marqués, les latéraux réfléchis, celui du milieu saillant, court ; éperon conique, plus court que l'ovaire : bractées lancéolées, purpurines. les inférieures dépassant les fleurs tandis que les supérieures sont plus courtes. *v.* Juin. Prés humides.

### 11. O. A FEUILLES TACHÉES. — *O. maculata*. L.

Tige non fistuleuse, haute de 1 à 2 pieds : feuilles lancéolées-linéaires, tachées de brun : fleurs roses, purpurines ou blanches, rayées et ponctuées de pourpre, en épi conique serré, obtus : bractées lancéolées égalant l'ovaire, les inférieures le dépassant : labellum plan, à 3 lobes, les latéraux larges, crénelés, celui du milieu plus étroit, entier, éperon conique obtus, plus court que l'ovaire. *v.* Eté. Bois et prés humides.

**§ 3. *Racine composée de tubercules en faisceau.***

12. O. **A FEUILLES AVORTÉES.** — *O. abortiva.* Limodorum.

Tubercules cylindriques, fasciculés : tige haute
de 1 à 2 pieds, dressée, souvent flexueuse, grosse :
feuilles avortées, remplacées par des écailles lancéolées, engaînantes, de couleur violette comme
toute la plante : fleurs distantes, grandes, en épi long :
labellum entier, ascendant, ovale, ondulé, un peu
concave, pointu : éperon pointu, égalant l'ovaire :
stigmate laineux. *v.* Été. Mai. Bois.

476. SATYRION, *Satyrium.* L. Diffère du genre
précédent par l'éperon réduit à un renflement ou
bosse arrondie, souvent cachée par les divisions latérales de la corolle.

**§ 1. *Ovaire tordu.***

★ *Racine à 2 tubercules entiers.*

1. S. **A ODEUR DE BOUC.** — *S. hircinum.* L.

Tige grosse, haute de 2 pieds et plus, fistuleuse :
feuilles lancéolées-ovales, pliées en gouttière, les supérieures linéaires, pointues : fleurs grandes, d'un
blanc sale ou verdâtres, à odeur forte de bouc, en épi
gros, lâche, très long : divisions supérieures de la corolle courtes, un peu conniventes, en casque, rayées
en-dedans de vert et de pourpre : labellum ponctué
de pourpre à la base, pendant, long de 1 à 2 pouces,
à 3 lobes linéaires, les 2 latéraux entiers, ondulés,
faisant le crochet, celui du milieu égalant 3 fois la
longueur de l'ovaire, très-grêle, velu en-dessus, bifide, ondulé, tordu en spirale. *v.* Mai, juin. Lieux secs.

★★ *Racine à 2 tubercules palmés au sommet.*

2. S. **VERDATRE.** — *S. viride.* L.

Tige dressée, haute de 4-8 pouces : feuilles nervées, lancéolées-ovales, obtuses, les supérieures
rares, lancéolées, aiguës : fleurs d'un vert jaunâtre,

dépassées par leurs bractées, en épi lâche, allongé : labellum pendant, linéaire, à 3 lobes au sommet, celui du milieu très-court ou presque nul : éperon en bosse. *v.* Été. Prés et pâturages un peu humides.

*** *Racine à fibres épaisses, fasciculées.*

3. S. BLANCHATRE. — *S. albidum.* L.

Tige d'un pied, feuillée : feuilles nerveuses, les inférieures oblongues-élargies au sommet, obtuses, les supérieures lancéolées, aiguës : bractées égalant au moins l'ovaire : fleurs très-petites, d'un blanc jaunâtre, en épi grêle, allongé, serré : labellum à 3 lobes profonds, divergents, entiers, les latéraux aigus, celui du milieu obtus, un peu plus long : éperon épais, réfléchi, 3 fois plus court que l'ovaire. *v.* Été. Pâturages des montagnes.

§ 2. *Ovaire non tordu.* — Nigritella. R.

4. S. NOIRATRE. — *S. nigrum.* L.

Racine à 2 tubercules palmés : tige grêle, haute de 3-5 pouces, garnie de feuilles linéaires, pliées en gouttière, les supérieures en alène, très-petites : fleurs d'un pourpre noir, très-petites, répandant une agréable odeur de vanille, renversées, dépassées par les bractées colorées, en épi court, ovale, très-serré : labellum ovale-lancéolé, entier : éperon 3 fois plus court que l'ovaire, presque globuleux. *v.* Été. Pâturages des hautes montagnes.

477. OPHRYS, *Ophrys.* L. Périanthe à 6 divisions, dont 5 supérieures étalées ou rapprochées en casque, l'inférieure des 3 intérieures présentant un labellum très-prononcé, divisé, sans éperon en-dessous. Racine à 2 tubercules entiers, ou à tubercules rameux.

§ 1. *Racine composée de 2 tubercules arrondis.*

* *Labellum velu.*

1. O. MOUCHE. — *O. myodes.* Jacq.

Tige haute de 12 18 pouces : feuilles lancéolées : épi lâche, à fleurs alternes, à divisions étalées, les 3 supérieures lancéolées, vertes, les 2 latérales linéaires d'un pourpre foncé : labellum velouté, pendant, à 3 divisions d'un rouge foncé-brun, le lobe du milieu plus long, oblong, échancré. Fleur imitant un peu une mouche. *v.* Mai, juin. Prairies sèches.

2. O. ARAIGNÉE. — *O. arachnites.* Willd.

Tige haute de 5-12 pouces : feuilles lancéolées, pointues : fleurs grandes, 3-5, distantes, en épi lâche : divisions supérieures oblongues, obtuses, étalées, rosées avec une raie verte, les 2 intérieures veloutées, linéaires, très-courtes : labellum brun-ferrugineux, velouté, muni de lignes jaunâtres et de 2 petites dents vers la base, convexe, large, arrondi, obtus, terminé par une petite corne verdâtre, courbée. *v.* Mai, juin. Prés au bord des bois. Fleur à labellum variable.

** *Labellum glabre.*

3. O. HOMME-PENDU. — *O. anthropophora.* L.

Tige haute d'un pied : feuilles ovales, lancéolées, étroites : fleurs en épi allongé, grêle, un peu lâche, petites, d'un blanc-jaunâtre, à labellum jaune (représentant un homme pendu par la tête), pendant, à 3 divisions filiformes, celle du milieu plus longue, à 2 divisions également très-déliées, ordinairement séparées par une petite dent : divisions supérieures conniventes en casque, bordées de brun. *v.* Mai, juin. Collines et prés vers les bois.

§ 2. *Racine composée de tubercules rameux.*

4. O. A FEUILLES OVALES. — *O. ovata.* L. Epipactis.

Tige dressée, haute d'un pied, munie de 2 feuilles

opposées, glabre au-dessous et pubescente au-dessus
de ces feuilles qui sont ovales ou elliptiques, grandes,
arrondies : fleurs petites, d'un vert jaunâtre, en long
épi grêle : divisions de la fleur ovales, un peu obtuses,
ouvertes : labellum 2-3 fois plus long, pendant, linéaire, fendu en deux. *.

Feuilles en cœur, ovales : labellum à 3 lobes divergents : *Cordata*. L. Bois et prés humides, ombragés.

5. O. EN SPIRALE. — *O. spiralis*. L. Neottia.

Tige haute de 5-10 pouces : feuilles lancéolées-
ovales, radicales, en faisceau : fleurs blanches, odorantes, petites, velues, en épi, disposées en spirale
sur l'axe de l'épi : divisions presque égales, ouvertes :
labellum entier, élargi, ovale, crénelé. *v*. Automne.
Prés et pâturages humides.

6. O. D'ÉTÉ. — *O. aestivalis*. Lam. Neottia.

Diffère du précédent par sa tige partant du milieu
des feuilles et non à côté ; par ses feuilles linéaires,
longues, placées sur la tige ; par ses fleurs un peu
plus longues. *v*. Eté. Prés humides, marais.

478. SERAPIAS, *Serapias*. L. Périanthe à 6 divisions dont 3 intérieures ; l'inférieure de celles-ci
(labellum) presque égale aux autres, entière, concave,
sans éperon, souvent munie d'un appendice qui la fait
paraître articulée au milieu.

1. S. A LARGES FEUILLES. — *S. latifolia*. L.

Tige dressée, haute de 1 à 2 pieds : feuilles ovales-
arrondies, embrassantes, pointues, les supérieures
ovales-lancéolées, à peine engaînantes : fleurs odorantes, penchées, sessiles, petites, nombreuses, souvent tournées du même côté, en épi grêle, très-long,
blanchâtres ou grisâtres, ou d'un pourpre noir : ovaire
rétréci en pédicelle tordu : divisions de la corolle
presque égales : labellum plus court, entier, ovale en
cœur acuminé. *v*. Eté. Bois, buissons.

**479. ARISTOLOCHE,** *Aristolochia.* L. Périanthe tubuleux, ventru à la base, coloré, dilaté vers le sommet, et prolongé en forme de languette : 6-12 anthères sessiles sous le stigmate : style très-court, à 6 stigmates rayonnants : capsule ovale, à 6 angles, à 6 loges, à graines nombreuses attachées à l'angle central des loges.

*** *Fleurs réunies plusieurs ensemble.***

1. A. CLÉMATITE. — *A. Clematitis.* L.

Racine rampante : tige faible, anguleuse, haute de 1 à 2 pieds, à peine dressée, glabre : feuilles petites, alternes, pétiolées, en cœur, presque arrondies, veinées en-dessous : fleurs axillaires, 3-6 ensemble, solitaires sur chaque pédoncule, jaunâtres, striées : fruit globuleux, verdâtre, gros. *v.* Eté. Haies, buissons, vignes.

**** *Fleurs solitaires.***

2. A. CRÉNELÉE. — *A. pistolochia.* L.

Racines en faisceau : tiges faibles, anguleuses, hautes de 8-10 pouces, un peu pubescentes en haut : feuilles pétiolées, ovales, en cœur, crénelées, rudes au bord, veinées en réseau en-dessous : fleurs axillaires, jaunâtres, à languette d'un pourpre noirâtre. *v.* Mai. Eté. Terrains stériles du Midi.

3. A. LONGUE. — *A. longa.* L.

Racine allongée, cylindrique : tiges rameuses, étalées, presque grimpantes, anguleuses, hautes de 1 à 2 pieds : feuilles pétiolées, ovales, en cœur à la base, obtuses, souvent un peu échancrées au sommet, molles : fleurs axillaires, jaunâtres, rayées de violet, à gorge d'un pourpre noir, à languette d'un jaune verdâtre. *v.* Printemps. Champs, vignes du Midi.

4. A. RONDE. — *A. rotunda.* L.

Racine en tubercule arrondi, charnu : tiges faibles,

anguleuses, dressées, peu rameuses, hautes d'un pied : feuilles presque sessiles, en cœur, ovales, obtuses : fleurs solitaires, dressées, plus longues que les feuilles, à tube long, d'un jaune pâle, à languette d'un pourpre noirâtre. *v.* Printemps. Vignes et champs du Midi.

**480. CYTINET**, *Cytinus*. L. Fleurs monoïques par avortement : périanthe tubuleux, en cloche, persistant, coloré, à 4 lobes. Fleurs à étamines : 8 anthères sessiles autour du pistil dont l'ovaire avorte : fleurs à pistil ayant 1 style couronné par 8 stigma en étoile, obtus : baie coriace, arrondie, à 8 loges, à graines nombreuses, petites, arrondies.

1. C. PARASITE. — *C. hypocistis*. L.

Tige épaisse, succulente, rougeâtre ou jaunâtre, haute de 3-4 pouces, munie d'écailles charnues, ovales, imbriquées : fleurs petites, presque sessiles, d'un jaune rougeâtre, 5 à 10 au sommet de la tige, odorantes, celles du bord à pistil, celles du centre à étamines. *v.* Parasite sur les racines des Cistes. Printemps. Midi.

# Vingt-deuxième Classe.

—

## Des FLEURS à ÉTAMINES } sur la même<br>Et des FLEURS à PISTIL } plante.

### — Monœcie.

—

## PREMIER ORDRE.

### UNE ÉTAMINE PAR FLEUR. — MONANDRIE.

§ 1. *Plante croissant sur la terre.*

* *Plante à suc laiteux.*

Une fleur à pistil entourée de
plusieurs fleurs à étamines
dans un calice commun. . . 481. Euphorbe.

** *Plante sans suc laiteux.*

Spadice tout couvert de pistils et
d'étamines . . . . . . . . . . 237. Calle.
Spadice ayant la partie inférieure couverte de pistils et
d'étamines, et la partie supérieure nue . . . . . . . . . 482. Gouet.

§ 2. *Plante aquatique.*

Fleurs dans une spathe : plante
marine à feuilles linéaires. . 483. Zostère.
Fleurs dépourvues de spathe :
baie polysperme : plante nageante d'eau douce à rameaux
cylindriques, verticillés, sans
feuilles. . . . . . . . . . . . Charaigne.

## II ORDRE.

**DEUX ÉTAMINES PAR FLEUR. — DIANDRIE.**

§ 1. *Herbes.*

Plantes très-petites, en forme
de lentilles, nageant sur l'eau. 17. LENTILLE D'EAU.

§ 2. *Arbres.*

* *Feuilles ailées.*

Graines pédonculées, ailées, 1
ou 2 réunies . . . . . . . . 16. FRÊNE.

** *Feuilles simples, linéaires.*

Feuilles en faisceaux : écailles
du cône épaissies au sommet. 505. PIN.
Feuilles en faisceaux : écailles
amincies au sommet . . . . 507. MÉLÈZE.
Feuilles solitaires : écailles amincies au sommet. . . . . . . 506. SAPIN.

—

## III ORDRE.

**TROIS ÉTAMINES PAR FLEUR. — TRIANDRIE.**

§ 1. *Arbres.*

Fleurs nombreuses, renfermées
dans un réceptacle charnu,
en poire, creux en-dedans, à
peine ouvert au sommet. . . 487. FIGUIER.

§ 2. *Herbes.*

* *Plantes non graminées.*

§ *Plante terrestre.*

Capsule à une graine, s'ouvrant
en travers. . . . . . . . . . 492. AMARANTHE.

§§ *Plante aquatique.*

Fleurs en chatons globuleux, les

uns à pistil, les autres à étamines. . . . . . . . . . . . 484. RUBANIER.
Fleurs en chatons cylindriques,
celui à étamines et celui à
pistils sur le même pédicelle. 485. MASSETTE.

**** *Plantes graminées.***

**ʃ *Feuille ayant la gaine entière.***

Fleurs à étamines et fleurs à
pistil en des épis différents,
ou dans le même épi, sans
être mêlées. . . . . . . . . 30. LAICHE.

**ʃʃ *Feuille ayant la gaine fendue.***

Fleurs à étamines en panicule
lâche : fleurs à pistil en épi
serré . . . . . . . . . . . . 486. MAÏS.
Fleurs à étamines et fleurs à
pistil mêlées dans le même
épi ou dans la même panicule. (*Voyez le* II^e ORDRE
*de la* III^e CLASSE, *page* 16).

—

# IV ORDRE.

**QUATRE ÉTAMINES PAR FLEUR. — TÉTRANDRIE.**

§ 1. *Arbres ou arbrisseaux.*

* *Feuilles tombant chaque année.*

**ʃ *Fruit succulent, ou charnu, ou en drupe.***

Feuilles argentées des 2 côtés :
1 stigmate : drupe. . . . . . 64. CHALEF.
Feuilles non argentées : 2 stigmates : fruit succulent : grands
arbres . . . . . . . . . . . 491. MURIER.

**ʃʃ *Fruit sec.***

Fruit ligneux, comprimé, à 1
graine . . . . . . . . . . . . 494. AUNE.

** *Feuilles persistantes.*

¶ *Fruit formé d'écailles imbriquées.*

Feuilles imbriquées : fruit globuleux, compacte. . . . . . 509. CYPRÈS.
Feuilles imbriquées : fruit à
écailles lâches à la maturité :
rameaux aplanis . . . . . . 508. THUYA.

¶¶ *Fruit en capsule à 3 cornes.*

Feuilles ovales : 3 stigmates. . 490. BUIS.

§ 2 *Herbes.*

Feuilles opposées : plante hérissée de poils à piqure brûlante . . . . . . . . . . . . 489. ORTIE.
Feuilles alternes : plante pubescente . . . . . . . . . . 488. PARIETAIRE.

———

# V ORDRE.

**CINQ ÉTAMINES PAR FLEUR. — PENTANDRIE.**

§ 1. *Plantes ligneuses.*

* *Fruit à noyau.*

Feuilles blanches, argentées des
2 côtés, entières. . . . . . . 64. CHALEF.
Feuilles vertes, dentées : fruit
noir. . . . . . . . . . . . 129. MICOCOULIER.
Feuilles arrondies, entières ou
ailées : fruit presque sec. . . 178. SUMAC.

** *Fruit non à noyau.*

Fruit en gousse : feuilles ailées. 127. CAROUBIER.
Fruit renfermé dans une enve-
loppe hérissée. . . . . . . . 500. CHATAIGNIER.
Fruit entouré à la base d'une
enveloppe imbriquée . . . . 496. CHÊNE.

## § 2. *Herbes.*

### * *Plante grimpante.*

Feuilles lobées, rudes : baie à
  3-6 graines. . . . . . . . . 514. BRYONE.

### ** *Plante non grimpante.*

Graine solitaire : 3 styles : fleurs
  en grappes. . . . . . . . . 492. AMARANTHE.
Graine comprimée, solitaire : 2
  styles : fleurs en grappes. . 133. ARROCHE.
Graines 2 à 2, surmontées cha-
  cune de 2 styles : fleurs axillaires ou réunies sur un réceptacle muni de paillettes. . 493. LAMPOURDE.

—

# VI ORDRE.

**SIX ÉTAMINES PAR FLEUR. — HEXANDRIE.**

### * *Arbres.*

Fruit entouré d'une large membrane. . . . . . . . . . . . 495. BOULEAU.

### ** *Herbes.*

Tige à larges feuilles entières :
  fleurs en panicule. . . . . . 217. VÉRATRE.

—

# VII ORDRE.

**HUIT ÉTAMINES OU PLUS (10, 12, 20, 50).
— POLYANDRIE.**

## § 1. *Arbres ou arbrisseaux.*

* *Fruit entièrement enveloppé par le calice ou
involucre.*

§ *Feuilles ailées.*

Fruit à enveloppe osseuse, à 2

valves, caché par une écorce
charnue, caduque (brou). . 501. Noyer.

§§ *Feuilles simples, dentées.*

Enveloppe du fruit mollement
épineuse : fruit triangulaire. 499. Hêtre.
Enveloppe du fruit à épines du-
res : fruit globuleux. . . . . 500. Chataignier.

** *Fruit jamais entièrement enveloppé par le calice.*

§ *Fruit muni d'une membrane en forme d'aile ; chatons
allongés.*

Membrane entourant le fruit. . 495. Bouleau.
Membrane prolongée en lan-
guette et placée de côté. . . 219. Erable.

§§ *Fruits dépourvus de membrane, mais munis de
poils à la base et réunis en chatons globuleux.*

Bourgeons cachés dans la base
du pétiole : feuilles palmées. 502. Platane.

§§§ *Fruits sans membrane et sans poils, solitaires
ou réunis 2 à 10 en paquets ou grappes.*

† *Toutes les fleurs ayant 1 périanthe à 4 lobes.*

Fleurs jaunes ou jaunâtres : 8
étamines . . . . . . . . . . 223. Passerine.

†† *Fleurs formées d'écailles, celles à étamines en
chatons.*

Pour fruit un gland, entouré à
la base par un calice imbriqué. 496. Chéne.
Pour fruit une noisette à péricarpe osseux, placée dans un
calice foliacé, découpé. . . 497. Coudrier.
Pour fruit une noix osseuse,
comprimée, dentée au som-
met et entourée par 2 écailles
foliacées . . . . . . . . . . 498. Charme.

§ 2. *Herbes.*

* *Fruit en capsule.*

Feuilles ailées avec impaire. . 503. PIMPRENELLE.
Feuilles simples, en fer de flèche. 504. SAGITTAIRE.

** *Fruit en baie.*

Plante colorée, munie d'écailles
   au lieu de feuilles. . . . . . . 480. CYTINET.
Plante sans tige : fleurs portées
   sur un spadice ou pédoncule
   charnu . . . . . . . . . . . 482. GOUET.

---

## VIII ORDRE.

ÉTAMINES RÉUNIES PAR LES FILETS OU PAR LES
ANTHÈRES EN UN OU PLUSIEURS FAISCEAUX. —
POLYADELPHIE.

§ 1. *Arbres ou arbrisseaux.*

* *Feuilles imbriquées, persistantes.*

Fruits en cône à écailles obtuses, à la fin lâches : rameaux
   aplanis. . . . . . . . . . . 508. THUYA.
Fruits à écailles peltées, épaissies : rameaux non aplanis. 509. CYPRÈS.

** *Feuilles non imbriquées, solitaires ou en faisceaux.*

Feuilles toutes solitaires, persistantes : écailles du cône amincies au sommet. . . . . . . 506. SAPIN.
Feuilles réunies 2-5 dans la
   même gaîne : écailles du cône
   épaissies au sommet . . . . 505. PIN.
Feuilles réunies plusieurs en
   faisceaux, solitaires sur les
   jeunes rameaux, toutes cadu-

ques : écailles amincies au
sommet. . . . . . . . . . . 507. Mélèze.

§ 2. *Herbes.*
* *Fruit charnu, succulent.*
⸹ *Fruit petit.*

Baie globuleuse, lisse, à 3-6
graines : 5 anthères . . . . 514. Bryone.
Baie à 8 loges : plante colorée,
sans feuilles. . . . . . . . 480. Cytinet.

⸹⸹ *Fruit gros.*

Fruit oblong , s'ouvrant avec
élasticité . . . . . . . . . . 513. Momordique.
Fruit très-gros : graines entou-
rées d'un rebord épais. . . . 510. Courge.
Fruit très-gros : graines sans rebord , échancrées aux deux
bouts. . . . . . . . . . . . 511. Calebasse.
Fruit très-gros : graines entiè-
res , amincies au bord. . . 512. Concombre.

** *Fruit sec, capsulaire.*

Feuilles simples ou lobées :
fleurs réunies plusieurs dans
un calice commun : fruit hé-
rissé à 2 graines. . . . . . . 493. Lampourde.
Feuilles palmées : capsule hé-
rissée de tubercules épineux,
à 3 coques monospermes. . 515. Ricin.

481. EUPHORBE, *Euphorbia.* L. Fleurs réunies,
plusieurs à étamines et une à pistil, dans un involucre
ou calice commun, régulier, en cloche, à 4-5 divisions entières ou frangées, et 4-5 autres alternes,
terminées par un appendice ou lobe pétaloïde glanduleux, étalé (*pétale*) , ovale . tronqué ou en croissant : fleurs à étamines 10 à 20, réduites à une éta-

mine chacune ayant l'anthère à 2 lobes, le filet articulé au milieu et des écailles ciliées ou fendues vers
la base : fleur à pistil unique, solitaire au centre de
l'involucre, formée d'un ovaire pédicellé, à 3 styles :
capsule à 3 coques, à 1 graine s'ouvrant par le dos et
lançant les graines par ses valves élastiques. Plantes
à suc laiteux âcre et caustique.

§ 1. *Capsules lisses, glabres.*

* *Pétales entiers, en rein, arrondis ou orbiculaires.*

1. E. Réveille-matin. — *E. helioscopia.* L.

Tige dressée, presque simple, haute d'un pied, glabre ou munie de quelques poils : feuilles éparses,
presque sessiles, glabres, en coin à la base, arrondies,
élargies et dentelées au sommet, ainsi que les folioles
de l'involucre qui sont plus grandes : ombelle à 5
rayons ouverts, trifides, puis dichotomes : pétales
arrondis, jaunâtres : graines d'un brun cendré, ridées
en réseau. *a.* Eté. Lieux cultivés.

2. E. de Gérard. — *E. Gerardiana.* Jacq.

Racine ligneuse, produisant plusieurs tiges dressées
ou ascendantes, hautes d'un pied, simples ou munies
à la base de quelques rameaux stériles : feuilles sessiles, éparses, dressées, très-nombreuses, glabres,
linéaires-lancéolées, entières, aiguës, les supérieures
plus larges : ombelle à 5-20 rayons dichotomes : folioles des involucelles arrondies en cœur élargi, mucronées : pétales triangulaires-arrondis, jaunâtres :
capsules lisses (chagrinées à la loupe) : graines lisses,
blanchâtres. *v.* Eté. Terrains sablonneux.

** *Pétales échancrés en demi-lune ou en croissant,*
    *ordinairement à 2 cornes.*

¢ *Plantes annuelles ou bisannuelles : graines ridées,*
    *sillonnées ou creusées en fossettes.*

† *Feuilles éparses.*

3. E. péplide. — *E. Peplus.* L.

Tige glabre, souvent rougeâtre, rameuse, haute de

5-10 pouces : feuilles pétiolées, entières, un peu en coin à la base, en ovale renversé, obtuses-arrondies : ombelle à 3 rayons dichotomes : folioles des involucelles ovales-triangulaires ou en cœur : pétales en croissant, jaunâtres, à 2 longues cornes : capsule à coques portant sur le dos une crête sillonnée : graines grises, sillonnées et à 3-4 rangs de fossettes. *a.* Eté. Automne. Lieux cultivés.

4. E. EN FAUX. — *E. falcata.* L.

Tige de 3-8 pouces, dressée, rameuse-étalée : feuilles sessiles, glabres, linéaires-lancéolées, aiguës, les inférieures obtuses ou échancrées : ombelle à 3 rayons dichotomes : folioles des involucelles ovales, obliquement élargies à la base, acuminées : pétales jaunâtres ou rougeâtres, à 2 cornes courtes : capsule petite : graines sillonnées et creusées. *a.* Eté. Champs après la moisson.

5. E. FLUET. — *E. exigua.* L.

Tige grêle, haute de 2-6 pouces, rameuse, diffuse, rarement simple : feuilles linéaires, entières, pointues, les inférieures obtuses, d'un vert glauque : ombelle à 3-5 rayons dichotomes : folioles des involucelles lancéolées : pétales jaunâtres, en croissant : graines grises, anguleuses, tétragones, sillonnées, ridées, grenues. *a.* Eté. Lieux cultivés.

†† *Feuilles opposées, à paires croisées.*

6. E. ÉPURGE. — *E. Lathyris.* L.

Plante glauque : tige fistuleuse, droite, haute de 2-4 pieds, grosse, simple du bas, rameuse ensuite : feuilles sessiles, étalées, glabres, linéaires-lancéolées, entières : ombelle à 2-4 rayons dichotomes : folioles de l'involucelle ovales-lancéolées, en cœur à la base : pétales brunâtres, à 2 cornes élargies, obtuses : capsule grosse, sillonnée sur le dos à la maturité : graines grosses, ovales, ridées, brunes. *a. b.* Lieux cultivés et ombragés.

**¶¶** *Plantes vivaces : graines lisses.*

† *Folioles des involucelles libres.*

### 7. E. DENTÉE. — *E. serrata.* L.

Plante glauque : tige de 12-18 pouces, glabre, simple : feuilles sessiles, oblongues-lancéolées, dentelées en scie, pointues, celles des rameaux stériles droites et linéaires : ombelle de 2-5 rayons bifurqués : folioles de l'involucelle en cœur, larges : pétales roussâtres, à peine échancrés : graine ovale, à gros ombilic charnu. *v.* Eté. Midi.

### 8. E. SAPINETTE. — *E. Pityusa.* L.

Tige ligneuse à la base, à rameaux nombreux, étalés, haute de 5-10 pouces : feuilles nombreuses, imbriquées, un peu glauques, les inférieures réfléchies, lancéolées, acuminées, les supérieures plus larges : ombelle à 4-8 rayons bifides : folioles des involucelles ovales ou en cœur : pétales un peu rougeâtres, presque entiers. *v. l.* Eté. Sables maritimes.

### 9. E. ESULE. — *E. Esula.* L.

Tige dressée, haute de 1 à 2 pieds, ligneuse et rameuse à la base : feuilles lancéolées ou lancéolées-linéaires, glabres, un peu rudes sur les bords au sommet, les inférieures un peu pétiolées : ombelle de 8-10 rayons dichotomes : folioles de l'involucelle ovales ou triangulaires-ovales : pétales jaunâtres à peine échancrés, à 2 cornes très-courtes : graine grise. *v.* Eté. Terres arides.

### 10. E. CYPRÈS. — *E. cyparissias.* L.

Plante glabre : tige haute d'un pied, rameuse du haut, à rameaux stériles : feuilles linéaires, très-étroites, entières, souvent réfléchies : ombelle à rayons nombreux, dichotomes : folioles de l'involucelle d'un jaune verdâtre, presque en cœur, un peu concaves, opposées : pétales en croissant : capsules rudes sur le dos : graines d'un brun grisâtre. *v.* Mai, été. Lieux arides, chemins.

†† *Folioles des involucelles soudées-perfoliées.*

### 11. E. DES BOIS. — *E. sylvatica.* L.

Tiges presque ligneuses à la base, velues, simples, hautes de 1-2 pieds, nues à la base : feuilles obovales-lancéolées, rétrécies en pétiole, entières, un peu velues, un peu coriaces, persistantes, souvent rougeâtres, les radicales plus longues, plus étroites : ombelle à 5-10 rayons dichotomes, accompagnés de pédoncules axillaires fleuris, souvent penchés : folioles des involucelles arrondies, d'un vert jaunâtre soudées en une seule foliole perfoliée : pétales pourpres, en croissant à 2 cornes : capsule très-finement ponctuée : graine presque globuleuse. *v.* Printemps. Bois, haies, buissons.

§ **2.** *Capsules velues, ponctuées ou tuberculeuses.*

### 12. E. DES VALLONS. — *E. characias.* L.

Tiges de 3-4 pieds, dressées, pubescentes et toute la plante ligneuse à la base : feuilles linéaires-lancéolées, entières, longues, molles : ombelle terminale, ayant au-dessous plusieurs fleurs axillaires et solitaires : folioles de l'involucelle soudées, perfoliées : pétales d'un pourpre noirâtre, larges, obtus : capsule velue, ponctuée : graines lisses. *v. l.* Printemps. Lieux pierreux du Midi.

### 13. E. DOUCE. — *E. dulcis.* L.

Tige simple, un peu velue, haute d'un pied : feuilles un peu pubescentes, ovales-lancéolées, obtuses, rétrécies à la base, entières ou denticulées dans leur moitié supérieure, ainsi que les folioles des involucelles qui sont presque triangulaires : ombelle à 5 rayons bifides : pétales entiers, jaunes ou pourpres : capsules tuberculeuses, hérissées, surtout dans leur

jeunesse, de poils blancs : racine jaune renflée-
tuberculeuse. *v.* Printemps. Bois couverts.

§ 3. *Capsules tuberculeuses, glabres.*

* *Pétales arrondis, en rein, entiers.*

14. E. A LARGES FEUILLES. — *E. platyphylla.* L.

Tige simple à la base, rameuse du haut, glabre,
haute de 1 à 2 pieds : feuilles lancéolées, dentelées
en scie, élargies au sommet, les inférieures obovales,
rétrécies en pétiole : ombelle à 3-5 rayons trifides,
puis bifides : folioles des involucelles ovales-arrondies,
échancrées en cœur : pétales herbacés, devenant
jaunes : graines brunes, luisantes. *a.* Eté. Lieux cultivés. Très-variable.

15. E. ÉPINEUSE. — *E. spinosa.* L.

Tige ligneuse et rameuse à la base, haute de 2-3
pieds, les rameaux anciens durcis et devenus épineux : feuilles petites, ovales ou lancéolées, entières,
glabres : ombelle à 2-5 rayons : folioles de l'involucelle ovales : pétales entiers, rougeâtres : graines
lisses, brunes. *l.* Printemps. Midi.

16. E. A VERRUES. — *E. verrucosa* L.

Tiges hautes d'un pied, rameuses à la base, presque ligneuses, glabres ou pubescentes : feuilles lancéolées-ovales, un peu pubescentes en-dessous, finement dentelées, les supérieures plus grandes : ombelle
à 5 rayons trifides : folioles de l'involucelle ovales :
pétales jaunâtres, arrondis: capsules grosses, hérissées
de verrues : graines lisses. *v.* Eté. Chemins.

17. E. DES MARAIS. — *E. palustris.* L.

Tige dressée, très-rameuse, grosse, haute de 2-3
pieds, à rameaux stériles, rougeâtres, dressés : feuilles
sessiles, lancéolées-oblongues, un peu obtuses, entières ou dentelées : ombelle à rayons nombreux,
trifides, puis bifides : pédoncules axillaires fleuris,
bifides : folioles de l'involucelle ovales, jaunâtres :

pétales roussâtres, arrondis : capsule assez grosse, presque globuleuse, hérissée de verrues : graines lisses. *v.* Mai, juin. Fossés, marais.

** *Pétales échancrés, en croissant.*

18. E. DES MOISSONS. — *E. segetalis.* L.

Tige dressée, haute d'un pied, simple, portant au-dessous de l'ombelle quelques pédoncules épars, bifides, fleuris : feuilles un peu glauques, linéaires-lancéolées, entières, aiguës : ombelle à 5 rayons dichotomes : folioles des involucelles presque en cœur-arrondi, aiguës : pétales en croissant, jaunâtres, à 2 cornes très-fines : capsule presque globuleuse, glabre, rude-ponctuée sur les angles : graines blanchâtres, à petites fossettes en réseau. *a.* Eté. Moissons vers le Midi.

19. E. MARITIME. — *E. paralias.* L.

Plante glauque blanchâtre : tige de 18 pouces, rameuse à la base : feuilles serrées, imbriquées, lancéolées, mucronées, coriaces : ombelle à 3-5 rayons bifides : folioles des involucelles en cœur en rein : pétales en croissant, à 2 petites dents : capsule marquée d'un sillon sur le dos des coques : graines lisses, cendrées. *v.* Eté. Rivage des mers.

482. GOUET, *Arum.* L. Calice remplacé par une spathe très-grande, roulée en cornet, ventrue : fleurs portées sur un spadice allongé, nu et coloré dans le haut : périanthe particulier nul : étamines nombreuses, à anthères sessiles, tétragones, sur plusieurs rangs vers le haut du spadice : plusieurs rangées de glandes terminées par un poil : stigmate solitaire sur chaque ovaire : ovaires nombreux à la base du spadice : fruit en baies globuleuses, à une loge, à une graine ou à 3 graines.

* *Feuilles digitées.*

1. G. SERPENTAIRE. — *A. Dracunculus.* L.

Tige haute de 2-3 pieds, droite, tachetée : feuilles

pétiolées, vertes, souvent tachées, à 5-6 folioles lancéolées : pétiole en gaîne : spathe très-grande, verdâtre en-dehors, d'un pourpre noirâtre en-dedans: fruits rouges : racine charnue : plante à odeur fétide. *v.* Printemps. Lieux couverts du Midi. Jardins.

**   *Feuilles simples.*

**a.** *Spathe cylindrique, en capuchon.*

2. G. A CAPUCHON. — *A. Arisarum.* L.

**Tige grêle**, haute de 2-3 pouces : feuilles radicales, en cœur, en fer de lance, à lobes arrondis : spathe rayée de blanc et de vert ou de vert brunâtre, cylindrique à la base, recourbée au sommet en capuchon : spadice brunâtre, penché. *v.* Février, printemps. Terrains ombragés des montagnes du Midi.

**b.** *Spathe en cornet.*

3. G. COMMUN. — *A. maculatum.* L.

**Tige** de 6 pouces, terminée par une spathe très-grande, pointue, d'un vert pâle : feuilles radicales, à longs pétioles, grandes, en fer de lance un peu en cœur, comme tronquées obliquement des 2 côtés à la base, entières, souvent tachées : spadice en massue, rouge, blanc ou jaune : baies d'un rouge éclatant. *v.* Printemps. Haies, bois frais.

4. G. D'ITALIE. — *A. Italicum.* Lam.

**Diffère** du précédent en ce qu'il est plus grand dans toutes ses parties : feuilles à oreillettes divergentes, marquées de veines blanches et brunes : spadice jaunâtre. *v.* Printemps. Lieux frais du Midi.

**483. ZOSTÈRE,** *Zostera.* L. Fleurs monoïques ou dioïques : spathe pédonculée, comprimée, terminée en feuille : spadice linéaire, portant le fruit au milieu de la nervure du côté antérieur et les anthères au sommet : fleurs nues : capsule à une graine.

### 1. Z. MARINE. — *Z. marina*. L.

Souche cylindrique, noueuse : feuilles graminées, linéaires, entières, engaînantes, portant les fleurs dans leur gaîne évasée : spadice ayant les anthères au sommet et les ovaires vers la base. *v*. Printemps. Au fond de la mer.

### 2. DE LA MÉDITERRANÉE. — *Z. Mediterranea*. DC.

Plus grande que la précédente : fleurs dioïques, les anthères sur un spadice, les ovaires sur un autre. *v*. Printemps. Au fond de la Méditerranée.

**484. RUBANIER**, *Sparganium*. L. Fleurs en chatons globuleux, latéraux, les supérieurs à étamines, les inférieurs à pistils : calice à 3 sépales caducs, en forme d'écailles : corolle nulle : 3 étamines par fleur : 1 style : capsule sessile à 1-2 loges, à 1 graine.

### 1. R. RAMEUX. — *S. ramosum*. Huds.

Tige dressée, rameuse, un peu flexueuse, haute de 1 à 3 pieds : feuilles épaisses, carénées, lisses, longues, les radicales comme triangulaires à la base, les supérieures planes : fleurs herbacées, en chatons sessiles, disposés en grappe rameuse, lâche. *v*. Eté. Bords des eaux, étangs.

### 2. R. SIMPLE. — *S. simplex*. Huds.

Diffère par sa tige plus basse, par ses feuilles à faces planes, et par ses fleurs en châtons disposés le long d'un axe simple et non rameux, en forme d'épi lâche. *v*. Eté. Bords des marais.

**485. MASSETTE**, *Typha*. L. Fleurs disposées en 2 chatons, l'un terminal, à anthères, l'autre placé au-dessous, à pistils seulement : fleurs à étamines ayant un calice à 3 soies, 3 étamines : fleur à pistil formé d'un ovaire surmonté d'un stigmate et entouré de soies nombreuses, à la fin pédicellé. Les 2 chatons séparés ou contigus sur l'épi.

**1. A LARGES FEUILLES. — *T. latifolia*. L.**

Tige forte, lisse, striée, haute de 4-6 pieds : feuilles
aussi longues, glauques, larges de 6-10 lignes, planes,
linéaires, embrassant la tige par une gaîne membraneuse au bord : chatons gros, cylindriques, le supérieur jaunâtre, caduc, aigu : l'inférieur à pistil, de
4-10 pouces, persistant, devenant d'un brun marron.
*v.* Eté. Mares, étangs, rivières.

486. MAIS, *Zea*. L. Fleurs à étamines en grappes
terminales paniculées : épillets à 2 fleurs sessiles :
glume à 2 valves concaves, sans arête : glumelle à 2
valves plus courtes, dentées, 3 étamines : fleurs à
pistil en épi gros, allongé, axillaire, enveloppé par
des bractées foliacées : glume charnue-membra-
neuse, à 2 valves, glumelle à 2-3 valves semblables :
style filiforme très-long (3-6 pouces), pendant : graines arrondies ou anguleuses, lisses, rangées autour
d'un axe charnu, devenant ligneux.

**1. M. CULTIVÉ. — *Z. mays*. L.**

Chaume de 3-6 pieds, gros, noueux, feuillé, rempli de moelle : feuilles nombreuses, larges, longues,
planes, engaînantes, marquées d'une nervure blanche
au milieu, rudes sur les bords : fleurs à étamines en
panicule étalée : graines de couleur variée. *a.* Juin.

487. FIGUIER, *Ficus*. L. Fleurs nombreuses,
monoïques, pédicellées, renfermées dans un récépta-
cle commun, charnu, creux à l'intérieur, presque
fermé, en forme de poire ombiliquée au sommet :
fleurs à étamines, situées près de l'ombilic, à 3 lobes,
à 3 étamines : fleurs à pistil à 5 lobes, à 1 ovaire,
1 pistil, 2 stigmates : graines enfoncées dans la pulpe
du réceptacle.

**1. F. COMMUN. — *F. carica*. L.**

Arbre rameux, à suc laiteux et caustique, s'élevant
jusqu'à 20 pieds : rameaux à écorce lisse, unie :

feuilles alternes, pétiolées, rudes, en cœur à la base, à 3-5 lobes palmés, obtus, sinués ou entiers : fruit ou réceptacle des fleurs et des graines en forme de poire, devenant sucré, tandis qu'il est laiteux et très-âcre dans sa jeunesse. *l.* Eté. Midi.

On a obtenu une foule de variétés de fruits.

**488. PARIÉTAIRE,** *Parietaria.* **L.** Des fleurs à étamines et pistil, entourant une fleur à pistil, réunies par 4-5 dans un involucre à plusieurs divisions. Fleurs à étamines et pistil : périanthe en cloche, à 4 lobes dont 2 très-petits : 4 étamines à filets élastiques : 1 style à 1 stigmate : fruit à 1 graine, recouvert par le périanthe allongé et ferme. Fleur à pistil semblable mais privée d'étamines et ne s'allongeant pas.

1. P. OFFICINALE. — *P. officinalis.* **L.**

Tige étalée, rameuse, rougeâtre, un peu redressée, longue de 15-20 pouces, pubescente : feuilles alternes, ovales-oblongues, brièvement pétiolées, entières, un peu obliques, pubescentes, rudes : fleurs petites, herbacées, sessiles ou à peu près, 3-5 en pelotons axillaires : graine luisante, noire. *v.* Eté. Commun dans les vieux murs.

Tiges presque simples : feuilles lancéolées, allongées, pétiolées longuement : *P. erecta,* MERT.

**489. ORTIE,** *Urtica.* **L.** Fleurs à étamines et fleurs à pistil sur la même plante ou sur des plantes séparées. Fleurs à étamines disposées en longues grappes : périanthe à 4 divisions : 4 étamines. Fleurs à pistil en grappes ou en tête arrondie : périanthe à 2 folioles : 1 ovaire : 1 stigmate velu : 1 graine cachée dans le périanthe persistant. Plantes munies de deux espèces de poils, les uns simples, les autres plus gros, glanduleux à la base, canaliculés et laissant couler une liqueur caustique qui produit une cuisson douloureuse.

* *Fleurs en grappes ou épis.*

### 1. O. BRULANTE. — *U. urens.* L.

Tige striée, dressée, presque simple, presque arrondie, haute de 15-20 pouces : feuilles ovales ou elliptiques, pétiolées, opposées, incisées-dentées, à 3-5 nervures principales : fleurs monoïques presque sessiles, herbacées, en grappes axillaires, comme verticillées , plus courtes que les pétioles. Racine fibreuse. *a.* Eté. Chemins, murs.

### 2. O. DIOÏQUE. — *U. dioïca.* L.

Racine rampante : tige rameuse, dressée, haute de 2-3 pieds, pubescente, carrée : feuilles opposées, pétiolées, lancéolées, en cœur à la base, terminées en languette allongée, à grosses dents : fleurs axillaires, dioïques, herbacées, en grappes rameuses, grêles, pendantes, 2 à 2 ordinairement par aisselle, plus longues que les pétioles. *v.* Eté. Lieux incultes, buissons.

** *Fleurs en chatons globuleux.*

### 3. O. ROMAINE. — *A. pilulifera.* L.

Tige dressée , ronde , peu rameuse, haute d'un pied, presque glabre, aiguillonnée : feuilles opposées, ovales, pointues, pétiolées, à grosses dents : fleurs axillaires d'un vert blanchâtre, en chatons globuleux, ordinairement 2 à 2, pédonculés, dont l'un est à étamines, l'autre à pistil : fruits ovales, comprimés, luisants. *a.* Eté. Champs et lieux incultes, surtout du Midi.

**490. BUIS, *Buxus.* L.** Fleurs à étamines agglomérées : périanthe à 3-4 divisions , entouré d'une écaille bifide, colorée : 4 étamines : 1 ovaire avorté. Fleurs à pistil au sommet des paquets de fleurs à étamines : périanthe semblable, entouré de 3 écailles colorées : 3 styles et 3 stigmates : capsule à 3 cornes, à 3 loges contenant chacune 2 graines.

**1. B. TOUJOURS VERT. — *B. sempervirens*. L.**

Arbrisseau toujours vert, tortueux, à bois jaune en-dedans, très-dur, haut de 1 à 2 pieds, mais pouvant s'élever très-haut : jeunes rameaux opposés, tétragones : feuilles persistantes, ovales, entières, fermes, coriaces, opposées, luisantes, un peu échancrées au sommet ou obtuses, un peu roulées en-dessous par les bords : fleurs axillaires, jaunâtres, en paquets écailleux : capsules assez grosses, à cornes divergentes. *l.* Printemps. Bois, rochers, lieux stériles.

Varie à feuilles étroites ou panachées.

**491. MURIER, *Morus*. L.** Fleurs dioïques ou monoïques. Fleurs à étamines en chatons ovoïdes pendants : périante à 4 divisions : 4 étamines. Fleurs à pistil en chatons arrondis : périanthe à 4 divisions, ovaire libre : 2 stigmates : graines 1 ou 2, recouvertes par le périanthe devenu pulpeux, succulent, en forme de baie. Grands arbres.

**1. M. BLANC. — *M. alba*. L.**

Arbre médiocre, rameux : feuilles pétiolées, alternes, un peu en cœur et obliques à la base, ovales, dentées ou à lobes profonds et irréguliers : stipules caduques : fleurs en chatons axillaires : fruit blanchâtre ou rosé, arrondi, à suc douceâtre. *l.* Juin. Originaire d'Orient.

**2. M. NOIR. — *M. nigra*. L.**

Arbre de 20-30 pieds, à écorce noirâtre : feuilles ovales, un peu en cœur, un peu rudes, dentées, rarement lobées : fruit gros, ovoïde, d'un rouge pourpre, presque noir, d'une saveur aigrelette sucrée. *l.* Mai. Originaire d'Orient.

**3. M. ROUGE. — *M. rubra*. L.**

Arbre plus élevé que le précédent : feuilles jeunes cotonneuses-blanchâtres en-dessous, ovales en cœur, ridées, dentées, presque lobées : fruit d'un rouge foncé à la maturité, cylindrique. *l.* Mai. Originaire d'Amérique.

**492. AMARANTHE**, *Amaranthus*. L. Fleurs monoïques à 3-5 folioles lancéolées, aiguës : fleurs à étamines à 3-5 étamines. Fleurs à pistil contenant un ovaire, 3 styles, 3 stigmates : capsule à 1 graine, colorée, à 3 pointes, à 1 loge s'ouvrant en travers comme une boîte à savonnette : graine luisante.

* *Périanthe à 3 folioles : 3 étamines.*

1. A. BLETTE. — *A. Blitum.* L.

Plante glabre : tiges faibles, diffuses, rameuses, couchées, longues de 12-18 pouces : feuilles pétiolées, ovales-rhomboïdales, obtuses, échancrées ou bifides au sommet, d'un vert blanchâtre, entières ou sinuées : fleurs verdâtres en petits paquets, les uns axillaires, les autres rapprochés en grappe cylindrique, longue de 2-3 pouces : capsule se déchirant au sommet : graine petite, luisante, noire, en lentille. *a.* Eté. Rues des villages, lieux cultivés.

** *Périanthe à 5 divisions : 5 étamines.*

2. A. QUEUE DE RENARD. — *A. caudatus.* L.

Tige ferme, rameuse, haute de 2-3 pieds, souvent rougeâtre : feuilles pétiolées, ovales-oblongues, souvent colorées : fleurs purpurines, en grappes composées d'épis axillaires, rapprochés, la terminale très-longue, arquée. *a.* Automne. Jardins.

**493. LAMPOURDE**, *Xanthium*. L. Fleurs monoïques. Fleurs à étamines réunies sur un réceptacle pédonculé, garni de paillettes et pourvu d'un calice commun à plusieurs folioles : périanthe tubuleux, à 5 dents : 5 étamines à anthères libres, à filets soudés en tube. Fleurs à pistil : calice d'une seule foliole, à 2 loges, à 2 cornes, hérissé en-dehors, s'endurcissant et enveloppant l'ovaire : 2 styles : 2 fruits surmontés de stigmates sortant 2 à 2 par les trous des cornes correspondantes.

1. L. CLOUTERON. — *X. strumarium*. **L.**

Tige dressée, anguleuse, peu velue, rude, rameuse, haute de 1 à 2 pieds : feuilles pétiolées , alternes, larges, en cœur, courtes, sinuées, à 3-5 lobes courts, inégaux, à dents inégales, pubescentes, rudes : fleurs sessiles, verdâtres, rapprochées en grappes courtes, les supérieures à étamines, les inférieures à pistil : fruits ovoïdes, durs, hérissés de pointes en crochet : périanthe d'un blanc jaunâtre. *a.* Eté. Lieux incultes, fossés.

**494. AUNE,** *Alnus.* **T.** Fleurs en chatons monoïques, précoces, à pédoncules rameux. Fleurs à étamines en chatons allongés, cylindriques, composés de fleurs nombreuses, ayant chacune 3 écailles pédicellées, attachées sur une plus grande, formant un godet à 4 lobes contenant 4 étamines. Fleurs à pistil en petits chatons ovoïdes, très-durs, réunis plusieurs en grappe, à la fin ligneux, à écailles coriaces, persistantes, étalées, arrondies, en coin à 4 lobes, chacune à 2 fleurs : capsules comprimées, ovales, non membraneuses, à 2 loges, à 1 graine, surmontées de 2 longs styles.

1. A. COMMUN. — *A. glutinosa.* **Gaert.**

Arbre de 40 50 pieds, à écorce gercée, brunâtre : feuilles ovales-arrondies, obtuses, comme tronquées au sommet, doublement dentées-crénelées, un peu en coin à la base, vertes, visqueuses dans la jeunesse, à court pétiole, munies de touffes de poils à l'angle des nervures en-dessous : fleurs brunâtres, naissant avant les feuilles : chatons à étamines pendants : chatons à fruits dressés. *l.* Printemps. Bois humides, bords des eaux.

Feuilles ovales, avec une pointe en languette, doublement dentées, d'un vert-gris en-dessus : pétioles munis d'une stipule caduque. *A. incana.* Willd.

495. BOULEAU, *Betula.* L. Fleurs monoïques. Fleurs à étamines en chatons grêles, pendants, composés de fleurs nombreuses, ayant chacune 4 écailles portées sur un pédicelle commun très-court : l'extérieure terminale est attachée par le centre, les 3 intérieures concaves : étamines 6-8 dans les fleurs supérieures et 10-12 dans les inférieures. Fleurs à pistil en chatons plus gros, oblongs, composées chacune d'une écaille trilobée, dont le lobe moyen allongé en languette, renfermant 2-3 fleurs à la base : capsule à 1 loge monosperme, surmontée de 2 styles persistants et entourée d'un rebord membraneux, large.

1. B. BLANC. — *B. alba.* L.

Arbre de 30-60 pieds, à écorce blanche s'enlevant par couches minces, satinées : rameaux grêles, rougeâtres, tombants, glabres ainsi que les jeunes pousses : feuilles pétiolées, ovales, acuminées, presque triangulaires, comme tronquées à la base, doublement dentées, glabres et vertes, un peu pâles en-dessous : chatons à étamines 2 à 2, terminaux, paraissant avant les feuilles, ainsi que ceux à pistil ; ceux-ci sont latéraux, solitaires. *l.* Printemps. Bois stériles, froids.

Rameaux chargés de tubercules blanchâtres. *B. verrucosa,* EHRR.

Rameaux velus : feuilles épaisses, en cœur, très-velues en-dessous. *B. pubescens,* EHRR.

2. B. NAIN. — *B. nana.* L.

Arbuste rampant, tortueux : feuilles orbiculaires, crénelées, glabres. *l.* Lieux humides du Jura. Mai.

496. CHÊNE, *Quercus.* L. Fleurs monoïques. Fleurs à étamines, en chatons grêles, filiformes, pendants, interrompus, ayant chacune une écaille en cloche, à 5-10 lobes : 5-10 étamines. Fleurs à pistil

solitaires ou agglomérées, axillaires, ayant chacune
1 périanthe adhérent à l'ovaire, à 6 lobes, entourées
d'un involucre composé d'écailles imbriquées, ligneuses, soudées en une cupule hémisphérique :
ovaire à 3 loges : 1 style : 3 stigmates : noix (gland)
ovoïde, lisse, à 1 graine se séparant en 2 lobes, entourée à sa base par la cupule.

### § 1. *Feuilles coriaces, toujours vertes.*

#### 1. C. Liège. — *Q. Suber.* L.

Arbre de 20-30 pieds, à écorce épaisse, crevassée,
spongieuse : feuilles ovales, coriaces, dentées ou
lancéolées et entières, d'un vert foncé en-dessus, plus
pâles et cotonneuses en-dessous : glands ovoïdes,
courtement pédonculés, renfermés aux deux tiers
dans la cupule à écailles tuberculeuses. *l.* Mai. Terrains secs du Midi.

#### 2. C. vert. — *Q. ilex.* L.

Arbre très-rameux, tortueux, médiocre, à écorce
brune, mince : feuilles dures, pétiolées, blanches et cotonneuses en-dessous, ovales ou lancéolées, entières
ou bordées de dents épineuses : glands pédonculés,
allongés et obtus. *l.* Printemps. Terrains secs du Midi.

Glands acuminés, renfermés à moitié dans la
cupule. *Q. alzina,* Lap.

### § 2. *Feuilles caduques, ou se desséchant sur l'arbre avant de tomber.*

** Feuilles anguleuses : cupule hérissée ou tuberculeuse.*

#### 3. C. cerris. — *Q. cerris.* L.

Arbre élevé, à tronc tortueux : feuilles oblongues,
sinuées ou pinnatifides, ou lobées, dentées, d'un vert
luisant en-dessus, pubescentes et un peu blanchâtres
en-dessous, à pétiole accompagné de stipules grêles :
glands petits, oblongs, à moitié renfermés dans une
cupule à écailles fines, épineuses, longues, étalées,

tortillées. *l.* Printemps. Terrains pierreux de l'Ouest
et du Midi.

4. C. TAUZIN. — *Q. Tauzin.* Pers.

Racine rampante et imitant des rejetons : arbre
peu élevé, souvent tortueux : feuilles très-variables,
cotonneuses en-dessous, souvent hérissées en-dessus,
obovales, sinuées ou pinnatifides, à lobes arrondis :
glands pédonculés, à cupule tuberculeuse. *l.*Printemps.
L'Ouest.

Feuilles couvertes en-dessous de poils en faisceaux :
écorce noire, gercée, épaisse. *Q. stolonifera.* Lap.
Pyrénées.

*** Cupule à écailles imbriquées : feuilles sinuées,*
*pinnatifides.*

5. C. A FRUITS SESSILES. — *Q. sessiliflora.* Fl. fr.

Arbre très-élevé, à jeunes rameaux pubescents au
sommet : feuilles pétiolées, oblongues, sinuées, à
lobes arrondis régulièrement opposés : fruits sessiles,
latéraux. *l.* Printemps. Forêts.

Varie à feuilles pubescentes en-dessous. ¦

6. C. A GRAPPES. — *Q. racemosa.* Fl. fr.

Arbre très-élevé : feuilles presque sessiles, glabres,
oblongues, élargies au sommet, à lobes inégaux,
obtus : fruits à long pédoncule, solitaires ou en épi
lâche. *l.* Printemps. Forêts.

**497. COUDRIER,** *Corylus.* L. Fleurs monoïques.
Fleurs à étamines en chatons cylindriques, pendants,
formés d'écailles imbriquées, velues, à 3 lobes dont
le moyen plus grand : 6-8 étamines à la base de
chaque écaille. Fleurs à pistil dans un bourgeon
écailleux : 2 styles rouges, saillants : fruit osseux,
lisse, renfermé dans un calice ou involucre foliacé,
découpé : une graine, dans la coque ligneuse, nommée
noisette.

**1. C. Noisetier. — *C. Avellana*. L.**

Arbrisseau de 6-15 pieds, à rameaux flexibles : feuilles alternes, pétiolées, ovales-arrondies, terminées en languette, en cœur à la base, doublement dentées, pubescentes en-dessous, accompagnées de stipules ovales : chatons à étamines roux, 2-4 réunis, paraissant avant les feuilles : fruit oblong, arrondi ou ovoïde, jaunâtre ou rougeâtre, assez gros. *l.* Février, mars. Bois, haies.

**498. CHARME, *Carpinus*. L.** Fleurs à étamines en chatons allongés, à écailles imbriquées, ovales, acuminées, ciliées à la base, portant 6-20 étamines un peu barbues. Fleurs à pistil en chatons lâches, à écailles pédiculées, parsemées de veines en réseau : 2 styles : noix ovoïde, luisante, anguleuse, comprimée, dentée au sommet.

**1. C. commun. — *C. betulus*. L.**

Arbre médiocre, à tronc anguleux : écorce unie, grisâtre, tachée de blanc : feuilles glabres, pétiolées, ovales-oblongues, échancrées en cœur à la base, terminées par une languette courte, 2 fois dentées, nervées, ridées comme plissées : chatons à pistil composés d'écailles foliacées, grandes, planes, à 3 lobes : fleurs rougeâtres. *l.* Avril. Forêts.

**2. C. houblon. — *C. ostrya*. Desf.**

Arbre élégant peu élevé : feuilles ovales, pointues, ridées, 2 fois dentées : chatons à étamines pendants, en faisceaux : chatons à pistil formés d'écailles enflées, fermées, velues à la base, renfermant un fruit à 2 loges. *l.* Avril. Midi.

**499. HÈTRE, *Fagus*.** Fleurs à étamines en chatons globuleux, pendants et portés sur de longs pédoncules, composées chacune d'une écaille à 6 lobes contenant 8-12 étamines. Fleurs à pistil, réunies 2 à 2 dans un calice ou involucre à 4 lobes hérissé d'épines

molles, simples : ovaire à 3 loges, couronné par le
périanthe très-petit: 3 stigmates: 1 ou 2 noix (faînes)
triangulaires lisses, à 1-2 graines, recouvertes par
l'involucre devenu coriace, velu en-dehors et en-dedans, hérissé.

1. H. DES FORÊTS. -- *F. sylvatica.* L.

Arbre élevé à écorce grise et unie : feuilles ovales,
pétiolées, entières ou à peine dentées, d'abord molles,
puis fermes et luisantes en-dessus, munies de poils
soyeux en-dessous et sur les bords, un peu ondulées
et presque sinuées, devenant rouges en automne :
chatons à étamines herbacés, latéraux, situés au-
dessous des chatons à pistil ; ceux-ci solitaires dans
les aisselles des feuilles supérieures : graine contenant une amande douce et huileuse. *l.* Mai. Bois
taillis, forêts.

500. CHATAIGNIER , *Castanea.* T. Fleurs à
étamines d'une odeur nauséabonde, en chatons grêles,
longs, composés de fleurs sessiles agglomérées, munies d'une écaille à 6 divisions profondes : 5-20 étamines. Fleurs à pistil réunies 2 ou 3 dans un calice
globuleux, à 4 lobes, hérissé d'épines rameuses : périanthe adhérent à l'ovaire, à 5-6 lobes renfermant
un duvet roide qui cache 12 étamines rouges et avortées : 5-8 styles cartilagineux : fruit à enveloppe
coriace et épineuse, à 1 loge renfermant 1 ou 2 graines ridées, farineuses, nommées chataignes.

1. C. COMMUN. — *C. vulgaris.* Fl. fr.

Grand arbre à rameaux étalés : feuilles grandes,
oblongues-lancéolées, pointues, glabres, à dents de
scie mucronées, à nervures parallèles, brièvement
pétiolées : chatons à étamines axillaires, raides, très-
longs, jaunâtres, portant à leur base des chatons à
pistil, sessiles. *l.* Mai, juin. Bois montueux.

Fruits plus gros, plus ronds et plus savoureux,
nommés *Marrons.*

**501. NOYER,** *Juglans*. L. Fleurs à étamines en chatons allongés, imbriqués, presque rameux, formées chacune de 3 écailles dont l'intérieure est trilobée de chaque côté : 12-24 étamines. Fleurs à pistil solitaires, 2 à 2 ou 3 à 3 dans de petits bourgeons à double périanthe de 4 lobes chacun : 2 stigmates épais : noix ovoïde ou globuleuse, à 2 valves osseuses, ridées, enveloppée entièrement par une écorce charnue caduque, nommée *Brou* : graine ou amande partagée à sa base en 4 lobes sinueux, par des cloisons membraneuses.

1. N. CULTIVÉ. — *J. regia*. L.

Arbre élevé et gros: rameaux en large tête : feuilles grandes, ailées avec impaire, à 5-9 folioles ovales, entières, luisantes, vertes, odorantes, à nervures latérales parallèles : chatons à étamines pendants, jaunâtres, paraissant avant les feuilles : fruits 2-3-5 en grappe, sessiles. *l.* Mai. Vergers, collines.

2. N. NOIR. — *J. nigra*. Willd.

Grand arbre : feuilles alternes, ailées, à 15-19 folioles ovales, lancéolées, luisantes, dentelées : fruit rond, d'un noir mêlé de jaune, un peu tuberculeux, sillonné profondément. *l.* Mai. Parcs.

3. N. CENDRÉ. — *J. cinerea*. Willd.

Diffère du précédent par ses feuilles ridées, ternes, ses pétioles rudes, son fruit ovale, velu, visqueux. *l.* Mai. Parcs.

**502. PLATANE,** *Platanus*. L. Fleurs en chatons globuleux : chatons à étamines composés d'écailles linéaires, petites, entremêlées d'étamines nombreuses : chatons à pistil, formés d'ovaires nombreux, filiformes entremêlés d'écailles courtes, élargies au sommet : stigmate crochu : graines en massue ou oblongues, surmontées d'une pointe courbée et chevelues à la base.

### 1. P. D'ORIENT. — *P. Orientalis*. L.

Arbre élevé à écorce grisâtre, nuancée de jaune, se détachant chaque été par plaques minces : feuilles très-grandes, alternes, pétiolées, épaisses, palmées, à 5-7 lobes lancéolés, dentés, aigus : fleurs verdâtres, en chatons sessiles et distincts le long d'un pédoncule terminal, pendant. *l*. Printemps. Originaire d'Orient.

### 2. P. D'OCCIDENT. — *P. Occidentalis*. L.

Diffère du précédent par ses feuilles en coin à la base, à 5 angles aigus, peu sensiblement lobées, à dents inégales. *l*. Avril. Originaire d'Amérique.

### 503. PIMPRENELLE, *Poterium*. L. 

Fleurs monoïques ou polygames, en chaton globuleux. Fleurs à étamines ayant un périanthe ou calice à 4 divisions, entouré à la base par 2 ou 3 bractées : 20 à 40 étamines. Fleurs à pistil placées à la partie supérieure du chaton : calice semblable : 2 ou 3 ovaires surmontés chacun d'un style terminé par 1 stigmate en pinceau : 2 graines renfermées dans le calice persistant, endurci.

### 1. P. SANGUISORBE. — *P. sanguisorba*. L.

Racine épaisse, noirâtre : tige de 1 à 2 pieds, dressée, peu rameuse, un peu anguleuse, peu feuillée : feuilles ailées avec impaire à 11-19 folioles ovales-arrondies, incisées-dentées, velues-cendrées en-dessous : pétioles velus : fleurs verdâtres souvent rougeâtres en têtes terminales, arrondies, portées par de longs pédoncules, souvent à étamines et pistil, ou à étamines mêlées avec celles à pistil. *l*. Eté. Champs, prés secs.

### 504. SAGITTAIRE, *Sagittaria*. L. 

Fleurs monoïques : calice à 3 sépales : corolle à 3 pétales. Fleurs à étamines contenant 20-24 étamines. Fleurs à pistil, contenant des pistils nombreux devenant des capsules supères, à une graine, sans valves, petites, comprimées.

**1. FLÈCHE D'EAU.** — *S. sagittifolia.* **L.**

Hampe ou tige de 1 à 2 pieds, nue, dressée, spongieuse, à 3 angles, simple : feuilles toutes radicales, à pétiole long, large, engaînant à la base, triangulaires-sagittées, à oreillettes aussi longues que la feuille, entières, aiguës et glabres : fleurs blanches, un peu rosées à la base, en grappe terminale formée de verticilles à 3 fleurs, les fleurs supérieures à étamines sont plus nombreuses et plus grandes, les inférieures à pistil : capsules en tête globuleuse. *v.* Eté. Fossés, rivières.

**505. PIN,** *Pinus.* **T.** Fleurs à étamines en chatons oblongs, ramassés en grappes compactes et terminales, composés d'écailles imbriquées portant chacune 2 anthères. Fleurs à pistil en chatons solitaires, composés d'écailles imbriquées, épaisses, ayant chacune 2 ovaires à la base : fruit en cône ligneux, à écailles imbriquées, épaissies, anguleuses et ombiliquées au sommet : 2 noix osseuses, surmontées d'une aile membraneuse, et contenant 1 graine en amande. Branches et rameaux verticillés : plusieurs feuilles dans une même gaîne.

§ 1. *Cinq feuilles en faisceau dans chaque gaîne.*

**1. P. CEMBRO.** — *P. cembra.* **L.**

Arbre médiocre, peu droit, à rameaux étalés feuilles étroites, longues de 2-3 pouces, linéaires presque trigones, aiguës, vertes : cônes gros, courts obtus, droits, rougeâtres, à écailles ovales, planes dressées : fruit dur, sans ailes : graine à saveur douce *l.* Mai. Montagnes du Midi et de la Suisse.

On cultive le P. DU LORD, *P. strobus,* dont les cône cylindriques, ovales, à écailles ouvertes, sont plu longs que les feuilles. *l.*

### § 2. *Deux ou trois feuilles dans chaque gaîne.*

#### * *Cônes obtus à leur sommet.*

##### 2. P. NAIN. — *P. Pumilio.* F. fr.

Arbrisseau de 5-6 pieds , à tige ascendante, rameuse : feuilles 2 à 2, courtes, demi-cylindriques :
fleurs quelquefois dioïques : cônes sessiles, ovales-
arrondis, dressés. *l.* Eté. Marais tourbeux du Jura.

##### 3. P. A CROCHETS. — *P. uncinata.* Fl. fr.

Arbre assez élevé, à écorce grisâtre : feuilles roi-
des, longues, un peu glauques, 2 ou 3 par gaîne :
bourgeons d'un rouge noirâtre : cônes bruns, oblongs,
à écailles recourbées en crochet à la maturité. *l.* Eté.
Montagnes du Midi et de l'Est.

##### 4. P. MARITIME. — *P. maritima.* Poir.

Arbre droit, pyramidal, s'élevant à 100 pieds de
hauteur : écorce lisse, rouge sur les jeunes pousses :
feuilles linéaires, longues de 7-10 pouces, raides,
d'un vert foncé, épaisses, 2 à 2 : chatons à étamines
fauves, réunis en grappe : chatons à pistil rougeâtres,
réunis 3-4 vers le sommet des rameaux : cônes médiocres, solitaires, plus courts que les feuilles, jaunes,
pédonculés : écailles à sommet pointu , conique :
graines noirâtres, munies d'une grande aile. *l.* Mai.
Sables maritimes.

##### 5. P. PIGNON. — P. Pinea. L.

Arbre élevé, à tronc droit, divisé au sommet en
branches nombreuses, étalées en tête large et aplatie :
feuilles longues, étroites, linéaires, pointues, épaisses,
2 à 2, d'un vert un peu glauque ou blanchâtre, ne
dépassant pas les cônes ovales, arrondis ou pyrami-
daux, gros, rougeâtres, à écailles émoussées, très-
larges au sommet : graines osseuses, oblongues, renfermant une amande huileuse, bonne à manger. *l.*
Mai. Montagnes du Midi.

** *Cônes pointus au sommet.*

¶ *Bourgeons purpurins ou rouges.*

6. P. ROUGE. — P. *rubra*. Fl. fr.

Arbre très-élevé, à écorce et jeunes pousses rouges : feuilles glauques, 2 à 2, dures, linéaires, étroites, carénées, courtes : cônes pendants, assez petits, coniques, 2-4 en bouquets autour des branches : sommet des écailles en losange. *l.* Mai. Forêts des Alpes et du Nord.

7. P. MUGHO. — P. *mugho*. Fl. fr.

Arbre très-élevé, à écorce d'abord rousse, puis d'un pourpre noirâtre : rameaux étalés : feuilles d'un beau vert, linéaires, étroites, pointues, 2-3 par gaîne : cônes petits, roussâtres, ovales : sommet de l'écaille en pyramide tétragone, presque pointu. *l.* Mai. Alpes.

¶ *Bourgeons verts.*

8. P. SAUVAGE. — P. *sylvestris*. L.

Arbre de 80 à 100 pieds, à tronc nu, droit : feuilles linéaires, raides, étroites, carénées, longues d'environ 2 pouces, 2 à 2 par gaîne et munies d'une écaille rousse à la base : chatons à étamines roussâtres ou jaunâtres, à courts pédoncules, disposés en grappe droite paraissant terminale : chatons à pistil, ovoïdes, rougeâtres : cônes courts, pendants, solitaires ou 2 à 2, presque aussi longs que les feuilles : écailles obtuses, amincies à la base, terminées en massue tétragone, et ombiliquées au sommet : graines ovoïdes, ailées. *l.* Mai. Forêts des montagnes.

9. P. LARICIO. — P. *laricio*. Poir.

Arbre très-élevé : écorce des rameaux verte : feuilles très-longues, lisses, recourbées et chiffonnées, 2 à 2, linéaires : cônes aigus, courts, pendants, coniques : écailles étroites à la base, brunes, jaunâtres et luisantes au sommet convexe, non anguleux, très-épais et à peine ombiliqué. *l.* Pyrénées.

10. P.'d'Alep. — P. *Alepensis*. Duch.

Arbre de 30-50 pieds, à rameaux étalés : feuilles d'un vert clair, presque filiformes, lisses, droites, longues : cône petit, ovale-oblong, arrondi à la base, très-pointu au sommet, recourbé sur son pédoncule : écailles très-larges, obtuses, lisses. *l.* Mai. Bords de la Méditerranée.

506. SAPIN, *Abies*. T. Fleurs à étamines en chatons solitaires, ovales-oblongs. Fleurs à pistil aussi en chatons solitaires : cônes à écailles imbriquées, amincies et arrondies au sommet, portant à leur base 2 graines surmontées d'une aile membraneuse. Feuilles solitaires. Les autres caractères sont ceux du genre Pin.

1. S. pesse. — *A. excelsa*. DC.

Arbre très-élevé, à tronc nu, simple, à rameaux glabres, striés, rougeâtres ; feuilles éparses autour des rameaux, tétragones, un peu comprimées, linéaires, mucronées, vertes, articulées sur un très-court pédicelle coloré : chatons à étamines axillaires, pédonculés, à écailles presque en rein, crénelées : étamines formées d'une anthère à 2 loges s'ouvrant dans toute sa longueur par la base : cônes axillaires, pourpres et ovoïdes dans la jeunesse, allongés, cylindriques et pendants à la maturité : écailles très minces au bord et dentelées. *l.* Avril, mai. Montagnes.

Varie à feuilles droites ou courbes, lâches ou serrées, etc.

2. S. argenté. — *A. pectinata*. Fl. fr.

Arbre droit, très élevé, à écorce blanchâtre : rameaux verticillés, étalés, en pyramide, pubescents au bout, à écorce lisse : feuilles planes, linéaires, échancrées ou obtuses au sommet, très-vertes en-dessus, luisantes, à 2 lignes blanches ou glauques en-dessous, disposées plus ou moins sur 2 rangs au moyen de la base tordue, renflée et articulée sur le rameau : chatons à étamines solitaires, jaunâtres, anthères à 2 loges s'ouvrant transversalement : chatons à pistil, souvent rouges: cônes axillaires, cylindriques, redressés, solitaires, à écailles larges, entières, à bractée dorsale allongée, persistante. *l.* Avril. Montagnes.

507. MÉLÈZE, *Larix*. T. Diffère du précédent par ses cônes tous latéraux, dressés, ovoïdes; par ses feuilles caduques, lâches, en faisceaux et solitaires.

1. M. D'EUROPE. — *L. Europaea*. DC.

Arbre de 60-80 pieds et plus, droit, pyramidal : feuilles linéaires en alène d'abord molles et d'un vert gai, puis raides, réunis en petits faisceaux dans une gaîne écailleuse, éparses et solitaires sur les jeunes rameaux, toutes caduques : chatons à étamines ovoïdes, jaunâtres, sessiles, dressés, munis à la base d'écailles barbues : chatons à pistil d'un beau rouge : cônes réfléchis à écailles brunâtres, à pointe verte, un peu lâches au sommet : graines velues. *l.* Mai. Hautes montagnes.

508. THUYA, *Thuja*. T. Fleurs à étamines en chatons ovoïdes, à écailles obtuses portant 4 anthères sessiles. Fleurs femelles en cône ovoïde, à longues écailles épaissies au sommet et imbriquées, très-lâches à la maturité : 2 ovaires très-petits par écaille, devenant 2 graines quelquefois ailées.

1. T. D'ORIENT. — *T. Orientalis*. L.

Arbre de 10-20 pieds, dressé, à rameaux aplanis, redressés : feuilles nombreuses, imbriquées sur 4 rangs, glabres, luisantes, en forme d'écailles ovales rhomboïdales, appliquées : fruit en cône arrondi, à écailles rudes, obtuses, épaisses, recourbées et mucronées près du sommet : graines nues. *l.* Mai. Originaire de la Chine.

2. T. OCCIDENTAL. — *T. Occidentalis*. L.

Diffère par ses rameaux étalés, à feuilles relevées

en bosse sur le dos ; par ses cônes obovales à écailles lisses, obtuses, et par ses graines ailées. *l.* Originaire d'Amérique.

**509. CYPRÈS,** *Cupressus.* **L.** Fleurs à étamines en chatons, à écailles imbriquées, arrondies, attachées par le centre, opposées, portant 4 anthères sessiles. Fleurs à pistil en cônes globuleux, à 8 fleurs ou plus, dressées et sessiles à la base des écailles ; cône globuleux, sec, compacte, composé d'écailles ligneuses, anguleuses, épaissies au milieu, attachées par le centre et recouvrant les graines oblongues, petites.

1. C. PYRAMIDAL. — *C. sempervirens.* L.

Arbre toujours vert, à tronc droit, s'élevant de 40 à 60 pieds, d'un vert sombre, à branches raides, dressées et serrées contre le tronc, en pyramide, jeunes rameaux à 4 angles : feuilles petites, obtuses, convexes, appliquées, imbriquées sur 4 rangs : fruit presque globuleux, mûrissant après l'hiver. *l.* Février, mars. Originaire d'Orient.

Le C. HORIZONTAL. — *C. horizontalis.* Mill.,

Diffère par ses rameaux étalés ou pendants. Midi.

**510. COURGE,** *Cucurbita.* **L.** Fleurs monoïques, solitaires : calice à 5 dents : corolle soudée au calice par sa base, en cloche, à 5 lobes veinés. Fleurs à étamines : 5 anthères adhérentes, portées sur 3 filets dont 2 sont bifurqués. Fleurs à pistil ayant 1 style à 3 divisions : fruit gros, charnu, à 3 loges dans la jeunesse, séparées par des cloisons molles, membraneuses : graines nombreuses aplaties sur 2 rangs, entourées d'un rebord renflé. Plantes cultivées, grimpantes au moyen de vrilles. Fleurs jaunes.

1. C. POTIRON. — *C. maxima.* Fl. fr.

Tige couchée, grimpante, rude, longue de 6-10 pieds : feuilles très-grandes, alternes, en cœur, arrondies, à 5 lobes obtus, horizontales, à pétioles dressés : fleurs axillaires, très-grandes, jaunes, à limbe renversé en-dehors : fruits très-gros, sphériques, comprimés par les bouts : graines blanches, elliptiques. *a*. Eté.

### 2. C. PÉPON. — *C. pepo*. L.

Diffère surtout par ses feuilles en cœur, à 5 lobes, dressées comme les pétioles, et par ses fleurs à limbe non rabattu en-dehors : fruit souvent oblong. *a*. Eté.

### 3. C. PASTEQUE. — *C. anguria*. Fl. fr.

Diffère par ses feuilles d'un vert foncé, verticales, profondément découpées, raides : fruit rond, lisse, tacheté : chair fondante : graines noires ou rouges. *a*. Eté. Cultivée dans le Midi.

**511. CALEBASSE,** *Lagenaria*. SER. Calice à 5 dents : corolle à 5 lobes profonds, étalés. Fleurs à étamines : 5 étamines dont 4 réunies et la cinquième libre. Fleurs à pistil, à 3 stigmates épais, à 2 lobes : fruit oblong, à 3 loges, en massue ou en bouteille : graines oblongues, comprimées, sans rebord, échancrées aux deux bouts. Cultivée.

### 1. C. COMMUNE. — *L. vulgaris*. Ser.

Plante pubescente et visqueuse, à odeur désagréable : tige grimpante, sillonnée, longue de 3-6 pieds, munie de vrilles rameuses : feuilles arrondies, en cœur, sinuées-dentelées, molles, munies de 2 glandes en-dessous vers la base : fleurs blanches, évasées, presque en étoile, réunies plusieurs à l'aisselle des feuilles : fruit d'abord pubescent, à la fin lisse, à écorce ligneuse, de forme très-variable. *a*. Eté.

**512. CONCOMBRE,** *Cucumis*. L. Calice à 5 divisions en alène : corolle en cloche, plissée, à 5 divisions profondes. Fleurs à étamines : 5 anthères adhérentes, portées par 3 filets dont 2 sont bifurqués. Fleurs à pistil : 1 style court à 3 divisions : 3 stigmates épais et fourchus : 3 étamines sans anthère : un gros fruit charnu, primitivement à 3 loges subdivisées : graines ovales, nombreuses,

amincies aux bords, nichées dans des cellules pul-
peuses. Plantes munies de vrilles simples, axillaires.

1. C. MELON. — *C. melo*. L.

Tige couchée, hérissée, longue de 3-6 pieds : feuilles rudes, en cœur, lobées, à lobes arrondis : fleurs
jaunes, petites, axillaires : fruit ovoïde ou arrondi,
souvent marqué de côtes, à écorce ridée, chargée de
lignes saillantes en réseau : chair succulente. *a*. Eté.
Potagers.

2. C. CULTIVÉ. — *C. sativus*. L.

Tige étalée, grosse, hérissée : vrilles roulées en
tire-bouchon : feuilles en cœur, à 5 lobes aigus : fleurs
axillaires, jaunes : fruit allongé, presque cylindrique,
obtus, lisse ou tuberculeux. *a*. Eté. Potagers.

513. MOMORDIQUE, *Momordica*. L. Calice à
5 divisions lancéolées, étalées : corolle à 5 divisions.
Fleurs à étamines : 3 filets soudés par les anthères.
Fleurs à pistil : 3 filets sans anthère : 1 style à 3 divisions : fruit oblong, à écorce sèche, à 1 loge (3 dans
la jeunesse) s'ouvrant avec élasticité et lançant ses
graines comprimées, arillées.

1. M. ÉLASTIQUE. — *M. elaterium*. L.

Tige velue, couchée, sans vrilles, rude : feuilles
hérissées, rudes, pétiolées, en cœur : fleurs jaunâtres,
petites : fruits petits, verts, solitaires, hérissés,
oblongs. *a*. Eté. Midi.

514. BRYONE, *Bryonia*. L. Calice à 5 dents aiguës : corolle en cloche, à 5 divisions. Fleurs à étamines : 3 filaments dont 2 portent chacun 2 anthères
réunies, le troisième n'en porte qu'une. Fleur à pistil :
style court, à 3 stigmates : fruit globuleux, petit,
charnu, à 1 ou 3 loges : graines peu nombreuses, à
peine comprimées.

1. B. DIOÏQUE. — *B. dioïca*. Fl. fr.

Racine grosse, charnue : tige grêle, longue de 6-8

pieds, grimpante au moyen de vrilles roulées en tire-
bouchon : feuilles pétiolées, alternes , hérissées-tu-
berculeuses, en cœur à la base, palmées, à 5 lobes
aigus, profonds , celui du milieu plus long : fleurs
blanchâtres, marquées de lignes verdâtres, en grappes
axillaires : baies arrondies, rouges, à suc visqueux et
fétide, sur des pieds distincts de ceux qui portent les
fleurs à étamines. *v.* Eté. Haies, buissons.

2. B. BLANCHE. — *B. alba.* L.

Diffère par ses fleurs à étamines sur le même pied
que les fleurs à fruits ; par ses feuilles à lobes dentés,
et par ses fruits noirs. Haies du Midi et du Nord.

515. RICIN, *Ricinus.* L. Fleurs à étamines : périanthe à 5 divisions ovales : étamines nombreuses, à
filets rameux, soudés à la base. Fleurs à pistil : périanthe à 3 divisions : 3 styles bifurqués : capsule arrondie, à 3 sillons, à 3 loges, à 3 valves, hérissée de
pointes : graines lisses.

1. R. COMMUN. — *R. communis.* L.

Plante glabre : tige épaisse, haute de 3-5 pieds,
rameuse, souvent rougeâtre, herbacée, ligneuse dans
les pays chauds : feuilles amples, d'un vert sombre,
luisantes, palmées à lobes aigus, dentés : pétiole embrassant, glanduleux : fleurs en épi ou grappe terminale, celles à étamines en masses jaunâtres à la base
de la grappe, et celles à pistil au sommet : fruits verdâtres à 3 coques réunies : graines oblongues, brunes, marbrées, huileuses. *a. l.* Eté. Cultivé.

# Vingt-troisième Classe.

—

**FLEURS A ÉTAMINES sur une plante :
FLEURS A PISTIL sur une autre
plante. — Dioécie.**

—

## PREMIER ORDRE.

**UNE ÉTAMINE PAR FLEUR. — MONANDRIE.**

Arbre ou arbuste: fleurs en chatons : graines chevelues. . . 516. Saule.
Herbe marine : fleurs dans une
spathe. . . . . . . . . . . . 483. Zostère.

—

## II ORDRE.

**DEUX ÉTAMINES PAR FLEUR. — DIANDRIE.**

*Plantes ligneuses.*

Feuilles simples : fleurs en chatons. . . . . . . . . . . . . 516. Saule.
Feuilles ailées avec impaire :
arbre : graines ailées. . . . 16. Frêne.

—

## III ORDRE.

**TROIS ÉTAMINES PAR FLEUR. — TRIANDRIE.**

* *Arbres ou plantes ligneuses.*

§ *Fruit charnu, succulent.*

Baie rouge : feuilles linéaires
étroites. . . . . . . . . . . 517. Osyris.

Fruit en baie rouge, situé au milieu de la feuille élargie. . . 532. FRAGON.
Feuilles très-larges : fleurs renfermées dans un réceptacle
charnu, presque fermé . . . 487. FIGUIER.

§§ *Fruit sec en chaton.*

Chatons allongés, chevelus à la
maturité . . . . . . . . . . 516. SAULE.

** *Herbes.*

Fleurs en chatons ou épis imbriqués : calice et corolle
nuls. . . . . . . . . . . . . 30. LAICHE.
Fleurs en corymbe ou en tête,
colorées : feuilles élargies. . 20. VALÉRIANE.

—

# IV ORDRE.

QUATRE ÉTAMINES PAR FLEUR. — TÉTRANDRIE.

§ 1. *Arbres ou plantes ligneuses.*

* *Fleurs à étamines en chaton.*

Feuilles lancéolées : fruit charnu, en drupe . . . . . . . . 520. MYRICA.

** *Fleurs en paquets ou axillaires.*

§ *Plante ligneuse, parasite sur un arbre.*

Plante charnue : baie . . . . . 518. GUI.

§§ *Plante ligneuse, non parasite.*

Feuilles argentées , naissant
après les fleurs . . . . . . . 519. ARGOUSSIER.
Feuilles vertes naissant avant
les fleurs. . . . . . . . . . 126. NERPRUN.

§ 2. *Herbes.*

Plante hérissée de poils à piqûre

brûlante. . . . . . . . . . . 489. Ortie.
Plante glabre . . . . . . . . . 522. Epinard.

—

# V ORDRE.

## CINQ ÉTAMINES PAR FLEUR. — PENTANDRIE.

### § 1. *Arbres ou arbrisseaux.*

#### * *Feuilles ailées.*

Fruit à noyau contenant une
graine. . . . . . . . . . . . 521. Pistachier.
Fruit en gousse longue, remplie
de pulpe : plusieurs graines. 127. Caroubier.

#### ** *Feuilles simples.*

Fleur munie d'un calice et d'une
corolle : baie. . . . . . . . 126. Nerprun.
Calice nul, corolle nulle : fleurs
en chaton : capsules en cha-
tons. . . . . . . . . . . . . 516. Saule.

### § 2. *Herbes.*

#### * *Feuilles composées de folioles.*

Feuilles à 3 folioles : fleurs en
grappes ou en épis . . . . . 523. Chanvre.

#### ** *Feuilles simples : plantes grimpantes.*

Tige s'enroulant autour des
corps voisins : chatons à larges écailles couvrant les fruits
secs. . . . . . . . . . . . . 524. Houblon.
Tige munie de vrilles : fleurs
pourvues d'un calice et d'une
corolle : baie. . . . . . . . 514. Bryone.

# VI ORDRE.

### SIX ÉTAMINES PAR FLEUR. — HEXANDRIE.

#### ⋆ *Plante ligneuse.*

Tige épineuse : fleurs en grappes rameuses : baie. . . . . 526. SMILAX.
Tige non épineuse : fleurs en
   chaton : drupe . . . . . . . 520. MYRICA.

#### ⋆⋆ *Herbe.*

Tige très-longue, s'enroulant autour des corps voisins : baie. 525. TAMIER.
Tige ne s'enroulant pas : cap-
   sule. . . . . . . . . . . . . . 211. PATIENCE.

—

# VII ORDRE.

### HUIT ÉTAMINES PAR FLEUR. — OCTANDRIE.

#### ⋆ *Arbre élevé.*

Fleurs axillaires sessiles : baie. 220. PLAQUEMINIER.
Fleurs en chatons : capsule
   à graines chevelues. . . . . 527. PEUPLIER.

#### ⋆⋆ *Arbrisseau ou arbuste.*

Fleurs axillaires : capsule à une
   graine . . . . . . . . . . . . 223. PASSERINE.

#### ⋆⋆⋆ *Herbe.*

Racine tubéreuse : fleurs en cîme
   terminale. . . . . . . . . . 259. ORPIN.

—

# VIII ORDRE.

### NEUF ÉTAMINES PAR FLEUR. — ENNÉANDRIE.

#### ⋆ *Arbre.*

Fruit en baie noire à 2 graines. 238. LAURIER.

** *Herbe.*

Fruit à 2 coques monospermes. 528. MERCURIALE.

—

## IX ORDRE.

**DIX ÉTAMINES PAR FLEUR. — DÉCANDRIE.**

* *Arbrisseau.*

Baie noire : fleurs en grappes
    terminales . . . . . . . . . 260. CORROYÈRE.

** *Herbes.*

Pétales à onglet très-long : 5
    styles. . . . . . . . . . . . 253. LYCHNIDE.
Pétales à onglet court : 3 styles. 255. SILÈNE.

—

## X ORDRE.

**PLUS DE DIX ÉTAMINES PAR FLEUR. —
POLYANDRIE.**

* *Arbres.*

Fleurs en chatons : capsule. . 527. PEUPLIER.
Fleurs en paquets axillaires :
    baie ou drupe noire. . . . . 238. LAURIER.

** *Herbe.*

Feuilles simples, opposées : 2
    coques monospermes. . . . 528. MERCURIALE.

—

## XI ORDRE.

**ÉTAMINES SOUDÉES ENSEMBLE.**

§ 1. *Feuilles plus ou moins élargies, jamais
imbriquées.*

* *Plantes ligneuses.*

Feuilles simples, alternes. fleurs
    en chaton : capsule. . . . . 516. SAULE.

Feuilles simples, alternes, portant les fleurs sur leur sur-
   face : baie rouge . . . . . . . 532. FRAGON.
Feuilles dures, palmées en éven-
   tail : fruit charnu . . . . . . . 214. LATANIER.

**** *Herbes.***

Tige grimpante au moyen de
   vrilles : baie . . . . . . . . . 514. BRYONE.
Tige basse, munie d'écailles :
   feuilles très-larges, radicales. 456. TUSSILAGE.
Tige basse, munie de feuilles
   étroites : graines à aigrette :
   fleurs en corymbe terminal. 453. GNAPHALE.

§ 2. *Feuilles linéaires étroites, imbriquées ou sur*
2 *rangs.*

Baie noire, bleue ou roussâtre :
   feuilles éparses. . . . . . . . 529. GÉNÉVRIER.
Baie rouge écarlate : feuilles sur
   2 rangs opposés. . . . . . . . 530. IF.

§ 3. *Feuilles nulles.*

Rameaux opposés : baie rouge. 531. EPHEDRA.

516. SAULE, *Salix.* L. Fleurs en chatons oblongs
ou cylindriques, composées chacune d'une écaille entière avec une glande à la base. Fleurs à étamines :
1, 2 à 5 étamines distinctes ou soudées. Fleurs à
pistil : 1 ovaire conique terminé par le style à 2 stigmates souvent bifurqués : capsule à 2 valves qui se
roulent en-dehors à la maturité, à 1 loge contenant
plusieurs graines pourvues d'une aigrette de poils
soyeux. Les chatons sont dits *précoces, contemporains, tardifs,* selon qu'ils paraissent *avant, avec, ou
après les feuilles.*

## § 1. *Ovaire (ou capsule) velu.*

### * *Feuilles étroites, c'est à-dire dont 2 largeurs n'égalent pas la longueur.*

**1. S. A UNE ÉTAMINE. — *S. monandra.* Hoffm.**

Arbrisseau de 2-8 pieds, à rameaux effilés, flexibles, d'un pourpre violet, souvent verdâtres : feuilles presque sessiles, glabres, pointues, planes, lancéolées, un peu élargies et dentées au sommet, à dents glanduleuses : chatons sessiles, précoces, munis de petites bractées à la base : écailles d'un brun noirâtre ou verdâtres, obovales, poilues : étamines 2 soudées en une, à anthère à 4 loges, d'un rouge devenant noir : capsule sessile, soyeuse : style nul. *l.* Printemps. Bord des rivières et des ruisseaux.

**2. S. OSIER. — S. *viminalis.* L.**

Arbrisseau de 8-12 pieds, à rameaux effilés, très-flexibles, d'un vert jaunâtre ou grisâtre : feuilles presque sessiles, linéaires-lancéolées, entières, acuminées, un peu ondulées, finement soyeuses-argentées en-dessous : stipules linéaires, caduques : chatons contemporains presque tardifs, sessiles : 2 étamines libres, à anthères jaunes : capsules allongées, coniques, sessiles, soyeuses: style allongé à stigmates dépassant les poils des écailles. *l.* Printemps. Bord des rivières et des ruisseaux.

### ** *Feuilles larges, c'est-à-dire dont 2 largeurs égalent la longueur.*

**3. S. MARCEAU. — S. *capraea.* L.**

Arbre de 9-30 pieds: rameaux à écorce crevassée: bourgeons glabres : feuilles elliptiques ou obovales, pétiolées, acuminées, épaisses, ondulées-crénelées, ridées, d'un vert foncé en-dessus, veinées en réseau et pubescentes grisâtres en-dessous, et sur les 2 faces dans la jeunesse : stipules en rein, dentées : chatons précoces, ovoïdes, épais, dressés, presque sessiles,

ayant de petites bractées à la base : 2 étamines libres, jaunes : capsules allongées-coniques, pédicellées, cotonneuses : style nul à stigmates ovoïdes.
bifides : écailles ovales, noirâtres, velues. *l.* Printemps.
Bois humides, lieux sablonneux secs.

4. S. CENDRE. — S. cinerea. L.

Arbrisseau de 6-15 pieds, à rameaux souples,
dressés, les jeunes cotonneux : bourgeons blanchâtres,
pubescents : feuilles elliptiques ou lancéolées-obo-
vales, aiguës, un peu ondulées-dentées sur les bords,
d'un vert cendré, pubescentes en-dessus, à la fin
presque glabres, finement cotonneuses en-dessous :
stipules en rein, dentelées : chatons précoces, sessiles, dressés, avec des bractées à la base, ceux à étamines odorants, épais : 2 étamines libres : capsule
ovoïde-lancéolée, cotonneuse, pédicellée : style nul
à stigmates ovales, bifides. *l.* Printemps. Bois, buissons humides.

5. S. A OREILLETTES. — S. aurita. L.

Arbrisseau de 3-6 pieds, à rameaux nombreux,
diffus : bourgeons glabres : feuilles nombreuses,
brièvement pétiolées, obovales ou presque arrondies,
petites, obtuses, à pointe oblique, ridées, veinées en
réseau, rugueuses, à bords ondulés, dentés, grisâtres,
pubescentes en-dessus. glauques et velues-cotonneu-
ses en-dessous : stipules en rein : chatons précoces,
ceux à étamines sessiles, ovoïdes, soyeux, bruns ;
ceux à pistil pédonculés, cylindriques, dressés, un
peu foliacés à la base : capsule conique, allongée, pédicellée, soyeuse : style nul à stigmates ovoïdes,
échancrés. *l.* Printemps. Bords des ruisseaux, lieux
humides.

§ 2. Ovaire glabre.
* Feuilles larges.
6. S. A CINQ ÉTAMINES. — S. pentandra. L.

Arbrisseau de 6-10 pieds, à rameaux fragiles.

lisses, comme vernissés, d'un vert jaunâtre ou purpurin : jeunes pousses glabres, visqueuses : feuilles
odorantes, ovales, pointues, dentelées-glanduleuses,
luisantes en-dessus, veinées, pâles en-dessous : pétiole glabre, court, souvent sans stipules : chatons
tardifs, jaunes, odorants, à pédoncule feuillé ; ceux à
étamines cylindriques, à 5-10 étamines par écaille
ovale, poilue ; ceux à pistil, à écailles lancéolées, aiguës, caduques : capsule glabre presque sessile :
style allongé, à stigmates bifides. *l.* Eté. Ruisseaux
des montagnes.

**** *Feuilles étroites.***

**§ *Rameaux flexibles : feuilles glabres.***

7. S. A TROIS ÉTAMINES. — S. *triandra.* L.

Arbrisseau de 6-10 pieds, ou arbuste, à rameaux
lisses : feuilles fermes, courtement pétiolées, lancéolées ou oblongues, ordinairement à base ovale,
denticulées en scie, aiguës, d'un vert luisant surtout
en-dessus : stipules en demi-cœur, obtuses : chatons
grêles, longs, cylindriques, contemporains, lâches, à
pédoncule feuillé : écailles jaunâtres à 3 étamines :
capsule ovoïde, conique, glabre, pédicellée : style
très-court, à stigmates divergents tout-à-fait : écailles
glabres à la pointe et courtes. *l.* Printemps. Ruisseaux, rivières.

Feuilles plus grandes, plus larges, glauques en-
dessous : 2 étamines. *S. amygdalina.* L.

8. S. PLEUREUR. — S. *Babylonica.* L.

Arbre de 20-40 pieds : rameaux grêles, longs, arqués-pendants, à écorce cendrée ou jaunâtre : feuilles
lancéolées-linéaires, acuminées, dentelées en scie :
chatons contemporains, grêles, à pédoncule feuillé,
redressés, d'un vert jaunâtre : capsules glabres, sessiles : style nul : axe du chaton velu. *l.* Avril. Bosquets, cimetières.

**¶¶ *Rameaux cassants.***

### 9. S. FRAGILE. — S. *fragilis*. **L.**

Arbre élevé, à écorce crevassée : rameaux grêles, très-cassants à leur aisselle : feuilles pétiolées, lancéolées, acuminées, soyeuses dans la jeunesse, puis très-glabres, d'un vert gai en-dessus, dentées, à dents épaissies, recourbées, glanduleuses : stipules ovales ou en demi-cœur, caduques : chatons tardifs ou contemporains, à pédoncule feuillé : 2 étamines par écaille obovale : chatons à fruit pendants, à écailles étroites, ciliées : capsules pédicellées, glabres, en cône allongé : style médiocre, à stigmates bifides : écailles toutes d'un jaune verdâtre. *l.* Printemps. Ruisseaux, rivières.

### 10. S. BLANC. — S. *alba*. **L.**

Arbre de 30-40 pieds, à écorce grisâtre et ridée : rameaux jeunes soyeux, flexibles, devenant fragiles à leur aisselle en vieillissant, fauves : feuilles lancéolées, acuminées, dentées en scie, à dentelures de la base infléchies-glanduleuses, soyeuses des 2 côtés, à la fin presque glabres en-dessus, d'un blanc satiné, luisant en-dessous dans la jeunesse : stipules lancéolées : chatons tardifs ou contemporains, grêles, cylindriques, à pédoncule feuillé : 2 étamines par écaille, dans un chaton odorant : chatons à fruits pendants, à capsules presque sessiles : style très-court, à 2 stigmates bifides. *l.* Printemps. Ruisseaux, rivières.

Rameaux d'un jaune pâle, flexibles la première année. Osier jaune, *S. vitellina.*

Feuilles glabres des 2 côtés. *S. vitellina.* **L.**

### 11. S. A FEUILLES COTONNEUSES. — S. *incana*. **DC.**

Arbrisseau de 6-10 pieds et plus : rameaux non flexibles, très-fragiles, à écorce d'un brun noir : feuilles lancéolées-linéaires, acuminées, à dents glanduleuses, d'un vert sombre en-dessus, blanches-coton-

neuses en-dessous : chatons contemporains, cylindriques, brunâtres, à pédoncule feuillé et court : chatons
à fruit à la fin courbés, pendants : capsule presque
sessile, à stigmates bifides portés sur 1 style allongé.
*l*. Printemps. Ruisseaux, rivières.

**517. OSYRIS,** *Osyris*. L. Périanthe monophylle
à 3 divisions égales, ovales, aiguës. Des fleurs à 1-3
étamines : d'autres fleurs à 1 style à 3 stigmates
étalés : baie globuleuse, à une loge, ombiliquée,
remplie par un noyau osseux.

1. O. BLANC. — O. alba. L.

Arbuste de 2 à 3 pieds, à rameaux nombreux,
striés, dressés : feuilles sessiles, linéaires-lancéolées,
entières : fleurs très-petites, jaunâtres, axillaires,
odorantes : baie rouge ressemblant à une capsule.
*l*. Mai, juin. Collines sèches du Midi.

**518. GUI,** *Viscum*. T. Fleurs en paquets axillaires et sessiles : calice entier, à rebord peu saillant :
corolle de 4 pétales ovales, ligurant un calice. Fleurs
à étamines : 4 étamines sans filet, à anthère spongieuse, sessile sur le milieu de chaque pétale. Fleurs
à pistil : 1 style court, à stigmate obtus, quelquefois
denté : une baie globuleuse, lisse, à une loge, à une
graine, et couronnée par le calice.

1. G. BLANC. — V. album. L.

Plante parasite sur les arbres, presque ligneuse,
d'un vert jaunâtre, en touffe arrondie : tige très-rameuse, dichotome, articulée, diffuse, longue de 1 à 3
pieds et poussant sans direction fixe : feuilles opposées, sessiles, lancéolées, obtuses, épaisses, entières, rétrécies à la base : fleurs petites, jaunâtres,
en paquets, sessiles, par 3-4 aux bifurcations des rameaux et aux aisselles des feuilles : baies blanches,
rondes, presque transparentes, à suc très-visqueux :
une graine en cœur, aplatie. *l*. Mars. Vieux arbres.

**519. ARGOUSSIER, *Hippophaë*. L.** Fleurs à étamines : périanthe à 2 divisions profondes, rapprochées au sommet : 4 étamines à anthères oblongues, presque sessiles. Fleurs à pistil : périanthe tubuleux. à 2 lobes : 1 style court à stigmate épais : baie globuleuse, à une loge, à une graine oblongue.

1. A. FAUX NERPRUN. — *H. rhamnoïdes.* L.

Arbrisseau de 3-6 pieds, à rameaux nombreux flexibles, très-épineux : feuilles lancéolées, étroites. presque sessiles, d'un vert grisâtre en-dessus, argentées-écailleuses en-dessous, roulées en-dessous par les bords : fleurs petites, verdâtres, solitaires ou agglomérées plusieurs entre les feuilles naissantes : baie d'un jaune orangé ou roussâtre. *l.* Printemps. Bords des rivières et de la mer.

**520. MYRICA, *Myrica*. L.** Fleurs en chaton lâche, imbriqué, ovoïde, formé d'écailles en forme de croissant, ovales, concaves. Fleurs à étamines : 4 anthères grandes, à 4 valves, à filets courts, rarement 6 étamines. Fleurs à pistil : 1 ovaire à 2 styles devenant une espèce de baie à une loge, à une graine.

1. M. GALÉ. — *M. gale.* L.

Petit arbuste odorant, à tige rameuse, lisse, roussâtre, haute de 2-3 pieds : feuilles alternes, lancéolées, en spatule, arrondies au sommet, dentées et parsemées de points résineux jaunâtres : chatons à écailles un peu luisantes, d'un rouge brun. blanchâtres au bord : fruits ovoïdes, un peu charnus. *l.* Printemps. Marécages, Landes.

2. M. CIRIER DE PENSYLVANIE. — *M. Pensylvanica.* Duh.

Arbrisseau toujours vert, odorant, haut de 3-4 pieds, à écorce grisâtre : feuilles ovales-lancéolées, dentées en scie vers le bout, rétrécies à la base. molles, parsemées de points résineux : chatons axillaires. sessiles : fruits globuleux, donnant une cire verte. *l.* Mars. Marais. Originaire d'Amérique.

**521. PISTACHIER,** *Pistacia.* L. Fleurs en chatons ou grappes lâches, munies d'écailles. Fleurs à étamines : calice très-petit, à 5 lobes, rarement 3 : corolle nulle : 5 ou rarement 3 étamines, à anthères tétragones. Fleurs à pistil : calice à 3 lobes très-petits : corolle nulle : 1-3 styles : ovaire plus grand que le calice, devenant une drupe sèche, ovale, renfermant un noyau ovale, à une graine. Arbrisseau.

** Feuilles ailées avec impaire.*

1. P. Térébinthe. — *P. Térébinthus.* L.

Arbrisseau ou petit arbre rameux, résineux, odorant, à écorce brune ou rougeâtre : feuilles à 7 ou 9 folioles ovales-lancéolées, entières, d'un vert luisant en-dessus, glabres: fleurs petites en panicules axillaires : baie arrondie, sèche, petite, ridée. *l.* Avril. Rochers et collines du Midi, jusqu'à Belley.

2. P. commun. — *P. vera.* L.

Arbre de 10-30 pieds, à écorce grise : feuilles d'un beau vert, à 3-5 folioles ovales ou lancéolées, un peu en coin à la base : fruits presque ovales, rougeâtres, de la grosseur d'une noisette, renfermant une amande verdâtre, douce. *l.* Mai. Cultivé dans le Midi.

*** Feuilles ailées sans impaire.*

3. P. lentisque. — *P. lentiscus.* L.

Arbrisseau de 10-15 pieds, à écorce brune ou rougeâtre : feuilles persistantes, à 8 folioles lisses, coriaces, lancéolées, entières, à pétiole ailé : fleurs rougeâtres en grappes axillaires : baies arrondies, charnues, d'abord rougeâtres, à la fin brunes. *l.* Printemps. Midi.

**522. ÉPINARD.** *Spinacia.* L. Fleurs à étamines : périanthe à 4-5 divisions : 4-5 étamines. Fleurs à pistil : périanthe à 2-4 divisions aiguës : 4 styles : graine solitaire, comprimée, renfermée dans le périanthe endurci et accru.

1. E. COMMUN. — *S. spinosa*. Mœnch.

Tige dressée, rameuse, glabre, haute de 1 à 2 pieds : feuilles pétiolées, molles, glabres, lancéolées, en fer de flèche et souvent incisées à la base, terminées au sommet en languette aiguë : fleurs très-petites, nombreuses, verdâtres, ramassées en peloton dans les aisselles supérieures, celles à étamines sont en grappes terminales : périanthe persistant, à valves se soudant à la maturité en 2-4 cornes aiguës, divergentes. *a*. Juin. Cultivé.

2. E. DE HOLLANDE. — S. *incrmis*. Mœnch.

Diffère du précédent par ses feuilles plus grandes, plus épaisses, et surtout par ses fruits lisses, sans cornes, en paquets axillaires, sessiles ou pédicellés. *a*. Juin. Cultivé.

523. CHANVRE, *Cannabis*. L. Fleurs à étamines, presque verticillées, en grappes : périanthe à 5 folioles oblongues : 5 étamines. Fleurs à pistil axillaires : périanthe monophylle, entier, fendu d'un côté : 2 styles : capsule crustacée, à 2 valves, à 1 graine dans le périanthe persistant.

1. C. CULTIVÉ. — *C. sativa*. L.

Tige dressée, simple ou rameuse, un peu hispide, rude, haute de 2-6 pieds et plus : feuilles inférieures pétiolées, opposées, les supérieures souvent alternes, toutes à 5-7 folioles digitées, lancéolées, rétrécies aux 2 extrémités, terminées en languette, grossièrement dentées en scie, rudes : fleurs en grappes latérales et terminales, verdâtres, celles à étamines très-nombreuses, pendantes, celles à pistil presque sessiles. Odeur forte. *a*. Eté. Cultivé. Originaire de Perse.

524. HOUBLON, *Humulus*. L. Fleurs à étamines en grappes rameuses : périanthe à 5 folioles obtuses : 5 étamines. Fleurs à pistil placées chacune à l'aisselle d'une écaille foliacée, s'accroissant, persistante, et

dont la réunion forme un cône foliacé, imbriqué : 1 ovaire : 2 styles : graine revêtue d'un arille membraneux.

### 1. H. GRIMPANT. — *H. lupulus.* L.

Tige sarmenteuse, volubile, striée, rude, hérissée de pointes crochues, pouvant s'élever jusqu'à 10-20 pieds : feuilles opposées dans le bas, pétiolées, en cœur à la base, à 3-5 lobes ovales, acuminés, dentés à dents mucronées, les supérieures souvent simples et alternes : stipules lancéolées : fleurs verdâtres ; celles à pistil en cônes ovoïdes, axillaires, pédonculés, jaunâtres à la maturité : écailles grandes, entières, ayant à la base en-dehors une poussière jaune, et en-dedans 1 ou 2 graines jaunâtres. *v.* Eté. Buissons, haies. Cultivé.

### 325. TAMIER, *Tamus.* L.

Fleurs à étamines : périanthe à 6 divisions : 6 étamines. Fleurs à pistil : périanthe à 6 divisions, en cloche, marquées en-dedans d'un point oblong : ovaire infère, glabre : style à 3 stigmates réfléchis : baie à 3 loges, chacune à 2 graines.

### 1. T. COMMUN. — *T. communis.* L.

Racine grosse, noirâtre en-dehors : tige faible, volubile, grimpant sur les plantes voisines, s'élevant à 4-8 pieds, simple ou rameuse, glabre : feuilles pétiolées, alternes, distantes, minces, luisantes, en cœur, à 2 oreillettes arrondies, acuminées au sommet, glabres, à nervures marquées : stipules 2, lancéolées : fleurs petites, d'un vert jaunâtre, en grappes axillaires : baies arrondies, rouges, réunies 2 ou 3 ensemble, à saveur fétide. *v.* Eté. Haies, buissons.

### 326. SMILAX, *Smilax.* L.

Périanthe à 6 folioles étalées. Fleurs à étamines : 6 étamines. Fleurs à pistil : 1 ovaire à 3 styles courts, à stigmates pubescents: baie globuleuse, à 3 loges, contenant chacune 2 graines.

1. S. PIQUANT. — S. aspera. L.

Tige sarmenteuse, anguleuse, en zig-zag, flexible, grimpante, épineuse : feuilles alternes, pétiolées, en cœur, aiguës, triangulaires, lancéolées, lisses, coriaces, épineuses sur les bords et sur les nervures en-dessous : vrilles axillaires : fleurs d'un blanc jaunâtre, en grappes terminales : baies rouges ou noires. *l*. Eté. Terrains arides du Midi.

527. PEUPLIER, *Populus*. L. Fleurs en chatons cylindriques, lâchement imbriqués, formés d'écailles dentées ou lacérées au sommet, oblongues, planes. Fleurs à étamines : périanthe en forme de petit godet tronqué obliquement, situé à la base de chaque écaille et contenant 8 à 30 étamines très-courtes. Fleurs à pistil : petit godet contenant 1 ovaire à 4 stigmates, devenant 1 capsule globuleuse, à 2 valves dont les bords rentrants simulent 2 loges : graines nombreuses, ovales, munies d'une houppe soyeuse.

Pétioles comprimés par les côtés.

§ 1. *Jeunes pousses cotonneuses : écailles des chatons ciliées : 8 étamines.*

* *Ecorce crevassée.*

1. P. BLANC. — P. alba. L.

Arbre élevé de 30-50 pieds, à écorce crevassée, grise, à rameaux étalés, cendrés-cotonneux dans la jeunesse : feuilles un peu en cœur à la base, presque triangulaires ou ovales-arrondies dans leur contour, anguleuses-lobées, à 3-5 lobes peu marqués, dentées, glabres, et d'un vert foncé en-dessus, excepté dans la jeunesse, très-blanches-cotonneuses en-dessous : pétioles cotonneux, épais, de moitié moins longs que la feuille : stipules lancéolées : fleurs verdâtres, en chatons fournis, longs d'un pouce. *l*. Printemps. Bois humides.

**** *Ecorce lisse.***

2. P. GRISAILLE. — P. *canescens*. Smith.

**Diffère** du précédent par sa taille moins élevée :
par ses rameaux ascendants, les plus jeunes cendrés
ainsi que les pétioles ; par ses feuilles plus petites,
cendrées en-dessous, glabres et luisantes en-dessus,
d'un vert noirâtre, sinuées-anguleuses-dentées, ovales ou arrondies ; par ses chatons plus grêles, ses
écailles brunes ; par ses pétioles égalant au moins la
longueur de la feuille. *l.* Printemps. Bois.

3. P. TREMBLE. — P. *tremula*. L.

**Arbre** de 40-50 pieds, à écorce lisse, blanchâtre :
branches étalées : rameaux souples : feuilles orbiculaires, fermes, plus larges que longues, comme tronquées à la base, dentées-anguleuses, à dents sinueuses,
glabres des 2 côtés, un peu poilues sur les bords,
glauques en-dessous, portées sur de longs pétioles
élargis au sommet et doubles de la longueur des feuilles, purpurins et comprimés par les côtés : feuilles
très-mobiles : siliques à soies caduques : chatons
oblongs, velus. *l.* Printemps. Bois humides, haies.

§ 2. *Jeunes pousses et écailles des chatons glabres :*
12-30 *étamines.*

* *Rameaux étalés.*

4. P. NOIR. — P. *nigra*. L.

**Arbre** élevé de 40 à 60 pieds, à écorce grise, à rameaux étalés, glabres : bourgeons gros, bruns, visqueux, odorants : feuilles ovales-triangulaires, aiguës,
tronquées en ligne droite à la base ou un peu en coin,
crénelées-dentées, glabres, un peu visqueuses dans la
jeunesse : longs pétioles : chatons pédonculés à écailles glabres, frangées : capsules un peu écartées. *l.*
Printemps. Bois humides, ruisseaux.

**Tronc** nul parce qu'on l'étête : rameaux flexibles :
*Flexilis*, ROZIER. *Osier vert.*

5. P. a chapelet. — P. monilifera. Ait.

Arbre très-élevé, à bourgeons odorants : feuilles larges , presque en cœur à la base , triangulaires, aiguës, plus longues que larges, pubescentes sur les bords à dents épaisses, crochues : fruits en longs chapelets à la maturité. *l.* Avril. Originaire de la Caroline.

6. P. Suisse. — P. Virginiana. Desf.

Arbre élevé : feuilles glabres, triangulaires, tronquées à la base, plus larges que longues, dentées. *l.* Printemps. Originaire de Virginie.

** Rameaux dressés, serrés contre la tige.

7. P. d'Italie. — P. fastigiata. Poiret.

Racines produisant de nombreux rejetons : tige très-élevée, s'élevant jusqu'à 100 pieds, droite, à rameaux dressés, serrés contre la tige en pyramide et très-cassants : feuilles glabres, rhomboïdales, plus larges que longues , acuminées, dentées surtout au sommet : pétiole égalant la feuille : anthères pourpres, à la fin noires : chatons tous à étamines. *l.* Printemps. Originaire d'Orient. Promenades, parcs.

8. On cultive le P. baumier. — P. balsamifera. L.

Tronc peu élevé, droit, à écorce grisâtre : branches courtes, épaisses, un peu redressées en tête : rameaux lisses, jaunâtres, bruns ou noirâtres : feuilles pétiolées, coriaces, ovales, lancéolées, arrondies à leur base, rétrécies au sommet, inégalement dentées, blanchâtres en-dessous : pétioles courts : chatons à fruits ayant leurs graines ovales, rapprochées : bourgeons très-gros , très-résineux , odorants. *l.* Mars. Lieux humides.

9. Le P. de la Caroline , P. angulata. L.,

Est remarquable par ses feuilles épaisses, glacées, sonores , à nervure rouge, longues de 10 pouces et larges de 8 ou 9 : rameaux étalés. Arbre d'une croissance extraordinairement rapide. *l.* Cultivé.

**528. MERCURIALE**, *Mercurialis*. L. Fleurs dioïques, rarement monoïques : périanthe à 3 folioles étalées. Fleurs à étamines en longues grappes : 9-15 étamines à anthères globuleuses. Fleurs à pistil 2 à 2 ou en petites grappes presque sessiles, axillaires : 1 ovaire à 2 lobes, à 2 sillons, à 2 styles : capsule à 2 loges ou coques à 1 graine.

1. **M. ANNUELLE.** — *M. annua.* L.

Plante annuelle : racine fibreuse : tige rameuse, dressée, un peu carrée, lisse, glabre, haute de 1 à 2 pieds, quelquefois plus : feuilles opposées, glabres, vertes, courtement pétiolées, ovales-lancéolées, dentées : fleurs à étamines en épis grêles, interrompus, allongés, axillaires : fleurs à pistil axillaires, 2 à 2 ou solitaires, presque sessiles, rarement en petites grappes courtes : capsules hérissées de poils raides. La plante à fruit porte des feuilles plus petites, un peu ciliées aux bords. *a.* Eté. Partout.

Varie à fleurs monoïques. *M. ambigua.* L.

2. **M. VIVACE.** — *M. perennis.* L.

Plante vivace : racine rampante : tige simple, velue, haute d'un pied : feuilles lancéolées ou ovales-lancéolées, aiguës, à dents de scie courtes, ayant en-dessus de petits poils tuberculeux à la base, ce qui les rend un peu rudes au toucher, les inférieures sont plus petites, toutes ciliées, opposées, d'un vert noirâtre : stipules petites : fleurs à étamines en longs épis axillaires, formés de petits verticilles : fleurs à pistil, solitaires ou 2 à 2, sur des pédoncules axillaires plus courts que les feuilles, elles sont presque sessiles, alternes : capsules hispides. Fleurs herbacées. *v.* Printemps. Haies, bois ombragés.

**529. GENÉVRIER**, *Juniperus.* L. Fleurs à éta-

mines en chatons ovales, solitaires, composées chacune d'une écaille peltée, pédiculée, ovale, portant 4
à 8 anthères à 1 loge. Fleurs à pistil : 3 écailles libres, petites, terminales ayant 1 ou 2 ovaires adhérents à leur base interne : stigmate ouvert ; elles sont
entourées par 3 écailles un peu épaisses, concaves,
d'abord rapprochées, à la fin charnues et soudées en
forme de baie contenant 3 noyaux osseux à 1 graine.

§ 1. *Feuilles étroites, pointues.*

* *Feuilles très-ouvertes.*

1. G. COMMUN. — *J. communis.* L.

Arbrisseau de 2-5 pieds, toujours vert, rameux,
étalé, diffus, s'élevant quelquefois jusqu'à 20 pieds,
en arbre rameux, pyramidal : feuilles lancéolées-linéaires, raides, aiguës, piquantes, ouvertes, verticillées 3 à 3, un peu canaliculées en-dessus, à carène
obtuse en-dessous, un peu glauques : chatons à étamines axillaires, jaunes, petits : baies axillaires et
écailleuses à la base, globuleuses, vertes d'abord, à la
fin d'un noir bleuâtre, couvertes d'une poussière
glauque et plus courtes que les feuilles : pulpe sèche,
aromatique. Bois odorant, à écorce rougeâtre. *l.* Printemps.

Tige basse, rampante, à rameaux étalés : fruits
plus gros. *J. nana,* WILLD.

2. G. CADE. — *J. oxycedrus.* L.

Arbrisseau de 5-15 pieds, rameux, à écorce brune
ou rougeâtre : feuilles 3 à 3, très-ouvertes, linéaires,
aiguës, piquantes, raides, marquées en-dessus de 2
raies glauques : baies grosses, arrondies, roussâtres
et marquées au sommet de 3 raies divergentes. *l.*
Mai. Collines pierreuses du Midi.

** *Feuilles appliquées, peu ou pas ouvertes.*

3. G. SABINE. — *J. Sabina.* L.

Arbrisseau de 3-8 pieds, à écorce rougeâtre, à rameaux redressés : feuilles ovales, étroites, presque obtuses, imbriquées sur 4-6 rangs, décurrentes, les plus jeunes plus longues, pointues, à demi-ouvertes, opposées : baies globuleuses, d'un bleu noirâtre. *l*. Printemps. Lieux abrités du Midi. Cultivé.

### § 2. *Feuilles ovales, obtuses.*

4. G. DE PHÉNICIE. — *J. Phoenicea*. L.

Arbrisseau tortueux, rameux, s'élevant à 4-5 pieds, de forme pyramidale : feuilles très-petites, très-serrées, verticillées 3 à 3, imbriquées sur 4 rangs : baies d'un jaune rougeâtre, petites. *l*. Printemps. Collines sèches du Midi.

On cultive le G. DE VIRGINIE, *J. Virginiana*. L., nommé aussi *Cèdre rouge*, à cause de la couleur de son bois.

530. IF, *Taxus*, L. Fleurs à étamines axillaires, solitaires, composées de 4-7 écailles arrondies, concaves, scarieuses, imbriquées, renfermant 6-10 étamines dont les filets sont réunis en cylindre, et dont les anthères sont peltées, à 6-8 loges s'ouvrant en-dessous. Fleurs à pistil, axillaires, solitaires, disposées comme celles à étamines : 1 ovaire ovoïde, à stigmate concave : périanthe d'abord très-petit, en forme de disque annulaire, qui s'accroît, forme une enveloppe charnue, ouverte au sommet, imitant une drupe à un noyau, à une graine.

1. I. COMMUN. — *T. baccata*. L.

Arbre de 15 à 50 pieds, toujours vert, très-rameux, à bois dur, rougeâtre, très-lourd : écorce brune : rameaux flexibles : feuilles linéaires, d'un vert foncé, aiguës, glabres, planes, rapprochées et disposées sur 2 rangs en dents de peigne : fleurs sessiles entourées d'écailles à la base ; celles à étamines nombreuses, jaunâtres : fruit pulpeux en forme de baie d'un rouge vif, contenrnt une noix dure, qui ne s'ouvre pas et qui renferme une graine huileuse et charnue. *l*. Printemps. Bois des montagnes, dans les rochers.

**531. UVETTE,** *Ephedra*. **L.** Fleurs à étamines en chaton court, très-petit, à écailles uniflores : périanthe à 2 lobes : 5-8 étamines, ordinairement 7, à filets soudés en colonne, 4 anthères latérales et 3-4 terminales. Fleurs à pistil en chatons à 2 fleurs, formés de 4-5 écailles persistantes, concaves, tronquées, enveloppées les unes dans les autres : 2 pistils : 2 ovaires : 2 graines oblongues, planes d'un côté, convexes de l'autre, enveloppées par les écailles qui se soudent, se renflent en baie succulente et divisée.

1. U. A DEUX ÉPIS. — *E. distachya*. **L.**

Arbuste de 3 à 4 pieds de hauteur, à rameaux nombreux, grêles, cylindriques, toujours verts, articulés, verticillés ou opposés , dépourvus de feuilles, munis aux articulations d'une petite gaîne blanchâtre, bidentée, presque tubulée : fleurs à l'aisselle des gaines ; celles à étamines en chatons 2 à 2 au bout de pédoncules opposées ; celles à pistil sessiles, ordinairement 2 à 2 : baies rouges, charnues, d'une saveur agréable. *l*. Mai, juin. Rochers et lieux sablonneux du Midi , terrains maritimes.

**532. FRAGON,** *Ruscus*. **L.** Fleurs rarement hermaphrodites : périanthe à 6 divisions profondes : 3 étamines à filets soudés en tube portant les anthères dans les fleurs à étamines et nu dans les fleurs à fruit : 1 style court à stigmate obtus sortant du tube staminifère : baie globuleuse, à 3 loges contenant chacune 2 graines. Fleurs et fruits naissant sur le milieu des feuilles.

1. F. PIQUANT. — *R. aculeatus*. **L.**

Sous-arbrisseau à racine épaisse : tige dressée,

raide, haute de 1 à 3 pieds, verte, glabre, rameuse :
feuilles alternes, ovales, très-aiguës, coriaces, sessiles,
entières, glabres, très-vertes, persistantes, terminées
par une épine et munies à la base d'une petite écaille :
fleurs blanchâtres, nuancées de violet, solitaires sur
un court pédoncule au milieu de la face supérieure
des feuilles : une petite bractée à la base du pédoncule : baie rouge, douceâtre. *l*. Printemps. Bois montueux.

2. F. à foliole. — *R. hypoglossum.* L.

Arbuste de 10-15 pouces : tiges verdâtres, flexibles, peu rameuses : feuilles oblongues, pointues,
lisses, d'un vert foncé, naissant à l'aisselle d'une petite bractée scarieuse : fleurs verdâtres, pédicellées,
2-3 ensemble, ouvertes en étoile, en-dessus on en-
dessous de la feuille. *l*. Mai. Lieux ombragés.

Feuilles moins allongées, plus larges, sans bractée
à la base. *R. Hypophyllum.* L. Cultivé sous le nom
de *Laurier Alexandrin.*

# Vingt-quatrième Classe.

—

## PISTILS NULS : ÉTAMINES NULLES : FLEURS INDISTINCTES. — CRYPTOGAMIE.

—

## PREMIER ORDRE.

### Plantes vertes dépourvues de feuilles : rameaux verticillés.

* *Fructification  axillaire.*

Plante dépourvue de gaine aux
  articulations. . . . . . . . . . 547. CHARAIGNE.

* *Fructification  terminale.*

Une gaîne à chaque articulation. 546. PRÊLE.

—

## II ORDRE.

### plantes vertes munies de feuilles : rameaux non verticillés ou nuls.

§ 1. *Plantes  roulées en crosse dans  la jeunesse.* —
FOUGÈRES.

**A.** *Fructifications situées sur le dos ou le bord
de la feuille.*

* *Fructifications sous le bord  replié de la feuille.*

Capsules  en points ou groupes
  séparés, ou  en  ligne inter-
  rompue. . . . . . . . . . . 533. ADIANTHE.
Capsules en ligne continue sous
  le bord infléchi. . . . . . . 534. PTÉRIDE.

** *Fructifications situées sur le dos de la feuille.*

§ *Fructifications en lignes distinctes ou groupes
linéaires.*

Rien que 2 lignes de fructifica-
tions parallèles à la côte. . . 535. BLECHNOM.
Lignes nombreuses, parallèles,
situées perpendiculairement
à la côte. . . . . . . . . . . 536. SCOLOPENDRE.
Lignes nombreuses, obliques,
éparses. . . . . . . . . . . 537. DORADILLE.

§§ *Fructifications en groupes arrondis ou ovales,
distincts.*

† *Groupes de capsules recouvertes par un tégument.*

Groupes ovales-allongés, munis
d'un tégument en rein, atta-
ché par le bord extérieur. . 538. ATHYRIE.
Groupes arrondis, munis d'un
tégument ombiliqué et atta-
ché par le centre. . . . . . 539. POLYSTIC.

†† *Groupes nus, dépourvus de tégument.*

Groupes de capsules arrondis,
souvent sur 2 rangs. . . . 540. POLYPODE.

§§§ *Groupes épars, couvrant le dos de la feuille.*

Groupes parsemés d'écailles luisantes, filiformes . . . . . . 541. CÉTÉRACH.

B. *Fructifications en grappe ou en épi.*
* *Capsules pédicellées.*

Capsules paniculées par la contraction des feuilles. . . . . 542. OSMONDE.

** *Capsules sessiles en épi ou en grappe.*

Capsules en grappe : feuille découpée. . . . . . . . . . . 543. BOTRYCHE.

Capsules en épi distique : feuille
entière . . . . . . . . . . 544. OPHIOGLOSSE.

§ 2. *Plantes jamais roulées en crosse dans la jeunesse.*

   * *Fructifications axillaires ou agrégées en épis.*

Fructification en capsule uniloculaire à 2 ou 4 valves : tige
feuillée . . . . . . . . . . 545. LYCOPODE.

** *Fructifications en forme de capsule pédicellée*
*plus ou moins, solitaire.*

ſ *Feuilles simples, jamais lobées : capsule fermée*
*par un opercule et recouverte par une coiffe. —*
MOUSSES.
† *Capsule terminale.*

Capsule pédicellée, munie à son
orifice d'une rangée de dents
et d'une rangée de cils : coiffe
en capuchon . . . . . . . . 548. POLYTRIC.
Capsule pédicellée, à orifice nu :
plante d'un vert cendré. . . 551. SPHAIGNE.

†† *Capsule latérale ou axillaire.*

Capsule presque sessile, enveloppée par des folioles : coiffe
entière en forme d'éteignoir. 550. FONTINALE.
Capsule pédicellée, ayant l'ori-
fice muni aussi de 2 rangées
de dents : coiffe fendue de
côté en capuchon. . . . . . 549. HYPNE.

ſſ *Feuilles lobées : capsule sans opercule ni coiffe.*

Capsules à 4 valves portées au
sommet d'un pédicelle ter-
miné en lobes rayonnants. . 552. MARCHANTIE

**533. ADIANTHE,** *Adianthum.* L. Capsules réunies en petites lignes interrompues, placées sous le bord de la feuille replié en-dessous.

1. A. Capillaire. — *A. capillus Veneris.* L.

Feuilles radicales, à pétiole nu, noirâtre, luisant : pédicelles capillaires portant des folioles glabres, minces, en coin et entières à la base, arrondies et ovales, les terminales lobées. *v.* Eté. Midi. Grottes, rochers, lieux ombragés.

**534. PTÉRIDE,** *Pteris.* L. Capsules réunies en ligne continue sous le bord enroulé de la feuille.

1. P. Aigle-impérial. — *P. aquilina.* L.

Feuilles de 2-4 pieds, 3 fois ailées, à folioles oblongues, les supérieures entières, les inférieures pinnatifides à lobes confluents, pétiole élevé, nu à sa base, ressemblant à une tige. *v.* Eté. Coteaux taillis.

**535. BLECHNOM,** *Blechnum.* Sm. Capsules formant de chaque côté de la nervure principale une ligne continue et parallèle : tégument s'ouvrant de dedans en-dehors.

1. B. en épi. — *B. spicans.* Sm. *Osmunda.* L.

Feuilles de 7-10 pouces, les stériles pinnatifides à lanières lancéolées, un peu obtuses et parallèles, les fertiles pinnées à pinnules linéaires acuminées. *v.* Eté. Bois des montagnes.

**536. SCOLOPENDRE,** *Scolopendrium.* Sm. Capsules en lignes droites entre les veines et presque perpendiculaires à la côte de la feuille : tégument s'ouvrant par une fente longitudinale en 2 battants.

1. S. officinale. — *S. officinale.* Sm.

Racine brune poussant 5 ou 6 feuilles lancéolées, échancrées en cœur à la base, très-longues, un peu coriaces, entières, à pétiole court, écailleux. *v.* Eté. Rochers ombragés et lieux humides ou ombragés.

**537. DORADILLE,** *Asplenium.* **L. Capsules en** lignes droites, éparses, situées sur les veines transversales : tégument naissant sur une veine et s'ouvrant vers la côte.

**a** *Feuilles simplement pinnées.*

1. D. POLYTRIC. — *A. trichomanes.* L.

Racine fibreuse, noirâtre : feuilles étroites, longues de 2-8 pouces, ailées, à folioles ovales-arrondies, dentées ou incisées, disposées de chaque côté d'un pétiole luisant, noirâtre au moins à la base. *v.* Eté. Murs, rochers, haies.

**b** *Feuilles au moins 2 fois ailées.*

2. D. DES MURS. — *A. ruta muraria.* L.

Feuilles longues de 1-4 pouces, un peu dures, 2 fois ailées à la base ou alternativement décomposées, à pinnules alternes, en coin à la base, presque rhomboïdes et denticulées, à la fin couvertes par les capsules. *v.* Eté. Rochers, murs.

3. D. NOIRE. — *A. Adianthum nigrum.* L.

Feuilles à contour presque triangulaire, droites, hautes de 8-10 pouces, tripinnées, à pinnules secondaires ovales-lancéolées, incisées, dentées : pédoncule nu, brun : 2-6 lignes de capsules alternes et à la fin confluentes sous chaque foliole. *v.* Eté. Bois et lieux ombragés.

**538. ATHYRIE,** *Athyrium.* **Roth. Capsules en** groupes oblongs épars : tégument en rein attaché par le flanc le plus près du bord et s'ouvrant du côté de la côte.

1. A. FOUGÈRE FEMELLE. — *A. filix fœminœa.* Roth.

Feuilles élégantes, hautes de 8-15 pouces, 2 fois ailées, à pinnules lancéolées, acuminées, plus courtes à la base et au sommet, incisées-pinnatifides, à lobes dentelés au sommet : capsules en groupes sur 2 rangs

le long de la nervure des folioles. *v.* Juillet. Bois humides ou obscurs.

**539. POLYSTIC,** *Polystichum.* Rotu. Capsules
en groupes arrondis, recouverts par un tégument ombiliqué, attaché par le centre et s'ouvrant par toute sa
circonférence.

P. Fougère male. — *P. filix mas.* DC.

Souche écailleuse, épaisse: feuilles de 12-20 pouces
et plus, grandes, ovales-lancéolées, larges, acuminées, 2 fois ailées, à pétiole court, écailleux : folioles
linéaires-lancéolées, plus longues vers le milieu de la
feuille, pinnatifides ou pinnées, à lobes oblongs, obtus,
dentés en scie surtout au sommet, munis dans leur
moitié inférieure de 2 rangs de groupes de capsules
*v.* Août, septembre. Bois, lieux frais, surtout des
montagnes.

**540. POLYPODE,** *Polypodium.* L. Capsules
réunies en groupes arrondis, épars, sans tégument et
sans écailles.

1: P. vulgaire. — *P. vulgare.* L.

Souche écailleuse, brune, sucrée, produisant
plusieurs feuilles longues de 6 à 12 pouces, profondément pinnatifides, à lobes lancéolés, obtus, parallèles,
disposés alternativement et confluents à leur base :
groupes de capsules sur 2 rangs au dos des lobes.
*v.* Juillet, octobre. Rochers, vieux arbres.

**541. CÉTÉRACH,** *Ceterach.* DC. Capsules
éparses ou réunies en groupes linéaires ou oblongs,
dépourvues de tégument et munies d'écailles luisantes, fugaces, membraneuses ou filiformes.

1. C. commun. — *C. officinarum.* Bauh.

Souche fibreuse : faisceau de feuilles simples, obtuses, pinnatifides, à lobes oblongs, alternes, obtus.
confluents, souvent marqués sur les bords de créne-

lures obtuses; elles sont vertes en-dessus, entièrement couvertes en-dessous d'écailles scarieuses .
roussâtres. *v.* Septembre. Rochers et vieux murs.

542. OSMONDE, *Osmunda.* L. Capsules ramassées, pédicellées, uniloculaires, presque globuleuses, à demi-bivalves, disposées en groupes sur le
dos des feuilles, qui figurent une panicule rameuse.

1. O. ROYALE. — *O. regalis.* L.

Feuilles grandes, de 3-5 pieds, 2 fois ailées, à pinnules oblongues, lancéolées, obtuses, sessiles, luisantes, traversées par une nervure longitudinale. *v.*
Juin. Août. Bois marécageux.

543. BOTRYCHE, *Botrychium.* Sw. Capsules
presque globuleuses, distinctes, sessiles, ramassées
en épi rameux et s'ouvrant du sommet à la base en
deux demi-valves.

1. B. LUNAIRE. — *B. lunaria.* Sw.

Hampe de 2-6 pouces, portant une feuille glabre,
charnue, ailée, composée de 9-19 folioles entières,
arrondies en croissant, un peu obliques : grappe terminale, capsules sur 2 rangs. *v.* Eté. Pâturages.

544. OPHIOGLOSSE, *Ophioglossum.* Sw. Capsules sessiles, presque globuleuses, uniloculaires.
s'ouvrant en travers en 2 demi-valves, réunies en
épi linéaire, distique, simple et presque articulé.

1. O. COMMUNE. — *O. vulgatum.* L.

Tige grêle, simple, haute de 2-8 pouces, portant
une feuille ovale, entière, sans nervures, obtuse, glabre, embrassante à la base : épi comprimé, composé
de 2 rangs de capsules, rarement il y a plusieurs
épis. *v.* Juin. Prés humides, lieux ombragés.

545. LYCOPODE, *Lycopodium.* L. Capsules à
une loge, bivalves, pleine de poussière, ou de 2 sortes,

les unes poudreuses, les autres s'ouvrant en 4 lobes
et renfermant 1-4 semences ovoïdes.

### 1. L. EN MASSUE. — *L. clavatum.* L.

Tige rampante, rameuse, longue de 2-3 pieds,
couverte de feuilles éparses, presque imbriquées, linéaires, pointues et terminées par un long poil : épis
écailleux, jaunâtres, 2-2 ou 3-3 au sommet des rameaux. ♥. Eté. Bois, bruyères.

### 2. SELAGINE. — *L. Selago.* L.

Tiges droites, hautes de 3-5 pouces, à rameaux
parallèles, dichotomes, couverts de feuilles raides,
lisses, pointues, imbriquées sur 8 rangs irréguliers :
capsules uniformes, axillaires tout le long des rameaux. *v.* Eté. Tourbières élevées.

546. PRÊLE, *Equisetum.* L. Fructifications terminales, en chaton formé d'écailles polygonales, pédicellées, portant chacune à leur face intérieure 6-8
petits involucres bivalves et renfermant des graines
nombreuses, entourées par 4 lames hygrométriques
attachées en croix à la base et portant le pollen.
Plantes sans feuilles, à souche souterraine, rampante,
à tiges simples ou rameuses, cylindriques, sillonnées,
articulées et munies aux articulations d'une gaîne
membraneuse, scarieuse, tronquée ou dentée : rameaux verticillés, articulés, engaînés comme la tige.

NOTA. — Toutes les espèces ont les mêmes
propriétés.

### 1. P. DES CHAMPS. — *E. arvense.* L.

Gaîne à 9-12 dents : tiges à autant de stries : rameaux à 4 angles. *v.* Printemps. Champs humides.

### 2. P. DES FLEUVES. — *E. fluviatile.* L.

Rameaux et dents des gaînes de 26-30 : gaîne d'un

blanc d'ivoire à la base. *v.* Eté. Bors des rivières, marais.

3. P. DES BOIS. — *E. sylvaticum.* **L.**

Dents des gaînes au nombre de 12 environ : rameaux ramifiés, arqués-pendants : gaînes lâches. *v.* Eté. Montagnes humides.

4. P. DES MARAIS. — *E. palustre.* **L.**

Sillons et dents des gaînes au nombre de 6-10 : rameaux nombreux, plus courts vers le sommet. *v.* Eté. Prés marécageux.

5. P. D'HIVER. — *E. hyemale.* **L.**

Tige scabre, à stries et dents de la gaîne au nombre de 16-18. *v.* Février, mars. Lieux humides des bois.

**547. CHARAIGNE**, *Chara.* **L.** Fructifications axillaires, consistant en tubercules sessiles, sphériques, rouges, entourés d'un petit anneau blanc, formé extérieurement d'une membrane en réseau, translucide : d'autres consistent en capsules uniloculaires, à une graine ; elles sont formées de 2 enveloppes, l'externe très-mince, dentée, l'interne dure, sèche, opaque, striée en spirale. Plantes submergées, fétides, annuelles, à tiges rameuses, faibles, transparentes ou opaques, simples ou formées de tubes grêles roulés en spirale sur un tube central dans lequel circule un liquide : rameaux verticillés.

1. C. COMMUNE. — *C. vulgaris.* **L.**

Tiges glauques, rameuses, diffuses, striées-grenues en spirale, opaques : fruits 4 à 4, dépassant leurs bractées. *a.* Eté. Eaux stagnantes.

2. C. COTONNEUSE. — *C. tomentosa.* **L.**

Tiges très-fortement sillonnées en spirale, hispides au sommet, à la fin presque cotonneuses : fruits solitaires, plus courts que les bractées. *v.* Eté. Eaux stagnantes.

**548. POLYTRIC,** *Polytrichum.* L. Capsule (*urne*) terminale, pédicellée, à orifice muni de 2 rangs de dents, le rang extérieur formé de 32 ou 64 dents courtes, courbes, placées à égale distance; le rang intérieur formé de cils unis au sommet en une membrane horizontale : un opercule ferme la capsule couronnée en outre par une coiffe petite fendue d'un côté en capuchon, simple ou double, l'extérieure est alors formée de longs poils dirigés du sommet à la base.

1. P. COMMUN. — P. commune. L.

Tiges simples, longues de 2-4 pouces, garnies de feuilles linéaires en alène, aiguës, dentées en scie, étalées, d'un vert noirâtre, à bords plans : capsule dressée, ovoïde, à 4 angles, placée sur un renflement carré : coiffe couverte de longs poils jaunes ou rougeâtres. *v.* Automne, hiver. Très-commune dans les bois et les bruyères.

**549. HYPNE,** *Hypnum.* L. Capsule pédicellée, latérale (c'est-à-dire ne terminant pas la tige ou le rameau) oblongue : orifice muni d'un double rang de dents, le rang extérieur formé de 16 dents, l'intérieur caréné, membraneux, fendu en 16 divisions égales, opposées aux dents et souvent entremêlées de cils filiformes : un opercule caduc, recouvert par une coiffe fendue d'un côté, en capuchon.

1. H. PURE. — H. purum. L.

Tige rameuse, longue de 3-5 pouces, ailée ou comprimée : feuilles imbriquées, ovales, très-concaves, entières, brièvement mucronées, à nervure atteignant à peine le milieu : capsule ovoïde, penchée : opercule conique : mousse très-nette et tenace. *v.* Hiver. Prés et bois, très-commune.

**550. FONTINALE**, *Fontinalis*. **L.** Capsule latérale, presque sessile, oblongue, à peu près cachée dans les feuilles d'ou sort le pédicelle : orifice à double rang de dents, le rang extérieur à 16 dents élargies, l'intérieur à 16 cils en réseau : opercule caduc : coiffe en éteignoir.

1. F. INCOMBUSTIBLE. — *F. antipyretica*. **L.**

Tige longue de 4-12 pouces peu ramifiée, submergée : feuilles sur 3 rangs, ovales lancéolées, sans nervure, carénées, embrassantes, aiguës, celles qui entourent la base du pédicelle sont arrondies-obtuses : capsule courte, axillaire, sessile, placée à la base des tiges : opercule conique. *v.* Hiver. Dans les eaux courantes et les fontaines. Les feuilles sont souvent encroutées de limon.

**551. SPHAIGNE**, *Sphagnum*. **L.** Capsule entière, latérale ou terminale, ovoïde, à orifice nu, à opercule caduc : coiffe se déchirant en travers ou se fendant irrégulièrement et entourant de ses débris la base de la capsule où elle adhère.

1. S. DES MARAIS. — *S. palustre*. **L.**

Tiges hautes de 7-8 pouces, à rameaux étalés : feuilles imbriquées, ovales, obtuses, concaves, conniventes au sommet : capsules spériques, à pédoncules blanchâtres au sommet de la tige : mousse d'un vert glauque, cendré. *v.* Marais tourbeux.

**552. MARCHANTIE**, *Marchantia*. **L.** Fronde ou feuille étalée, portant un pédicelle au sommet duquel est un réceptacle en disque ou en parasol, à lobes rayonnants : au-dessous des lobes sont des capsules globuleuses, s'ouvrant du sommet à la base en 4 valves : graines adhérentes à des filets élastiques, roulés en spirale.

### 1. M. protée. — *M. polymorpha*. L.

Plante consistant en expansions membraneuses, planes, rampantes, ramifiées, lobées, obtuses, d'un beau vert, ponctuées en-dessus, munies en-dessous d'une nervure brune et fibreuse : réceptacles un peu plans, les uns à 10 lobes profonds, linéaires, les autres à 8 dents arrondies, larges. Lieux humides, les caves, bord des puits et des fontaines, grottes.

### 2. M. conique. — *M. conica*. L.

Diffère par les réceptacles dont les uns sont un peu coniques ou ovoïdes, à 5-7 lobes recouvrant 5-7 capsules. Lieux humides ombragés. Rochers.

FIN.

# TABLE ALPHABÉTIQUE

## DES NOMS LATINS DES GENRES.

FIN DE LA TABLE ALPHABÉTIQUE DES NOMS LATINS

DES GENRES.

# TABLE ALPHABÉTIQUE

## DES NOMS FRANÇAIS DES GENRES,

## ET DES NOMS VULGAIRES.

*(Les noms vulgaires sont en italiques et sont suivis du nom du genre avec le numéro de l'espèce).*

Hépatique blanche, V. Parnassie.
— des bois, V. Aspérule. 1.
— des fontaines, V. Marchantie.
— dorée, V. Dorine.
— étoilée, V. Muguet. 2.
— V. Aspérule. 1.
Herbe d'amour, V. Réséda. 1.
— aux aulx, V. Alliaire.
— aux blessures, V. Plantain. 1.
— de bru, V. Hellebore. 3.
— à cailler, V. Caille-lait. 1.
— du centaure, V Centaurée. 2.
— à cent goûts, V. Armoise. 3.
— à cent maux, V. Lysimachie. 3.
— aux cents miracles. V. Ophioglosse.
— de cerf, V. Peucedan. 3.
— aux chancres, V. Héliotrope. 1.
— au chantre, V. Sisymbre. 1.
— au charpentier, V. Achillée. 6.
— chaste, V. Gatilier.
— au chat, V. Chataire.
—     id.   V. Germandrée. 2.
— aux chevilles, V. Scandix.
— à cinq feuilles, V. Potentille. 2.
— du cœur, V. Menthe, Melisse, Agripaume, Pulmonaire.
— aux cors, V. Orpin. 2.
— aux coupures, V. Consoude.
— aux mouches, V. Conyse.
— sans couture, V. Ophioglosse.
— aux crocs, V. Marrube.

Herbe aux cuillères, V. Cochléria.
— au diable, V. Datura. 1.
— aux écrouelles, V. Scrophulaire. 1.
— à écurer, V. Charaigne.
— aux écus, V. Lysimachie. 3.
— empoisonnée, V. Belladone.
— à enivrer, V. Camélée.
— aux engelures, V. Jusquiame. 1.
— aux épices, V. Nigelle. 1.
— à l'esquinancie, V. Aspérule. 3.
— à éternuer, V. Achillée. 2.
— aux femmes battues, V. Tamier.
— de feu, V. Hellébore. 3.
— du feu, V. Anémone. 1 et 2.
— à la fièvre, V. Gratiole, Germandrée, Erythrée.
— à foulon, V. Saponaire.
— aux goutteux, V. Egopode.
— de grâce, V. Rue.
— aux gueux, V. Clématite.
— aux hémorroïdes, V. Ficaire.
— à jaunir, V. Réséda. 2.
— à lait, V. Polygala.
— de la laque, V. Phytolaque.
— à loup, V. Aconit. 2.
— aux mamelles, V. Lampsane.
— de muraille, V. Pariétaire.
— aux millegraines, V. Herniaire.
— aux mites, V. Molène. 4.
— de musc, V. Adoxe.
— à la nation, V. Alpiste. 4.
— au nombril, V. Omphalode.

*Turbith noir*, V. Euphor-
    be. 17.
Tussilage.      441

**U**

*Ulmaire*, V. Spirée. 2.
Uvette.      532
Uvulaire.      180

**V**

Valériane.      20
*Vaude*, V. Réséda. 2.
*Veillotte*, V. Colchique. 1.
Vératre.      196
*Verère*, V. Vératre.
Verge-d'or.      450
Vergerette.      452
*Verne*, V. Aune.
Véronique.      7
Verveine.      11
Vesce.      391
*Veuve*, V. Scabieuse.

Vigne.      120
— *blanche*, V. Cléma-
    tide et Bryone.
— *noire*, V. Tamier.
— *vierge*, V. Morelle. 1.
— id. V. Ampélop-
    side.
Villarsie.      92
*Vinaigrier*, V. Sumac. 2.
Violette.      122
Viorne.      162
Vipérine.      106
*Volant d'eau*, V. Fluteau.
*Vouède*, V. Pastel.
*Vulvaire*, V. Ansérine. 2.

**Y**

*Yeuse*, V. Chêne. 2.

**Z**

Zostére.      487

FIN DE LA TABLE ALPHABÉTIQUE DES NOMS FRANÇAIS

DES GENRES ET DES NOMS VULGAIRES.

# DICTIONNAIRE.

## A

*Acaule*, plante sans tige.

*Accru, e*, qui a grandi.

*Acerbe*, saveur très-astringente, âpre comme les fruits verts.

*Acéré, e*, pointu comme une aiguille.

*Acide*, saveur piquante et aigre comme le vinaigre.

*Acidule, Acidulé, e*, un peu acide.

*Acre*, qui a une saveur piquante et amère.

*Acuminé, e*, terminé en pointe effilée.

*Adhérent, e*, attaché à, soudé à.

*Adné, e*, partie attachée immédiatement à une autre.

*Adulte*, plante ayant acquis son parfait développement.

*Agglomérés, es*, réunis, amoncelés en tas.

*Agrégé, e*, fleurs ou fruits réunis plusieurs ensemble.

*Aigrelet, te*, un peu aigre.

*Aigrette*, touffe de plusieurs filaments qui couronnent la graine ou le fruit. L'aigrette est 1. *simple*, composée d'un seul faisceau de poils ; 2° *double*, composée de poils sur deux rangs ; 3° *plumeuse*, si chaque poil est velu ou porte d'autres petits poils disposés comme les barbes d'une plume ; 4° *poilue*, si les poils sont simples ; 5° *soyeuse*, formée de poils doux comme la soie ; 6° *écailleuse*, formée d'écailles ; 7° *membraneuse* ou *scarieuse*, formée d'un rebord au sommet de la graine ; 8° *sessile*, si le faisceau de poils part immédiatement du fruit ; 9° *pédicellée*, si le faisceau est au sommet d'un petit filet ou pédicelle.

*Aigretté, e*, muni d'une aigrette.

*Aigu, e*, qui se termine en pointe.

*Aiguillon*, pointe fragile qui ne tient qu'à l'écorce.

*Aile*, 1° les deux pétales placés de chaque côté de la carène dans les fleurs léguminacées ; 2° membranes saillantes qui bordent la tige, les rameaux, les pétioles, les graines, etc.

*Ailé, e*, bordé d'une aile ou membrane mince comme une feuille, par ex. : tige ailée ; *feuille ailée*, formée de plusieurs folioles disposées de chaque côté du pétiole ou de la côte ; *feuille ailée avec impaire*, feuille ailée avec une foliole terminale unique ; *feuille ailée sans impaire*, feuille ayant toutes ses folioles opposées 2 à 2, sans foliole terminale, synonime de *pinnée*.

*Aisselle*, angle formé par une feuille ou par un rameau avec la partie ascendante du rameau ou de la tige ; elle renferme ordinairement les bourgeons L'organe situé dans cet angle se nomme *axillaire*.

*Akène*, fruit sec, ne s'ouvrant pas, ayant son péricarpe adhérent avec l'enveloppe propre de la graine qui est unique, et avec le tube du calice infère, ex.: les synanthérées.

*Albumen*, partie de l'amande qui est appliquée sur l'embryon, sans y être adhérente, syn. : *périsperme, endosperme.*

*Alène* (en), en forme d'alène; qui est étroit, mince, long et très-aigu. *V. subulé.*

ALGUES, plantes cryptogames marines.

*Alliacé, e,* qui a l'odeur de l'ail.

*Alterne,* 1° feuilles solitaires placées des deux côtés d'un axe et sur le même plan, de manière que chacune répond au milieu de l'intervalle que laissent entre elles les deux feuilles du côté opposé ; 2° feuilles qui sont dispersées sans ordre sur la tige ou les rameaux ; 3° pétale dont l'insertion est sur l'entre-deux des sépales ; 4° étamines placées chacune entre deux pétales. Les fleurs peuvent être alternes comme les feuilles.

*Alvéole,* petite cavité, ronde ou polygonale.

*Alvéolé, e,* muni d'alvéoles ; réceptacle creusé de petits trous dont le bord est relevé, mince, souvent anguleux.

*Amande,* 1° partie du fruit composée de deux parties, l'embryon ou commencement d'une plante future, et le *périsperme* destiné à le nourrir ; ces deux parties sont enveloppées par une membrane mince et forment alors l'amande qui est ordinairement renfermée dans un noyau osseux ; 2° fruit de l'Amandier.

*Amplexicaule,* feuille dont la base élargie embrasse la tige.

*Anastomosés, ées,* veines se réunissant et se séparant pour se réunir.

*Androgyne,* plante ou épi qui a des fleurs à étamines et des fleurs à pistil, séparées, quoique sur le même pied.

*Angiosperme,* plante qui a 4 étamines didynames, et dont les graines sont renfermées dans une capsule, ex. : la scrophulaire.

*Anguleux, se,* qui a des angles saillants.

*Annuel,* qui ne vit qu'une année.

*Anomale,* fleur irrégulière.

*Anthère,* sommet de l'étamine formé d'une vésicule jaune, violette ou rougeâtre, portée par le filet de l'étamine ; elle est pleine d'une fine poussière (*pollen*) qui sert à féconder les graines renfermées dans l'ovaire ; elle est ordinairement composée de deux vésicules, rarement 4 ou plus, réunies par un corps nommé *connectif,* très apparent dans les *Sauges.*

*Apétale,* fleur dépourvue de pétales ou de corolle.

*Aphylle,* qui n'a pas de feuilles.

*Apophyse,* excroissance, renflement charnu sur un pédicule.

*Appendice,* prolongement ajouté à un organe, partie accessoire.

*Appendiculé, e,* muni d'appendice.

*Aquatique,* qui croit dans

l'eau ou dans les lieux marécageux.

*Aqueux, se,* plein d'eau, qui
a du jus comme de l'eau.

*Arbre,* plante ligneuse s'élevant à plus de 20 pieds, ayant
le tronc rameux, et ses rameaux
munis de bourgeons. L'arbre se
compose du *tronc,* partie solide
verticale qui porte les *branches,*
et il est fixé à la terre par les
*racines.*

*Arbrisseau,* petit arbre de 10
à 15 pieds, dont le tronc se divise
dès la racine en plusieurs tiges
ou branches, qui forment un
buisson.

*Arbuste,* petit arbrisseau à
tige ligneuse et persistante,
dont les extrémités périssent
chaque année parce qu'elles
sont herbacées ; l'arbuste ne
produit de boutons ou bourgeons qu'au renouvellement de
la sève.

*Arête,* 1° filet allongé et grêle
qui termine certaines graines ou
certaines parties des plantes.
L'arête peut être *droite,* courbée, genouillée, articulée, simple, glabre, velue, plumeuse,
tortillée, etc. ; 2° angle saillant
sur un fruit, ou une surface.

*Arille,* tégument charnu qui
entoure certaines graines, et
qui est un prolongement du
cordon ombilical.

*Arillé, e,* muni d'une arille.

*Aristé, e,* qui est muni d'une
arête, ou terminé en arête.

*Aromatique,* qui a une odeur
forte et agréable.

*Arôme,* principe de l'odeur,
odeur suave.

*Arqué, e,* courbé en arc ou
portion de cercle.

*Article,* partie d'un fruit,
d'une tige ou d'un rameau, située entre deux articulations.

*Articulation,* endroit où deux
parties d'un fruit ou d'une tige
sont soudées bout à bout, et où
elles peuvent se séparer sans
déchirure.

*Articulé, e,* 1° tige, fruit, etc.
composé d'articles ; 2° qui est
attaché par articulation, comme
la feuille du Frêne.

*Ascendant, e,* recourbé en
haut.

*Atténué, e,* rétréci.

*Auriculé, e,* feuille dont la
base est munie d'appendices
étalés en forme d'oreillettes.

*Axe,* partie centrale ; l'axe
d'un épi est le pédoncule central qui porte les épillets, les
fleurs, ou les ramifications qui
portent les fleurs ; syn. de ra-
chis, pédoncule central.

*Axillaire,* qui naît ou est situé dans l'angle formé par la
feuille et le rameau qui la porte,
ou par le rameau avec la tige.

# B

*Baccifère,* plante dont les
fruits sont des baies.

*Bacciforme,* fruit qui a la
forme d'une baie.

*Baie,* fruit mou, charnu et
simple dont la pulpe molle et
succulente à la maturité, renferme une ou plusieurs graines
nommées pépins, ex. : raisin,
groseille ; improprement on
donne ce nom aux fruits mul-
tiples, ex. : la fraise.

*Barbe,* touffe poilue ; arête
du blé, etc.

*Basilaire,* qui naît de la base,
fixé à la base.

*Bi*, la syllabe *bi* au commencement d'un mot signifie *deux*.

*Bidenté*, *e*, qui a deux dents.

*Bifide*, divisé dans le sens de la longueur en deux parties étroites jusqu'à la moitié environ ; si ces parties sont larges, on dit *bilobé* ; si elles sont courtes, *bidenté* ; si elles sont plus longues que la moitié, *biparti*, *bipartite*.

*Biflore*, qui a deux fleurs.

*Bifurcation*, l'endroit ou une partie quelconque se partage en deux branches.

*Bifurqué*, *e*, divisé en deux branches.

*Bijugué*, *e*, feuille composée de 4 folioles disposées 2 à 2.

*Bilabié*, *e*, qui a ses parties disposées comme 2 lèvres.

*Bilobé*, *e*, qui a deux lobes larges.

*Biloculaire*, qui a deux loges.

*Biparti*, *te*, fendu en deux au-delà du milieu. *V. bifide*.

*Bipinnatifide*, feuille deux fois pinnatifide.

*Bipinnée*, feuille composée dont le pétiole commun porte de chaque côté des pétioles secondaires, qui eux-mêmes portent des folioles de chaque côté.

*Bisannuel*, plante qui dure deux ans.

*Bivalve*, capsule formée de deux pièces.

*Bourgeon*, petit renflement sur la tige et les branches des végétaux ; il est formé d'écailles ou stipules avortées qui recouvrent le commencement d'une partie nouvelle du végétal.

*Bouton*, petit corps arrondi et saillant situé sur les branches et le tronc, pour donner des fleurs ; la fleur non épanouie.

*Bractée*, petites feuilles naissant à la base des fleurs qu'elles entourent ou soutiennent, et différant souvent de forme et de couleur avec les feuilles. Les plus petites s'appellent *bractéoles*.

*Brou*, enveloppe charnue et verte qui entoure un noyau solitaire et osseux ; noix.

*Bulbe*, corps arrondi et charnu formé d'écailles concentriques naissant au-dessus de la racine chevelue.

*Bulbeux*, *se*, en forme de bulbe, dont la racine est une bulbe.

*Bulbifère*, qui porte des bulbes.

*Bulbille*, petite bulbe qui se développe à l'aisselle des feuilles, à la place ou au milieu des fleurs, et qui, étant plantée, reproduit la plante, ex.: l'Ail.

*Bullée*, feuilles boursouflées, marquées de rides convexes d'un côté et concaves de l'autre, ex.: le Chou.

<h3 style="text-align:center">C</h3>

*Caduc*, *caduque*, qui tombe promptement ; calice qui tombe avant la corolle.

*Calice*, enveloppe extérieure de la fleur ; le calice est ordinairement vert ; on le nomme *monosépale*, quand il est formé d'une seule pièce découpée plus ou moins ; *polysépale* ou *polyphylle*, s'il est de plusieurs pièces séparables sans déchirure ; *infère*, s'il est sous l'ovaire ; *supère*, s'il est placé sur l'ovaire ; *adhérent*, s'il est soudé en partie à l'ovaire ; *libre*, s'il n'est pas soudé à l'ovaire ; *coloré*, s'il n'est pas vert ; *accru*, s'il grandit avec le fruit ; *persistant*, s'il dure autant que le fruit ; *entier*, etc., etc.

*Calicinal*, *e*, qui appartient au calice.

*Calicule*, petites écailles ou folioles situées à la base extérieure du calice : ex : l'Œillet.

*Caliculé*, *e*, muni d'un calicule.

*Calleux*, *se*, muni de callosités ou parties endurcies.

*Campanulé*, *e*, calice ou corolle d'une seule pièce, évasée au sommet comme une cloche.

*Canaliculé*, *e*, muni d'une rainure longitudinale.

*Cannelé*, *e*, muni de rainures larges et longitudinales.

*Cannelure*, rainure large et longitudinale.

*Capillaire*, fin, délié comme un cheveu.

*Capitule*, agglomération de plusieurs fleurs.

*Capsulaire*, fruit sec et qui s'ouvre de lui-même quand les graines sont mûres.

*Capsule*, fruit sec formé d'une ou plusieurs valves et contenant les graines. La capsule qui ne forme qu'une loge ou cavité, est dite *uniloculaire* ; elle est *biloculaire*, si elle en a deux ; *triloculaire*, si elle en a trois ; *pluriloculaire*, si elle en a plusieurs. Les loges sont parfois à moitié partagées par une cloison. La capsule est dite *univalve*, *bivalve*, *trivalve*, *multivalve*, selon qu'elle est formée d'une, deux, trois ou plusieurs valves. Elle s'ouvre par la séparation des valves, par des trous au sommet, par le milieu comme une boîte à savonnette, ou elle reste fermée.

*Carène*, les deux pétales inférieurs des fleurs légumineuses, qui, rapprochés et souvent soudés par leur bord, offrent quelque ressemblance avec la carène d'un bateau. Saillie anguleuse et longitudinale sur un fruit, une feuille, une glume, etc.

*Caréné*, en forme de carène ; feuille pliée en long et marquée en-dessous d'une saillie longitudinale.

*Carné*, *e*, couleur de chair, rose tendre et blanchâtre.

*Cartilagineux*, *se*, de nature dure, presque sèche.

*Casque*, pétale voûté et concave.

*Caulinaire*, qui naît sur la tige.

*Caustique*, qui désorganise et produit des ampoules sur la peau.

*Cellulaire*, plein de cellules ou cavités, comme la moelle.

*Celluleux*, *se*, *V. cellulaire*.

*Chagriné*, *e*, couvert de petites bosses rondes comme la peau de chagrin.

*Chaton*, assemblage de fleurs unisexuelles, sessiles ou légèrement pédiculées autour d'un axe central, ex. : les fleurs du saule.

*Chaume*, tige du blé : tige herbacée, simple, munie de nœuds.

*Cils*, poils qui bordent certaines parties, comme les cils bordent les paupières.

*Cilié*, *e*, bordé de cils ou de poils en ligne.

*Cime*, sommet : fleurs disposées en parasol au moyen de pédoncules ramifiés partant du même point et arrivant à peu près à la même hauteur.

*Cloison*, membrane mince qui partage l'intérieur du fruit en plusieurs loges.

*Collerette*, petites folioles disposées autour d'un axe, tige, etc.

*Collet*, endroit où la tige s'unit à la racine.

*Coloré, e*, qui n'est pas vert.

*Comestible*, bon à manger.

*Commissure*, endroit où deux parties se réunissent.

*Complète*, fleur pourvue d'un calice, d'une corolle, d'étamines et de pistil.

*Composé, e*, feuille formée de plusieurs folioles : fleur formée de plusieurs petites fleurs, par ex.: Pissenlit.

*Concave*, creux.

*Cone (en)*, en forme de pain de sucre.

*Cone*, fruit composé d'écailles ligneuses appliquées les unes sur les autres et fixées par la base le long d'un axe commun ; les fleurs, puis les fruits, sont situés à la base interne de chaque écaille.

*Confluents, es*, qui sont réunis par la base.

*Conique*, en forme de cône.

*Conné, e*, feuilles, folioles ou bractées opposées et soudées par la base.

*Connectif. V. anthère.*

*Connivent, e*, parties rapprochées et se touchant.

*Continu, e*, non interrompu.

*Convexe*, surface extérieure d'un corps rond.

*Coque*, parties de certains fruits, à péricarpe sec, composés de plusieurs loges qui se détachent les unes des autres en formant chacune une capsule.

*Cordiforme*, en forme de cœur.

*Cordon ombilical*, filet qui attache la graine au placenta de l'ovaire.

*Coriace*, dur et compacte comme le cuir sec.

*Corollaire*, qui dépend de la corolle.

*Corolle*, enveloppe ordinairement colorée de la fleur ; elle est *régulière*, quand toutes ses divisions ayant une forme et une proportion égales sont semblablement placées ; elle est *irrégulière*, quand les divisions ne forment pas ce tout symétrique ; on la nomme *monopétale*, quand elle est d'une seule pièce plus ou moins découpée ; *polypétale*, si elle est formée de plusieurs pièces. La corolle *monopétale* est dite : *labiée*, si elle est en tube fendu en deux parties irrégulières qui s'ouvrent comme des lèvres ; *tubuleuse*, aussi large au sommet qu'à la base ; en *cloche* ou *campanulée*, en tube évasé au sommet ; en *roue*, à divisions étalées comme les rayons d'une roue ; en *entonnoir*, à tube s'élargissant insensiblement ; *en soucoupe*, à tube court surmonté de divisions étalées, puis redressées. La corolle *polypétale* est dite : *crucifère*, à 4 pétales opposés deux à deux en croix et munis d'onglet ; *papilionacée (légumineuse, légumineuse)*, à cinq pétales dont l'un supérieur est nommé *étendard*, les deux de chaque côté, *ailes*, et les deux inférieurs souvent réunis en un seul, fermé et contenant les étamines et le pistil, *carène*.

*Corymbe*, fleurs disposées de telle sorte, que les pédoncules partant de points différents, elles arrivent à la même hauteur, *Sorbier*.

*Cosse. V. Gousse.*

*Côte*, arête ou filet relevé en saillie sur une surface; nervure moyenne des feuilles et qui est la continuation du pétiole

*Cotonneux, se*, couvert d'un duvet fin et doux.

*Cotylédon*, lobes plus ou moins charnus et épais qui accompagnent une graine qui germe. Les plantes dont la graine a deux ou plusieurs cotylédons sont dites: *dicotylédones* ou *polycotylédones*; celles qui n'en ont qu'un: *monocotylédones*; enfin, celles qui n'en ont pas, *acotylédones*, celles-ci n'ont ni fleurs ni graines visibles.

*Coudé, e*, qui a un coude.

*Couronne*, espèce d'appendice qui surmonte la gorge de la corolle ou du périanthe; *Narcisse*.

*Crénelé, e*, dont le bord offre des lobes très-courts, arrondis et séparés par des échancrures aiguës.

*Crépu, e*, frisé très-fin.

*Crête*, saillie dentelée et longue; rebord dentelé.

*Croisé, e*, disposé en croix.

*Croissant (en)*, en forme de lune qui commence à paraître.

*Croix (en)*, formé de quatre pièces opposées 2 à 2 en forme de croix.

*Crucifères*, famille de plantes ayant leurs fleurs à quatre pétales onguiculés opposés deux à deux.

*Crustacé, e*, dur, ferme et fragile comme une croûte.

**CRYPTOGAMES**, plantes dont on n'a pas encore découvert les organes qui servent à les reproduire.

*Cunéiforme*, en forme de coin.

*Cupule*, espèce d'involucre particulier au chêne, etc., composé d'écailles imbriquées recouvrant plus ou moins le fruit.

*Cylindrique*, tige ronde aussi grosse à un bout qu'à l'autre. On le dit aussi des rameaux, des feuilles, des fruits, etc.

## D

*Déca*, en composition signifie dix.

*Déchiqueté, e*, découpé très-finement plusieurs fois.

*Décliné, e*, étamines et pistil qui s'abaissent en ayant le bout un peu relevé.

*Décomposé, e*, divisé plusieurs fois sans ordre.

*Décurrent, e*, prolongé sur la tige ou les rameaux en ailes ou saillies sensibles.

*Défini, e*, en nombre déterminé.

*Défléchi, e*, qui se penche en dehors.

*Déhiscent, e*, qui s'ouvre.

*Déjeté, e*, très-courbé en dehors.

*Deltoïde*, feuille ressemblant à un triangle régulier.

*Demi-fleuron*, petite corolle monopétale, irrégulière, en

cornet à la base et prolongée d'un côté en languette : *Pissenlit.*

*Dense,* fourré, épais.

*Dent,* partie saillante au bord des feuilles, des calices, etc.

*Denté, e,* muni de dents.

*Dentelé, e,* muni de petites dents écartées.

*Denticulé, e,* muni de très-petites dents.

*Déprimé, e,* plus ou moins aplati de haut en bas.

*Diadelphe,* fleur dont les étamines sont réunies en deux corps par la soudure des filets : *Pois.*

*Dichotome,* qui se divise en deux branches égales ; fourchu.

*Dichotomie,* bifurcation : endroit où une tige se partage en deux.

*Dicotylédonées,* plantes dont la graine a deux cotylédons.

*Didyme,* fruit formé de deux lobes égaux.

*Didyname,* étamines de deux longueurs, deux longues et deux courtes.

*Diffus, e,* qui s'étend de tous les côtés.

*Digité, e,* qui est divisé de manière à imiter les doigts de la main : *Marronnier.* Épi composé de rameaux partant du même point et s'écartant comme des doigts.

*Dilaté, e,* s'élargissant vers le sommet.

*Dioïque,* plante dont les fleurs à étamines sont sur un pied, et les fleurs à pistils sur un autre.

*Disque,* 1° le centre d'une fleur radiée ; 2° corps glanduleux, jaune ou verdâtre, qui est à la base de certains ovaires ;

3° (en) disque, arrondi et plat.

*Distant,* éloigné.

*Distinct,* différent, évident et libre

*Distique,* feuilles, folioles, etc., disposées sur deux rangs opposés.

*Divariqué, e,* qui s'écarte beaucoup en tous sens.

*Divergent, e,* qui s'écarte en partant du même point.

*Dorsal, e,* qui est sur le dos.

*Drapé, e,* velu comme du drap.

*Dressé, e,* qui s'élève verticalement sans être penché.

*Drupacé, e,* qui tient de la drupe.

*Drupe,* fruit simple, charnu ou pulpeux, presque toujours succulent et renfermant un seul noyau.

*Duvet,* coton court et fin.

## E

*Écaille,* foliole avortée, mince, sèche, souvent colorée qui accompagne les fleurs, les fruits, etc.

*Écailleux, se,* muni d'écailles.

*Écorce,* enveloppe extérieure qui recouvre la tige et les rameaux des plantes.

*Élastique,* qui s'ouvre avec force comme un ressort

*Ellipse,* espèce d'ovale aussi large d'un bout que de l'autre.

*Elliptique,* en forme d'ellipse.

*Embrassant, e,* dont la base entoure la tige ou le rameau.

*Embryon,* rudiment d'une plante ; on y distingue la radicule ou petite racine, la gemmule ou petit bouton, la tigelle ou tige, et le corps cotylédonaire qui forme le sommet de l'embryon. *V. Cotylédon.*

*Endurci, e,* devenu dur.

*Engaînant, e,* feuille dont la partie inférieure du limbe se prolonge en membrane tubuleuse qui entoure la tige.

*Entier, e,* qui n'a pas de découpures.

*Entrée,* ouverture d'une corolle, d'un calice, d'une gaine, etc.

*Epars, e,* disposé sans ordre.

*Epée (en)* long, droit et finissant en pointe.

*Eperon,* prolongement situé à la base d'une corolle ou d'un périanthe.

*Eperonné, e,* muni d'un éperon.

*Epi,* fleurs sessiles ou presque sessiles, disposées sur un axe commun : *Blé.* L'épi est *simple,* si les fleurs sont sessiles et solitaires ; *composé,* si elles sont en petits épis sur un axe commun.

*Epiderme,* peau mince et extérieure des plantes.

*Epillet,* petit épi partiel de l'Epi composé ou de la Panicule.

*Epine,* pointe dure et aiguë fixée au bois et non sur l'écorce.

*Epineux, se,* muni d'épines.

*Espèce,* végétal ayant des traits fixes et particuliers, se reproduisant dans des individus ayant les mêmes formes, les mêmes couleurs, et les mêmes caractères.

*Etalé,* très-ouvert et s'étendant horizontalement.

*Etamine,* partie de la fleur formée d'un petit bouton coloré (anthère), porté sur un mince filet, et placé ordinairement entre les pétales et l'ovaire. Parfois l'anthère est sessile ou bien elle a ses filets soudés en un ou plusieurs faisceaux, ou encore d'inégales longueurs.

Les plantes sont classées par le nombre et la disposition des étamines.

*Etendard,* pétale supérieur d'une fleur légumineacée : *Pois.*

*Etoilé, e,* parties disposées en étoile.

*Evasé, e,* dont l'ouverture s'élargit beaucoup.

*Exigu, e,* très-petit.

*Exotique,* plante étrangère.

*Expansion,* organe prolongé.

*Externe,* qui est placé en dehors.

## F

*Faisceau,* plusieurs choses liées ou réunies.

*Farineux, se,* qui paraît saupoudré de farine.

*Fasciculés, es,* réunis en faisceaux.

*Fécondation,* époque où le pollen s'échappe de l'anthère et tombe sur le stigmate.

*Femelle,* fleur qui n'a pas d'étamines ; fleur qui produit le fruit.

*Ferrugineux, se,* couleur de rouille.

*Fertile,* fleur qui produit un fruit.

*Feuille,* organe de forme variée, formé d'une membrane verte, mince, plus ou moins épaisse, soutenue par une queue ou pétiole qui part de la tige. Le pétiole se continue dans la feuille sous le nom de *côte*, et ses rameaux se nomment *nervures, veines*. La feuille est simple ou d'une seule pièce : composée ou de plus d'une pièce, ailée, dentée, etc.

*Feuillé, e*, muni de feuilles.

*Fibre*, filaments longs, déliés et ligneux des plantes.

*Fibreux, se*, qui a des fibres.

*Filament*, fil délié.

*Filet*, fil délié qui porte l'anthère.

*Filiforme*, qui a la forme d'un fil.

*Fistuleux, se*, tige, branches ou feuilles creuses à l'intérieur.

*Flèche (en)*, en triangle très-échancré à la base par un angle rentrant.

*Fleur*, partie terminale de la plante ; elle comprend les étamines et les pistils, réunis ou séparés, souvent entourés d'une corolle et d'un calice ; la graine succède à la fleur.

On donne le nom de *complète* à la fleur composée ayant calice, corolle, étamines et pistil ; *incomplète*, si elle manque d'un seul de ces organes ; *mâle*, si elle n'a que des étamines : *femelle*, si elle n'a pas d'étamines ; *hermaphrodite*, si elle a des étamines et des pistils ; régulière ou irrégulière, selon que ses différentes parties sont égales, semblables et semblablement placées, ou non, etc.

*Fleuraison* ou *Floraison*, temps pendant lequel la fleur reste épanouie.

*Fleurettes*, petites fleurs dont la réunion forme la fleur de certaines plantes, ex : Pissenlit, Dahlia.

*Fleuron*, petite corolle monopétale, régulière, en tube.

*Flexueux, se*, fléchi.

*Floconneux, se*, qui ressemble à de petites touffes de coton.

*Floraison. V. Fleuraison*.

*Floral, e*, qui appartient à la fleur, ou l'accompagne.

*Florifère*, qui porte des fleurs.

*Flosculeuse*, fleur composée de fleurons.

*Foliacé, e*, de la nature de la feuille ; qui a des feuilles.

*Foliole*, petites feuilles dont la réunion forme la feuille composée : *Frêne*.

*Follicule*, capsule membraneuse, d'une seule pièce, allongée, s'ouvrant en-long d'un côté : *Pervenche*.

*Fongueux, se*, de la nature du champignon.

*Fossette*, petit creux.

*Frangé, e*, terminé par une frange.

*Fructifère*, qui porte du fruit.

*Fructification*, moment où le fruit se forme et murit.

*Fruit*, terminaison de la plante ; c'est l'ovaire avec ses graines mûres. Le fruit est formé du péricarpe ou enveloppe, et de la graine qui est au dedans.

*Frutescent, e*, plante ligneuse à la base, et à rameaux herbacés.

*Fugace*, qui tombe très-facilement et de bonne heure.

*Funicule*, petit cordon qui attache la graine à la capsule.

*Fuseau* (en), rond et pointu.

## G

*Gaine*, 1º membrane située à la base de la feuille et qui entoure la tige plus ou moins : *Blé.* Elle est *entière*, quand elle forme un tube ; *fendue*, quand elle n'est pas en tube ; *étroite*, *o flée*, etc. 2º Membrane qui sert d'enveloppe.

*Gélatineux*, *se*, en forme de gelée.

*Géminé*, *e*, deux à deux.

*Géniculée*, tige articulée, pliée à chaque nœud.

*Genouillée*, *V. Géniculée.*

*Genre*, réunion de plusieurs espèces analogues, ayant des caractères communs.

*Germe*, commencement d'une plante qui n'est pas encore développée. La graine est un germe fécondé.

*Gibbeux*, *se*, bossu, relevé en bosse.

*Glabre*, tout-à-fait dépourvu de poils.

*Glaire* (en), en lame de sabre.

*Gland*, fruit du chêne, à substance ferme, farineuse et couverte d'une enveloppe coriace.

*Glande*, petite élévation sessile ou pédicellée, pleine d'un liquide.

*Glanduleux*, *se*, qui porte ou qui a des glandes.

*Glauque*, d'un vert blanchâtre ; poussière qui recouvre certains fruits.

*Globuleux*, *se*, en petite boule.

*Glu*, substance visqueuse,

retirée de l'écorce du houx, des fruits du gui et de la racine de Viorne.

*Gluant*, visqueux comme la glu.

*Glumacée*, fleur dont les enveloppes sont sèches et scarieuses comme celles de l'avoine.

*Glume* (bale), 1º enveloppe extérieure (calice) d'une fleur glumacée ; 2º les deux écailles inférieures de chaque épillet des graminées.

*Glumelle*, enveloppe interne (corolle) d'une fleur de graminée.

*Gomme*, suc épais qui découle de certains arbres.

*Gorge*, entrée, ouverture d'une corolle ou d'un calice.

*Gousse*, fruit à deux valves et à une loge dans laquelle les graines sont attachées alternativement à l'une et à l'autre valve, le long de la suture supérieure seulement : *Pois.*

*Graine*, partie essentielle et finale de la fleur et même de la plante ; elle doit reproduire une plante nouvelle semblable à celle qui l'a produite. L'enveloppe de la graine se nomme *péricarpe* ; l'endroit où la graine est attachée par un mince cordon, se nomme *placenta*, et la tache laissée sur la graine par le cordon en tombant, prend le nom de *hile*, *ombilic.*

*Graminée*, tige simple, noueuse, fistuleuse ordinairement, engainée par des feuilles linéaires à gaine entière. Classe de plantes.

*Granifère, Granulifère*, qui porte de petits grains ou granules.

*Grappe*, assemblage de fleurs ou de fruits pédonculés le long et autour d'un pédoncule commun. La grappe peut être simple ou composée selon que les pédoncules sont uniflores ou à plusieurs fleurs.

*Grêle*, faible, menu, mince.

*Grenu*, *e*, couvert de petites bosses.

*Grimpant*, *e*, tige qui s'attache aux corps voisins autour desquels elle s'élève : *Liserons*.

*Gymnosperme*, graine paraissant nue, sans enveloppe dans le calice : *Thym*.

*Gynobase*, base renflée du pistil au-dessus de l'ovaire.

### H

*Hampe*, tige herbacée, simple, dénuée de feuilles et de rameaux et portant une ou plusieurs fleurs.

*Hastée*, feuille à contour triangulaire et à base échancrée.

*Hémisphérique*, en forme de moitié de boule.

*Herbacé*, *e*, 1° de couleur verte; 2° tige ou branche qui périt en hiver.

*Herbe*, plante non ligneuse qui perd sa tige chaque hiver ; *annuelle*, qui perd jusqu'à sa racine en hiver ; *bisannuelle*, qui perd sa tige seulement, mais garde sa racine pendant deux ans ; *vivace*, qui dure plus de deux ans.

*Hérissé*, *e*, muni de poils droits, peu serrés.

*Hermaphrodite*, plante ou fleur qui a des étamines et des pistils.

*Hile*, petite tache sur une graine, indiquant le lieu par où elle était attachée au péricarpe.

*Hispide*, couvert de poils rudes et longs.

*Horizontal*, *e*, qui est de niveau ou parallèle à l'horizon.

*Houppe*, touffe de poils.

*Huileux*, *se*, qui contient de l'huile.

### I

*Imbriqué*, couvert d'écailles ou folioles se couvrant comme les tuiles d'un toit.

*Imparfaite*, fleur qui n'a pas tout à la fois, calice, corolle, étamines et pistil.

*Impaire*, foliole qui termine certaines feuilles ailées.

*Incisé*, *e*, découpé par des échancrures profondes et étroites.

*Inclus*, *e*, caché dans la corolle.

*Indéfini*, nombre indéterminé.

*Indéhiscent*, *e*, qui ne s'ouvre pas.

*Indivis*, *e*, qui n'est pas divisé.

*Infère*, ovaire placé sous le calice ou faisant corps avec le tube du calice. Il est *demi-infère* s'il n'est soudé avec le calice que par sa moitié inférieure. Le calice peut être infère, la corolle aussi.

*Infléchi*, courbé en-dedans.

*Inodore*, sans odeur.

*Inséré*, *e*, fixé.

*Insertion*, endroit où s'attache une feuille, un pétiole, etc.

*Insipide*, sans saveur.

*Involucelle*, petit involucre ; petites folioles placées à la base d'une ombellule ou ombelle partielle.

*Involucre*, folioles placées à la base d'une ombelle.

*Irrégulière*, fleur dont les diverses parties ne sont pas égales ou semblables, ou semblablement placées.

*Irritables*, étamines ou folioles se contractant quand on les touche : *Épine vinette*.

## J

*Jaunâtre*, tirant sur le jaune.
*Juteux, se*, plein de jus, qui a du jus.

## L

*Labellum*, division interne et irrégulière du périanthe des Orchidées.

*Labié, e*, corolle monopétale, irrégulière, fendue en deux parties ou lèvres, l'une inférieure, l'autre supérieure.

*Lacinié, e*, découpé en lanières étroites.

*Laineux, se*, couvert de poils fins et doux comme la laine

*Lait*, liquide coloré de certaines plantes.

*Laiteux, se*, qui a du lait.

*Lamellé,e*, en forme de petites lames.

*Lancéolé, e*, feuille bien plus longue que large et rétrécie aux deux bouts. On le dit aussi des folioles, pétioles, sépales, etc.

*Languette*, partie longue et étroite.

*Lanière*, lobe étroit et long en forme de courroie.

*Latéral, e*, qui est à côté.

*Légume*, capsule sèche, à deux valves. *V. Gousse*.

*Légumineux, se*, plante qui a pour fruit un legume : fleur à cinq pétales irréguliers. *V. Corolle*.

*Lenticulaire*, en forme de lentille.

*Libre*, qui n'est pas attaché aux corps voisins

*Liège*, écorce spongieuse et légère du chêne : *Liège*.

*Ligneux, se*, de la nature du bois.

*Ligule*, petite membrane sèche et scarieuse à l'ouverture de la gaine des feuilles des graminées.

*Limbe*, surface plane et mince de la feuille, de la corolle ou du calice. Dans les fleurs monopétales, le limbe est la partie découpée ; dans les polypétales, le limbe est souvent rétréci à la base en pédicule nommé *onglet*.

*Linéaire*, feuille ou foliole étroite et longue, dont la largeur est égale dans toute la longueur.

*Liseré*, ligne de poils ou de soies.

*Lobe*, partie saillante qui se trouve entre deux échancrures.

*Lobé, e*, partagé en lobes.

*Loculaire*, mot qui s'ajoute aux particules *uni, bi, tri, quadri, pluri*. pour indiquer que le fruit a une, deux, trois, quatre, ou plusieurs loges.

*Loge*, cavité d'un fruit dans laquelle se trouve la graine ; le nombre des loges répond ordinairement au nombre des pistils ou des stigmates.

*Lunule*, en forme de croissant.

*Lyré, e (en lyre)*, feuille à grandes découpures latérales augmentant de grandeur depuis la base jusqu'au sommet de la feuille où elle est entière.

## M

*Maculé, e*, taché.

*Mâle*, fleur qui n'a pas de pistil.

*Mamelon*, petite bosse arrondie.

*Mamelonné, e*, muni de mamelons.

*Marbré, e*, peint de diverses couleurs mélangées.

*Marcescent, e*, qui se dessèche avant de tomber.

*Marge*, rebord.

*Massue (en)*, allongé et cylindrique, mais plus gros à l'extrémité supérieure.

*Maturité*, temps où le fruit atteint son entier développement.

*Médial, e, Médian, e*, qui est au milieu des autres.

*Médullaire*, qui a rapport à la moëlle.

*Mélonide*, en forme de pomme.

*Membrane*, substance mince et scarieuse.

*Membraneux, se*, mince et sec comme une membrane.

*Moyen, ne*, qui est entre deux.

*Monocotylédone*, plante n'ayant qu'un cotylédon. *V.* ce mot.

*Monopétale*, corolle d'une seule pièce plus ou moins découpée.

*Monophylle*, formé d'une seule pièce.

*Monosépale*, calice formé d'une seule pièce découpée plus ou moins.

*Monosperme*, fruit à une seule graine.

*Moyen, ne*, placé entre deux.

*Mucilagineux, se*, contenant une matière épaisse et collante.

*Mucroné, e*, terminé brusquement par une pointe piquante.

*Multifide*, divisé très-profondément sans ordre.

*Multiflore*, a plusieurs fleurs.

*Multiforme*, de formes variables.

*Multiloculaire*, à plusieurs loges.

*Multivalve*, à plusieurs valves.

*Muriqué*, raboteux ; couvert de pointes.

*Mutique*, privé d'arète ou de pointe.

## N

*Nacelle (en)*, creusé en forme de petit bateau dont le fond est une arète saillante.

*Nageante*, qui est étendue ou flotte sur l'eau.

*Nain, e*, très-petit.

*Narcotique*, qui endort.

*Nauséabond, e*, qui cause des nausées.

*Naviculaire*, creusé en nacelle.

*Nectaire*, organe qui se trouve dans la fleur et qui n'est ni calice, ni corolle, ni étamine, ni pistil.

*Nervée*, feuille ou foliole qui a des nervures saillantes.

*Nervures*, petites lignes saillantes qui parcourent la surface des feuilles ; la nervure du milieu s'appelle côte ou nervure médiane.

*Neutre*, fleur qui n'a ni pistil ni étamines.

*Nœud*, renflement placé de distance en distance sur une tige articulée, à l'insertion des feuilles.

*Noix*, péricarpe ligneux ou membraneux, souvent recouvert d'une enveloppe charnue, pulpeuse ou sèche : *Noyer*.

*Normal*, ordinaire, sans irrégularité.

*Noueux, se*, muni de nœuds; tige de blé.

*Noyau*, substance dure et ligneuse qui renferme l'amande ou germe de certains fruits : *Cerise*,

*Nue*, graine qui n'a pas d'aigrette, d'arête, etc.: pédoncule, tige qui n'a pas de feuilles, etc.

**O**

*Obcordée*, en cœur dont l'échancrure est au sommet

*Oblique*, feuille plus large d'un côté de la côte que de l'autre.

*Oblong, ue*, plus long que large.

*Obovale*, en ovale ayant le sommet plus large que la base.

*Obovoïde*, en forme d'œuf attaché par le petit bout.

*Obtus, e*, qui n'est pas terminé en pointe.

*Ognon*, *Oignon*, racine en boule formée d'écailles : racine des plantes bulbeuses. L'ognon est formé d'écailles ou de tuniques emboîtées les unes dans les autres.

*Oléagineux, se*, huileux, qui produit de l'huile.

*Oligophylle*, qui a peu de feuilles ou de folioles.

*Olive*, fruit arrondi ou oblong à chair dure, contenant un noyau.

*Ombelle*, assemblage de fleurs ou **fruits**, dont les pédoncules,

partant d'un même point, arrivent presque à la même hauteur, comme les branches d'un parasol : *Carotte*. Chaque pédoncule porte plusieurs petites fleurs disposées de même et nommées *ombellules*.

*Ombellifère*, qui a ses fleurs en ombelle.

*Ombellule*, ombelle partielle; petite ombelle.

*Ombilic*, point d'une graine d'où part le cordon qui l'attache au péricarpe : il forme une tache variable.

*Ombiliqué*, marqué d'un enfoncement : fruit marqué au sommet d'un enfoncement variable.

*Ondulé*, dont le bord offre des plis arrondis ou des ondulations.

*Onglet*, partie rétrécie au moyen de laquelle un pétale est fixé à la fleur.

*Onguiculé*, pétale terminé par un onglet allongé.

*Opaque*, corps au travers duquel on ne voit rien.

*Opercule*, couvercle.

*Opposé, e*, branches, feuilles disposées deux à deux, vis-à-vis l'une de l'autre de chaque côté de la tige.

*Orbiculaire*, arrondi.

*Oreillette*, expansion plus ou moins large, située à la base de certaines feuilles.

*Organe*, toute partie destinée à remplir une fonction.

*Osseux*, de la nature de l'os.

*Ovaire*, base du pistil qui contient les semences en germes. L'ovaire devient fruit et prend différents noms, suivant sa forme, sa nature, etc. L'ovaire est *supère* lorsqu'il repose sur le calice ; *infère*, s'il est sous le calice ; *demi-infère*, si le calice est plus ou moins soudé avec lui.

*Ovale*, en forme d'œuf; l'ovale est plus étroit au sommet que vers le pétiole.

*Ovoïde*, fruit, graine, etc., qui a la forme d'un œuf.

*Ovule*, rudiment d'une graine avant la floraison.

## P

*Paillette*, petite foliole scarieuse, en forme d'écaille qui accompagne les graines des Synanthérées, et sert d'enveloppe florale aux Graminées.

*Paléacée*, 1° muni de paillettes; 2° en forme de paillette.

*Palmée*, feuille divisée en lobes profonds réunis à la base et imitant une patte de canard ouverte.

*Panaché*, e, teint de diverses couleurs.

*Panicule*, assemblage de fleurs portées sur des pédoncules inégaux, étalés, partant d'un axe commun.

*Paniculées*, fleurs en panicule.

*Papilionacée*, V. Corolle.

*Parallèle*, lignes également distantes.

*Parenchyme*, tissu de la feuille entre ses nervures.

*Parfaite*, fleur ayant calice, corolle, étamines et pistil.

*Pariétal*, e, situé sur la surface interne.

*Pectiné*, e, qui est découpé en lanières étroites, profondes et à angle droit comme les dents d'un peigne: 2° feuilles linéaires disposées sur deux rangs opposés comme les dents de peigne.

*Pédalée*, feuille composée de folioles parallèles, comme fixées sur deux folioles très-divergentes, et ne partant pas du sommet du pétiole: *Hellebore*. On le dit aussi des nervures.

*Pédicelle*, ramification ou branche du pédoncule.

*Pédicellé*, e, porté par un pédicelle.

*Pédicule*, petit pédoncule: petite tige.

*Pédiculé*, e, porté par un pédicule.

*Pédoncule*, support de la fleur ou du fruit, queue de fleur, etc.

*Pédonculé*, e, porté par un pédoncule.

*Pellicule*, peau très-mince.

*Pendant*, qui est suspendu, qui pend vers la terre.

*Penné*, e, dont les nervures sont disposées comme des barbes de plume.

*Perfoliée*, feuille sessile dont la base est traversée par la tige: deux feuilles opposées et soudées par leur base sont aussi perfoliées.

*Perforé*, e, percé d'un trou.

*Périanthe* ou *Périgone*, enveloppe de la fleur, soit calice soit corolle, quand cette distinction est douteuse.

*Péricarpe*, enveloppe générale des graines: ce qui dans un fruit n'est pas graine. Le péricarpe se compose, en allant de la circonférence au centre: 1° de l'épicarpe ou peau; 2° du sarcocarpe ou chair du fruit; 3° de l'endocarpe ou partie intérieure qui touche les graines ; dans la pomme, c'est une membrane ; dans la cerise, c'est un noyau.

*Périgyne*, placé autour de l'ovaire.

*Périsperme*, ce qui environne l'embryon.

*Persistant, e*, qui reste attaché à la plante : feuille qui ne tombe pas en automne ; calice qui dure après la chute de la corolle : stipules qui ne tombent pas.

*Personnée*, corolle monopétale irrégulière, en tube à la base, à sommet partagé en deux parties principales ou lèvres, imitant parfois le mufle d'un animal : la lèvre inférieure offre souvent un renflement nommé *palais*.

*Pétale*, petites feuilles colorées qui forment la corolle.

*Pétaloïde*, en forme de pétale.

*Pétiole*, queue de la feuille, support de la feuille.

*Pétiolé, e*, portée par un pétiole.

*Pétiolule*, petit pétiole.

*Phanérogame*, plante dont les étamines et le pistil sont visibles et connus.

*Pinnatifide*, feuille ou foliole dont les bords sont découpés profondément en plusieurs lobes ou pinnules.

*Pinnée* ou *Ailée*, feuille composée de plusieurs folioles disposées de chaque côté d'un pétiole comme les barbes d'une plume.

*Pinnule*, lobe d'une feuille pinnatifide.

*Piriforme*, ou *pyriforme*, en forme de poire.

*Pistil*, partie centrale de la fleur ; il se compose de l'*ovaire* ou étui renfermant les ovules qui deviendront les graines ; du *style* ou filament placé au sommet de l'ovaire et qui porte le *stigmate* à son sommet ; le stigmate affecte différentes formes et reçoit le pollen.

*Placenta*, partie intérieure du péricarpe qui porte les graines.

*Pleine*, tige sans cavité à l'intérieur.

*Plumeux, se*, garni de petits poils sur deux rangs opposés comme les barbes d'une plume.

*Pollen*, petits grains en forme de poussière, contenus dans l'anthère, et qui, en tombant sur le stigmate, rendent la fleur fertile.

*Polygames*, fleurs à étamines ou à pistil, mêlées avec des fleurs qui ont des étamines et des pistils.

*Polypétale*, fleur qui a plusieurs pétales.

*Polysépale*, calice à plusieurs sépales.

*Polysperme*, fruit à plusieurs graines.

*Ponctué*, marqué de points.

*Pore*, petit trou.

*Poreux*, qui a des petits trous.

*Proéminent*, qui est en relief.

*Prolifère*, fleur qui produit des feuilles ou d'autres fleurs.

*Pubescent, e*, couvert de poils mous, courts et rares.

*Pulpe*, substance molle et charnue de certains fruits : Groseille.

*Pulpeux, se*, fruit formé de pulpe.

*Pulvérulent, e*, poudreux, duvet qui imite la poussière.

*Purpurin, e*, couleur rouge voisine du pourpre.

*Pyramidal, e*, en pyramide ou en grappe pointue à quatre côtés.

## Q

*Quadrangulaire*, à quatre angles.

## R

*Racine*, partie de la plante qui s'enfonce en terre.

*Radical, e*, qui part de la racine.

*Radicante*, tige couchée qui pousse des racines latérales.

*Radicule*, petite racine.

*Radiée*, fleur dont le centre est composé de fleurons, tandisque la circonférence est bordée de demi-fleurons ou languettes

*Rameau*, branche.

*Rameux, se*, qui a des branches.

*Ramifié, e*, qui se divise en rameaux.

*Rampant, e*, qui se traîne sur la terre.

*Rayonnant, e*, parties disposées autour d'un centre comme des rayons.

*Réceptacle*, sommet du pédoncule qui porte le pistil et la corolle ou les fruits.

*Recourbé*, courbé en dehors.

*Réfléchi*, qui se renverse en dehors.

*Régulier, e*, dont les parties sont égales et semblablement placées.

*Rein (en)*, arrondi et plus large que long, avec une échancrure à la base.

*Réniforme*, en rein.

*Renversé, e*, corolle, etc., dont la partie inférieure est tournée en haut.

*Réseau (en)*, en forme de mailles de filet.

*Réticulé, e*, veiné en forme de réseau.

*Rhomboïdale*, en forme de losange.

*Ronciné, e*, feuille découpée à droite et à gauche en divisions aiguës dont l'extrémité est tournée vers la base de la feuille : *Pissenlit*.

*Rugueux, se*, ridé, bosselé.

## S

*Sagitté, e*, ou en fer de flèche, en triangle dont la base est échancrée par un angle rentrant.

*Saillant, e*, qui sort: étamines qui dépassent la corolle.

*Sarmenteux, se*, plante qui pousse de longs rameaux à chaque nœud et a besoin d'appui.

*Satiné, e*, lustré, brillant.

*Savonnette (en)*, capsule s'ouvrant en deux parties comme une boîte sans charnière.

*Scabre*, très rude au toucher.

*Scarieux, se*, membraneux, sec, ordinairement transparent.

*Segment*, lobe d'une feuille.

*Séminifère*, qui porte la semence.

*Sépale*, chacune des divisions d'un calice découpé jusqu'à la base.

*Sessile*, feuille sans queue ou

pétiole : fleur sans pédoncule : anthère sans filet : stigmate sans style : fruit sans queue.

*Sétacé*, en forme de soie de porc.

*Silicule*, silique dont la longueur ne dépasse pas deux fois la largeur.

*Silique*, capsule à deux valves, à deux loges séparées par une cloison membraneuse qui porte les graines sur ses bords : la silique est au moins deux fois plus longue que large.

*Siliqueux*, en forme de silique.

*Sillon*, raie profonde.

*Sillonné, e*, marqué de sillons.

*Simple*, qui n'est pas divisé, qui n'est pas composé de pièces distinctes.

*Sinué, e*, dont le bord est découpé en échancrures arrondies et irrégulières.

*Sinueux*, dont le bord est sinué.

*Soie*, filament raide.

*Solitaire*, qui est seul.

*Sous-Arbrisseau*, plante intermédiaire entre l'herbe et l'arbrisseau. *V. Arbuste.*

*Soyeux, se*, couvert de poils mous, serrés, couchés et luisants.

*Spadice*, axe central qui porte des fleurs : assemblage de fleurs sur un axe, souvent enveloppées par une spathe.

*Spathe*, gaine membraneuse en feuille qui enveloppe certaines fleurs : *Ail.*

*Spatule*, de forme obtuse et arrondie au sommet, se rétrécissant insensiblement vers la base.

*Spatulé, e*, en forme de spatule.

*Sphérique*, en boule.

*Spirale*, ligne courbe qui monte autour d'un axe comme un filet de vis.

*Spire*, un tour de spirale.

*Spongieux, se*, mou comme une éponge.

*Squarreux, se*, raboteux.

*Staminifère*, qui porte étamine.

*Stérile*, qui ne produit pas de fruit.

*Stigmate*, sommet du pistil à forme très-variable.

*Stipité, e*, dont la base est rétrécie en pédicelle.

*Stipule*, petite foliole placée à la base du pétiole.

*Stipulé, e*, muni de stipules.

*Stolon*, rejeton ou drageon stérile qui pousse au pied d'une plante.

*Stolonifère*, qui a des rejets.

*Strié, e*, couvert de petites côtes séparées par des sillons.

*Stries*, petites côtes.

*Strobile, V. Cône.*

*Style*, partie du pistil qui termine l'ovaire et porte le stigmate.

*Subéreux, se*, de la nature du liège.

*Submergé*, plongé dans l'eau sans nager à la surface.

*Subulé, e*, en forme d'alène.

*Succulent, e*, plein de suc.

*Supère*, ovaire libre au fond de la fleur : fleur sur l'ovaire, calice sur l'ovaire.

*Suture*, ligne de jonction de deux valves.

## T

*Tégument*, 1o membrane qui enveloppe immédiatement l'amande d'une graine ; 2o membrane.

*Terminal*, qui est au sommet.

*Ternaire*, composé de trois.

*Ternée*, trois à trois : feuille à trois folioles : *Trèfle*.

*Terrestre*, qui croit sur la terre et non dans l'eau.

*Tétragone*, carré, à 4 angles.

*Thyrse*, en grappe pyramidale rétrécie à la base : *Lilas*.

*Tige*, partie de la plante qui part de la racine et porte les rameaux, les feuilles et les fleurs, etc. La tige se nomme *tronc* dans les arbres, *chaume* dans les graminées, *hampe* dans le pissenlit, *fronde* dans les mousses, *rhizôme* ou *souche* dans les fougères, etc.

*Tomenteux*, *se*, couvert d'un duvet court et serré.

*Traçante*, racine ou tige qui s'étend horizontalement à la surface de la terre ou à peu de profondeur.

*Triangulaire*, à 3 angles.

*Trichotome*, qui se divise en trois branches.

*Trifide*, fendu, divisé en trois parties.

*Trifoliée*, à trois feuilles ou folioles.

*Trigone*, à trois angles, à trois faces.

*Trilobé*, *e*, à trois lobes.

*Triloculaire*, à trois loges.

*Tripartite*, divisé en trois parties très-profondes.

*Triquétre*, à trois angles aigus.

*Trivalve*, à trois valves.

*Tronc*, *V. Tige*.

*Tronqué*, *e*, terminé brusquement.

*Tube*, petit tuyau : partie inférieure cylindrique et d'une corolle monopétale ou d'un calice monosépale.

*Tuberculeux*, *se*, muni de tubercules.

*Tubercule*, bosse : excroissance arrondie et épaisse : certaines racines.

*Tubéreux*, *se*, racine renflée et charnue en boule irrégulière.

*Tubulé*, *e*, muni d'un tube.

*Tubuleux*, *se*, en tube.

*Tunique*, membrane.

## U

*Uniflore*, à une fleur.

*Unilatéral*, *e*, disposé d'un seul côté.

*Uniloculaire*, à une loge.

*Univalve*, à une valve.

*Urcéolé*, *e*, en tube renflé à gorge étroite.

*Urne*, petit vase ou godet.

## V

*Vacillant*, *e*, anthère mobile au sommet du filet.

*Valve*, chacune des pièces qui forment la capsule ou enveloppe des graines.

*Valvule*, petite valve.

*Veiné*, *e*, qui a des veines ou nervures saillantes.

*Velouté*, *e*, couvert d'un duvet imitant le velours.

*Velu*, *e*, couvert de poils.

*Vénéneux*, *se*, qui empoisonne.

*Verruqueux*, chargé de verrues.

*Verticille*, assemblage de feuilles ou de fleurs en cercle autour de la tige ou d'un axe.

*Verticillées*, feuilles, fleurs ou branches disposées en verticille.

*Vésiculaire*, en forme de petite vessie ou vésicule.

*Vésicule*, petite vessie gonflée.

*Vésiculeux, se,* gonflé comme
une vessie.

*Violacé,e,* de couleur violette

*Vireux, se,* nauséabond et
malfaisant.

*Visqueux,se,* gluant, collant.

*Vivace,* qui dure au moins
trois ans.

*Volubile,* tige qui grimpe en
se roulant en spirale autour des
corps voisins.

*Vrille,* petits filets au moyen
desquels les plantes se soutiennent.

## Z

*Zeste,* petite membrane qui
sépare l'amande de la noix en
quatre lobes.

FIN DU DICTIONNAIRE.

# ABBÉVIATIONS.

| | |
|---|---|
| *a.* | signifie espèce ANNUELLE. |
| *b.* | — — BISANNUELLE. |
| *l.* | — — LIGNEUSE, BOIS. |
| *v.* | — — VIVACE. |
| **L.** | — LINNÉ. |
| **DC.** | — DECANDOLLE. |
| **BG.** | — BOTANICON GALLICUM. |
| **T.** | — TOURNEFORT. |
| **J.** | — JUSSIEU. |
| **Fl. fr.** | — FLORE FRANÇAISE. |
| **Pers.** | — PERSOON. |
| **Willd.** | — WILLDENOW. |
| **Vill.** | — VILLARS. |
| **G.** | — GARDEN. |
| **Sw.** | — SWARTZ. |

# TABLEAU SYNOPTIQUE DES CLASSES.

## FLEURS VISIBLES A ÉTAMINES ET PISTILS DISTINCTS.

### § I. Etamines et Pistils dans la même fleur.

| | | Classes. | Page. |
|---|---|---|---|
| 1° Etamines *libres*, *égales*, *au* nombre de | une étamine. | I. Monandrie | 1 |
| | deux — | II. Diandrie | 3 |
| | trois — | III. Triandrie. | 15 |
| | quatre — | IV. Tétrandrie | 47 |
| | cinq — | V. Pentandrie | 63 |
| | six — | VI. Hexandrie. | 168 |
| | sept — | VII. Heptandrie | 197 |
| | huit — | VIII. Octandrie. | 198 |
| | neuf — | IX. Ennéandrie | 217 |
| | dix — | X. Décandrie. | 219 |
| | plus de dix sur le réceptacle. | XI. Polyandrie | 237 |
| | plus de dix sur le calice. | XII. Calycandrie. | 263 |
| | plus de dix sur l'ovaire. | XIII. Hystérandrie | 283 |

www.ingramcontent.com/pod-product-compliance
Lightning Source LLC
LaVergne TN
LVHW020935050726
842519LV00001B/48